边疆治理与地缘学科（群）"边疆生态治理与生态文明建设调查与研究"
（项目编号：C176210102）；
2019年度云南省哲学社会科学研究基地项目"云南少数民族本土生态智慧研究"
（项目编号：JD2019YB04）

生态文明建设的云南模式研究丛书

丛书主编：周 琼

云南环境史志资料汇编第一辑

（2004—2010年）

周 琼 米善军◎编

科学出版社

北京

内 容 简 介

本书按照环境保护史料的来源、内容进行分类，对 2004—2010 年云南不同地区环境保护情况进行梳理和归纳。全书共分为五章，包括 2004—2010 年云南环境治理、云南气象灾害、地质灾害和动植物病虫灾害，内容涉及 2004—2010 年云南出现的各种环境问题及相应的对策、措施。有利于读者了解 2004—2010 年云南环境变化和发展趋势，以期为云南环境保护事业的发展提供坚实的史料基础。

本书可供历史学、地理学、生态学等相关专业的师生阅读和参考。

图书在版编目（CIP）数据

云南环境史志资料汇编第一辑（2004—2010 年）/ 周琼，米善军编. —北京：科学出版社，2020.11

（生态文明建设的云南模式研究丛书）

ISBN 978-7-03-066158-6

Ⅰ. ①云… Ⅱ. ①周… ②米… Ⅲ. ①环境–史料–云南–2004–2010 Ⅳ. ①X-092.74

中国版本图书馆 CIP 数据核字（2020）第 174891 号

责任编辑：任晓刚 / 责任校对：韩 杨

责任印制：张 伟 / 封面设计：润一文化

科 学 出 版 社 出版

北京东黄城根北街16号

邮政编码：100717

http://www.sciencep.com

北京九州迅驰传媒文化有限公司 印刷

科学出版社发行 各地新华书店经销

*

2020 年 11 月第 一 版 开本：787×1092 1/16

2020 年 11 月第一次印刷 印张：19 3/4

字数：430 000

定价：138.00 元

（如有印装质量问题，我社负责调换）

前　言

　　生态环境是人类赖以生存的基础，但随着社会的发展，环境问题日渐凸显。早在中华人民共和国成立初期，国家已经出现局部性的生态破坏和环境污染。1978 年以后，我国开始以经济建设为中心，实行改革开放，社会生产力迅速提高，社会财富日渐积累，人民日益富裕，但是，伴随而来的则是水污染、大气污染、土壤污染等一系列环境灾害不断发生，经济发展与环境保护的矛盾愈加突出。仅就云南省来说，昆明滇池的污染最为典型。20 世纪 50—60 年代，滇池湖水清澈，岸边水清若无，水质为Ⅱ类，可以游泳嬉戏，捕鱼抓虾；20 世纪 70 年代，滇池污染凸显并开始加剧，大规模围湖造田，对滇池水体造成极大破坏，水质由Ⅱ类降为Ⅲ类。20 世纪 80—90 年代，随着城市化建设进程的加快，城市人口增加，城镇规模扩大，城市工业污染越来越严重，滇池污染愈加严重。总之，从"涸水谋田"到"围海造田"，从内地化到城市化、工业化、现代化，从苴兰城、拓东城到现代新昆明，滇池之滨已形成拥有 300 多万人口的现代化超大城市，并向区域性国际城市迈进。与此同时，滇池水域不断"萎缩"，水质污染，功能衰退，滇池在"小化""富营养化""'异化''毒化''退化'"中"老化"[①]，至今，滇池污染仍为云南省人民的痛点。因此，这种以牺牲环境为代价片面追求 GDP（国内生产总值）增长的发展之路越来越受到质疑。

　　环境治理与保护是一项关系党和国家、中华民族长治久安的重要事业，面对环境危机的日益严峻，党和政府高度重视环境治理工作。1973 年，我国政府在北京召开了第一次全国环境保护会议，颁布了中华人民共和国第一个环境保护文件——《关于保护和改善环境的若干规定（试行草案）》，为我国环境保护事业奠定了基础。随着环境保护

---

① 董学荣、吴瑛：《滇池沧桑——千年环境史的视野》，北京：知识产权出版社，2013 年，第 1 页。

i

作为我国的基本国策正式确立，党和政府将环境保护工作提上重要议事日程，不断召开各种类型的环境保护工作会议，制定各种类型的环境保护政策，并在中央和地方陆续成立专门的环境保护机构，有力推动了我国环境保护工作的进展。云南省顺应时代潮流，认真贯彻执行中央各项环境保护政策与方针，环境保护事业走在全国前列。正是如此，2015 年 1 月 19—21 日，习近平总书记在云南调研时指出："希望云南主动服务和融入国家发展战略，闯出一条跨越式发展的路子来，努力成为民族团结进步示范区、生态文明建设排头兵、面向南亚东南亚辐射中心，谱写好中国梦的云南篇章。"①从此，云南省生态文明建设成为全省工作的重中之重。环境保护是建设生态文明排头兵的重要内容之一，全面、系统地收集、总结云南省历年来的环境事件，对于云南建成"生态文明排头兵"具有积极意义。

环境往往指相对于人类这个主体而言的一切自然环境要素的总和数。环境既包括以大气、水、土壤、植物、动物、微生物等为内容的物质因素，也包括以观念、制度、行为准则等为内容的非物质因素；既包括自然因素，也包括社会因素；既包括非生命体形式，也包括生命体形式。环境是相对于某个主体而言的，主体不同，环境的大小、内容等也就不同。因此环境事件就是指人类主体围绕着一切物质要素或非物质要素所产生或衍生出的，发生在一定时间和空间的事情。《云南环境史志资料汇编（2004—2010年）》立足云南，较为全面地收集了 2004—2010 年云南省重要环境事件，力求全景展现云南人民在云南环境事业中做出的努力与贡献。《云南环境史志资料汇编（2004—2010 年）》的资料来源广泛，主要包括《云南年鉴》《云南减灾年鉴》《云南卫生年鉴》等。随着科学技术的迅猛发展，世界进入信息时代和互联网时代，对传统史学研究产生了重要影响。网络对史料最直接的影响，就是传播载体变化和速度增加，由纸质版向电子版、数字化转换。在电子化和数字化时代，史料的收藏、传播、查找、获取和阅读都与以往不同。《云南环境史志资料汇编（2004—2010 年）》的部分资料是电子化资料，主要来源于《中国环境报》、《云南日报》、云南省环境保护厅主管的"七彩云南保护行动网"、云南各地方州（市）的环境保护局主管的网站，如保山市生态环境局官网、曲靖市生态环境局官网、大理白族自治州生态环境局官网、临沧市生态环境局官网及昆明市生态环境局官网等，具有权威性、丰富性、时效性的特点。《云南环境史志资料汇编（2004—2010 年）》按照专题将资料以时间为序划分为环境污染、环境治理、气象灾害、地质灾害 4 个部分，具有重要的学术研究及现实意义，可为当代云南环境史、生态文明等研究提供史料支撑，同时对云南省争当"生态文明建设排头兵"具有

---

① 《习近平在云南考察工作时强调：坚决打好扶贫开发攻坚战 加快民族地区经济社会发展》，《人民日报》2015 年 1 月 22 日，第 1 版。

积极的现实价值。

《云南环境史志资料汇编（2004—2010 年）》具有重要的史学意义与现实意义。首先，作为史学家，我们不仅有义务研究历史、还原历史，更有责任记录历史、传承历史。作为生活在环境污染严重、环境危机加重、环境治理困难的剧烈变革时代之中的当代人，应当忠实地记录和保存当代环境事件的原貌，这是史学家应当担负的使命；其次，中华人民共和国早期尽管亦有环境污染，但总体来说数量较少，人们对环境的关注度较低，记录也较少。但随着时间的拉近，越到后面破坏越严重，环境事件越多，人们的关注度也越高，记录也越多；我们记录这些环境事件，不仅可以使人们从中了解此前的环境污染与治理状况，还能把握当前环境污染的状况、环境治理的进展与困境，从而唤醒与增强人们的环境保护意识，促使更多的人加入环境保护事业之中，更能从纷繁复杂的环境事件中，寻找与发现历史深处的规律，对当前的环境治理具有重要的现实意义；最后，十八大从新的历史起点出发，做出大力推进生态文明建设的战略决策，十九大更是提出"加快生态文明体制改革，建设美丽中国"①的目标，《云南环境史志资料汇编（2004—2010 年）》为研究云南生态文明建设提供了一个强有力的证据，同时对云南争当"生态文明建设排头兵"具有积极的现实价值。

"安者非一日而安也，危者非一日而危也，皆以积渐然"。因此，环境保护工作是一项漫长的持久战，需要做好充分的思想准备，相信随着社会的进步，人们环境保护意识的提高，青山绿水的良好生态环境定会展现在世人面前，人与自然定会和谐相处。

周　琼
2019 年 10 月 22 日

---

① 习近平：《决胜全面建成小康社会 夺取新时代中国特色社会主义伟大胜利——在中国共产党第十九次全国代表大会上的报告》，北京：人民出版社，2017 年，第 50 页。

目 录

第一章 2004—2010年云南环境史志资料

第一节 环境状况概要

一、2005年

2005年是实施"十五"计划的最后一年，云南省环境保护系统围绕云南省委、云南省人民政府的中心工作，服务于既快又好的发展主题，继续推进以九大高原湖泊为重点的水环境污染防治工作，加强污染治理工作，进一步改善城乡环境质量。加强生态环境保护与建设，保持生态环境良好水平。严格环境保护执法，积极协调、妥善处理经济发展与环境保护的矛盾，切实解决危害群众健康的突出环境问题。继续大力加强环境保护队伍建设，进一步提高环境监管能力。2005年，云南省环境保护直接投资49.16亿元，比上年增长33.7%，约占云南省地区生产总值的1.4%，其中城市环境保护基础设施投资31.49亿元，工业污染治理投资17.67亿元。

"十五"期间，云南省的环境保护工作在云南省委、云南省人民政府的正确领导下，通过云南省上下的共同努力，较好地完成了"十五"环境保护计划的各项任务。云南省环境质量状况保持基本稳定，国家确定的主要污染物排放总量基本得到控制，生态环境总体水平保持良好，重点城市、重点区域的环境治理取得一定进展，环境保护基础设施建设步伐加快，环境质量有所改善，以滇池为重点的九大高原湖泊水污染综合防治工作取得积极进展，云南省未发生重大环境污染和生态破坏突发事件，环境安全得到保障。同时，全社会环境意识普遍增强，各级环境保护部门的环境监管能力不断提高。

"十五"期间累计环境保护直接投资 171 亿元，占地区生产总值比重的 5 年平均值为 1.27%。但是，云南水资源短缺、水环境污染严重、大气污染加重、生态环境恶化的趋势还没有得到有效遏制，环境形势依然严峻。要坚持以经济建设为中心，坚持在发展中实现保护，在保护中促进发展。切实履行环境执法监督职能，全面提高环境执法能力。以九大高原湖泊水污染综合防治和 7 个重点城市大气污染防治工作为重点，加强自然生态环境保护，严格控制污染物排放总量，积极推行循环经济，弘扬环境文化，倡导生态文明，增强全民环境保护意识，严防环境污染事故发生，确保环境安全，为云南省经济社会又快又好发展提供良好的环境空间[①]。

二、2006 年

2006 年是"十一五"开局之年，云南省环境保护系统坚决贯彻全国、全省环境保护大会和《国务院关于落实科学发展观加强环境保护的决定》精神，紧紧围绕云南省委、云南省人民政府中心工作，突出重点抓落实，较好地完成了各项环境保护任务。总体上看，云南省环境质量状况保持稳定，部分区域环境质量有所改善，但环境形势依然严峻，2006 年云南省主要污染物减排计划指标没有完成，不降反升，且增幅高于全国平均水平[②]。

三、2007 年

2007 年，云南省委、云南省人民政府全面启动实施了以"七彩云南·我的家园"为主题的"七彩云南保护行动"，云南省环境保护工作以实施"七彩云南保护行动"为载体，突出水污染物减排和以滇池为重点的水环境综合整治等重点任务。通过认真落实各项综合治理措施，切实解决一批关系民生的突出环境问题，大力加强自然保护区建设与管护，继续抓好各类绿色创建示范项目，不断创新环境保护宣传方式，采取坚决有力的节能减排综合措施，环境治理行动得到有效推进并取得明显成效，环境保护行动不断深入，生态保护行动积极推进，绿色创建行动蓬勃开展，绿色传播行动丰富多彩，节能减排行动成效明显，为云南省经济社会环境全面协调可持续发展做出了积极贡献。

2007 年，云南省首次完成年度减排任务，但化学需氧量和二氧化硫排放总量仍比

---

① 《云南减灾年鉴》编辑委员会：《云南减灾年鉴：2004—2005》，昆明：云南科技出版社，2006 年，第 226 页。
② 《云南减灾年鉴》编辑委员会：《云南减灾年鉴：2006—2007》，昆明：云南科技出版社，2008 年，第 178 页。

2005 年分别增加了 1.5%和 2.24%。与此同时，部分区域水资源短缺、水污染严重的状况仍然存在；重点地区和重点领域生态恶化的趋势没有得到有效遏制，环境污染引发的群体性事件呈上升趋势；各级环境保护部门的能力和全社会的环境保护意识与新形势、新任务的要求还有较大差距。要实现经济社会环境全面协调可持续发展，构建社会主义和谐社会的目标，环境保护工作任务依然十分艰巨[1]。

四、2008—2009 年

2008—2009 年，云南省完成了主要污染物减排年度任务；以九大高原湖泊为重点的水污染防治工作全面推进；阳宗海水体污染事件得到妥善处置，编制完成了《阳宗海水体砷污染综合治理方案》并组织实施；滇西北生物多样性保护工作全面启动；农村环境保护和生态创建工作成效明显；环境行政管理服务水平进一步提高；环境执法监督管理进一步加强，有效解决了一批突出的环境问题；环境法制、政策、科技、宣传教育、信息和对外合作积极推进，云南省环境保护队伍能力建设明显增强，圆满地完成了全年各项工作任务。总体上看，云南省环境质量状况保持稳定，部分区域环境质量有所改善。但污染排放量居高不下，污染减排反弹压力增大，减排形势不容乐观，生态文明建设认识不到位，推进"七彩云南保护行动"工作不平衡。城市环境污染问题依然严峻，水污染防治任务繁重，环境监管压力较大。综合协调监督管理能力薄弱，环境保护执法水平、执法能力和队伍素质有待进一步提高。环境保护工作任务依然繁重而艰巨[2]。

五、2010 年

2010 年，云南省环境机构坚决贯彻落实中央和云南省委、云南省人民政府的各项重大决策部署，面对国际金融危机和百年一遇的特大干旱，以实施"七彩云南保护行动"为载体，以争当"生态文明建设排头兵"为总目标，把加强环境保护与提高发展质量效益、促进社会和谐有机结合起来，从经济社会发展的全局定位环境保护工作，努力把环境保护与转方式、调结构、惠民生有机结合起来，大力推进生态文明建设和面向西南开放桥头堡建设，突出抓好主要污染物减排、以九大高原湖泊为重点的水环境综合整治和以滇西北生物多样性保护为重点的生态环境建设与保护等各项工作，积极开展农村

---

① 《云南减灾年鉴》编辑委员会：《云南减灾年鉴：2006—2007》，昆明：云南科技出版社，2008 年，第 178 页。

② 《云南减灾年鉴》编辑委员会：《云南减灾年鉴：2008—2009》，昆明：云南科技出版社，2010 年，第 191 页。

环境保护，加大环境保护执法监管力度，有效防控各类环境污染和环境风险，大力解决危害群众健康、影响可持续发展的突出环境问题，加强环境保护能力建设，全面推进环境保护各项工作，圆满地完成了"十一五"确定的各项工作任务，为"十二五"环境保护工作起了个好头，开了个好局①。

第二节　废水、废气排放

一、废水排放

（一）2004 年

2004 年，云南省废水排放总量 7.83 亿吨，废水中排放化学需氧量 29.02 万吨，氨氮 1.80 万吨。其中，工业废水排放量 3.84 亿吨，占排放总量的 49.0%。工业废水中化学需氧量排放量 9.75 万吨，氨氮 2751 吨，其他污染物 284.02 吨。工业废水及污染物排放的主要行业是农副食品加工业、化学工业等；主要排放地区是德宏傣族景颇族自治州、昆明市、红河哈尼族彝族自治州、曲靖市；主要排放流域是珠江水系、金沙江水系、澜沧江水系和红河水系②。

（二）2005 年

2005 年，云南省废水排放总量 7.52 亿吨，废水中排放化学需氧量 28.47 万吨，氨氮 1.94 万吨。其中，工业废水排放量 3.29 亿吨，占排放总量的 43.8%。工业废水中化学需氧量排放量 10.69 万吨，氨氮 4362.42 吨，其他污染物 214.40 吨。工业废水及污染物排放的主要行业是农副食品加工业、化学工业等；主要排放地区是昆明市、曲靖市、红河哈尼族彝族自治州；主要排放流域是金沙江水系、珠江水系和澜沧江水系③。

（三）2006 年

2006 年，云南省废水排放总量 8.05 亿吨，废水中排放化学需氧量 29.37 万吨，氨氮

① 《云南减灾年鉴》编辑委员会：《云南减灾年鉴：2010—2011》，昆明：云南科技出版社，2012 年，第 180 页。
② 《云南减灾年鉴》编辑委员会：《云南减灾年鉴：2004—2005》，昆明：云南科技出版社，2006 年，第 226 页。
③ 《云南减灾年鉴》编辑委员会：《云南减灾年鉴：2004—2005》，昆明：云南科技出版社，2006 年，第 226 页。

排放量 1.96 万吨。其中，工业废水排放量 3.43 亿吨，占排放总量的 42.6%。工业废水中化学需氧量排放量 10.56 万吨，氨氮 4035.59 吨，其他污染物 214.29 吨，与上年基本持平[①]。

（四）2007 年

2007 年，云南省废水排放总量 8.38 亿吨，废水中排放化学需氧量 29.00 万吨，氨氮排放量 1.98 万吨。其中，工业废水排放总量 3.54 亿吨，工业废水中化学需氧量排放量 9.79 万吨，氨氮 4059.25 吨，其他污染物 202.14 吨[②]。

（五）2008 年

2008 年，云南省废水排放总量 83864.57 万吨。其中，工业废水排放总量 32995.53 万吨，化学需氧量排放量 28.05 万吨，氨氮排放量 2.03 万吨，工业废水中其他污染物排放量为 139.43 吨[③]。

（六）2009 年

2009 年，云南省废水排放总量 8.76 亿吨。其中，工业废水排放总量 3.24 亿吨，化学需氧量排放量 27.31 万吨，氨氮排放量 1.90 万吨，工业废水中其他污染物排放量 132.33 吨[④]。

二、废气排放

（一）2004 年

2004 年，云南省工业废气排放总量 4940.17 亿标准立方米。废气污染物排放量为二氧化硫 47.75 万吨（其中，工业二氧化硫 39.99 万吨）；烟尘 18.38 万吨（其中，工业烟尘 13.80 万吨）；工业粉尘 12.33 万吨。废气及污染物排放的主要行业是金属冶炼及压延加工业、化学工业，主要地区是昆明市、曲靖市、红河哈尼族彝族自治州和文山壮族苗族自治州[⑤]。

---

① 《云南减灾年鉴》编辑委员会：《云南减灾年鉴：2006—2007》，昆明：云南科技出版社，2008 年，第 178 页。
② 《云南减灾年鉴》编辑委员会：《云南减灾年鉴：2006—2007》，昆明：云南科技出版社，2008 年，第 178 页。
③ 《云南减灾年鉴》编辑委员会：《云南减灾年鉴：2008—2009》，昆明：云南科技出版社，2010 年，第 191 页。
④ 《云南减灾年鉴》编辑委员会：《云南减灾年鉴：2008—2009》，昆明：云南科技出版社，2010 年，第 191 页。
⑤ 《云南减灾年鉴》编辑委员会：《云南减灾年鉴：2004—2005》，昆明：云南科技出版社，2006 年，第 227 页。

（二）2005 年

2005 年，云南省工业废气排放总量 5444.20 亿标准立方米。废气污染物排放量为二氧化硫 52.19 万吨（其中，工业二氧化硫 42.89 万吨）；烟尘 22.67 万吨（其中，工业烟尘 17.08 万吨）；工业粉尘 15.53 万吨。废气及污染物排放的主要行业是金属冶炼及压延加工业、化学工业，主要地区是昆明市、曲靖市、昭通市、红河哈尼族彝族自治州和文山壮族苗族自治州[1]。

（三）2006 年

2006 年，云南省工业废气排放总量 6646.08 亿标准立方米。废气污染物排放量为二氧化硫 55.1 万吨（其中，工业二氧化硫 45.62 万吨）；烟尘 21.73 万吨（其中，工业烟尘 15.95 万吨）；工业粉尘 14.78 万吨[2]。

（四）2007 年

2007 年，云南省工业废气排放总量 8081.71 亿标准立方米，二氧化硫排放量 53.37 万吨，工业二氧化硫排放量 44.54 万吨，烟尘排放量 20.99 万吨，工业烟尘排放量 15.24 万吨，工业粉尘排放量 13.78 万吨[3]。

（五）2008 年

2008 年，云南省工业废气排放总量 8316.08 亿标准立方米，二氧化硫排放量 50.17 万吨，工业二氧化硫排放量 41.99 万吨，烟尘排放量 20.52 万吨，工业烟尘排放量 15.19 万吨，工业粉尘排放量 12.15 万吨[4]。

（六）2009 年

2009 年，云南省工业废气排放总量 9483.80 亿标准立方米，二氧化硫排放量 49.93 万吨，工业二氧化硫排放量 41.78 万吨，烟尘排放量 17.83 万吨，工业烟尘排放量 12.35 万吨，工业粉尘排放量 10.18 万吨[5]。

---

[1] 《云南减灾年鉴》编辑委员会：《云南减灾年鉴：2004—2005》，昆明：云南科技出版社，2006 年，第 227 页。
[2] 《云南减灾年鉴》编辑委员会：《云南减灾年鉴：2006—2007》，昆明：云南科技出版社，2008 年，第 178 页。
[3] 《云南减灾年鉴》编辑委员会：《云南减灾年鉴：2006—2007》，昆明：云南科技出版社，2008 年，第 178 页。
[4] 《云南减灾年鉴》编辑委员会：《云南减灾年鉴：2008—2009》，昆明：云南科技出版社，2010 年，第 191 页。
[5] 《云南减灾年鉴》编辑委员会：《云南减灾年鉴：2008—2009》，昆明：云南科技出版社，2010 年，第 191 页。

第三节 工业固体废物排放

一、2004 年

2004 年，云南省工业固体废物产生量 4053.39 万吨。其中，危险废物产生量 20.73 万吨。2004 年，云南省工业固体废物排放量 55.10 万吨，其中，危险废物排放量 0.4 吨。云南省工业固体废物的主要排放行业是煤炭开采业和农副食品加工业，主要地区是昆明市、昭通市、保山市[①]。

二、2005 年

2005 年，云南省工业固体废物产生量 4661.49 吨。其中，危险废物产生量 30.41 万吨。2005 年，云南省工业固体废物排放量 70.66 万吨。其中，危险废物排放量 0.25 吨。工业固体废物的主要排放行业为煤炭开采业、化学原料及化学制品制造业、农副食品加工业，主要地区是昆明市、昭通市、文山壮族苗族自治州、怒江傈僳族自治州、保山市[②]。

三、2006 年

2006 年，云南省工业固体废物产生量 5972.37 万吨。其中，危险废物产生量 57.31 万吨。2006 年，云南省工业固体废物排放量 9.56 万吨，其中，危险废物排放量 5.45 吨[③]。

四、2007 年

2007 年，云南省工业固体废物产生量 7097.52 万吨。其中，危险废物产生量 16.86 万吨。2007 年，云南省工业固体废物排放量 82.66 万吨。其中，危险废物排放

① 《云南减灾年鉴》编辑委员会：《云南减灾年鉴：2004—2005》，昆明：云南科技出版社，2006 年，第 227 页。
② 《云南减灾年鉴》编辑委员会：《云南减灾年鉴：2004—2005》，昆明：云南科技出版社，2006 年，第 227 页。
③ 《云南减灾年鉴》编辑委员会：《云南减灾年鉴：2006—2007》，昆明：云南科技出版社，2008 年，第 178 页。

量 0.03 吨[①]。

五、2008 年

2008 年，云南省工业固体废物产生量 7986.42 万吨。其中，危险废物产生量 53.02 万吨。2008 年，云南省工业固体废物排放量 39.42 万吨[②]。

六、2009 年

2009 年，云南省工业固体废物产生量 8672.83 万吨。其中，危险废物产生量 50.44 万吨。2009 年，云南省工业固体废物排放量 60.65 万吨[③]。

第四节　城市污染物排放

一、2004 年

2004 年，云南省城市生活污水排放量 3.99 亿吨，污水中化学需氧量排放量 19.26 万吨，氨氮排放量 1.52 万吨，城市生活二氧化硫排放量 7.76 万吨，生活烟尘排放量 4.58 万吨[④]。

二、2005 年

2005 年，云南省城市生活污水排放量 4.23 亿吨，污水中化学需氧量排放量 17.78 万吨，氨氮排放量 1.50 万吨，城市生活二氧化硫排放量 9.30 万吨，生活烟尘 5.59 万吨[⑤]。

① 《云南减灾年鉴》编辑委员会：《云南减灾年鉴：2006—2007》，昆明：云南科技出版社，2008 年，第 178 页。
② 《云南减灾年鉴》编辑委员会：《云南减灾年鉴：2008—2009》，昆明：云南科技出版社，2010 年，第 191 页。
③ 《云南减灾年鉴》编辑委员会：《云南减灾年鉴：2008—2009》，昆明：云南科技出版社，2010 年，第 191 页。
④ 《云南减灾年鉴》编辑委员会：《云南减灾年鉴：2004—2005》，昆明：云南科技出版社，2006 年，第 227 页。
⑤ 《云南减灾年鉴》编辑委员会：《云南减灾年鉴：2004—2005》，昆明：云南科技出版社，2006 年，第 227 页。

三、2006 年

2006 年，云南省城市生活污水排放量 4.62 万亿吨，污水中化学需氧量排放量 18.80 万吨，氨氮排放量 1.56 万吨，城市生活二氧化硫排放量 9.48 万吨，生活烟尘 5.78 万吨。2006 年，云南省清运垃圾 773.5 万吨/年。2006 年，云南省机动车保有量 3390835 辆，汽车在用数 124181 辆。其中，昆明市机动车 715560 辆，市区汽车在用数达 403969 辆，昆明市机动车排放污染逐渐加重①。

四、2007 年

2007 年，云南省城市生活污水排放量 4.84 亿吨，污水中化学需氧量排放量 19.21 万吨，氨氮排放量 1.58 万吨。城市生活二氧化硫排放量 8.83 万吨，生活烟尘 5.75 万吨。2007 年，云南省清运垃圾 536.6 万吨。2007 年，汽车在用数 4345697 辆，城市机动车数量逐年增加，污染排放呈加重趋势②。

五、2008 年

2008 年，云南省城市生活污水排放量 5.09 亿吨，污水中化学需氧量排放量 18.86 万吨，氨氮排放量 1.68 万吨。城市生活二氧化硫排放量 8.18 万吨，生活烟尘排放量 5.32 万吨。2008 年，云南省机动车保有量 4981130 辆，比上年增长 619362 辆。城市机动车数量逐年增加，机动车尾气排放污染呈加重趋势③。

六、2009 年

2009 年，云南省城市生活污水排放总量 5.52 亿吨，污水中化学需氧量排放量 18.78 万吨，氨氮排放量 1.58 万吨。2009 年，云南省机动车保有量达 5877943 辆，新增注册 990000 辆④。

---

① 《云南减灾年鉴》编辑委员会：《云南减灾年鉴：2006—2007》，昆明：云南科技出版社，2008 年，第 179 页。
② 《云南减灾年鉴》编辑委员会：《云南减灾年鉴：2006—2007》，昆明：云南科技出版社，2008 年，第 179 页。
③ 《云南减灾年鉴》编辑委员会：《云南减灾年鉴：2008—2009》，昆明：云南科技出版社，2010 年，第 191 页。
④ 《云南减灾年鉴》编辑委员会：《云南减灾年鉴：2008—2009》，昆明：云南科技出版社，2010 年，第 191—192 页。

第五节　电磁辐射污染

一、2004 年

2004 年，监测结果表明，昆明市内的广播电视发射台、气象雷达站周围环境电磁辐射及环境敏感点的电磁辐射水平均符合国家标准的限值；市郊的 500 千伏高压输电线及 220 千伏变电站周围环境电磁辐射水平均未超过国家标准规定的环境限值[①]。

二、2005 年

2005 年，云南省重点辐射污染源及其周围环境的辐射总体水平仍处于正常波动范围内，安全状况正常。昆明市内主要电磁辐射污染源及其周围的电磁辐射水平处于安全水平[②]。

三、2006—2007 年

截至 2007 年底，云南省共有放射性同位素与射线装置工作单位 2379 家，密封放射源 3182 枚，云南省城市放射性废物库 2007 年收贮各类废弃放射源 124 枚。使用射线装置的企事业单位有 1849 家，共 3026 台（套）。无线电台（站）460 万个，移动通信基站 12512 个，微波站 932 个，广播发射台 2530 个，电视差转台 11439 座。

2006—2007 年，云南省连续两年对省内大型放射性同位素辐照装置、省广播电视大楼、省气象局气象雷达、220 千伏输电线、变电站进行了监测。监测数据表明，各个监测点位 γ 辐射剂量没有出现异常情况[③]。

四、2008 年

2008 年，云南省共有放射源使用单位 580 家，在用放射源 2999 枚，云南省城市放

① 《云南减灾年鉴》编辑委员会：《云南减灾年鉴：2004—2005》，昆明：云南科技出版社，2006 年，第 227 页。
② 《云南减灾年鉴》编辑委员会：《云南减灾年鉴：2004—2005》，昆明：云南科技出版社，2006 年，第 227 页。
③ 《云南减灾年鉴》编辑委员会：《云南减灾年鉴：2006—2007》，昆明：云南科技出版社，2008 年，第 179 页。

射性废物库 2008 年共收贮各类废弃放射源 112 枚。共有射线装置使用单位 1849 家，射线装置 3026 台（套）。共有电磁辐射设备（设施）总数为 109669 台（套），总功率为 913495529.4 千瓦，主要分布在广播电视、通信、气象、民航、电力、铁路、工业七大行业。云南省各地的环境辐射水平和环境介质中的放射性核素水平均保持在安全范围之内，核技术运用中的放射性同位素、射线装置和放射性药品总体处于安全水平[1]。

五、2009 年

2009 年，云南省共有核技术利用单位 2003 家，其中放射源使用单位 411 家，在用放射源 1758 枚；射线装置使用单位 1592 家，射线装置 2771 台（套）。核技术应用中的放射性同位素、射线装置总体处于安全状态[2]。

六、2010 年

2010 年，辐射环境质量监测覆盖云南省昆明、玉溪、大理、丽江、临沧、西双版纳、怒江和迪庆 8 个州（市），监测的 γ 辐射剂量率范围为 38.6—108.2 纳格瑞/小时，均值为 61.1 纳格瑞/小时（已扣除宇宙射线响应值），辐射环境质量保持稳定，辐射环境水平处于正常波动范围。云南省重点辐射污染源周围辐射环境水平正常。2010 年，云南省共有核技术利用单位 2266 家，其中放射源使用单位 473 家，在用放射源 2006 枚；射线装置使用单位 1793 家，射线装置 3410 台（套）。核技术应用中的放射性同位素和射线装置总体处于安全状态[3]。

第六节　环境污染事故

一、2004 年

2004 年，云南省共发生环境污染事故 18 起，其中特大污染事故 1 起，重大污染事

① 《云南减灾年鉴》编辑委员会：《云南减灾年鉴：2008—2009》，昆明：云南科技出版社，2010 年，第 192 页。
② 《云南减灾年鉴》编辑委员会：《云南减灾年鉴：2008—2009》，昆明：云南科技出版社，2010 年，第 192 页。
③ 《云南减灾年鉴》编辑委员会：《云南减灾年鉴：2010—2011》，昆明：云南科技出版社，2012 年，第 183 页。

故 2 起，较大污染事故 15 起。特大与重大污染事故造成经济损失 200 多万元[①]。

二、2005 年

2005 年，云南省共发生环境污染事故 159 起，其中重大污染事故 4 起，较大污染事故 18 起。重大污染事故造成经济损失 23 多万元[②]。

三、2006 年

2006 年，云南省共发生环境污染事故 101 起，无重大、特大污染事故发生；较大污染事故 11 起，较大污染事故造成经济损失 34.3 万元[③]。

（一）澜沧铅矿尾矿库落洞造成河流污染事件

2006 年 8 月 17 日 5 时许，云南澜沧铅矿有限公司尾矿库区内发生落洞，大量尾矿废水从落洞口不断流入地下暗河，由溶洞出口进入南朗河。至 14 时左右，落洞口自行堵塞。事故造成南朗河澜沧至勐海段严重污染，澜沧县境内南朗河段水体由Ⅳ类急剧下降为劣Ⅴ类，勐海县境内南朗河段由Ⅲ类下降为劣Ⅴ类。事故造成直接经济损失 196 万元，其中，政府部门应急处置开支 79 万元，企业应急开支和停产损失达 117 万元；导致一段时期内南朗河水不能进行农作物灌溉和人畜饮用，严重影响了沿河两岸两县 9 个乡镇群众正常生产生活，给当地农业、渔业和旅游业等带来经济损失。受污染的区域无自然保护区和濒危物种，没有造成人畜中毒、死亡。依据国家关于环境污染事故分级的有关规定，这是一起较大的水环境污染事件（Ⅲ级）[④]。

（二）昌宁县永兴加油站汽油泄漏污染河流事件

2006 年 11 月 1 日 9 时，保山市昌宁县田园镇右甸路中段北侧永兴加油站（隶属中国石油西南销售分公司）在质量员缺岗、卸油员不在卸油现场的情况下，对加油站内一辆油罐车进行卸载汽油，储油罐装满后 967 升汽油溢出并迅速渗漏，进入流经永兴加油站的新寨河，流程约 500 米后汇入右甸河，造成新寨河、右甸河的水体污染，并引发火灾。汽油溢出造成的环境污染未直接引起人员伤亡，但因火灾有 1 人被轻度烧伤，直接

① 《云南减灾年鉴》编辑委员会：《云南减灾年鉴：2004—2005》，昆明：云南科技出版社，2006 年，第 227 页。
② 《云南减灾年鉴》编辑委员会：《云南减灾年鉴：2004—2005》，昆明：云南科技出版社，2006 年，第 227 页。
③ 《云南减灾年鉴》编辑委员会：《云南减灾年鉴：2006—2007》，昆明：云南科技出版社，2008 年，第 179 页。
④ 《云南减灾年鉴》编辑委员会：《云南减灾年鉴：2006—2007》，昆明：云南科技出版社，2008 年，第 187 页。

经济损失 9.5 万元，间接经济损失 33.5 万元。由于事故溢出的汽油数量有限，加之大量溢出初期引发火灾，使漂浮在河面的大部分汽油被燃烧分解，故河流水体受污染程度较轻。根据环境事件类型标准，该环境事件被认定为一般环境污染与破坏事件（Ⅳ级）[①]。

（三）宁洱县境内交通事故造成甲醛泄漏污染河流事件

2006 年 11 月 4 日 23 时，一辆载有 16 吨甲醛的东风槽车，在行至民政村大弯田白龙场时发生交通事故，翻至路边的农田中，部分甲醛直接泄入农田。估计约 9.26 吨甲醛泄漏流入白龙场河。河流沿途未发现鱼类死亡现象，未接到人、畜中毒报警。根据《国家突发环境事件分级标准》，这次事故定性为交通事故引发的一般水环境事件（Ⅳ级）[②]。

四、2007 年

2007 年，云南处理污染纠纷 1892 起，结案率 97%；群众信访 7819 件，处理率 99%，结案率 98.6%[③]。

（一）元江县"3·3"水污染问题

2007 年 3 月 3 日凌晨 4 时左右，红河流域元江小南玛江段出现死鱼，河水发黑发黄，并带有一股酒精、糖泥的气味。当天 13 时，群众向元江县政府反映，元江澧江大桥以上河水出现颜色异常。排查发现，沙糖厂存在严重违法行为，公司擅自改变处置方式，并私设 2 个排污口违法排污，导致红河流域元江小南玛江段出现死鱼，河水发黑发黄。这是一起因违法排污引发的一般突发环境水污染事件[④]。

（二）富宁县交通事故引发粗酚泄漏污染河流事件

2007 年 12 月 28 日 17 时，一辆装载 31.2 吨粗酚的重型货运罐车，行至富宁县境内时，因司机对路面情况估计不足，在会车避让过程中致使车辆右后轮压塌路基后侧翻于道路右侧，造成该运输车车体与罐体脱离，装满粗酚的液罐顺坡滚下 50 米，罐体盖子脱落，粗酚由罐口泄漏。经测算，泄漏的粗酚约 1 吨流入普厅河。事故造成普厅河流域和部分农田污染，同时严重影响沿河居民正常的生产生活。根据突发环境事件分级标

① 《云南减灾年鉴》编辑委员会：《云南减灾年鉴：2006—2007》，昆明：云南科技出版社，2008 年，第 187 页。
② 《云南减灾年鉴》编辑委员会：《云南减灾年鉴：2006—2007》，昆明：云南科技出版社，2008 年，第 188 页。
③ 《云南减灾年鉴》编辑委员会：《云南减灾年鉴：2006—2007》，昆明：云南科技出版社，2008 年，第 179 页。
④ 《云南减灾年鉴》编辑委员会：《云南减灾年鉴：2006—2007》，昆明：云南科技出版社，2008 年，第 188 页。

准，这是一起因交通事故引发的一般突发环境水污染事件（Ⅳ级）①。

五、2008—2009 年

2008—2009 年，云南省共发生突发环境事件 20 起。其中等级突发环境事件 6 起，占 30%，非等级突发环境事件 14 起，占 70%。在 6 起等级突发环境事件中，较大（Ⅲ级）突发环境事件 3 起，占 50%，一般（Ⅳ级）突发环境事件 3 起，占 50%。未发生特大（Ⅰ级）、重大（Ⅱ级）突发环境事件。在 20 起突发环境事件中，因安全生产事故引发的 8 起，占 40%，因交通事故引发的 6 起，占 30%，因违法排污引发的 2 起，占 10%。这些突发环境事件给当地经济社会稳定、政治安定构成了重大威胁②。

（一）鹤庆县北衙尾矿库泄漏造成河流污染事件

2008 年 4 月 5 日 23 时，云南地矿资源股份有限公司北衙分公司尾矿库中底部东南边出现长约 10 米、宽 3—4 米的泄漏带，约 5040 立方米废水及部分泥渣泄漏，其主要超标污染物为氰化物。事件发生后，云南省环境保护厅高度重视，立即派出人员第一时间赶赴现场指导应急处置工作。州、县两级党委、政府接报后及时启动了应急预案。（1）迅速组织人员用沙石和混凝土对泄漏尾矿库进行堵漏处理。（2）在落水洞出水口及下游 4 千米处设置两个断面，投放石灰及漂白粉进行应急处置。（3）及时对落漏河农业灌溉干渠进行封堵，防止污染扩大。（4）立即组织人员封堵取水口，发布信息，告知沿岸群众，禁止人畜接触落漏河，同时组织消防车及 500 余只水桶保障群众供水。（5）在落水洞出水口下游布设 5 个监测断面，以及在黄坪镇自来水厂地下水源监测点进行监测。（6）对事故原因开展调查。事故造成少量鱼因水污染死亡，黄坪镇自来水厂停止供水 6 小时，未发生人、畜中毒、死亡。此事件属一般（Ⅳ级）突发环境水污染事件，环境保护部门依法对该企业给予了行政处罚③。

（二）澄江县东溪哨磷化工企业渣库渗漏污染地下水事件

2008 年 5 月 3 日，澄江县（今玉溪市澄江市，下同）海口镇罗碧村龙潭水突然变浑浊，群众生产生活用水受到影响，云南省环境保护厅立即指示总队赶赴现场开展督察工作。玉溪市环境保护部门启动了突发环境事件应急响应预案，并开展了以下应急处置。

① 《云南减灾年鉴》编辑委员会：《云南减灾年鉴：2006—2007》，昆明：云南科技出版社，2008 年，第 188 页。
② 《云南减灾年鉴》编辑委员会：《云南减灾年鉴：2008—2009》，昆明：云南科技出版社，2010 年，第 199 页。
③ 《云南减灾年鉴》编辑委员会：《云南减灾年鉴：2008—2009》，昆明：云南科技出版社，2010 年，第 199 页。

（1）责令工业片区内的 13 家企业停产，停止使用黄磷水渣库。（2）将老客田小坝塘渣库坝下约 500 米处的渗漏水坝塘的外排出水口封堵，并将塘内蓄水全部回抽企业回用，切断了进入秧田的落水洞的污染水源。（3）开展对入河水质及南盘江水质的监测，同时监察人员对该区域进行时时现场检查。（4）安排有关单位、企业分别在罗碧村龙潭蓄水池、大沟下段及各污水渗出源使用石灰、漂白粉进行中和处理。（5）责成 13 家化工企业筹资 120 万元，于 5 月 29 日启动了甸朵龙潭引水工程，保障罗碧村生产用水安全，并安排两名村委会领导做好龙潭水质观测。（6）由玉溪市、昆明市环境监测站加大对污染水源的跟踪监测力度，污染得到了有效控制。经查，该事件的主要超标污染物为磷、氟化物。事件造成 49 户 188 人生产生活用水受到影响，2 人身体出现不适。此事件属较大（Ⅲ级）突发环境水污染事件，环境保护部门依法对相关企业给予了行政处罚[①]。

（三）富宁县交通事故引发粗酚泄漏污染水库事件

2008 年 6 月 6 日 17 时，一辆装载粗酚的运输车在行至衡昆高速公路富宁段者桑境内 K27+800 处发生翻车，罐内粗酚发生泄漏。事件发生后，省、市（州）环境保护部门立即启动了突发环境事故应急预案。（1）及时开展堵源截污工作，并于 6 月 7 日 9 时停止了剥隘镇的饮水供应。（2）在沿河流域建起了 7 个石灰拦污坝和 3 个活性炭拦污坝，对污染物进行吸附和降解，有效控制了污染的扩散速度和危害程度。（3）及时从富宁、广南、砚山等地调集消防车 3 台，从者桑取饮用水送往剥隘镇，保障全镇居民和应急处置人员生活需要。（4）云南省监测机构在事故现场者桑至罗村口段设置 6 个监测断面进行监测。经查，该事故因车辆制动失控发生翻车，导致车体严重解体，罐体、车架和驾驶室分离，3 名驾乘人员当场死亡；罐内 33.6 吨粗酚全部泄漏，对者桑河造成污染。该污染造成富宁县剥隘镇 4200 人集中式饮用水停止供应。这起事件属较大（Ⅲ级）突发环境污染事件，环境保护部门依法对该企业和责任人给予了相应的行政处罚[②]。

（四）昆明富锦肉类加工液氨泄漏事件

2009 年 5 月 5 日 19 时，昆明富锦肉类加工有限责任公司发生液氨泄漏。事件发生后，省、市环境保护部门及时启动了突发环境事件应急预案，并开展以下应急处置工作。（1）云南省环境监察总队按照云南省环境保护厅要求向昆明市环境保护局发出了

① 《云南减灾年鉴》编辑委员会：《云南减灾年鉴：2008—2009》，昆明：云南科技出版社，2010 年，第 199 页。
② 《云南减灾年鉴》编辑委员会：《云南减灾年鉴：2008—2009》，昆明：云南科技出版社，2010 年，第 199—200 页。

《督察通知》，并派人对该事故处理处置情况进行了现场督察。（2）公安消防人员赶到现场及时采用消防水对泄漏的氨气进行处理。（3）在企业和安监、消防、环境保护等部门的共同配合下，冷库液氨装置在20分钟内安全关闸，防止了氨气的进一步泄漏。（4）昆明市环境监测中心监测人员随即对液氨泄漏点及附近环境进行监测。（5）组成事故调查组，对液氨泄漏事故进行调查处理。（6）责令昆明市环境保护局加强对该企业污水排放口的监测，防止残余含氨污水二次污染。经查，该事故为因制冷剂铸铁管道发生爆裂导致的制冷剂液氨泄漏事件，泄漏量约为150千克，28人不同程度中毒，未造成人员死亡。这起事件属较大（Ⅲ级）突发环境污染事件，环境部门依法对该企业给予了相应的行政处罚[①]。

（五）普洱恒益矿业环境污染事件

2009年10月23日20时许，镇沅县普洱恒益矿业有限责任公司约10吨1.04‰氰化钠液体流入母洒河并流经13千米后在大寨汇入者东江。10月25日20时20分，云南省环境监察总队接报后，及时印发《关于镇沅县者东江死鱼事件的督察通知》，经调查，事件造成母洒河和东江河水体污染，3.5吨鱼死亡。这起事件属一般（Ⅳ级）突发环境水污染事件，环境部门依法对该企业给予了相应的行政处罚[②]。

（六）南盘江雷打滩水电站死鱼事件

2009年10月17日，弥勒县南盘江雷打滩水电站库区养殖户反映网箱养鱼出现死亡现象。事件发生后，省、州、县三级环境保护部门及时开展以下应急处置工作。（1）云南省环境保护厅对该事件应急处置进行了部署，提出了具体应急措施和要求。（2）云南省环境监察总队向红河哈尼族彝族自治州环境保护局提出了四条建议。（3）查找分析鱼死亡原因。（4）对死鱼数量进行进一步核查。实行"四禁一告"，组织打捞库区死鱼，用石灰消毒装袋深埋处理，以免造成二次污染。（5）要求云鹏水电站继续关闸蓄水，仍用一台机组发电。（6）组织污染源排查。（7）开展水质环境监测。经调查，此事件是由云南开远市明威有限公司、云南云天化国际化工股份有限公司红磷分公司、开远市泸江纸业有限责任公司三家排污企业超标排污造成水体污染所致。事件涉及养殖户12户，死鱼约542.38吨，直接经济损失约400万元。主要污染物是氨氮等水体消耗溶解氧物质。这起事件属较大（Ⅲ级）突发环境水污染事件，环境保护部门依法对超标排放的三家企业给予了行政处罚[③]。

---

① 《云南减灾年鉴》编辑委员会：《云南减灾年鉴：2008—2009》，昆明：云南科技出版社，2010年，第200页。
② 《云南减灾年鉴》编辑委员会：《云南减灾年鉴：2008—2009》，昆明：云南科技出版社，2010年，第200页。
③ 《云南减灾年鉴》编辑委员会：《云南减灾年鉴：2008—2009》，昆明：云南科技出版社，2010年，第200页。

六、2010年

2010年7月23日晚间，云南省大理白族自治州鹤庆县政府向媒体通报，该县在对北衙片区进行环境综合整治时，发现39名疑似血铅超标儿童，直接原因系当地村民土法"小氰池"提金所致。7月24日，云南省环境监察总队执法人员赶赴北衙工业片区，进行全面排查和处理。北衙片区位于大理白族自治州鹤庆县西邑镇北衙村，是鹤庆县伴随着铅的开发、加工、运用而发展起来的工业片区，该工业片区主要企业为1953年开始投产的北衙铅矿，现变更为鹤庆北衙矿业公司。经查，该片区工业企业7家，其中，黄金企业1家，选铁厂2家，铅炼企业3家，炼铁厂1家。现场检查时，鹤庆北衙矿业公司2000吨/日选矿生产线正在生产，露天剥采停产，其余6家企业全部处于停产状态。检查同时发现北衙村委会下辖7个村民小组家中私建"小氰池"，土法提取黄金，据鹤庆县公安部门初步统计约有私建"小氰池"270余座。很多村民改进工艺方法，使以往20天才提炼出黄金的时间缩短为几天，直接后果就是铅在提炼过程中挥发出来，浮游在1米左右的空气中，对村民尤其是儿童身体造成了严重危害。

鹤庆血铅事件发生后，云南省人民政府和段琪副省长当即指示要求大理白族自治州政府严肃查处，采取有效措施，认真解决各项善后事宜。云南省环境保护厅建议大理白族自治州政府督促鹤庆县彻底关停三家冶炼企业，妥善处置剩余原矿、尾渣和废水；尽快采取坚决有效的综合治理措施，关闭取缔大范围的村民私建"小氰池"，同时严管氰化钠和矿源，从源头上切断土法提金[1]。

---

① 《云南减灾年鉴》编辑委员会：《云南减灾年鉴：2010—2011》，昆明：云南科技出版社，2012年，第188—189页。

第二章　2004—2010年云南环境治理

第一节　环境治理与保护概况

一、2004年

（一）以九大高原湖泊为重点的水环境污染防治

2004年，"滇池流域水污染防治'十五'计划"26个项目，完成3项，在建18项，完成前期工作3项，开展前期工作2项，开工率80.77%；其他八大湖泊2003—2005年目标责任书147个项目，完成37项，在建64项，开展前期工作46项，开工率68.71%。滇池流域已建8座城市污水处理厂，处理能力58.5万吨/日。昆明市城区城市污水实际处理量1.6亿吨，削减化学需氧量2.68万吨、总氮2343吨、总磷411.43吨；其他八个湖泊已建11座污水处理厂（站），处理能力10.8万吨/日；已建5处入湖河口人工湿地减污工程，年处理混合污水约600万吨；入湖污染物总量得到削减[①]。

（二）工业污染防治

2004年，云南省完成497个河段、水域和7个"酸控区"城市空气环境容量测算，污染物排放总量指标细化分解到企业；全面推行排污许可证制度，加强1700家持证企业证后管理，加大对九大高原湖泊流域内119家重点工业企业现场监察力度；云南省

---

① 《云南年鉴（2005）》，昆明：云南年鉴社，2005年，第190页。

550 家重点工业企业实现全面达标的有 498 家，占 90.5%；8 家企业被责令停产治理。占云南省污染负荷 65% 的 139 家工业企业中有 47 家申请安装 76 套烟气、22 套水质在线监测装置。完成 14 家企业的清洁生产审核验收和 3 个清洁生产示范项目论证，昆明市、大理白族自治州等 8 个州（市）启动清洁生产审核机构试点①。

（三）重点城市环境综合整治

2004 年，7 个重点城市环境质量达标工程及"酸控区"规划项目取得进展；昆明市 6 个城市污水处理厂安装了水质在线监测系统；曲靖市完成 26 平方千米"烟控区"创建工作。云南省 14 个医疗废物处置项目的可研报告通过专家评审；完成云南省固体废物管理中心能力建设可研报告；保山、临沧等制定了医疗废物处置收费标准，实施市场化运作②。

（四）环境专项整治行动

2004 年，对钢铁、电解铝等行业违规建设问题和地方政府违反环境保护法律法规、干扰环境执法的"土政策"进行清理整顿。严肃查处峨山彝族自治县违规建设项目；核查和办理了曲靖部分焦炉、个旧冲坡哨炼铅企业达标验收复产手续；清查文山城镇饮用水源污染，昆明市居民区噪声、油烟扰民问题。专项行动共检查企业 7484 家，查处违法排污企业 1846 家，结案 1755 起，取缔土炼焦企业 839 家，清理纠正"土政策"文件 17 份，对云南省 8000 多家矿山企业进行生态保护情况执法检查。理顺和完善核与辐射安全管理机制，较好地实施云南省放射源清查专项行动，将涉及放射源应用的企事业单位 453 家、放射源 2429 枚纳入安全监管范围。安全销毁毒鼠强等剧毒杀鼠剂 11.27 吨。全年处理环境污染事故、环境纠纷、环境投诉分别为 58 起、1129 起、2721 起，结案率 94.8%、93.9%、92.4%③。

（五）环境管理

2004 年，云南省共审批建设项目 5912 项，环境影响评价执行率为 99.8%，涉及总投资 748.8 亿元，完成项目竣工验收 1159 项；开展云南省建设项目环境影响评价专项清查，清理钢铁、电解铝等重污染行业项目 93 项，固定资产投资项目 4107 项，对未经环境影响评价审批的违法建设项目进行严肃处理；对违法开工建设的金沙江溪洛渡水电站、宣威发电厂建设项目进行认真调查处理；对澜沧江中下游、怒江水电开发和迪庆香

① 《云南年鉴（2005）》，昆明：云南年鉴社，2005 年，第 190 页。
② 《云南年鉴（2005）》，昆明：云南年鉴社，2005 年，第 190 页。
③ 《云南年鉴（2005）》，昆明：云南年鉴社，2005 年，第 190 页。

格里拉尼汝河水电开发等规划进行环境影响评价；编制完成《云南省突发性环境污染和生态破坏事故应急预案》[①]。

（六）酸雨状况

2004 年，云南开展降水酸度监测的 15 个主要城市（昆明市、曲靖市、玉溪市、保山市、昭通市、丽江市、思茅市、文山县城、临沧市、个旧市、开远市、景洪市、楚雄市、大理市、潞西市）中，降水 pH 平均值在 4.76—6.88，最低值出现在楚雄市，次低值为 4.96，出现在昭通市。出现酸雨的城市有 10 个，占 66.7%。酸雨出现频率最高的是楚雄市，出现频率为 69.4%，与上年相比，只有思茅市酸雨出现频率增加，昆明市、开远市酸雨出现频率基本保持稳定，其余城市酸雨出现频率有不同程度的降低。酸雨控制区 7 个城市（昆明市、曲靖市、玉溪市、昭通市、个旧市、开远市、楚雄市）中，除曲靖市未出现酸雨外，其余 6 个城市均有酸雨出现。但除昆明市、开远市外，其他 4 个城市的酸雨频率有较大幅度的下降。云南省酸雨影响总体比上年呈减轻趋势，但楚雄市、昭通市、个旧市的酸雨污染防治工作仍然形势严峻[②]。

（七）废气及主要污染物排放

2004 年，云南省工业废气排放总量 4940.17 亿标准立方米。废气污染物排放量为二氧化硫 47.75 万吨（其中，工业二氧化硫 39.99 万吨，占排放总量的 83.7%），烟尘 18.38 万吨（其中，工业烟尘 13.80 万吨，占排放总量的 75.1%），工业粉尘 12.33 万吨。与上年相比，工业废气排放量增长 17.7%，二氧化硫、烟尘分别增长 5.5%、7.9%。其中，工业二氧化硫和工业烟尘均增长 5.0%。废气及污染物排放的主要行业是火力发电业、非金属矿物制品业、金属冶炼加工业、化学工业，主要地区是昆明市、曲靖市、红河哈尼族彝族自治州和文山壮族苗族自治州。酸雨控制区工业废气排放量 3865.02 亿标准立方米，占云南省排放总量的 78.2%；工业二氧化硫排放量 31.03 万吨，占云南省排放总量的 77.6%[③]。

（八）大气污染治理

2004 年，云南省 1549 家重点企业共建成废气治理设施 4090 套，其中脱硫设施 272 套。废气治理设施处理能力达到 9230.58 万标准立方米/时，其中脱硫设施脱硫能力达 197.00 吨/时。2004 年云南省二氧化硫去除量 55.80 万吨，烟尘去除量 653.34 万吨，工业

① 《云南年鉴（2005）》，昆明：云南年鉴社，2005 年，第 190 页。
② 《云南年鉴（2005）》，昆明：云南年鉴社，2005 年，第 190—191 页。
③ 《云南年鉴（2005）》，昆明：云南年鉴社，2005 年，第 191 页。

粉尘去除量 135.01 万吨。云南省工业废气治理投资 1.86 亿元，实施治理废气项目 249 个，完成 227 个，新增废气处理能力 4257.04 万标准立方米/时[①]。

（九）河流水系水质

2004 年，云南省金沙江水系水质中度污染，滇池环湖河流污染严重。22 条河流 38 个监测断面中，水质为Ⅰ类、Ⅱ类、Ⅲ类、Ⅳ类、Ⅴ类、劣Ⅴ类的断面分别占 5.3%、13.2%、13.2%、31.6%、2.6%、34.1%。断面水环境功能达标率 42.1%。主要污染指标为氨氮、总磷和生化需氧量。主要污染河流为新河、柴河、螳螂川。六大水系受污染程度由大到小排序依次为珠江水系、金沙江水系、红河水系、澜沧江水系、怒江水系和伊洛瓦底江水系。77 条主要河流的 150 个监测断面中，水质达到Ⅰ—Ⅱ类标准的断面占 30.6%；达到Ⅲ类标准的断面占 22.7%；水质受轻度污染达到Ⅳ类标准的断面占 15.3%；水质中度污染达到Ⅴ类标准的断面占 8.0%；水质重度污染为劣Ⅴ类标准的断面占 23.4%。水环境能达标的断面占 56.7%。河流主要污染指标为挥发酚、总磷、氨氮、生化需氧量和高锰酸盐指数[②]。

（十）湖泊水质

2004 年，云南省开展水质监测的 49 个湖泊、水库中Ⅰ—Ⅱ类水质占 28.5%，Ⅲ类占 40.8%，Ⅳ类占 10.2%，Ⅴ类占 6.1%，劣Ⅴ类占 14.4%。49 个湖泊、水库中，有 26 个水质达到水环境功能要求，占总数的 53.1%。其中九大高原湖泊水质优及良好的湖泊是抚仙湖、泸沽湖、阳宗海、洱海、程海。水质受到中度、重度污染的湖泊是滇池外海、异龙湖、滇池草海、星云湖、杞麓湖。近一半湖泊达不到环境功能要求。与上年相比，湖泊水质总体保持稳定，个别湖泊水质有所波动。

（1）滇池。滇池草海水质类别为劣Ⅴ类，水质重度污染，未达到水环境功能要求。与上年相比，污染程度加重，营养状态指数略有上升。滇池外海水质类别为Ⅴ类，水质中度污染，达到水环境功能要求。与上年相比，水质由劣Ⅴ类好转为Ⅴ类。

（2）阳宗海。水质类别为Ⅱ类，水质优，达到水环境功能要求。全湖处于贫营养状态。与上年相比，水质保持稳定，营养状态由中营养好转为贫营养。

（3）洱海。水质类别为Ⅲ类，水质良好，未达到水环境功能要求。全湖处于中营养状态。与上年相比，污染程度有所下降，营养状态指数略有下降，但仍处于中营养状态。

① 《云南年鉴（2005）》，昆明：云南年鉴社，2005 年，第 191 页。
② 《云南年鉴（2005）》，昆明：云南年鉴社，2005 年，第 191 页。

（4）抚仙湖。水质类别为Ⅰ类，水质优，达到水环境功能要求，全湖处于贫营养状态。与上年相比，水质保持稳定。营养状态指数基本稳定，营养状态仍为贫营养。

（5）星云湖。水质类别为劣Ⅴ类，水质重度污染，未达到水环境功能要求。与上年相比，水质仍为劣Ⅴ类，主要污染指标年均值略有上升，综合污染指数轻微上升，营养状态指数稳定。

（6）杞麓湖。水质类别为劣Ⅴ类，水质重度污染，未达到水环境功能要求。与上年相比，水质仍为劣Ⅴ类，主要污染指标年均值基本稳定，但总磷、高锰酸盐指数均略有上升，综合污染指数轻微上升，营养状态指数略有上升。

（7）程海。水质类别为Ⅲ类，水质良好，达到水环境功能要求。全湖处于中营养状态。与上年相比，水质由Ⅱ类下降为Ⅲ类，主要污染指标总氮年均值明显上升，营养状态指数稳定，仍处于中营养状态。

（8）泸沽湖。水质类别为Ⅰ类，水质优，达到水环境功能要求。全湖处于贫营养状态。与上年相比，水质保持稳定。

（9）异龙湖。水质类别为Ⅴ类，水质中度污染，未达到水环境功能要求，主要污染指标为总氮、高锰酸盐指数。全湖处于轻度富营养状态。与上年相比，水质由劣Ⅴ类好转为Ⅴ类，主要污染指标年均值均有所下降，污染程度有所减轻，营养状态指数明显下降，营养状态由中度富营养好转为轻度富营养[1]。

（十一）水库水质

2004年，云南省28个主要监测水库中，Ⅰ—Ⅱ类10个（车木河水库、潇湘水库、独木水库、花山水库、合作水库、北庙水库、博尚水库、五里冲水库、西静河水库、芒究水库），Ⅲ类13个（松华坝水库、柴河水库、大河水库、宝象河水库、西河水库、东风水库、红旗水库、渔洞水库、永丰水库、北闸水库、洗马河水库、北坡水库、牛坝荒水库），Ⅳ类4个（自卫村水库、飞井海水库、三角海水库、勐板河水库），劣Ⅴ类1个（白云水库）。16个水库（车木河水库、潇湘水库、独木水库、花山水库、东风水库、合作水库、北庙水库、永丰水库、北闸水库、洗马河水库、博尚水库、五里冲水库、北坡水库、牛坝荒水库、西静河水库、芒究水库）达到水环境功能要求，占监测水库总数的57.1%。影响水库水质的主要污染指标为总氮、总磷和高锰酸盐指数，水库污染程度比湖泊低[2]。

---

① 《云南年鉴（2005）》，昆明：云南年鉴社，2005年，第191页。
② 《云南年鉴（2005）》，昆明：云南年鉴社，2005年，第191页。

（十二）地表水水质

云南省地表水水质污染主要为有机污染，城市及周边地表水污染严重，城市集中式饮用水水源地受到不同程度的污染，滇东、滇中、滇南水环境形势严峻。2004 年云南省 7 个州市 836 个地下水监测点监测结果表明：孔隙水水质仍以较差级为主，良好级占 41.0%，较差级占 53.0%，极差级占 6.0%，污染呈面状分布，亚硝酸盐氮、硝酸盐氮、铁、锰、耗氧量、细菌总数、大肠菌群普遍超标，总体上孔隙水普遍受到污染，枯水期比丰水期水质好，盆地边缘比盆地中心水质好；基岩水水质总体良好，良好级占 72.0%，较差级占 28.0%，仅个别地段出现点状或岛状污染；地下热水水质较稳定，水化学成分较基岩冷水复杂，氨氮、氟化物及铁含量偏高。云南省 15 个主要城市的 30 条城市河流（水域）中，监测断面为Ⅰ—Ⅱ类标准的占 35.6%，Ⅲ类标准的占 11.1%，Ⅳ类标准的占 8.9%，Ⅴ类标准的占 6.7%，劣Ⅴ类标准的占 37.7%。达到水环境功能要求的断面占 46.7%。城市河流（水域）的主要污染指标为高锰酸盐指数、生化需氧量、氨氮和总磷，有机污染严重。与上年相比，城市河流水质基本保持稳定。云南省 18 个城市的 29 个饮用水水源地中，能满足集中式饮用水水源地水质要求的有 22 个（松华坝水库、柴河水库、大河水库、宝象河水库、车木河水库、潇湘水库、西河水库、独木水库、东风水库、龙王潭、北庙水库、渔洞水库、黑龙潭、洗马河水库、博尚水库、东山龙潭、五里冲水库、牛坝荒水库、澜沧江、西静河水库、洱海、玛布河），不能满足要求的有 7 个（自卫村水库、滇池罗家营、大龙洞、盘龙河、白云水库、南洞、勐板河水库）。影响饮用水水源地水质的主要污染指标为总氮、总磷和大肠菌群。与上年相比，大部分饮用水水源地水质稳定，在水质发生变化的饮用水水源地中，水质好转的有 2 个（东风水库、澜沧江），水质下降的有 9 个（西河水库、龙王潭、大龙洞、黑龙潭、东山龙潭、牛坝荒水库、白云水库、南洞、勐板河水库）[①]。

（十三）废水排放

2004 年，云南省废水排放总量 7.83 亿吨，比上年增加 14.8%，废水中化学需氧量排放量 29.02 万吨，氨氮 1.80 万吨，分别比上年增加 1.8%、1.7%。其中，工业废水排放量 3.84 亿吨，占排放总量的 49.0%，比上年增长 10.8%。工业废水中化学需氧量排放量 9.75 万吨，氨氮 2751 吨，分别比上年增长 5.1%、5.4%；其他污染物 284.02 吨，比上年下降 21.4%。工业废水及污染物排放的主要行业是农副食品加工业、金属采选和冶炼加工业、化学工业、造纸业等；主要排放地区是德宏傣族景颇族自治州、昆明市、红

---

① 《云南年鉴（2005）》，昆明：云南年鉴社，2005 年，第 191—192 页。

河哈尼族彝族自治州、曲靖市；主要排放流域是珠江水系、金沙江水系、澜沧江水系和红河水系[①]。

（十四）自然生态保护

2004 年，完成《云南省生态功能区划（初稿）》《滇西北国家级重要生态功能区建设规划大纲》《云南省生态旅游环保指标体系》《金沙江流域下游水电开发生态环境保护》研究和云南省畜禽污染防治调查；完成纳板河、威远江、驮娘江等自然保护区范围和功能区调整；开展巧家药山、永德大雪山、会泽黑颈鹤自然保护区晋升国家级和云南省 13 个国家级自然保护区管理评估、划界立标和土地确权工作；建设 21 个州县生态示范区试点和 143 个生态乡镇，西双版纳傣族自治州被命名为国家级生态示范区，大理市大理镇、鹤庆县云鹤镇、楚雄市鹿城镇、曲靖市麒麟区珠街乡被国家命名为"全国环境优美乡镇"[②]。

二、2005 年

（一）环境保护概况

2005 年，云南省环境保护直接投资 49.16 亿元，比上年增长 33.7%，约占云南省地区生产总值的 1.4%，其中城市环境保护基础设施投资 31.49 亿元，工业污染治理投资 17.67 亿元。以滇池为重点的九大高原湖泊水污染综合防治工作取得积极进展，云南省未发生重大环境污染和生态破坏突发事件，环境安全得到保障。全社会环境意识普遍增强，各级环境保护部门的环境监管能力不断提高。"十五"期间累计环境保护直接投资 171 亿元，占地区生产总值 5 年平均值的比例为 1.27%[③]。

（二）循环经济试点工作

《开远市循环经济创建规划编制大纲》通过省级审查，《洱源县农业循环经济示范试点工作方案》编制完成，成立了由云南省发展和改革委员会等单位组成的洱源县农业循环经济示范试点建设工作指导小组，对洱源县农业循环经济建设和发展进行宏观指导；普者黑旅游循环经济试点工作组织文山壮族苗族自治州、红河哈尼族彝族自治州、大理白族自治州及有关部门人员参加了国家环境保护总局与日本国际协力机构联合举办

① 《云南年鉴（2005）》，昆明：云南年鉴社，2005 年，第 192 页。
② 《云南年鉴（2005）》，昆明：云南年鉴社，2005 年，第 192 页。
③ 《云南年鉴（2006）》，昆明：云南年鉴社，2006 年，第 213 页。

的循环经济培训班，编制了《云南省环保局普者黑旅游循环经济试点工作方案》和规划大纲；召开云南省循环经济试点经验交流会议，在云南省冶金（有色）、火电、化工 3 个行业积极推行循环经济①。

（三）水环境污染防治

滇池"十五"计划 26 个项目，完成 4 项，在建 17 项，开展前期工作 3 项，准备开工 2 项。其他 8 湖目标责任书确定的 147 个项目，完成 31 项，在建 83 项，开展前期工作 30 项，未动工 3 项，总体开工率为 77.6%。九大高原湖泊"十一五"规划编制完成基本框架。"三峡库区及其上游水污染防治规划" 45 个项目，建成 4 个，在建 14 个，6 个完成了初步设计，19 个完成可研。2005 年，九大高原湖泊水污染治理投资 6.87 亿元，其中滇池投资 70.91 亿元。截至 2005 年，九大高原湖泊水污染治理累计投资 70.91 亿元，其中滇池治理投资 50.24 亿元。累计建成城镇污水处理厂 21 座，日处理能力 707 万吨，污水管网 214 千米。其中，滇池流域已建 8 座城市污水处理厂，日处理能力 58.5 万吨，其他 8 个湖泊已建 11 座污水处理厂（站），日处理能力 10.8 万吨；整治入湖河道 16 条，建成 5 处入湖河口人工湿地减污工程，年处理混合污水约 600 万吨；累计建成垃圾处理场 17 座，日处置垃圾 2400 吨；疏浚污染底泥 421 万立方米，入湖污染物总量得到削减②。

（四）湖泊、水库水质监测

云南省开展水质监测的 53 个湖泊、水库中，Ⅰ—Ⅱ类水质占 39.7%，Ⅲ类占 20.7%，Ⅳ类占 17%，Ⅴ类占 13.2%，劣Ⅴ类占 9.4%。云南省湖泊、水库水质总体为轻度污染。53 个湖泊、水库中，有 25 个水质达到水环境功能要求，占总数的 47.2%。与上年相比，Ⅰ—Ⅲ类湖泊有所下降，劣于Ⅲ类湖泊有所增加，水环境功能达标率下降。

（1）滇池。滇池草海水质类别劣Ⅴ类，水质重度污染，未达到水环境功能要求，主要超标污染指标为氨氮、总磷、总氮，水体处于重度富营养状态。与上年相比，水质仍为劣Ⅴ类，主要污染指标生化需氧量由劣Ⅴ类好转为Ⅴ类，营养状态仍为重度富营养。滇池外海水质类别为Ⅴ类，水质中度污染，达到水环境功能要求（Ⅴ类）。水体处于中度富营养状态。与上年相比，水质保持Ⅴ类，主要水质指标总磷、总氮年均值基本稳定，营养状态仍为中度富营养。

（2）阳宗海。水质类别为Ⅱ类，水质优，达到水环境功能要求。与上年相比，水质保持Ⅱ类，水质稳定，营养状态仍为贫营养。

① 《云南年鉴（2006）》，昆明：云南年鉴社，2006 年，第 213 页。
② 《云南年鉴（2006）》，昆明：云南年鉴社，2006 年，第 213—214 页。

（3）洱海。水质类别为Ⅲ类，水质良好，未达到水环境功能要求，主要污染指标为总磷、总氮。与上年相比，水质仍保持Ⅲ类，水质稳定，营养状态稳定，仍为中营养。

（4）抚仙湖。水质类别为Ⅰ类，与上年相比，水质保持Ⅰ类，水质稳定，营养状态仍为贫营养。

（5）星云湖。水质类别为Ⅴ类，水质中度污染，未达到水环境功能要求，主要污染指标为总磷、总氮。与上年相比，水质由劣Ⅴ类好转为Ⅴ类，水质显著好转，主要污染指标总磷年均值明显下降，营养状态稳定，仍为中度富营养。

（6）杞麓湖。水质类别为劣Ⅴ类，水质重度污染，未达到水环境功能要求，主要污染指标为总氮。与上年相比，水质仍为劣Ⅴ类，水质稳定，营养状态由轻度富营养恶化为中度富营养。

（7）程海。水质类别为Ⅱ类，水质优，达到水环境功能要求。与上年相比，水质由Ⅲ类好转为Ⅱ类，水质明显好转，营养状态仍为中营养。

（8）泸沽湖。水质类别为Ⅰ类，水质优，达到水环境功能要求。全湖处于贫营养状态。与上年相比，水质保持Ⅰ类，水质稳定。

（9）异龙湖。水质类别为Ⅴ类，水质重度污染，未达到水环境功能要求，主要污染指标为总氮。与上年相比，水质保持Ⅴ类，水质稳定，营养状态仍为轻度富营养。

（10）其他湖泊。其他11个湖泊湖体水质：浴仙湖、茈碧湖Ⅱ类；海西海、北海、青海、普者黑Ⅲ类；长桥海、西湖Ⅴ类；个旧湖、大屯海、南湖劣Ⅴ类。其中普者黑、浴仙湖、茈碧湖达到水环境功能要求。与上年比较，多数湖泊水质保持稳定，浴仙湖、茈碧湖、青海水质有所好转，长桥海、北海水质下降[①]。

（五）主要河流水系水质

2005年，六大水系主要河流受污染程度由大到小排序依次为珠江水系、金沙江水系、红河水系、澜沧江水系、怒江水系和伊洛瓦底江水系。77条主要河流的150个监测断面中，水质优达到Ⅰ—Ⅱ类标准的断面占32%，水质良好达到Ⅲ类标准的断面占26%，水质轻度污染达到Ⅳ类标准的断面占13.3%，水质中度污染达到Ⅴ类标准的断面占6.7%，水质重度污染为劣Ⅴ类标准的断面占22.0%。水环境功能达标的断面占62.0%。河流水质的主要污染指标为挥发酚、总磷、氨氮、铅和生化需氧量。与上年相比，总体水质保持稳定，部分河流水质有所好转。主要监测断面中，水质符合Ⅰ—Ⅱ类标准的增加1.3%，水质符合Ⅲ类标准的增加3.3%，水质符合Ⅳ类标准的减少2%，水质符合Ⅴ类标准的减少1.3%，水质为劣Ⅴ类标准的减少1.3%。达到水环境功能要求的断

---

① 《云南年鉴（2006）》，昆明：云南年鉴社，2006年，第214页。

面增加5.3%[1]。

（六）地下水水质

7个州（市）220个地下水监测点监测结果表明：孔隙水水质良好级占24.6%，较差级占52.6%，极差级占22.8%，污染呈面状分布，亚硝酸盐氮、硝酸盐氮、铁、锰、耗氧量、细菌总数、大肠菌群普遍超标，总体上孔隙水普遍受到污染，枯水期比丰水期水质好，盆地边缘比盆地中心水质好；基岩水水质良好级占37.3%，较差级占53.5%，极差级占9.2%；地下热水水质较稳定，水化学成分较基岩冷水复杂，氨氮、氟化物及铁含量偏高[2]。

（七）废水及主要污染物排放

云南省废水排放总量7.52亿吨，比上年下降4%；废水中化学需氧量排放量28.47万吨，下降1.9%；氨氮1.94万吨，增加7.7%。其中，工业废水排放量3.29亿吨，占排放总量的43.8%，下降14.3%。工业废水中化学需氧量排放量10.69万吨，氨氮4362.42吨，分别增长9.6%、58.6%；其他污染物214.4吨，下降24.5%。工业废水及污染物排放的主要行业是农副食品加工业、金属采选和冶炼加工业、化学工业、造纸业等；主要排放地区是昆明市、曲靖市、红河哈尼族彝族自治州；主要排放流域是金沙江水系、珠江水系、澜沧江水系[3]。

（八）工业废水治理

云南省1561家重点企业共建成废水治理设施1927套，废水处理设施处理能力达635.37万吨/日，工业废水重复利用率为85.4%。云南省工业废水治理投资1.26亿元，实施废水治理项目107个，完成90个，新增废水处理能力25.79万吨/日。工业废水排放达标率为81%[4]。

（九）工业污染防治

编制完成云南省污染源在线监控系统项目可研报告，基本完成对占云南省污染负荷65%的139家工业企业的污染物排放在线监控系统的建设；公布一批污染严重、排放有毒有害物质的企业名单，在网站上公布44家全面达标延期考核企业名录；在8个州

① 《云南年鉴（2006）》，昆明：云南年鉴社，2006年，第214页。
② 《云南年鉴（2006）》，昆明：云南年鉴社，2006年，第214页。
③ 《云南年鉴（2006）》，昆明：云南年鉴社，2006年，第214页。
④ 《云南年鉴（2006）》，昆明：云南年鉴社，2006年，第214页。

（市）环境保护科研和监测单位开展清洁生产审核机构试点，对超标企业强制实施清洁生产审核；积极推动电力、化工、造纸、钢铁、酿酒、制革等企业开展环境友好型发展；开展生态工业园区创建试点；筛选云南省各地重点整治对象，配合省监察厅制订企业违法排污检查计划，召开云南省环境保护专项行动厅级联席会议[1]。

（十）城市污染物排放

云南省城市生活污水排放量 4.23 亿吨。污水中化学需氧量排放量 17.78 万吨，氨氮 1.5 万吨。与上年相比，城市生活污水排放量增长 5.9%，化学需氧量和氨氮排放量分别降低 7.7%和 2.1%。生活二氧化硫排放量 9.3 万吨，生活烟尘 5.59 万吨，分别增长 19.8%和 22%。云南省机动车 327.6 万辆，排放污染增加。云南省清运垃圾 510 万吨，对其中 213.51 万吨进行了无害化处理[2]。

（十一）酸雨状况

云南省酸雨频率为 12.8%，出现酸雨的城市占比由 66.7%升至 73.3%。酸雨控制区 7 城市酸雨出现频率为 17.2%，比上年下降 7.9 个百分点。11 个出现酸雨的城市中，昭通市酸雨频率由上年的 52.4%降至 4.2%，玉溪市、景洪市酸雨出现频率分别增加 2.6 倍和 2.2 倍，其余城市与上年相比无明显变化。15 个开展降水酸度监测的重点城市中，出现酸雨的城市有 11 个，分别是昆明市、曲靖市、玉溪市、昭通市、丽江市、临沧市、思茅市、个旧市、开远市、景洪市、楚雄市；保山市、文山县城、大理市、潞西市 4 个城市未出现酸雨。降水 pH 平均值在 4.62—7.22，降水 pH 平均值低于 5.6 的城市为个旧市和楚雄市。在出现酸雨的城市中，酸雨 pH 平均值在 4.4—5.56，最低值出现在个旧市，次低值出现在楚雄市。15 个重点城市平均酸雨频率为 12.8%。酸雨频率最高的是楚雄市，其次为个旧市。其中，酸雨频率为 0 的城市占 26.6%；酸雨频率小于等于 30%的占 60%；酸雨频率在 40%—60%的占 6.7%；酸雨频率在 60%—80%的占 6.7%。酸雨控制区 7 城市全部出现了酸雨，其中曲靖市首次出现酸雨（全年出现过 1 次）。酸雨控制区酸雨频率为 19.4%[3]。

（十二）废气及主要污染物排放

云南省工业废气排放总量 5444.2 亿标准立方米。废气污染物排放量为二氧化硫 52.19 万吨，其中工业二氧化硫 42.89 万吨，占排放总量的 82.2%；烟尘 22.67 万吨，其

① 《云南年鉴（2006）》，昆明：云南年鉴社，2006 年，第 215 页。
② 《云南年鉴（2006）》，昆明：云南年鉴社，2006 年，第 215 页。
③ 《云南年鉴（2006）》，昆明：云南年鉴社，2006 年，第 215 页。

中工业烟尘 17.08 万吨，占排放总量的 75.3%；工业粉尘 15.53 万吨。与上年相比，工业废气排放量增长 10.2%；二氧化硫、烟尘、工业粉尘分别增长 9.3%、23.3%、26.0%，其中工业二氧化硫和工业烟尘分别增长 7.3% 和 23.8%。废气及污染物排放的主要行业是火力发电业、非金属矿物制品业、金属冶炼加工业、化学工业，主要地区是昆明市、曲靖市、昭通市、红河哈尼族彝族自治州和文山壮族苗族自治州[①]。

（十三）大气污染治理

云南省 1561 家重点企业共建成废气治理设施 4182 套，其中脱硫设施 345 套，废气治理设施处理能力达 1.13 亿标准立方米/时，其中脱硫设施脱硫能力达 2975.17 吨/时。2005 年云南省二氧化硫去除量 92.7 万吨，烟尘去除量 381.08 万吨，工业粉尘去除量 163.33 万吨。云南省工业废气治理投资 3.9 亿元，实施治理废气项目 233 个，完成 197 个，新增废气处理能力 807.94 万标准立方米/时[②]。

（十四）环境管理

《怒江中下游水电规划环境影响报告书》通过审查，《澜沧江中下游梯级电站建设环境影响研究和评价》基本完成；审查了《云南省迪庆藏族自治州香格里拉县尼汝河水电规划环境影响报告书》《昆明市普渡河干流（岔河—金沙江汇口）水能规划环境影响报告书》《滇中调水工程规划环境影响报告书》《南利河干流水能规划环境影响报告书》；对违规项目进行清理整顿，对建设项目清查中存在的问题进行督促整改；加强建设项目环境影响评价、试生产审批和环境保护竣工验收，审批报告书 78 项、报告表 27 项、登记表 4 项，试生产 16 项，竣工验收 27 项；编制《云南省投资项目环境影响评价文件分级审批目录》（初步方案）；建立云南省放射源动态管理系统，将云南省 16 个州市的 453 家涉源单位全部纳入管理；启动云南省电磁辐射环境的监管工作；加强辐射环境重点单位的现场监督检查[③]。

（十五）自然生态保护

2005 年，开展了珠江上游（云南段）和东川国家级重要生态功能区建设规划前期工作；协助完成"大湄公河次区域生物多样性保护走廊带建设计划"云南澜沧江流域保护项目设计；对松华坝水源保护区开展执法检查；对瑞丽江、铜壁关自然保护区范围调整进行评审；开展帽天山动物化石群保护区周边环境整治，完成云南省生物多样性评价

① 《云南年鉴（2006）》，昆明：云南年鉴社，2006年，第215页。
② 《云南年鉴（2006）》，昆明：云南年鉴社，2006年，第215页。
③ 《云南年鉴（2006）》，昆明：云南年鉴社，2006年，第215页。

数据采集工作，建立"云南省生物物种资源保护厅际联席会议制度"；完成云县国家级生态示范区建设规划大纲和澄江、宣威、陆良、罗平、江川国家级生态示范区建设规划评审；开展"全国环境优美乡镇""云南省生态乡镇"创建工作；完成《云南省畜禽养殖污染现状调查报告》和"云南省畜禽污染防治规划研究"，开展江川县周德营村畜禽污染治理和综合利用试点；编制完成《云南省生态乡镇建设规划导则（讨论稿）》。

截至 2005 年底，云南省共建立国家级生态示范区 21 个；生态功能保护区 1 个，滇西北国家级生态功能保护区于 2001 年经国家环境保护总局批准建立，总面积 689.08 万公顷；自然保护区 198 个，其中国家级 14 个、省级 53 个、地市级 72 个、县级 59 个。保护区面积达 354.95 万公顷，占云南省土地面积的 9%。与上年相比，新增自然保护区 5 个，面积 7.62 万公顷。其中，巧家药山自然保护区由省级晋升为国家级；新建麻栗坡老山省级自然保护区[①]。

（十六）环境保护对外合作与交流

积极参与中国—东盟自由贸易区和大湄公河次区域经济合作，完成《大湄公河次区域环境绩效评估项目》示范案例研究报告的编制；继续推进云南环境发展与扶贫项目、小城镇环境规划示范项目、长江流域自然保护与洪水控制项目，云南城市发展与保护项目列入 2008 年财政年度新一轮环境保护贷款计划；积极争取欧盟援助"中国生物多样性保护项目"，成立负责编写项目逻辑框架及项目建议书的专家小组；加强泛珠三角区域环境保护合作；滇沪、滇川环境保护合作进展顺利[②]。

三、2006 年

（一）环境保护概况

2006 年，九大高原湖泊水污染防治工作稳步推进，主要污染物排放总量指标得到分解落实，城镇集中式饮用水水源地保护得到加强，环境专项整治行动成效显著，生态环境保护管理水平有所提高，全社会环境意识普遍增强，环境保护队伍建设得到加强，环境管理能力和依法行政水平进一步提高。以"七彩云南·我的家园"为主题的"七彩云南保护行动"经省长办公会通过，在云南省全面启动实施[③]。

① 《云南年鉴（2006）》，昆明：云南年鉴社，2006 年，第 215 页。
② 《云南年鉴（2006）》，昆明：云南年鉴社，2006 年，第 215 页。
③ 《云南年鉴（2007）》，昆明：云南年鉴社，2007 年，第 252 页。

（二）主要污染物总量控制

小龙潭发电厂 4 号炉、云南驰宏锌锗股份有限公司烟气脱硫治理项目于 2006 年下半年建成并通过验收，削减二氧化硫分别达 6200 吨和 2700 吨，主要污染物减排指标的约束性导向作用已经初步显现。各州市政府和其他重点企业落实总量控制制度的意识和节能降耗、防治污染、保护环境、转变经济增长方式的自觉性、主动性明显增强[①]。

（三）工业废水治理

截至 2006 年底，工业废水达标排放量 3.06 亿吨，云南省共建成废水治理设施 1864 套，废水处理设施处理能力达 590.34 万吨/日，工业废水重复利用率 87.8%。云南省工业废水治理投资 1.80 亿元，实施废水治理项目 140 个，完成 133 个，新增废水处理能力 31.46 万吨/日。工业废水排放达标率 89.2%[②]。

（四）大气污染治理

截至 2006 年底，共建成废气治理设施 4391 套，其中，脱硫设施 364 套，废气治理设施处理能力达到 1.59 亿标准立方米/时，其中，脱硫设施脱硫能力达 402.25 吨/时。2006 年云南省二氧化硫去除量 91.35 万吨，烟尘去除量 298.27 万吨，工业粉尘去除量 158.34 万吨；工业烟尘和工业粉尘排放量分别比上年减少 4.2% 和 4.8%。云南省工业废气治理投资 5.24 亿元，治理废气项目 325 个，完成 302 个，新增废气处理能力 692.69 万标准立方米/时[③]。

（五）城镇集中式饮用水水源地保护

2006 年，云南省环境保护局启动云南省 16 个州（市）政府所在地及安宁、个旧、瑞丽等地的集中式饮用水水源地环境保护规划的编制工作。组织开展云南省城镇集中式饮用水水源地情况调查，267 个水源地中，水质达标 223 个，占 83.5%；已经设立水源地保护区的有 105 个，仅占 39.3%；有 84 个排污口，分布在曲靖、昭通等 7 个州市的 19 个饮用水水源地区域内。基本摸清云南省城镇集中式饮用水水源地的环境状况，为下一步实施饮用水水源地的保护和监管奠定了基础[④]。

---

① 《云南年鉴（2007）》，昆明：云南年鉴社，2007 年，第 252 页。
② 《云南年鉴（2007）》，昆明：云南年鉴社，2007 年，第 252 页。
③ 《云南年鉴（2007）》，昆明：云南年鉴社，2007 年，第 252 页。
④ 《云南年鉴（2007）》，昆明：云南年鉴社，2007 年，第 252 页。

（六）九大高原湖泊水污染防治

2006年，云南省人民政府与九大高原湖泊所在的5个州（市）政府和云南省九大高原湖泊领导小组13个成员单位签订了目标责任书。以大幅度削减入湖污染物总量为重点，整治主要入湖河道，实施"退田还湖，退渔还湖"，建设湖滨生态示范带，控制农村和农业污染，加强九大高原湖泊流域重点排污单位、新建项目和生态保护情况的现场监察。在九大高原湖泊地区全面推广洱海层层落实湖泊监管目标责任制和抚仙湖严厉整治湖泊周边环境的经验。分别编制上报"十一五"九大高原湖泊水污染综合防治规划。2006年完成治理工程项目22项，在建38项，开展前期工作25项。在九大高原湖泊流域经济社会快速发展的情况下，九大高原湖泊水质基本保持稳定，水质继续恶化的趋势得到了遏制[1]。

（七）出境河流水环境治理

2006年，高度重视云南省出境河流水环境安全问题。完成云南省主要出境河流基本情况和各流域主要工业污染源的情况调查。在妥善处理澜沧铅锌矿"8·17"严重水污染事件的基础上，召开边境8州（市）保障出境河流水环境安全座谈会，专题研究部署防范出境河流水环境污染事件工作。在云南省范围内开展环境安全大检查，共排查1251户企业，其中，存在环境污染事故隐患的企业201户。省、州（市）政府和部分重点企业制定了处置突发环境事件应急预案，省环境保护局成功组织了云南省首次突发环境事件应急演习[2]。

（八）环境保护专项整治行动

2006年，云南省继续开展云南省环境保护专项整治行动，共出动环境监察人员24 000多人次，检查各类企业8274户，立案查处337户，结案226户。全年实施环境处罚案件2277起，处罚金额815.38万元，未发生环境行政赔偿和环境刑事案件。在全国率先将建设项目全过程纳入日常监督管理。加大依法征收排污费的力度，省环境保护局与省财政厅共同制定了《云南省排污费征收奖励暂行办法》，收到良好效果，全年征收排污费2.6亿元[3]。

---

[1] 《云南年鉴（2007）》，昆明：云南年鉴社，2007年，第252页。
[2] 《云南年鉴（2007）》，昆明：云南年鉴社，2007年，第252页。
[3] 《云南年鉴（2007）》，昆明：云南年鉴社，2007年，第252页。

（九）环境管理

2006年，完成云南省化工、石化等行业123个新建项目环境风险排查工作，排查出重大危险源23个。把好环境准入关，从源头上防止和控制新污染源的增加。云南省审批建设项目环境影响评价报告书、报告表、登记表共4921项，组织环境保护建设项目竣工验收1113项。其中，省级审批建设项目139项，暂缓审批8项，不予许可建设项目投入试生产1项；组织环境保护建设项目竣工验收18项；对2000—2005年国家环境保护总局审批的79个建设项目进行执行情况核查，依法责令建设单位限期补办试生产手续6项，补办环境保护验收手续2项；严肃查处勐腊县新山矿业开发有限责任公司洪钢冶炼厂等一批违法违规建设项目。积极推进规划环境影响评价工作，开展《澜沧江中下游梯级电站建设环境影响研究和评价》规划环境影响评价试点，协调和争取国家环境保护总局对省重点建设项目环境影响评价的支持，如成昆线昆明至广通段扩能改造项目、大理至瑞丽铁路和昆明新机场项目等，为云南省人民政府重大发展战略的实施服务[1]。

（十）自然环境保护

2006年，开展云南省自然保护区现状调查，编制完成《云南省土壤污染状况调查方案》和实施方案，举办2006年云南省生物多样性保护论坛。云南省有60个乡镇获云南省生态乡镇称号。通过开展城市环境综合整治定量考核工作和国家环境保护模范城市创建活动，昆明市城市空气污染指数良好，2006年只有一天出现轻度污染状况。景洪、楚雄、大理、玉溪城市环境保护基础设施进一步完善，大部分达到国家指标要求[2]。

（十一）环境保护能力建设

积极争取中央和省级环境保护专项资金支持，加强基层环境保护能力建设。2006年直接用于基层环境保护能力建设的经费达4600万元，其中，投入2040万元为102个县级环境保护部门各配备了一台环境执法车辆[3]。

（十二）环境保护宣传教育

2006年，开展沿昆明、玉溪等地的第二届生态环境保护系列宣传活动。首次在澄

① 《云南年鉴（2007）》，昆明：云南年鉴社，2007年，第252页。
② 《云南年鉴（2007）》，昆明：云南年鉴社，2007年，第252—253页。
③ 《云南年鉴（2007）》，昆明：云南年鉴社，2007年，第253页。

江抚仙湖举办"六五世界环境日"大型宣传活动。大力推进绿色创建活动，向国家有关部门推荐绿色学校6所，优秀教师6名，优秀组织单位3个，先进个人3名，评选出40个省级绿色社区。向国家环境保护总局推荐单位和个人参加"第四届中华环境奖"的评选。创新宣传方式，配合省内主流媒体。加大环境保护宣传频次与力度，收到了明显效果[1]。

（十三）环境科技

国家973项目"湖泊富营养化过程与蓝藻水华形成机理研究"通过国家中期检查考核评估。全面启动国家项目"滇池入湖河流水环境治理技术与工程示范"中的3个子项目。云南省环境科学研究院与中国科学院水生生物研究所、云南大学合作建院的工作进展顺利[2]。

（十四）环境信息网建设

2006年，环境信息化力度加强，完成省、州（市）两级环境信息广域网建设，实现了两级网络连接；云南省有67户重点污染源、102个监测点实施了在线监测监控，并与云南省环境保护局联网，初步实现了省市县三级环境监测数据的收集、传输、接收和发布。建立了9个州市政府所在地的空气质量日报制度[3]。

（十五）主要河流水系水质

2006年，云南省六大水系主要河流受污染程度由大到小排序依次为珠江水系、金沙江水系、红河水系、澜沧江水系、怒江水系和伊洛瓦底江水系。75条主要河流的148个监测断面中，水质优达到Ⅰ—Ⅱ类标准的断面占23.7%，水质良好达到Ⅲ类标准的断面占26.4%，水质受轻度污染达到Ⅳ类标准的断面占24.3%，水质受中度污染达到Ⅴ类标准的断面占3.4%，水质重度污染为劣Ⅴ类标准的断面占22.2%。水环境功能达标的断面占58.1%。河流水质的主要污染指标为挥发酚、总磷、氨氮和生化需氧量。

金沙江水系水质中度污染。22条河流38个监测断面中，水质为Ⅰ类、Ⅱ类、Ⅲ类、Ⅳ类、劣Ⅴ类的断面分别占2.6%、10.5%、26.3%、28.9%、31.7%。断面水环境功能达标率44.7%。主要污染指标为总磷和氨氮。主要污染河流为螳螂川、新河、柴河、秃尾河、宝象河。

珠江水系水质重度污染。7条河流27个监测断面中，水质为Ⅰ类、Ⅱ类、Ⅲ类、Ⅳ

① 《云南年鉴（2007）》，昆明：云南年鉴社，2007年，第253页。
② 《云南年鉴（2007）》，昆明：云南年鉴社，2007年，第253页。
③ 《云南年鉴（2007）》，昆明：云南年鉴社，2007年，第253页。

类、Ⅴ类、劣Ⅴ类的断面分别占 7.4%、7.4%、18.5%、18.5%、3.7%、44.5%。断面水环境功能达标率 40.7%。主要污染指标为挥发酚、总磷、氨氮和镉。主要污染河流为泸江、南盘江干流、北盘江、曲江。

红河水系水质轻度污染。12 条河流 26 个监测断面中，水质为Ⅱ类、Ⅲ类、Ⅳ类、Ⅴ类、劣Ⅴ类的断面分别占 15.4%、23.1%、38.5%、3.8%、19.2%，断面水环境功能达标率69.2%。主要污染指标为铅和汞。主要污染河流为三家河、藤条江、红河干流。

澜沧江水系水质轻度污染。23 条河流 36 个监测断面中，水质为Ⅱ类、Ⅲ类、Ⅳ类、Ⅴ类、劣Ⅴ类的断面分别占 22.2%、41.7%、25.0%、2.8%、8.3%，断面水环境功能达标率 61.1%。主要污染指标为生化需氧量、氨氮和挥发酚。主要污染河流为瓦窑河、波罗江、思茅河。

怒江水系水质轻度污染。5 条河流 11 个监测断面中，水质为Ⅰ类、Ⅱ类、Ⅲ类、Ⅳ类、Ⅴ类、劣Ⅴ类的断面分别占9.1%、45.4%、9.1%、9.1%、18.2%、9.1%。断面水环境功能达标率 72.7%。主要污染指标为总磷和挥发酚。主要污染河流为南汀河、枯柯河。

伊洛瓦底江水系水质优。6 条河流 10 个监测断面水质均为Ⅲ类或优于Ⅲ类，断面水环境功能达标率 100.0%[1]。

（十六）湖泊、水库水质

云南省开展水质监测的 53 个湖泊、水库中，Ⅰ—Ⅱ类水质占 35.8%，Ⅲ类占32.1%，Ⅳ类占 13.2%，Ⅴ类占 3.8%，劣Ⅴ类占 15.1%。云南省湖泊、水库水质总体为轻度污染。53 个湖泊、水库中，有 26 个水质达到水环境功能要求，占总数的 49.1%。与上年相比，Ⅰ—Ⅲ类湖泊、水库有所增加，劣于Ⅲ类湖泊、水库有所减少；水环境功能达标率上升。九大高原湖泊中水质优及良好的湖泊是阳宗海、抚仙湖、程海、泸沽湖、洱海，水质受到重度污染的湖泊是滇池草海、滇池外海、星云湖、杞麓湖、异龙湖。6 个湖泊（水域）达不到水环境功能要求。与上年相比，九大高原湖泊水质总体有所下降，滇池外海、星云湖、异龙湖水质显著下降。21 条入湖河流的 26 个监测断面中，Ⅰ—Ⅱ类水质占 3.8%，Ⅲ类占 11.5%，Ⅳ类占 26.9%，Ⅴ类占 11.5%，劣Ⅴ类占46.3%。监测断面水环境功能达标率仅为 3.8%。主要超标污染指标为溶解氧、生化需氧量、氨氮、总磷。

（1）滇池。滇池草海水质类别为劣Ⅴ类，水质重度污染，未达到水环境功能要求（Ⅴ类），主要污染指标为氨氮，与上年相比，水质仍为劣Ⅴ类，但水质有继续下降趋势，主要污染指标氨氮、总磷、总氮年均值均有所上升；营养状态仍为重度富营

---

① 《云南年鉴（2007）》，昆明：云南年鉴社，2007 年，第 253 页。

养。滇池外海水质类别为劣Ⅴ类，水质重度污染，未达到水环境功能要求（Ⅴ类），主要污染指标为总氮。与上年相比，水质由Ⅴ类恶化为劣Ⅴ类，水质显著下降，主要污染指标总氮年均值有所上升；营养状态仍为中度富营养。

（2）阳宗海。水质类别为Ⅱ类，水质优，达到水环境功能要求（Ⅱ类）。与上年相比，水质保持Ⅱ类，水质稳定；营养状态加重为中营养。

（3）洱海。水质类别为Ⅲ类，水质良好，未达到水环境功能要求（Ⅱ类），主要污染指标为总氮。与上年相比，水质保持Ⅲ类，水质稳定；营养状态稳定，仍为中营养。

（4）抚仙湖。水质类别为Ⅰ类，水质优，达到水环境功能要求（Ⅰ类）。与上年相比，水质保持Ⅰ类，水质无明显变化；营养状态稳定，仍为贫营养。

（5）星云湖。水质类别为劣Ⅴ类，水质重度污染，未达到水环境功能要求（Ⅲ类），主要超标污染指标为总氮。与上年相比，水质由Ⅴ类恶化为劣Ⅴ类，水质显著下降，主要污染指标总氮年均值有所上升。营养状态稳定，仍为中度富营养。

（6）杞麓湖。水质类别为劣Ⅴ类，水质重度污染，未达到水环境功能要求（Ⅲ类），主要超标污染指标为总氮。与上年相比，水质仍为劣Ⅴ类。营养状态由中度富营养好转为轻度富营养。

（7）程海。水质类别为Ⅱ类，水质优，达到水环境功能要求（Ⅲ类）。与上年相比，水质保持Ⅱ类，水质稳定。营养状态稳定，仍为中营养。

（8）泸沽湖。水质类别Ⅰ类，水质优，达到水环境功能要求（Ⅰ类）。与上年相比，水质保持Ⅰ类，水质稳定。营养状态稳定，仍为贫营养。

（9）异龙湖。水质类别为劣Ⅴ类，水质重度污染，未达到水环境功能要求（Ⅲ类），主要污染指标为总氮。与上年相比，水质由Ⅴ类恶化为劣Ⅴ类，水质显著下降。营养状态也由轻度富营养加重为中度富营养。

（10）其他湖泊。其他 11 个湖泊湖体水质为茈碧湖、海西海、北海Ⅱ类；普者黑、浴仙湖、青海Ⅲ类；西湖Ⅳ类；长桥海Ⅴ类；个旧湖、大屯海、南湖劣Ⅴ类。其中，普者黑、浴仙湖、茈碧湖、海西海、北海达到水环境功能要求。与上年相比，多数湖泊水质保持稳定，西湖、海西海、北海水质有所好转，浴仙湖水质下降[①]。

（十七）地下水水质

云南省共设 7 个地下水监测分站，监测区控制面积 2901 平方千米，有各类监测点 450 个，其中，水位监测点 191 个，流量监测点 50 个，水质监测点 209 个。

（1）昆明盆地。第四系浅层孔隙水水质状况仍以较差级为主，基岩水（冷水）水

---

① 《云南年鉴（2007）》，昆明：云南年鉴社，2007 年，第 253 页。

质总体良好。水质综合变化趋势为 57%质量变好，31%处于稳定状态，12%趋于变差。污染呈点状或岛状，主要分布于海口、安宁地区，主要超标项目有氨氮、亚硝酸盐、锰、氟、耗氧量、细菌总数、大肠菌群等。

（2）楚雄盆地。与上年相比，总体上水质较好。主要超标项目为总硬度、溶解性总固体、氨氮、铁、锰、细菌总数、大肠菌群等，生活污水和工业污水为主要污染源。

（3）玉溪盆地。地下水受到不同程度污染，总体水质为较差级，其中，孔隙水污染较重，水质较差，裂隙水受到一定污染，岩溶水未受污染，水质良好。水质主要超标项目有总硬度、亚硝酸盐、氨氮、铁、锰、铍及钡等，污染源为工业污水、生活污水和农田施肥。

（4）曲靖盆地。地下水质量总体稳定；主要超标项目有铁、锰、亚硝酸盐、氨氮及总硬度等，生活污水和工业污水为主要污染源。

（5）大理盆地。地下水质量总体良好，且基本稳定，仅在局部地区呈点状污染，主要超标项目有亚硝酸盐、氨氮、锰、铅、细菌总数、大肠菌群等，生活污水为主要污染源。

（6）景洪盆地。监测的地下水类型均为孔隙水，地下水水质总体较好，仅在局部地区呈点状污染，主要超标项目有亚硝酸盐、氨氮、锰、细菌总数、大肠菌群等，污染源主要为生活污水。

（7）开远盆地。与上年相比，地下水水质总体保持稳定[1]。

（十八）废水及主要污染物排放

云南省废水排放总量 8.05 亿吨，比上年增长 7.0%；废水中化学需氧量排放量 29.37 万吨，比上年增长 3.2%；氨氮 1.96 万吨，比上年增加 1.0%。其中，工业废水排放量 3.43 亿吨，占总排放量的 42.6%。工业废水中化学需氧量排放量 10.56 万吨，氨氮 4035.59 吨；其他污染物 214.29 吨，与上年基本持平[2]。

（十九）城市污染物排放

云南省城市生活污水排放量 4.62 亿吨，污水中化学需氧量排放量 18.80 万吨，氨氮 1.56 万吨。城市生活二氧化硫排放量 9.48 万吨，生活烟尘 5.78 万吨。云南省机动车 339.08 万辆。昆明市机动车 71.56 万辆，市区在用汽车数达 40.4 万辆。昆明市机动车排放污染逐渐加重[3]。

---

① 《云南年鉴（2007）》，昆明：云南年鉴社，2007 年，第 254 页。
② 《云南年鉴（2007）》，昆明：云南年鉴社，2007 年，第 254 页。
③ 《云南年鉴（2007）》，昆明：云南年鉴社，2007 年，第 254 页。

（二十）酸雨状况

开展降水酸度监测的 15 个主要城市中，出现酸雨的城市有 8 个，分别是昆明、玉溪、丽江、临沧、普洱、个旧、景洪、楚雄，占 53.3%。曲靖、昭通、保山、文山、开远、大理、潞西等 7 个城市未监测到酸雨。15 个主要城市降水 pH 平均值在 4.30—8.05，降水 pH 平均值低于 5.6 的城市为个旧市、楚雄市。在出现酸雨的 11 个城市中，酸雨 pH 平均值在 4.21—5.41，最低值 4.21，出现在个旧市，次低值 4.61，出现在楚雄市。15 个重点城市平均酸雨频率为 11.4%，酸雨频率在 3.8%—72.9%。酸雨频率最高的是个旧市，为 72.9%，其次为楚雄市，为 64.3%。酸雨频率≤30% 的有 13 个，占 86.7%；酸雨频率在 60%—80% 的有 2 个，占 13.3%。其中，酸雨频率为 0 的城市有 6 个，占全部城市的 40.0%。酸雨控制区 7 城市中，有 4 个城市出现酸雨，曲靖、昭通、开远未监测到酸雨，酸控区酸雨频率为 20.7%。监测结果表明，云南省酸雨基本集中在滇中和滇南，酸雨强度滇中较高，楚雄市、个旧市的酸雨强度高于其他地区。与上年相比，云南省的酸雨频率由 12.8% 降为 11.4%，出现酸雨的城市占比由 73.3% 降至 60.0%。酸雨控制区 7 城市监测到酸雨的城市为 4 个，比上年减少了 3 个。酸雨出现频率为 20.7%，与 2005 年基本持平。出现酸雨的 8 个城市中，个旧市酸雨频率由上年的 50.5% 升至 72.9%，景洪市由 19.1% 降至 0.9%，其余城市酸雨频率和 pH 与上年相比无明显变化[①]。

（二十一）废气及主要污染物排放

云南省工业废气排放总量 6646.08 亿标准立方米。废气污染物排放量为二氧化硫 55.1 万吨（其中，工业二氧化硫 45.62 万吨，占总排放量的 82.8%）；烟尘 21.73 万吨（其中，工业烟尘 15.95 万吨，占总排放量的 73.4%）；工业粉尘 14.78 万吨。与上年相比，工业废气排放量增长 22.1%：二氧化硫增长 5.6%，其中，工业二氧化硫增长 6.4%；烟尘下降 4.1%，其中工业烟尘下降 6.6%；工业粉尘下降 4.8%[②]。

（二十二）自然生态保护

云南省生态环境质量保持良好，自然生态系统、生物物种资源得到有效保护，生态监管和生态建设取得成效，生态治理力度加大，部分地区生态环境退化的趋势得到减缓，但生态脆弱区环境恶化的趋势仍在继续。新增省级自然保护区 1 个，晋升国家自然保护区 2 个。云南省共有自然保护区 192 个，总面积 336 万公顷，占云南省土地面积的

① 《云南年鉴（2007）》，昆明：云南年鉴社，2007 年，第 254 页。
② 《云南年鉴（2007）》，昆明：云南年鉴社，2007 年，第 254 页。

8.5%，其中，国家级 16 个，省级 46 个。形成类别齐全、类型多样的自然保护区网络，使 90% 的典型生态系统和 90% 的国家重点保护野生动植物得到有效保护，极大地改善了濒危物种的生存状况，有效地保护了云南的生态系统和物种资源①。

四、2007 年

（一）环境保护概述

2007 年，云南省环境保护系统以实施"七彩云南保护行动"为载体，突出抓好主要污染物减排和以滇池为重点的水环境综合整治等各项工作，切实解决了一批关系民生的突出环境问题，环境法治行动有效推进；落实综合整治措施，环境治理行动成效明显；维护人民群众环境状况知情权，环境阳光行动不断深入；加强自然保护区建设与管护，生态保护行动积极推进；继续抓好各类绿色创建示范；创新环境保护宣传方式；采取坚决有力的综合措施，节能减排行动成效明显②。

（二）节能减排

2007 年，按照云南省人民政府发布的《关于抓好节能减排工作的通知》，分解落实各州市县行政首长节能减排目标责任，配合发展和改革委员会、省经济委员会制定云南省节能目标和"十一五"淘汰落后产能计划；完成云南省 20 家循环经济试点工作，对列入国家千家企业节能行动中的 25 家企业开展能源审计。广泛开展云南省百家企业节能行动、"全民节能，云南在行动"活动，云南省单位地区生产总值能耗持续下降，16 个州市单位工业增加值能耗有 13 家下降，淘汰铁钢、铁合金、黄磷、水泥、电石、焦炭、小火电和造纸等落后产能工作积极推进。全面推行排污许可证制度，完成了国控、省控重点企业排污许可证的换证工作。重点污染企业限期安装在线监测装置并与环境保护部门联网。从工程减排、结构减排、管理减排 3 个方面推进污染减排工作，53 个省级重点减排项目已有 48 个竣工，占 90% 以上。完成淘汰落后产能 47 家，全年完成 32 项二氧化硫减排项目、34 项化学需氧量减排项目。云南省二氧化硫、化学需氧量较 2006 年分别减排 3.14%（净削减 1.73 万吨）和 1.36%（净削减 0.4 万吨）③。

---

① 《云南年鉴（2007）》，昆明：云南年鉴社，2007 年，第 254 页。
② 《云南年鉴（2008）》，昆明：云南年鉴社，2008 年，第 243 页。
③ 《云南年鉴（2008）》，昆明：云南年鉴社，2008 年，第 243 页。

（三）环境法制

云南省人民政府出台《云南省人民政府关于进一步加强节能减排工作的若干意见》《云南省人民政府办公厅关于进一步加强环境影响评价管理工作的通知》《云南省人民政府关于加强滇池水污染治理工作的意见》等政策文件。省人大常委会颁布《云南省抚仙湖保护条例》《云南省星云湖保护条例》，《云南省杞麓湖保护条例》进入立法程序。省环境保护局与省检察院建立查处环境违法事件联席会议制度，与中国人民银行昆明中心支行、中国银行业监督管理委员会云南监管局建立落实了环境法规防范信贷风险工作联席会议制度，进一步完善了对环境违法违规行为的处罚和约束机制①。

（四）环境保护专项整治行动

云南继续开展"查处环境违法企业保障群众健康"环境保护专项行动。云南省共出动环境监察执法人员 31746 人，检查企业 11055 家，查处违法企业 110 家，结案 91 起。对寻甸磷电有限公司等 6 家企业实施挂牌督办，对东川区环境问题实施综合整治，对违法现象反弹的昆明市、曲靖市、昭通市、红河哈尼族彝族自治州 4 州（市）8 个县（区）开展排查整改。落实全国"抓落实、促减排"造纸行业环境保护专项督察电视电话会议精神，摸排 157 户造纸企业，依法处理 5 户制浆企业②。

（五）重点建设项目环境管理

组织环境影响评价专项检查组，对 3 个州市 10 个建设项目开展环境影响评价专项检查。全年省环境保护局审批建设项目环境影响评价 185 项，审批建设项目试生产 77 项，开展环境保护项目竣工验收 63 项，不予许可试生产 4 项，实施行政处罚 11 项；推进规划环境影响评价，组织流域水电开发规划环境影响评价审查 7 项，工业园区规划环境影响评价审查 2 项，城市新区规划环境影响评价 1 项。中（国）瑞（典）环境保护合作规划环境影响评价的能力建设取得成效③。

（六）环境监察

对 152 家国控、省控重点企业稳定达标排放和在线监测安装情况实施高频次监察，有 12 家企业按要求完成强制性清洁生产审核验收。向社会公布并查处 20 家环境违法企

---

① 《云南年鉴（2008）》，昆明：云南年鉴社，2008 年，第 243—244 页。
② 《云南年鉴（2008）》，昆明：云南年鉴社，2008 年，第 244 页。
③ 《云南年鉴（2008）》，昆明：云南年鉴社，2008 年，第 244 页。

业和单位。加大排污费征收力度，全年共征收排污费 2.92 亿元[1]。

（七）九大高原湖泊水污染综合防治

2007年，抓好九大高原湖泊"十一五"目标责任书确定的184个项目建设，完成14项，在建73项，开展前期工作74项，未启动23项，项目开工率为47.3%。完成滇池西岸高海公路沿线截污工程、星云湖退塘退田还湖工程、阳宗海数字化水下地形测量和异龙湖水域边界界定工程建设，昆明市第七污水处理厂和第三污水处理厂改扩建工程动工建设。九湖治理全年共完成投资 13.93 亿元。滇池、洱海治理项目进入国家水体污染控制与治理科技重大专项；洱海治理经验受到党和国家领导人及国家有关部委的充分肯定，并向全国推广[2]。

（八）城镇集中式饮用水水源地保护

完成云南省城镇集中式饮用水水源地情况调查，编制云南省 21 个重点城市（16 个州市政府所在地及安宁、个旧、开远、宣威、瑞丽）集中式饮用水水源地环境保护规划和水源地保护区划定工作，组织开展云南省 267 个县级以上城镇集中式饮用水源的环境保护规划编制工作，近80%的县（市、区）已编制上报规划。推进世界银行贷款云南城市环境建设项目，完成世界银行贷款 32 个子项目国内审批程序所需技术文件的编制和对全部子项目的评估及安全保障审查。加强辐射环境管理，依法搞好辐射环境安全许可登记换证工作。推进各州市医疗废物、危险废物处置中心建设。[3]

（九）污染源普查

2007年，污染源普查工作进展顺利，云南省重点污染源监测、培训、宣传动员、摸底清查、落实经费等基础工作扎实推进。云南省财政厅安排工作经费1965万元，国家财政补助经费1176万元；编制完成云南省污染源普查实施方案，并分3期对近900名州市污染源普查负责人、技术骨干进行培训[4]。

（十）环境信息

向社会公布国控、省控重点污染源152个，加大对重点污染源的监管力度，编制完成在线监测监控信息管理系统，并安装验收15家企业，云南省主要燃煤电厂安装了在

① 《云南年鉴（2008）》，昆明：云南年鉴社，2008年，第244页。
② 《云南年鉴（2008）》，昆明：云南年鉴社，2008年，第244页。
③ 《云南年鉴（2008）》，昆明：云南年鉴社，2008年，第244页。
④ 《云南年鉴（2008）》，昆明：云南年鉴社，2008年，第244页。

线监测系统。开通"七彩云南保护行动"网站，发布、更新云南省环境保护信息 3500 余条。加快省、州（市）两级电子公文传输系统建设，发布《2006 云南省环境状况公报》《云南省 2006 年度城市环境综合整治定量考核结果》及重点城市空气质量日报、云南省环境质量监测月报、九大高原湖泊水质季报，维护了人民群众的环境知情权。[①]

（十一）环境信访

受理"12369"环境保护投诉，省局受理投诉案件 1302 起，办结投诉案件 1253 件，结案率 96%。办理群众来信来访和人大议案、政协提案。利用网站和政务宣传栏公示建设项目环境影响评价验收结论，开展辐射许可证管理和环境影响评价网上公示、公告，进一步完善建设项目环境保护阳光审批机制。省环境保护局共实施行政处罚 10 起，处罚金 129 万元，开展行政复议 2 件，组织行政复议和行政处罚事前调解 3 次。[②]

（十二）土壤污染状况调查

全面部署开展云南省土壤污染状况调查工作，建成有机分析室、制样室，完成近千个普查点、73 个背景点的采样，受到国家环境保护总局的充分肯定[③]。

（十三）环境保护绿色创建

编制上报《关于加快云南建设生态省的建议》，组织开展生态省建设前期调研。推进生态示范区和生态县建设，继西双版纳傣族自治州、通海县、红塔区生态示范区通过国家验收命名后，澄江县生态示范区已通过省级验收并上报国家审批。在楚雄彝族自治州和易门、峨山、通海、弥勒、澄江等县启动开展生态州、生态县建设；石林彝族自治县长湖镇等 3 个乡镇申报全国环境优美乡镇，富源县富村镇富村村申报国家级生态村已通过专家审查，申报省级生态乡镇的 55 个乡镇有 43 个通过评审。组织云南省开展第二批省级和国家级"绿色社区"创建和申报工作，制定了"绿色酒店"工作方案和标准，在昆明、丽江、西双版纳等旅游城市开展"绿色酒店"试点工作；昆明市和玉溪市创建国家环境保护模范城市活动取得新进展[④]。

（十四）环境保护宣传

举办了"七彩云南保护行动"、"三个一"应征作品颁奖音乐会和泛珠区域环境保

---

① 《云南年鉴（2008）》，昆明：云南年鉴社，2008 年，第 244 页。
② 《云南年鉴（2008）》，昆明：云南年鉴社，2008 年，第 244 页。
③ 《云南年鉴（2008）》，昆明：云南年鉴社，2008 年，第 244 页。
④ 《云南年鉴（2008）》，昆明：云南年鉴社，2008 年，第 244 页。

护演讲大赛；在云南电视台、云南日报开辟了"七彩云南保护行动"专栏，云南电视台少儿频道开播以"七彩云南保护行动"为主要内容的"绿色在线"栏目，其中"环境保护词典"板块获得中国科教电影协会"首届全国科教影视科普奖"环境保护类一等奖。编写了《七彩云南保护行动——市民宣传手册》，印制发放6万个环境保护宣传挂图和手册，出版《公民节约资源行为规范》并获第十五届中国西部地区图书三等奖。同时与省教育厅、省科学技术协会合作在云南省中小学中开展"七彩云南·我的家园"环境绘画、创意和摄影等比赛和"ITT"杯中学生水科技发明比赛。组织开展联合国开发计划署中国环境意识项目——"我眼中的可再生世界"摄影比赛。组织部分绿色学校、社区与省外绿色创建单位开展交流活动，举办"走进七彩云南——中英青少年环境保护夏令营""中美环境教育教师交流""畅想绿色未来——绿色课堂走进七彩云南"等活动[①]。

（十五）主要河流水系水质

云南省六大水系主要河流受污染程度由大到小排序依次为珠江水系、金沙江水系、红河水系、澜沧江水系、怒江水系和伊洛瓦底江水系。在77条主要河流的152个监测断面中，水质优达到Ⅰ—Ⅱ类标准的断面占21.1%，水质良好达到Ⅲ类标准的断面占31.6%，水质已受轻度污染达到Ⅳ类标准的断面占15.1%，水质已受中度污染达到Ⅴ类标准的断面占3.9%，水质已重度污染劣于Ⅴ类标准的断面占28.3%。河流水质的主要污染指标为总磷、挥发酚、氨氮、生化需氧量，其污染分担率分别为18.8%、16.9%、14.8%、12.7%。

金沙江水系水质总体为中度污染。22条主要河流39个监测断面中，达到Ⅰ—Ⅱ类标准水质优断面占15.4%；达到Ⅲ类标准水质良好断面占33.3%；达到Ⅳ类标准水质轻度污染断面占7.7%；达到Ⅴ类标准水质中度污染断面占10.3%，劣Ⅴ类标准水质重度污染断面占33.3%。21个断面水质达到地表水水环境功能要求，断面达标率53.8%。主要污染指标为总磷、氨氮和生化需氧量，其污染分担率分别为27.4%、24.2%和13.2%。主要河流按综合污染程度前5位为新河、螳螂川、宝象河、秃尾河、洛泽河。

珠江水系水质为重度污染。9条主要河流29个监测断面中，达到Ⅰ—Ⅱ类标准水质优断面占13.7%；达到Ⅲ类标准水质良好断面占17.3%；达到Ⅳ类标准水质轻度污染断面占13.8%；达到Ⅴ类标准水质中度污染断面占3.4%；劣Ⅴ类标准水质重度污染断面占51.8%。10个断面水质达到地表水水环境功能要求，断面达标率34.5%。主要污染指标为挥发酚、总磷、氨氮和生化需氧量。其污染分担率分别为32.2%、14.1%、11.9%和11.9%。主要河流污染严重程度前5位为泸江、北盘江、南盘江干流、曲江、甸

---

① 《云南年鉴（2008）》，昆明：云南年鉴社，2008年，第244页。

溪河。

红河水系水质轻度污染。12条主要河流26个监测断面中，达到Ⅰ—Ⅱ类标准水质优断面占15.4%；达到Ⅲ类标准水质良好断面占38.4%；达到Ⅳ类标准水质轻度污染断面占23.1%；劣Ⅴ类标准水质重度污染断面占23%。20个断面水质达到地表水水环境功能要求，断面达标率76.9%。主要河流污染严重程度前5位为三家河、藤条江、红河干流、星宿江、南溪河。

澜沧江水系水质轻度污染。23条主要河流37个监测断面中，达到Ⅱ类标准水质优断面占21.6%；达到Ⅲ类标准水质良好断面占37.9%；达到Ⅳ类标准水质轻度污染断面占21.6%；劣Ⅴ类标准水质重度污染断面占18.9%。23个断面水质达到地表水水环境功能要求，断面达标率62.2%。主要污染指标为氨氮、生化需氧量和总磷，其污染分担率为17.5%、15.7%和13.5%。主要河流污染严重程度前5位为瓦窑河、思茅河、波罗江、西洱河、沘江。

怒江水系水质轻度污染。5条主要河流11个监测断面中，达到Ⅰ—Ⅱ类标准水质优断面占54.5%；达到Ⅲ类标准水质良好断面占9.1%；达到Ⅳ类标准水质轻度污染断面占9.1%；达到Ⅴ类标准水质中度污染断面占9.1%；劣Ⅴ类标准水质重度污染断面占18.2%。8个断面水质达到地表水水环境功能要求，断面达标率72.7%。主要污染指标为总磷和生化需氧量，其污染分担率分别为32.4%和18.6%。主要河流污染严重程度排序依次为枯柯河、老窝河、南汀河、怒江干流、南马河。

伊洛瓦底江水系水质优。6条主要河流10个监测断面中，达到Ⅰ—Ⅱ类标准水质优断面占40.0%；达到Ⅲ类标准水质良好断面占50.0%；达到Ⅳ类标准水质轻度污染断面占10.0%。有9个监测断面水质达到地表水水环境功能要求，断面达标率90.0%。主要污染指标为生化需氧量和高锰酸盐指数，其污染分担率分别为26.6%和23.2%。主要河流污染严重程度排序依次为南畹河、瑞丽江、龙川江、芒市大河、大盈江、槟榔江[①]。

（十六）湖泊、水库水质

云南省开展水质调查的60个湖泊、水库中，Ⅰ—Ⅱ类水质占33.3%、Ⅲ类水质占36.7%、Ⅳ类水质占11.7%、Ⅴ类水质占5.0%、劣Ⅴ类水质占13.3%。云南省湖泊、水库水质总体为轻度污染。60个湖泊、水库中，有28个水质达到水环境功能要求，占总数的46.7%。水质优的湖泊是阳宗海、抚仙湖、泸沽湖，水质良好的湖泊是洱海、程海，水质受到重度污染的湖泊是滇池草海、滇池外海、星云湖、杞麓湖、异龙湖。25

① 《云南年鉴（2008）》，昆明：云南年鉴社，2008年，第244—245页。

条入湖河流 30 个监测断面中，Ⅰ—Ⅱ类水质占 10.0%、Ⅲ类水质占 6.7%、Ⅳ类水质占 23.3%、Ⅴ类水质占 13.3%、劣Ⅴ类水质占 46.7%。监测断面水环境功能达标率为 20.0%。

（1）滇池。滇池草海水质类别为劣Ⅴ类，水质重度污染，未达到水环境功能要求（Ⅴ类），主要超标污染指标为氨氮、总磷、总氮。水体处于重度富营养状态。月度监测表明，12 个月水质类别均为劣Ⅴ类；湖泊富营养状态 12 个月均为重度富营养。滇池外海水质类别为劣Ⅴ类，水质重度污染，未达到水环境功能要求（Ⅴ类），主要超标污染指标为总氮。水体处于中度富营养状态。月度监测表明，12 个月水质类别均为劣Ⅴ类；湖泊富营养状态，10 个月为中度富营养，2 个月为重度富营养。

（2）阳宗海。阳宗海水质类别为Ⅱ类，水质优，达到水环境功能要求（Ⅱ类）。水体处于中营养状态。月度监测表明，5 个月水质类别为Ⅱ类，7 个月为Ⅲ类；湖泊富营养状态，7 个月为贫营养，5 个月为中营养。

（3）洱海。洱海水质类别为Ⅲ类。水质良好，未达到水环境功能要求（Ⅲ类），主要超标污染指标为总氮。水体处于中营养状态。月度监测表明，4 个月水质类别为Ⅱ类，8 个月水质类别为Ⅲ类；湖泊富营养状态，12 个月均为中营养。

（4）抚仙湖。抚仙湖水质类别为Ⅰ类，水质优，达到水环境功能要求（Ⅰ类）。水体处于贫营养状态。月度监测表明，11 个月水质类别为Ⅰ类，1 个月水质类别为Ⅱ类；湖泊富营养状态，12 个月均为贫营养。

（5）星云湖。星云湖水质类别为劣Ⅴ类，水质重度污染，未达到水环境功能要求（Ⅲ类），主要超标污染指标为总磷、总氮。水体处于中度富营养状态。月度监测表明，1 个月水质类别为Ⅴ类，11 个月为劣Ⅴ类；湖泊富营养状态，4 个月为轻度富营养，8 个月为中度富营养。

（6）杞麓湖。杞麓湖水质类别为劣Ⅴ类，水质重度污染，未达到水环境功能要求（Ⅲ类），主要超标污染指标为总氮。水体处于中度富营养状态。月度监测表明，12 个月水质类别均为劣Ⅴ类；湖泊富营养状态，1 个月为中营养，2 个月为轻度富营养，9 个月为中度富营养。

（7）程海。程海水质类别为Ⅲ类，水质良好，达到水环境功能要求（Ⅲ类）。水体处于中营养状态。月度监测表明，水质类别，4 个月为Ⅱ类，8 个月为Ⅲ类；湖泊富营养状态，12 个月均为中营养。

（8）泸沽湖。泸沽湖水质类别为Ⅰ类，水质优，达到水环境功能要求（Ⅰ类）。水体处于贫营养状态。月度监测表明，11 个月水质类别为Ⅰ类，1 个月为Ⅱ类；湖泊富营养状态，12 个月均为贫营养。

（9）异龙湖。异龙湖水质类别为劣Ⅴ类，水质重度污染，未达到水环境功能要求（Ⅲ类），主要超标污染指标为总氮。水体处于中度富营养状态。月度监测表明，12 个月水质类别均为劣Ⅴ类；湖泊富营养状态，11 个月为中度富营养，1 个月为重度富营养。

其他 13 个湖泊湖体水质：浴仙湖Ⅱ类；普者黑、茈碧湖、海西海、北海、青海Ⅲ类；西湖、属都湖、碧塔海Ⅳ类；长桥海Ⅴ类；个旧湖、大屯海、南湖劣Ⅴ类[①]。

（十七）地下水水质

云南省地下水动态监测区有昆明盆地、曲靖盆地、开远盆地、玉溪盆地、大理盆地、楚雄盆地、景洪盆地，控制面积 2872 平方千米，2007 年各类监测点 951 个，其中国家级监测点 46 个。与上年相比，孔隙水较差级比例有所下降，极差级比例有所上升。主要污染物有锰、"三氮"、氟化物、氯化物、化学耗氧量、细菌总数、大肠菌群等。与 2006 年相比，基岩水（裂隙水、岩溶水）水质状况为较差级，良好级比例有所下降，优良级比例有所上升。主要污染物有锰、氨氮、氟化物、氯化物、亚硝酸盐氮、化学耗氧量、总硬度、细菌总数、大肠菌群等[②]。

（十八）城市水环境

云南省 15 个主要城市的 30 个城市河流（水域）45 个监测断面中，达到Ⅰ—Ⅱ类标准水质优断面 13 个，占 28.9%；达到Ⅲ类标准水质良好断面 8 个，占 17.8%；达到Ⅳ类标准水质轻度污染断面 3 个，占 6.7%；达到Ⅴ类标准水质轻度污染断面 2 个，占 4.4%；劣Ⅴ类标准水质重度污染断面 19 个，占 42.2%。达到水功能要求的断面 21 个，占 46.7%。城市河流总体水质为重度污染。城市河流（水域）的主要污染指标为高锰酸盐指数、生化需氧量、氨氮和总磷。21 个主要城市（16 个州市政府所在地和 5 个县级市）的 41 个集中式饮用水水源地中，能满足集中式饮用水水源地水质要求的有 36 个，占 87.8%；不能满足要求的有 5 个（松华坝水库、自卫村水库、宝象河水库、偏桥水库、东山水厂），占 12.2%[③]。

（十九）废水及主要污染物排放

云南省废水排放总量 8.38 亿吨，比 2006 年增长 4.1%；化学需氧量排放量 29.00 万吨；氨氮 1.98 万吨，比上年增长 1.0%。其中，工业废水排放总量 3.54 亿吨，比上年增长 3.2%；工业废水中化学需氧量排放量 9.79 万吨，比上年下降 7.3%；工业废水中氨氮

① 《云南年鉴（2008）》，昆明：云南年鉴社，2008 年，第 245—246 页。
② 《云南年鉴（2008）》，昆明：云南年鉴社，2008 年，第 246 页。
③ 《云南年鉴（2008）》，昆明：云南年鉴社，2008 年，第 246 页。

排放量 4059.25 吨，比上年增长 0.6%；其他污染物 202.14 吨，比上年下降 5.7%[1]。

（二十）工业废水治理

2007 年，工业废水达标排放量 3.20 亿吨，云南省共建成废水治理设施 2026 套，废水治理设施处理能力达 643.63 万吨/日。工业废水重复利用率 88.1%。云南省工业废水治理投资 2.15 亿元，实施废水治理项目 129 个，完成 116 个，新增废水处理能力 29.86 万吨/日，工业废水排放达标率 90.5%[2]。

（二十一）城市污染物排放

城市生活污水排放量 4.84 亿吨，污水中化学需氧量排放量 19.21 万吨，氨氮 1.58 万吨。与 2006 年相比，城市生活污水、化学需氧量、氨氮排放量分别增长 4.8%、2.2%、1.3%。城市生活二氧化硫排放量 8.83 万吨，生活烟尘 5.75 万吨。与上年相比，分别下降 6.9%、0.5%。云南省清运垃圾 536.6 万吨/年。云南省汽车在用车数 434.57 万辆。城市机动车数量逐年增加，污染排放呈加重趋势[3]。

（二十二）城市污染防治

云南省建成污水处理厂 37 座，城市污水厂集中处理率为 43.56%，城市污水处理能力 123.2 万吨/日；在建项目 4 个，建成后污水处理能力可增加 33 万吨/日。云南省建成无害化垃圾处理场 29 座，其中，卫生填埋 28 座，堆肥 1 座。无害化处理率达 45.61%。形成无害化处理能力 9490 吨/日，完成对昆明市、昭通市、普洱市机动车环境保护定期检验委托认证工作，对公用汽车和社会车辆尾气排放进行检测。昆明市开展机动车检测标准、法规宣传培训工作。拟定《昆明市机动车排气污染监督管理条例（草案）》并征求了各方意见。昆明市全市机动车注册登记车辆数为 89.23 万辆，实施环境保护定期检验车辆 71.38 万辆，环境保护定期检测率为 80%。昆明市在全国率先开展每月一次的"无车日"活动。昆明、曲靖、个旧、丽江等城市继续开展城区"禁煤"专项整治活动，昆明、丽江古城清洁能源使用率分别大于 50% 和 77%。云南省累计建成烟控区 24 个，比上年新增 2 个（丽江、临沧），新增面积 33.38 平方千米，总面积达 419.88 平方千米；建成环境噪声达标区 35 个，比上年新增 2 个，新增面积 16.6 平方千米，总面积达 280 平方千米[4]。

---

[1]《云南年鉴（2008）》，昆明：云南年鉴社，2008 年，第 246 页。
[2]《云南年鉴（2008）》，昆明：云南年鉴社，2008 年，第 246 页。
[3]《云南年鉴（2008）》，昆明：云南年鉴社，2008 年，第 246 页。
[4]《云南年鉴（2008）》，昆明：云南年鉴社，2008 年，第 246 页。

（二十三）饮用水水源地环境保护

编制并上报《云南省主要城市集中式饮用水水源地环境保护规划报告》。对 21 个城市的 41 个重点集中式饮用水水源地进行了划分和规划。共划分水源保护区总面积 5713.06 平方千米，占云南省土地面积的 1.45%。水域保护区面积 145.38 平方千米，占保护区总面积的 2.5%；陆域保护区面积 5567.68 平方千米，占保护区总面积的 97.5%[①]。

（二十四）酸雨状况

2007 年，开展降水酸度监测的 16 个主要城市中，出现酸雨的城市有 11 个，分别是昆明、玉溪、曲靖、保山、昭通、丽江、普洱、临沧、个旧、景洪、楚雄，占 68.8%。文山、开远、大理、潞西、六库 5 个城市未监测到酸雨。在出现酸雨的 11 个城市中，酸雨 pH 平均值在 4.27—5.32，最低值 4.27，出现在个旧市，次低值 4.61，出现在普洱市。16 个主要城市平均酸雨频率为 11.7%，酸雨频率在 0—70.1%；酸雨频率≤30%的有 9 个，占 56.3%；酸雨频率在 50%—80%的有 2 个，占 12.5%。酸雨频率最高的是楚雄，为 70.1%，其次为个旧，为 50.9%[②]。

（二十五）废气及主要污染物排放

工业废气排放总量 8081.71 亿标准立方米，比上年增长 21.6%。二氧化硫排放量 53.37 万吨，比上年下降 3.14%，其中，工业二氧化硫排放量 44.54 万吨，比上年下降 2.4%。烟尘排放量 20.99 万吨，比上年下降 3.4%，其中，工业烟尘排放量 15.24 万吨，比上年下降 4.5%。工业粉尘排放量 13.78 万吨，比上年下降 6.8%[③]。

（二十六）大气污染治理

截至 2007 年底，云南省共建成废气治理设施 4701 套，其中，脱硫设施 374 套，废气治理设施处理能力达 1.56 亿标准立方米/时，其中脱硫设施脱硫能力达 549.54 吨/时。云南省工业废气治理投资 5.18 亿元，实施废气治理项目 275 个，完成 257 个，新增废气处理能力 321.03 万标准立方米/时[④]。

---

① 《云南年鉴（2008）》，昆明：云南年鉴社，2008 年，第 246 页。
② 《云南年鉴（2008）》，昆明：云南年鉴社，2008 年，第 246 页。
③ 《云南年鉴（2008）》，昆明：云南年鉴社，2008 年，第 246 页。
④ 《云南年鉴（2008）》，昆明：云南年鉴社，2008 年，第 246 页。

（二十七）自然生态保护

云南省生态环境总体保持稳定，自然生态系统、生物物种资源保护和管理得到加强，城乡生态环境有所改善，生态建设取得成效。截至 2007 年底，云南省共建自然保护区 176 个，其中，国家级 16 个、省级 45 个、州市级 80 个、县级 35 个，总面积 2.88 万平方千米，占云南省土地面积的 7.32%。形成了各种级别、多种类型的自然保护区网络，有效地保护了云南的生态系统和物种资源[①]。

五、2008 年

（一）污染减排

2008 年，围绕主要污染物削减目标，从加快推进工程减排、结构减排、管理减排入手，制订减排计划，签订污染减排目标责任书，加强对云南省减排工作的检查考核，建立省级污染减排专项资金。云南省累计完成省级和州市重点工程减排项目 70 个，重点结构减排项目 141 个，重点管理减排项目 13 个。其中，国电阳宗海电厂 1#和 2#两台 20 万千瓦机组、国电宣威电厂 9#和 10#两台 30 万千瓦机组脱硫项目、华电昆明发电厂两台 10 万千瓦小火电机组和国电小龙潭发电有限公司的 6 台 10 万千瓦小火电机组提前关停，淘汰了一批水泥、化工、冶炼等落后产能，在云南省制糖行业推广临沧永德糖业集团污染减排的技术和经验，一批制糖企业污染减排工程项目如期完成，有力地支撑了云南省化学需氧量减排任务的完成。加大 183 家国控、省控重点企业监测和监管力度，强化对 9 户装机 30 万千瓦以上火电机组的现场监察，通报一批没有按期完成污染减排任务和运行不正常的企业。推进污染减排统计、监测、考核"三大体系"建设。大力推动县级以上城市污水处理厂、垃圾处理场建设。昆明市完成主城区污水处理系统 50.4 千米管网和呈贡新区排水管网建设，第七污水处理厂和呈贡县污水处理厂正在加紧建设。经国家初步核定，2008 年云南省二氧化硫净削减 3.2 万吨，超额完成减排 3%的年度目标任务，削减总额占"十一五"云南省二氧化硫减排任务的 98.75%；化学需氧量净削减 0.95 万吨，超额完成 2.5%的年度减排目标任务[②]。

（二）环境管理

2008 年，云南省环境保护部门共审批建设项目环境影响评价文件 6813 项，涉及固

① 《云南年鉴（2008）》，昆明：云南年鉴社，2008 年，第 246 页。
② 《云南年鉴（2009）》，昆明：云南年鉴社，2009 年，第 242 页。

定资产投资 2151.1 亿元。其中，省级共审批建设项目环境影响评价文件 326 项，涉及固定资产投资 1202.28 亿元；共审批准予试生产 48 项，准予竣工环境保护验收 39 项。全年共组织审查 14 个规划环境影响评价，流域水电开发规划环境影响评价全面推行，城市新区建设、城市规划修编等规划环境影响评价和部分旅游开发规划环境影响评价开展试点，云南省 40 个省级重点工业园区规划环境影响评价已全面启动。查处了违反环境影响评价和"三同时"制度的 17 个建设项目，暂缓或不予审批 6 个项目。深入红河哈尼族彝族自治州、玉溪市现场办公，现场审批云南锡业股份有限公司 7 万吨锡冶炼技改项目等 4 个项目的环境影响评价。10—12 月完成省级环境影响评价审批项目 113 项。环境保护部对昆明快速轨道交通规划、云南老厂矿区规划、云南省新庄矿区总体规划 3 个规划环境影响评价文件组织了审查，功果桥水电站、大理至丽江高速公路等 7 个项目获得审批，并受理丽江—香格里拉铁路、昆钢集团产业结构调整等 6 个项目[①]。

（三）环境执法监管

深入开展环境保护专项行动，组织开展云南省环境安全隐患大排查，整治环境违法企业。2008 年共计出动环境监察人员 5.3 万余人，检查企业 1.22 万家，对 126 家国控、57 家省控企业及 118 个工程减排项目进行现场监察，对 6 州（市）18 项重点项目开展督查，对九大高原湖泊流域 44 家企业和 11 个重点规划项目进行现场监察，全面清查云南省集中式饮用水水源地排污口和 2003 年以来环境保护专项行动中各重点督查事项的办理落实情况，对 2007 年云南省 41 个危险废物经营许可证颁发及监管情况进行专项检查，对不能稳定达标或超总量排污的单位实行限期治理。共检查企业 172 家，查处 20 起案件 95 家企业，责令 23 家企业停止生产、8 家企业停止建设。全年征收排污费 2.81 亿元[②]。

（四）辐射环境管理

2008 年，开展 5 次辐射安全大检查，共检查云南省放射源使用单位 580 家，检查放射源 2999 枚；完成 1641 家放射源和射线装置工作单位辐射安全许可证的登记办证换证工作，云南省放射源工作单位办证率达 100%，射线装置工作单位办证率达 80%[③]。

（五）重要环境事件处理

阳宗海水体砷污染事件发生后，组成专家联合调查组，在阳宗海全流域排查污染

[①] 《云南年鉴（2009）》，昆明：云南年鉴社，2009 年，第 242—243 页。
[②] 《云南年鉴（2009）》，昆明：云南年鉴社，2009 年，第 243 页。
[③] 《云南年鉴（2009）》，昆明：云南年鉴社，2009 年，第 243 页。

源，查明造成阳宗海水体砷污染的主要来源，并采取"三禁"措施，确保沿湖群众的饮用水安全；迅速展开应急治理工作，有效截断入湖污染源；组织编制《阳宗海砷污染综合治理方案》，启动综合治理工作。以阳宗海水体砷污染事件为教训，在云南省范围内深入开展环境保护大检查，重点检查了建设项目环境违法问题、尾矿库环境安全隐患、集中式饮用水水源地保护工作落实情况、城市污水垃圾处理设施运行管理情况，以及长期违法排污、污染严重、群众反映强烈的违法企业，共检查相关企业8259家，对其中的1008家企业提出整改要求，拟关停企业204家。阳宗海湖泊水体砷浓度已从0.134毫克/升下降到0.111毫克/升。云南省14起次生突发环境事故（其中，Ⅲ级2起、Ⅳ级1起、非等级事件11起）得到及时有效的处理[1]。

（六）环境信访

建立每月一次的局长环境保护信访接待日制度，2008年云南省办理群众来信8842件，接待群众来访3045批、7034人次。受理"12369"环境保护投诉，做好奥运期间的反恐维稳工作，确保了奥运期间的环境安全和稳定[2]。

（七）九大高原湖泊水污染防治

加快九大高原湖泊"十一五"规划目标责任书项目建设进度。编制完成《滇池水污染综合治理总体实施方案》和《滇池"十一五"综合防治规划补充报告》。昆明市全面实施入湖河道河（段）长责任制，29条主要入湖河道治理效果明显，各项治理工程建设步伐进一步加快，滇池治理六大措施取得重大进展。完成了《滇池生态安全调查和评估》。推进其他八湖环湖截污治污、入湖河道治理、排污管网、生态恢复、退塘还湖、农村面源防治等工程建设。截至12月底，九大高原湖泊"十一五"目标责任书项目共207项，完成34项，完工率达16.43%；开工建设109项；开展56项前期工作，占27.05%，8项未启动，占3.86%。累计完成投资42.86亿元，其中滇池29.70亿元。湖泊水质监测分析报告结果显示，除阳宗海水体砷浓度超标，降为劣Ⅴ类外，滇池、洱海水体污染物有所下降，其他湖泊基本保持稳定[3]。

（八）集中式饮用水水源地保护

组织云南省129个县（市、区）、224个主要城镇集中式饮用水水源地划分和保护规划编制工作，完成21个重点城市的46个集中式饮用水水源地保护规划的编制，其余

① 《云南年鉴（2009）》，昆明：云南年鉴社，2009年，第243页。
② 《云南年鉴（2009）》，昆明：云南年鉴社，2009年，第243页。
③ 《云南年鉴（2009）》，昆明：云南年鉴社，2009年，第243页。

县（市、区）的 178 个集中式饮用水水源地保护区划分和保护规划工作已基本完成[1]。

（九）跨界出境河流环境安全保障

高度重视出境跨界河流等重点流域环境安全保障工作，完成云南省主要出境河流的基本情况及主要工业污染源的情况调查，开展影响水环境安全的隐患排查。在云南省范围内开展水污染防治调研，编制完成《云南省沘江流域水污染防治规划》[2]。

（十）滇西北生物多样性保护

贯彻落实云南省人民政府滇西北生物多样性保护工作会议和联席会议第一次会议精神，编制完成《滇西北生物多样性保护行动计划（2008—2012 年）》。开展生态环境监察试点，强化保护区内项目建设的监察，严肃查处破坏生态环境的违法行为。对云南省 129 个县市区生物多样性开展综合评估，建立了云南生物多样性基础数据库。启动《滇西北国家重点生态功能保护区规划》《云南省生物物种资源保护与利用规划》的编制和矿产资源开发生态补偿试点政策研究。完成省级以上自然保护区的调查、云南省自然保护区的核查及相关自然保护区范围和功能区的调整，新建了 3 个县级自然保护区。组织开展"5·22 国际生物多样性日"宣传教育活动；加强与专家和国内外民间环境保护组织在生物多样性保护方面的沟通和交流[3]。

（十一）农村环境保护

2008 年，开展农村环境综合整治试点示范工作。编制《云南省农村环境综合整治规划》，启动"以奖促治"和"以奖代补"环境综合整治试点示范工程，指导易门县、麒麟区、龙陵县、勐海县 4 个国家农村环境保护试点县工作。昆明市在滇池、长江、珠江流域划定禁养区域，实行全面禁养，共关闭、搬迁养殖户 5120 户[4]。

（十二）生态创建

2008 年，昆明、楚雄等州市启动生态州市建设，昆明市的 14 个县（市、区）和峨山彝族自治县、易门县生态建设规划经当地人大审议通过并颁布实施，滇西北 5 州市、18 个县的生态建设规划编制工作开始启动。有 3 个乡镇被环境保护部命名为"全国环境优美乡镇"，8 个乡镇通过"全国环境优美乡镇"专家组评审；43 个乡镇被云南省人民

---

① 《云南年鉴（2009）》，昆明：云南年鉴社，2009 年，第 243 页。
② 《云南年鉴（2009）》，昆明：云南年鉴社，2009 年，第 243 页。
③ 《云南年鉴（2009）》，昆明：云南年鉴社，2009 年，第 243 页。
④ 《云南年鉴（2009）》，昆明：云南年鉴社，2009 年，第 243 页。

政府命名为"云南省生态乡镇"，31 个乡镇通过"云南省生态乡镇"专家组审核；富源县富村镇富村村被环境保护部命名为"国家级生态村"，1 个生态示范区被环境保护部命名为"全国生态示范区"[①]。

（十三）污染源普查

2008 年，云南省污染源普查工作顺利推进，完成 19.6 万家普查对象的普查数据填报、审核、录入及上报，云南省有工业污染源 2.35 万家，农业污染源 12.21 万家，生活污染源 5.04 万家，集中式污染治理设施 135 家，基本摸清了云南省污染源现状[②]。

（十四）土壤污染调查

2008 年，云南省完成 1718 个普查点和 73 个背景点的土壤样品采集、制备和分析测试，共获得 12.18 万个分析数据，基本建成云南省土壤污染状况调查数据库。编制完成《云南省重点区域土壤污染风险评估与安全性划分八个子项目工作方案》和土壤调查工作管理规定、技术要求、作业指导书[③]。

（十五）环境法制

配合云南省人大完成《云南大山包黑颈鹤自然保护区管理条例》的立法工作，启动《云南省滇池保护条例》起草工作。向社会公开通报 2007 年以来违反国家环境保护法律法规的 10 个环境违法违规典型事项，依法查处环境违法行为，省环境保护厅共实施行政处罚 16 起，处罚金 210 万元。进一步巩固和完善与金融单位建立的环境法规防范信贷风险工作联席会议制度，先后 4 次向信贷部门通报环境违法违规企业名单[④]。

（十六）环境科技

国家"863"滇池入湖河流水环境治理技术与工程示范项目和"防治高尔夫球场高强度施用化肥农药对环境影响研究"等 6 个科技项目通过验收。依法推进清洁生产和循环经济试点工作，公布实施了第三批 36 家强制性清洁生产审核重点企业，有 23 家企业完成审核并通过验收。《昆明市高新技术产业开发区国家生态工业示范园区建设规划》已通过国家三部委的批准。启动"云南省高原湖泊人工湿地技术规范"和"清洁生产标

① 《云南年鉴（2009）》，昆明：云南年鉴社，2009 年，第 243 页。
② 《云南年鉴（2009）》，昆明：云南年鉴社，2009 年，第 243—244 页。
③ 《云南年鉴（2009）》，昆明：云南年鉴社，2009 年，第 244 页。
④ 《云南年鉴（2009）》，昆明：云南年鉴社，2009 年，第 244 页。

准天然生胶标准橡胶加工"2 项推荐性标准制定工作。对 15 家环境保护公司申请环境污染治理运营资质进行现场审核，有 5 家企业获得环境保护部颁发的运营资质证书，培训了 416 名污染治理设施运营管理和操作人员。完成国家水体污染控制与治理科技重大专项滇池、洱海项目的申报评审。项目实施方案已通过专家论证，其中 8 个子课题已经纳入实施计划[①]。

（十七）环境保护宣传教育

开展滇西北生物多样性保护大型主题活动和"绿色奥运、七彩云南、生态昆明"活动及"七彩云南，我的家园"环境保护有奖征文，完成"七彩云南保护行动"环境教育系列丛书 3 个读本的编写、出版。组织评选出 100 所省级绿色学校，举办"云南省环境教育与可持续发展教育课程改革骨干教师培训"，联合省旅游局对云南省 2500 名导游进行环境保护培训。在"七彩云南保护行动"网站开辟网上环境保护咨询、意见建议及投诉办理、政务公开等栏目，推进政府信息公开。"七彩云南保护行动"网站在省直部门网站绩效评估中名列第一，"七彩云南保护行动"获 2008 中国文化产业新年国际论坛"生态文明创新奖"[②]。

（十八）环境保护对外合作

世界银行贷款云南城市环境建设项目完成国内审批手续进入最后谈判阶段；《云南省可持续发展战略研究报告》通过环境保护部和亚洲开发银行的验收，"西双版纳和德钦生物多样性保护廊道建设示范项目"和"大湄公河次区域南北经济走廊战略环境影响评价项目"进展顺利；启动云南省消耗臭氧层物质生产和使用情况调查；完成中英合作"云南省可持续消费和生产示范项目"。与英国驻重庆领事馆联合举办中英—云南低碳经济论坛，中（国）瑞（典）合作"云南规划和战略环境影响评价能力建设项目"实施效果明显。组团赴老挝等地参加国际环境保护会议及环境保护技术展览。在环境管理、自然生态保护、环境绩效评估、固体废物管理等领域派出 15 批 25 人赴欧美和东南亚 7 个国家学习、培训和考察；接待了 20 多个外国政府、国际组织、研究机构、民间团体的访问。与国内外环境保护组织合作，完成世界自然基金会"澜沧江流域水环境保护能力建设项目"、全球环境基金"云南老君山生物多样性保护示范项目"，并通过了联合国环境署项目检查组的中期评估，承办了中瑞环境教育与可持续发展教育国际高级研讨及培训班。滇川、沪滇和泛珠江流域环境保护合作取得了进一

---

① 《云南年鉴（2009）》，昆明：云南年鉴社，2009 年，第 244 页。
② 《云南年鉴（2009）》，昆明：云南年鉴社，2009 年，第 244 页。

步的进展[1]。

（十九）环境保护能力建设

着力加强环境监测、环境监察、辐射管理和环境保护基础设施项目建设，全年投入中央专项资金和省级专项资金8.04亿元（环境保护系统的建设资金5.22亿元，争取扩大内需资金2.82亿元）。"三大体系"建设共投入资金1.37亿元，其中环境监测1.21亿元，监察机构执法建设0.16万元。环境基础设施建设投入6854万元，其中医废及放射性废物库建设投入6443万元。环境保护项目投入3.15亿元。省环境监测中心站和16个州市环境监测站的装备水平得到明显提高，加大16个县级环境监测站、5个环境辐射管理机构和69个环境监察机构标准化建设投入力度；普洱、大理等5个州市医废项目竣工投入试生产，昆明、临沧、昭通3个州市医废项目进入开工准备阶段，丽江、楚雄等5个州（市）医废项目通过国家技术复核[2]。

（二十）废气主要污染物排放

2008年，云南省工业废气排放总量8316.08亿标准立方米，比上年增长2.9%。二氧化硫排放量50.17万吨，比上年下降6.0%，其中工业二氧化硫排放量41.99万吨，比上年下降5.7%。烟尘排放量20.52万吨，比上年下降2.2%，其中工业烟尘排放量15.19万吨，比上年下降0.3%。工业粉尘排放量12.15万吨，比上年下降11.8%[3]。

（二十一）大气污染治理

云南省共建成废气治理设施5267套，处理能力18947.27万标准立方米/时。废气治理设施运行费20.49亿元，实施废气治理项目279个，竣工项目161个，新增废气处理能力632.51万标准立方米/时[4]。

（二十二）工业废水治理

2008年底，云南省共建成废水治理设施2032套，处理能力525.48万吨/日，废水治理设施运行费用7.84亿元。实施废水治理项目99个，竣工项目88个，新增废水处理能力27.01万吨/日，工业废水排放达标率为92.7%[5]。

① 《云南年鉴（2009）》，昆明：云南年鉴社，2009年，第244页。
② 《云南年鉴（2009）》，昆明：云南年鉴社，2009年，第244页。
③ 《云南年鉴（2009）》，昆明：云南年鉴社，2009年，第244—245页。
④ 《云南年鉴（2009）》，昆明：云南年鉴社，2009年，第245页。
⑤ 《云南年鉴（2009）》，昆明：云南年鉴社，2009年，第245页。

（二十三）城市污水处理

2008年，云南省污水处理总量42320万立方米，其中经城市污水处理厂处理38325万立方米，其他污水处理设施处理3995万立方米。污水处理率为57.84%。2008年开工建设污水处理项目40个[①]。

（二十四）城市垃圾处理

云南省城市街道清扫保洁面积18725万平方米，清运生活垃圾570.63万吨，其中287.95万吨进行简易集中堆放处理，282.68万吨进行无害化处理；城市生活垃圾无害化处理率为49.54%。2008年开工建设生活垃圾处理项目51个[②]。

（二十五）城市机动车污染防治

完成对昆明、昭通、普洱、保山、曲靖机动车环境保护定期检测委托认证工作。昆明市颁布实施了《昆明市机动车排气污染防治条例》及《昆明市机动车环保标志管理暂行办法》，对全市2496辆公交车、252辆公务车辆尾气排放进行抽测，达标率分别为90.5%和61.51%。经统计，2008年，昆明市机动车注册登记车辆为977772辆，实施环境保护定期检测车辆811497辆（其中新增82515辆，免检车辆380846辆），环境保护定期检测率为82.99%[③]。

（二十六）城市禁煤禁白和烟控区噪声达标区建设

云南省禁煤工作有效推进，城市"高污染燃料禁燃区""烟尘控制区"不断扩大，清洁能源使用率逐年提高。昆明市正式实施《昆明市高污染燃料禁燃区管理规定》，在昆明四城区、呈贡新城内禁煤，禁燃范围由原来的55平方千米扩大到330平方千米；保山市在云南省首次成功推行公交车、出租车、公用车全面使用天然气；曲靖市继续巩固于2005年在麒麟区开展并完成的主城区禁燃烟煤工作；宣威市在主城区全面实施禁燃煤工程；昭通市推广固硫型煤，减少城区二氧化硫排放，改善城市空气质量。

云南省从限塑向禁塑过渡。迪庆、丽江、大理"禁白"成效进一步巩固。云南省累计建成烟控区27个，比上年新增3个（保山、楚雄、玉溪）。昆明新增烟控区面积21.15平方千米，云南省新增烟控区面积73.67平方千米，总面积达493.45平方千米；建成环境噪声达标区37个，比上年新增2个（保山、玉溪），新增面积23.19平方千米，

① 《云南年鉴（2009）》，昆明：云南年鉴社，2009年，第245页。
② 《云南年鉴（2009）》，昆明：云南年鉴社，2009年，第245页。
③ 《云南年鉴（2009）》，昆明：云南年鉴社，2009年，第245页。

总面积达 303.19 平方千米[①]。

（二十七）城市环境空气质量

2008 年，云南省开展空气自动监测的 17 个城市中，昆明、曲靖、保山、丽江、普洱、楚雄、大理、景洪全年达到或优于空气质量二级标准天数占全年的比例均为 100%，玉溪、六库、香格里拉为 99.7%，蒙自、文山为 99.18%，临沧为 98.9%，潞西为 87.5%，昭通为 83.8%，个旧为 89.1%。与上年相比，全年达到或优于空气质量二级标准天数的城市增加了曲靖、保山、普洱、楚雄 4 个城市。

2008 年，开展降水酸度监测的 19 个主要城市中，昆明、安宁、玉溪、昭通、普洱、临沧、蒙自、个旧、楚雄 9 个城市出现酸雨。曲靖、宣威、保山、丽江、文山、开远、景洪、大理、潞西、六库 10 个城市未监测到酸雨。出现酸雨的城市中，酸雨 pH 平均值在 4.02—5.28，最低值出现在个旧[②]。

（二十八）九大高原湖泊及其他湖泊水质状况

与上年相比，九大高原湖泊中主要水质指标总磷、总氮、高锰酸盐指数年均值大部分呈下降趋势。

（1）滇池。滇池草海水环境功能要求为Ⅳ类。水质重度污染（劣Ⅴ类），未达到水环境功能要求。主要超标指标为生化需氧量、氨氮、总磷、总氮。综合污染指数为 58.18，营养状态指数为 77.9，处于重度富营养状态。与上年相比，滇池草海水质仍为劣Ⅴ类，主要超标指标总磷年均值由 1.394 毫克/升下降为 1.243 毫克/升。滇池外海水环境功能要求为Ⅲ类。水质重度污染（劣Ⅴ类），未达到水环境功能要求。主要超标指标为总氮。综合污染指数为 9.19，营养状态指数为 66.4，处于中度富营养状态。与上年相比，滇池外海水质仍为劣Ⅴ类，主要超标指标总氮年均值由 3.8 毫克/升下降为 2.44 毫克/升。

（2）阳宗海。阳宗海水环境功能要求为Ⅱ类。水质类别 1—5 月为Ⅲ类，主要超标指标为总磷；从 6 月开始由于砷污染事件的发生，水质下降，6—7 月为Ⅴ类，8—12 月为劣Ⅴ类，砷浓度在 10 月达到最高值。全年综合水质类别为Ⅴ类，未达到水环境功能要求。

（3）洱海。洱海水环境功能要求为Ⅱ类。水质优（Ⅱ类），达到水环境功能要求。综合污染指数为 3.04，营养状态指数为 39.2，处于中营养状态。与上年相比，洱海

---

① 《云南年鉴（2009）》，昆明：云南年鉴社，2009 年，第 245 页。
② 《云南年鉴（2009）》，昆明：云南年鉴社，2009 年，第 245 页。

水质类别由Ⅲ类上升为Ⅱ类，水质好转。

（4）抚仙湖。抚仙湖水环境功能要求为Ⅰ类。水质优（Ⅰ类），达到水环境功能要求。综合污染指数为2.60，营养状态指数为18.8，处于贫营养状态。与上年相比，抚仙湖水质保持Ⅰ类，水质稳定。

（5）星云湖。星云湖水环境功能要求为Ⅲ类。水质重度污染（劣Ⅴ类），未达到水环境功能要求，主要超标指标为总氮。综合污染指数为9.52，营养状态指数为58.7，处于轻度富营养状态。与上年相比，星云湖水质仍为劣Ⅴ类，主要超标指标总氮年均值由2.13毫克/升下降为2.08毫克/升。

（6）杞麓湖。杞麓湖水环境功能要求为Ⅲ类。水质重度污染（劣Ⅴ类），未达到水环境功能要求，主要超标指标为总氮。综合污染指数为9.92，营养状态指数为58.3，处于轻度富营养状态。与上年相比，杞麓湖水质仍为劣Ⅴ类，主要超标指标总氮年均值由3.40毫克/升下降为2.99毫克/升。

（7）程海。程海水环境功能要求为Ⅲ类。水质良好（Ⅲ类），达到水环境功能要求。综合污染指数为5.97，营养状态指数为34.9，处于中营养状态。与上年相比，程海水质保持Ⅲ类，水质稳定。

（8）泸沽湖。泸沽湖水环境功能要求为Ⅰ类。水质优（Ⅰ类），达到水环境功能要求。综合污染指数为3.00，营养状态指数为11.4，处于贫营养状态。与上年相比，泸沽湖水质保持Ⅰ类，水质稳定。

（9）异龙湖。异龙湖水环境功能要求为Ⅲ类。水质重度污染（劣Ⅴ类），未达到水环境功能要求，主要超标指标为总氮。综合污染指数为7.46，营养状态指数为56.5，处于轻度富营养状态。与上年相比，异龙湖水质仍为劣Ⅴ类，主要超标指标总氮年均值由2.65毫克/升下降为2.07毫克/升。

其他湖泊水质状况：浴仙湖、茈碧湖、海西海、北海为Ⅱ类；普者黑、西湖、青海、蜀都湖、碧塔海为Ⅲ类；个旧湖、长桥海为Ⅴ类；大屯海、南湖为劣Ⅴ类[①]。

六、2009年

（一）污染减排

2009年，围绕年度主要污染着力实施工程减排、结构减排、管理减排措施，筛选确定210个省级重点减排项目，签订了减排目标责任书，并加大目标责任制考核力度。

---

① 《云南年鉴（2009）》，昆明：云南年鉴社，2009年，第245页。

各级环境保护部门对重点减排项目加大监察监测频次，省环境监察总队对重点火电企业每月组织 1 次以上现场监察，德宏傣族景颇族自治州派专人驻厂对制糖企业实施 24 小时监督，云南省环境保护厅对未按时完成、进展缓慢或运行不正常的 80 个省级重点污染减排项目进行通报并责令限期整改。云南省规模以上制糖企业全部完成酒精废醪液和制糖废水综合治理工程；云南省 20 万千瓦以上火电机组脱硫装置全部建成，并通过环境保护设施竣工验收；加大淘汰落后产能的工作力度，提前两年半在全国率先完成 10 万千瓦以下小火电机组关停任务；年内共竣工投运 17 个污水处理项目，新增纳污管网 1500 千米，新增污水处理能力 80.5 万吨/日。加快云南省及各州、市在线监控平台建设和已有在线监测设施的升级改造、联网工作，纳入考核的国控重点企业在线监测已有 80 家完成安装并全部与原省级监控平台联网，占需要安装总数 96 家的 83.3%，正在进行改造升级，基本能实现与新建污染源监控中心联网。2009 年，云南省化学需氧量净削减 0.73 万吨，完成"十一五"化学需氧量削减任务的 84.42%；在云南省地区生产总值增长 12%、火力发电量增加约 30% 的压力下，二氧化硫净削减 0.24 万吨，提前 1 年完成"十一五"二氧化硫削减任务。云南省环境质量持续改善，16 个重点城市中 11 个城市空气质量明显好转，2009 年全国 113 个重点城市环境综合整治定量考核，昆明、曲靖、玉溪三市位居全国 10 个空气环境质量最好城市的第 6、7、8 位；云南省 20 个主要城市二氧化硫均值比 2008 年下降 42%；平均酸雨率由 2008 年的 14.5% 下降为 12.9%，出现酸雨的重点城市所占百分比由 47.3% 下降为 44.4%，2009 年昆明没有监测到酸雨；云南省 43 个国控断面化学需氧量平均值比 2008 年下降 2.6%[①]。

（二）环境管理

云南省环境保护厅全力为保增长、调结构服务，开辟了重大建设项目环境影响评价审批的绿色通道，建立了环境影响评价报告技术评估与环境影响评价行政审批联动机制，以及省级机关部门间行政审批联动机制，实行重大建设项目环境影响评价进展情况专人跟踪服务制度，努力提高环境影响评价效率和服务质量。认真贯彻《规划环境影响评价条例》，组织审查了腾冲工业园区等 16 项工业园区规划环境影响评价、南昏河流域规划环境影响评价等 3 项流域规划环境影响评价和泸沽湖风景区综合规划环境影响评价。省级 40 个重点工业园区的规划环境影响评价已审查 32 项。严格控制"两高一资"产能过剩项目建设，全年暂缓审批 16 个项目环境影响评价文件，对 8 个项目不予受理；严肃查处了 18 家未批先建、边批边建和未通过环境保护竣工验收的违法违规项目（企业），处罚款 245 万元；对未完成 2008 年环境保护专项行动挂牌督办任务的云南陆良银

---

① 《云南年鉴（2010）》，昆明：云南年鉴社，2010 年，第 246—247 页。

河纸业有限公司实施"企业限批"。强化建设项目竣工环境保护验收，按期办理环境保护竣工验收53项，将5个建设项目超期试生产列入环境保护专项行动挂牌督办，对其中达不到验收要求未完成验收的马龙明龙焦化项目责令停止生产[①]。

（三）环境执法监管

2009年，为了深入开展环境保护专项行动，云南省共出动环境保护执法人员44053人，检查企业14748家，立案123起，结案118起。取缔小冶炼、非法开采砂石厂和堆煤场企业、餐饮企业65家，关闭规模化养殖场58家。省级挂牌督办的6个事项、25家企业，完成整治13家，基本完成整治12家。云南省共受理9024起环境违法案件，其中，对9012起案件进行调查处理，处理率为99.9%；结案8875起，结案率为98.3%。抓好排污费的征收工作，云南省共征收2.5亿元，完成全年征收计划的148%。云南省发生6起突发环境事件，均得到及时有效处理。大力推进云南省污染源监控平台及在线监测系统的建设、改造和联网工作。基本建成符合国家标准的省级及各州、市污染源监控中心；完成了云南省在线监测系统的安装和联网工作[②]。

（四）辐射环境管理

2009年，开展云南省放射源安全管理暨隐患排查工作，云南省共出动执法人员1142人次，检查放射源使用单位301家，放射源1100枚。收储71家企业206枚放射性废源。获取辐射环境质量监测数据77968个。全年办理辐射安全许可证审批42件、放射性同位素转让审批71件、转移备案4项，完成云南省16个州市1832家放射源和射线装置工作单位辐射安全许可证的核发工作。安全处置了省第一人民医院废弃放射源[③]。

（五）九大高原湖泊水污染防治

2009年，"十一五"规划目标责任书项目建设进度加快，六大工程措施效果日益明显，滇池治理全面提速，盘龙江、宝象河等主要入湖河道水体景观明显改善，牛栏江—滇池补水工程前期工作进展顺利。滇池流域污水处理厂建设取得突破性进展，昆明主城区污水处理能力由日处理55.5万吨跃升到110.5万吨。滇池草海、滇池外海化学需氧量与2008年相比，分别下降6.98%和8.83%。其他8湖治理力度进一步加大。洱海流域湖滨带建设和农村环境综合治理全面开展，抚仙湖、星云湖截污力度加大，异龙湖退塘还湖取得新进展，泸沽湖"八大工程"全面完工并发挥效益。截至12月底，九

① 《云南年鉴（2010）》，昆明：云南年鉴社，2010年，第247页。
② 《云南年鉴（2010）》，昆明：云南年鉴社，2010年，第247页。
③ 《云南年鉴（2010）》，昆明：云南年鉴社，2010年，第247页。

大高原湖泊"十一五"规划项目完成 74 项，完工率 34.91%；开工建设 120 项，开工率 94.34%；累计完成投资 83.03 亿元。其中，2009 年滇池完成投资 36.6 亿元，超过"十一五"前三年投资总量；环湖截污、牛栏江—滇池补水等"十一五"补充规划项目完成投资 24.5 亿元[1]。

（六）重点流域重金属污染整治

2009 年，省级环境保护专项行动挂牌督办整治南盘江流域重点排污企业，责令其中 5 家涉砷企业整改。12 月，南盘江干流除江边桥断面外，其余断面均达到Ⅲ类标准，出省断面水质为Ⅱ类，达到水环境功能要求。按照《云南省沘江流域水污染防治规划》启动综合整治工程，对沘江流域建设项目实施"流域限批"。

怒江傈僳族自治州关闭没有任何环境保护设备和措施的 24 个矿业水洗点，淘汰 3 个高耗能、三废排放不达标的选冶企业。12 月，兰坪金鸡桥断面、云龙县石门断面水质类别为Ⅲ类，达到水环境功能要求。积极推进阳宗海砷污染治理，阳宗海湖体砷浓度下降 18%[2]。

（七）集中式饮用水水源地保护

2009 年，加强云南省集中式饮用水水源地保护，完成了云南省 129 个县（市、区）224 个主要城镇集中式重点饮用水水源地保护区划分及环境保护规划编制、129 个典型乡镇饮用水水源地的基础环境与调查评估工作[3]。

（八）滇西北生物多样性保护

2009 年，根据滇西北生物多样性保护联席会议精神，制定《滇西北生物多样性保护行动计划（2008—2012 年）》《滇西北生物多样性保护规划纲要（2008—2020 年）》等，滇西北 5 州（市）及 18 个县（市、区）基本编制完成《生态州（市）县建设规划》。组织开展云南省生物多样性评价，初步建立了云南省生物多样性基础数据库，继续抓好生物多样性廊道建设。印发《云南省生态功能区划》。修订省级自然保护区评审委员会工作制度及评审标准。云南轿子山省级自然保护区正在申报国家级自然保护区。争取国家对纳板河、苍山洱海两个国家级保护区给予大力支持，进一步推进了云南省国家级自然保护区规范化建设[4]。

① 《云南年鉴（2010）》，昆明：云南年鉴社，2010 年，第 247 页。
② 《云南年鉴（2010）》，昆明：云南年鉴社，2010 年，第 247—248 页。
③ 《云南年鉴（2010）》，昆明：云南年鉴社，2010 年，第 248 页。
④ 《云南年鉴（2010）》，昆明：云南年鉴社，2010 年，第 248 页。

（九）农村环境综合整治

2009年，认真贯彻国家《关于加强农村环境保护工作的意见》，编制《云南省九大高原湖泊沿湖村落环境综合整治工作方案》《云南省农村环境综合整治规划（2009—2015年）》。争取中央农村环境保护专项资金补助5608万元，支持54个农村环境综合整治项目和5个生态示范项目建设，重点开展以农村饮用水水源地保护、生活垃圾污水处理、畜禽养殖污染防治、农业面源污染防治等为重点内容的农村环境整治，德宏傣族景颇族自治州潞西市南见村、普洱市思茅区竜竜村、西双版纳傣族自治州景洪市曼点村、临沧市双江拉祜族佤族布朗族傣族自治县大土戈村等试点示范项目成效显著，极大地改善了人民群众的生产生活环境。完成洱海沿湖12个村落污水处理工程建设。办理省政协及省级8个民主党派、工商联提出的《进一步加强小城镇和农村环境治理的建议》的重点提案，有力地促进了云南省农村环境保护工作[1]。

（十）生态创建

2009年，申报国家级生态村2个、全国环境优美乡镇8个，创建云南省生态乡镇31个、省级绿色学校100所、州市级绿色学校193所、绿色社区45家、环境教育基地18个、环境友好示范单位27家。完成楚雄市、江川县、易门县、思茅区、麒麟区、华宁县6个国家级生态示范区建设试点验收。环境保护部组织的省级生态环境综合状况显示，2008年云南生态环境状况居全国第4位。除昆明市、昭通市评价结果为良好外，其余州市生态环境状况均为优秀[2]。

（十一）污染源普查

2009年，云南省圆满完成第一次污染源普查，共完成195901家普查对象的数据填报、审核、录入及上报，摸清云南省污染源现状，工业源23424家、农业源122019家、生活源50323家、集中式污染治理设施135家，并积极开展普查数据库系统和信息应用平台建设及成果开发，通过了国务院第一次污染源普查领导小组办公室的考核验收[3]。

（十二）土壤污染调查

2009年，开展云南省土壤污染状况调查工作，获得各类分析数据近17万个，"云

① 《云南年鉴（2010）》，昆明：云南年鉴社，2010年，第248页。
② 《云南年鉴（2010）》，昆明：云南年鉴社，2010年，第248页。
③ 《云南年鉴（2010）》，昆明：云南年鉴社，2010年，第248页。

南省土壤环境质量状况调查与评价""云南省土壤背景点环境质量调查与对比分析""重点区域土壤污染风险评估与安全分析"3 个专题的样品采集、分析测试和数据处理、录入工作全部完成①。

（十三）环境法制

2009 年，云南省环境保护厅起草了《重大环境行政复议案件备案办法》草案和研究报告；参与《云南省滇池保护条例》和《昆明市云龙水库保护条例》的立法工作；处理或责令有管辖权的环境保护部门办理行政处罚案件 26 件；与金融管理部门联合发布《关于全面落实绿色信贷政策　进一步完善信息共享工作的通知》，推进了绿色信贷工作。昆明市"铁腕治污"，出台《昆明市人民政府关于加强整治违法排污行为的实施意见》②。

（十四）环境科技

2009 年，公布云南省第四批强制性清洁生产重点企业 24 家，完成 35 家企业强制性清洁生产审核评估验收。制定发布《天然生胶　标准橡胶加工清洁生产标准》及审核指南。"湖泊富营养化过程与蓝藻水华暴发机理研究"等 4 个项目分获环境保护部科技进步一、二、三等奖，"湖泊陡坎沿岸水域基底修复方法"等 2 个项目在全国第十八届科技发明展览会上获金奖，"螺旋藻废水处理工艺"等 3 个项目获银奖，"多功能河道污物阻截清除系统技术"等 2 个项目获铜奖。国家专项滇池、洱海项目全面实施③。

（十五）环境宣传教育

2009 年，云南省环境保护厅完成"七彩云南保护行动环境好新闻奖"评选工作，组织了首届"七彩云南保护行动环境保护奖（驰宏锌锗杯）"评选活动。与云南电视台合办《绿色在线》栏目，其"环境保护辞典"获 2009 年度全国电视类最高奖——星光奖。开展"绿色讲坛走进高校"活动，制作了一批环境保护宣传资料和环境保护电视宣传片，组织一系列环境宣传、教育和培训活动，开展了一系列卓有成效的环境宣传教育活动。云南省在中央及省级主要媒体刊载云南省环境保护方面的稿件达 500 余篇（条），头版头条和重点报道数量为历年最多④。

① 《云南年鉴（2010）》，昆明：云南年鉴社，2010 年，第 248 页。
② 《云南年鉴（2010）》，昆明：云南年鉴社，2010 年，第 248 页。
③ 《云南年鉴（2010）》，昆明：云南年鉴社，2010 年，第 248 页。
④ 《云南年鉴（2010）》，昆明：云南年鉴社，2010 年，第 248—249 页。

（十六）政府信息公开

2009 年，积极推进责任政府、法治政府和阳光政府建设。全年在阳光政府四项制度网站发布重要事项公示 32 条、重点工作通报 270 条、答复提问 51 条；通过云南省环境保护厅政府信息公开网站发布信息 1042 条；通过行政许可受理窗口办理现场咨询 1100 余人。机关作风明显转变，受到省集中检查考核组的好评①。

（十七）环境保护对外合作

2009 年，世界银行贷款云南城市环境建设一期项目完成谈判并签约生效实施，二期项目正在加紧准备；积极推进双边、多边环境合作和大湄公河次区域的环境合作；协助环境保护部组织召开"大湄公河次区域生物多样性保护和扶贫国际研讨会"；认真组织亚洲开发银行援助的生物多样性廊道建设示范等项目的实施②。

（十八）环境保护投入

2009 年，中央和省级财政共投入 56 亿元资金用于环境建设，经云南省环境保护厅拨付的资金 49843 万元，其中争取中央财政支持 2.38 亿元，用于环境保护能力建设的资金达到 1.39 亿元，解决了环境监测、监察、辐射、统计能力建设等一批多年积累的问题③。

（十九）环境保护队伍建设

2009 年，组织环境法制、战略规划环境影响评价、湖泊流域综合管理、辐射环境管理、清洁生产审核、污染治理设施操作、环境监察岗位培训、新任县级环境保护局长培训班等 19 期（次），采取"走出去、请进来"等方式培训环境保护系统人员 3080 人。开展深入学习实践科学发展观"回头看"及"三个一"教育活动、系统行风建设活动，抓好惩治和预防腐败体系实施纲要和党风廉政建设责任制的落实。顺利完成云南省环境保护厅机关机构改革"三定"方案④。

（二十）湖泊、水库水质状况

2009 年，云南省开展水质监测的 63 个湖泊、水库中，Ⅰ类、Ⅱ类水质的占

① 《云南年鉴（2010）》，昆明：云南年鉴社，2010 年，第 249 页。
② 《云南年鉴（2010）》，昆明：云南年鉴社，2010 年，第 249 页。
③ 《云南年鉴（2010）》，昆明：云南年鉴社，2010 年，第 249 页。
④ 《云南年鉴（2010）》，昆明：云南年鉴社，2010 年，第 249 页。

31.7%，Ⅲ类水质的占 31.7%，Ⅳ类水质的占 19.10%，Ⅴ类水质的占 4.8%，劣Ⅴ类水质的占 12.7%。水质优良率达 63.4%。对 21 个湖泊、水库开展富营养化状况监测，其中，处于贫营养状态的有 2 个，处于中营养状态的有 10 个，处于轻度富营养状态的有 2 个，处于中度富营养状态的有 4 个，处于重度富营养状态的有 3 个[①]。

（二十一）九大高原湖泊及其他湖泊水质状况

由于干旱和降水减少等原因，九大高原湖泊中主要污染指标总磷、总氮、高锰酸盐指数年均值部分较上年有所上升。

滇池草海、滇池外海、阳宗海、星云湖、杞麓湖、异龙湖水质类别为劣Ⅴ类，洱海、程海水质类别为Ⅲ类，抚仙湖、泸沽湖水质类别为Ⅰ类。

其他 13 个开展监测的湖泊中，碧塔海、海西海水质为Ⅱ类，蜀都湖、青海、北海、浴仙湖、普者黑水质为Ⅲ类，西湖、茈碧湖、个旧湖水质为Ⅳ类，长桥海水质为Ⅴ类，南湖、大屯海水质为劣Ⅴ类[②]。

（二十二）主要河流水质

六大水系主要河流受污染程度由大到小排序依次为珠江水系、金沙江水系、红河水系、澜沧江水系、怒江水系和伊洛瓦底江水系。在 77 条主要河流的 151 个监测断面中，水质优达到Ⅰ类、Ⅱ类标准的断面占 31.1%，水质良好达到Ⅲ类标准的断面占 29.1%，水质已受轻度污染达到Ⅳ类标准的断面占 16.6%，水质已受中度污染达到Ⅴ类标准的断面占 4.0%，水质已受重度污染为劣Ⅴ类标准的断面占 19.2%。断面水质优良率为 60.2%。

云南省河流水质的主要污染指标为总磷、氨氮、生化需氧量、铅。污染严重的河流是金沙江水系的新河、螳螂川、秃尾河，珠江水系的泸江，红河水系的三家河。

与上年相比，主要河流监测断面中，水质达到Ⅰ类、Ⅱ类标准的增加 4.6%，水质符合Ⅲ类标准的减少 2.0%，水质符合Ⅳ类标准的增加 2.0%，水质符合Ⅴ类标准的减少 0.6%，水质为劣Ⅴ类标准的减少 4.0%。达到地表水环境功能要求的断面增加 4.0%。水质优良的断面增加 2.9%[③]。

（二十三）城市环境空气质量

2009 年，开展空气自动监测的 17 个城市中，昆明市、丽江市、普洱市、楚雄市、

---

① 《云南年鉴（2010）》，昆明：云南年鉴社，2010 年，第 249 页。
② 《云南年鉴（2010）》，昆明：云南年鉴社，2010 年，第 249 页。
③ 《云南年鉴（2010）》，昆明：云南年鉴社，2010 年，第 249—250 页。

临沧市、大理市、文山县城、景洪市、六库镇、香格里拉县城全年达到或优于空气质量二级标准天数占全年的比例为100%，蒙自县城99.7%，曲靖市、保山市、玉溪市99.5%，潞西市98.1%，个旧市96.7%，昭通市94.5%。与上年相比，全年达到或优于空气质量二级标准天数占全年比例为100%的城市增加了临沧市、文山县城、六库镇、香格里拉县。曲靖市、保山市降为99.5%。

云南省环境空气中二氧化硫年平均浓度为0.029毫克/米³，比上年下降0.002毫克/米³。二氧化氮年平均浓度0.016毫克/米³，比上年下降0.001毫克/米³。可吸入颗粒物年平均浓度0.056毫克/米³，比上年下降0.004毫克/米³[1]。

（二十四）降水酸度

开展降水酸度监测的19个主要城市中，玉溪、昭通、普洱、临沧、蒙自、个旧、楚雄、安宁、宣威9个城市出现酸雨。昆明、曲靖、保山、丽江、文山、开远、景洪、大理、潞西、六库10个城市未监测到酸雨。在出现酸雨的城市中，酸雨pH平均值在4.27—5.39，最低值4.27，出现在个旧[2]。

（二十五）废气主要污染物排放

2009年，工业废气排放总量9483.80亿标准立方米，比上年增长14.0%。二氧化硫排放量49.93万吨，比上年下降0.48%。其中工业二氧化硫排放量41.78万吨，比上年下降0.5%。烟尘排放量17.83万吨，比上年下降13.1%，其中工业烟尘排放量12.35万吨，比上年下降18.7%。工业粉尘排放量10.18万吨，比上年下降16.2%。云南省工业废气治理投资63768.6万元，完成治理项目203个[3]。

（二十六）城市生活污水排放

2009年，城市生活污水总排放量55200万立方米，污水中化学需氧量排放量18.78万吨，氨氮排放量1.58万吨[4]。

（二十七）城市基础设施水平及建设

2009年，云南省供水总量91801.12万立方米；云南省建成污水处理厂42座，建有排水管道8483千米（其中污水管道2749千米），城市污水处理能力134.2万米³/日，建

① 《云南年鉴（2010）》，昆明：云南年鉴社，2010年，第250页。
② 《云南年鉴（2010）》，昆明：云南年鉴社，2010年，第250页。
③ 《云南年鉴（2010）》，昆明：云南年鉴社，2010年，第250页。
④ 《云南年鉴（2010）》，昆明：云南年鉴社，2010年，第250页。

成无害化垃圾处理厂（场）38 座，无害化处理能力 7210 吨/日；云南省城市燃气普及率 61.68%，绿地率 24.68%。

（二十八）城市污水处理

云南省污水处理总量 46272 万立方米，污水处理率为 67.15%。2009 年开工建设污水处理项目 69 个。

（二十九）自然保护区情况

云南省共建有自然保护区 159 个，其中国家级 16 个，省级 44 个，州（市）级 57 个，县级 42 个，总面积 297.95 万公顷，占云南省土地面积的 7.55%，基本形成各种级别、多种类型的自然保护区网络，使云南省绝大部分的自然生态系统及珍稀濒危野生动植物在自然保护区中得到了有效保护。

（三十）森林资源现状及变化趋势

云南省林地面积 2476.11 万公顷，占云南省土地总面积的 64.7%。云南省森林覆盖率为 47.50%。云南省活立木蓄积 17.12 亿立方米。森林面积约占全国的 1/10，居全国第三位，活立木总蓄积约占全国的 1/8，居全国第二位。云南省森林资源呈现稳步增长的态势。森林资源变化总的趋势是数量增加、质量提高、覆盖率提高[1]。

（三十一）物种及其分布情况

云南省 12 个森林类型里蕴藏高等植物 13000 多种，占全国总数的 46% 以上，陆生野生脊椎动物 1416 余种，占全国总数的 52.8%。在我国公布的 401 种重点保护野生动物和 246 种重点保护野生植物中，云南省各有 222 种和 114 种，分别占总数的 55.4% 和 46.3%[2]。

（三十二）湿地资源的种类和面积

云南省现有天然湿地总面积 3439 平方千米，其中河流湿地 1595 平方千米，湖泊湿地 1754 平方千米，沼泽和沼泽化草甸湿地 90 平方千米。云南省有湿地类型自然保护区 11 处。设立国家湿地公园 2 处，即红河哈尼梯田、洱源西湖国家湿地公园[3]。

---

① 《云南年鉴（2010）》，昆明：云南年鉴社，2010 年，第 250 页。
② 《云南年鉴（2010）》，昆明：云南年鉴社，2010 年，第 250 页。
③ 《云南年鉴（2010）》，昆明：云南年鉴社，2010 年，第 250 页。

（三十三）水土保持

2009 年，云南省共完成水土流失防治面积 3254 平方千米，占年度计划 3200 平方千米的 101.7%，其中完成坡改梯 2.74 万公顷，种植水土保持林 6.25 万公顷，经济果木林 7.10 万公顷，种草 0.32 万公顷，封禁治理 13.49 万公顷，保土耕作等 2.65 万公顷。兴建小型水利水保工程 8794 座（口），完成土石方量 3413.8 万立方米。新实施生态修复面积 8000 平方千米。全年水土保持工作共完成投资 125323.3 万元[①]。

（三十四）工业固体废物及危险废物

2009 年，云南省工业固体废物产生量 8672.83 万吨，其中危险废物产生量 50.44 万吨。工业固体废物排放量 60.65 万吨。工业固体废物综合利用量 4264.80 万吨，综合利用率 48.9%。工业固体废物储存量 2001.57 万吨，处置量 2615.39 万吨。云南省工业固体废物治理投资 13398.9 万元，完成治理项目 22 个[②]。

七、2010 年

（一）污染减排

"十一五"期间，云南省累计投入污染减排资金 374.27 亿元。2010 年，为消化特大干旱导致大幅增加的二氧化硫排放量，加大节能减排发电调度力度，云南省人民政府召开云南省节能减排及应对气候变化工作领导小组会议，对火电发电调度、治污项目建设和运营管理、淘汰落后产能及减排监督检查等工作进行了部署。从 7 月起将火电机组脱硫设施运行情况作为下达发电指标的重要参考按月进行调控，确保全年火力发电量控制在 550 亿千瓦时之内。严格控制火电企业外购高硫份电煤，取消外购煤的财政补贴政策，从 8 月开始按月核定脱硫电价。在控制火力发电量和优化火电脱硫指标的双重调控作用下，云南省二氧化硫排放量大幅下降。云南省人民政府出台《云南省节能减排工作行政问责实施意见》等政策措施和考核办法，把减排指标完成情况纳入各州（市）经济社会发展综合评价体系，作为政府主要领导综合考核评价的重要内容，每季度对减排形势进行分析，及时发现问题并采取措施。云南省人民政府督查室把节能减排督查纳入督查重点。省人大、省政协和省级相关部门多次开展节能减排检查。云南省环境保护厅将年度减排指标任务分解、落实到各州（市）和各重点企业，对未完成任务州（市）的建

---

① 《云南年鉴（2010）》，昆明：云南年鉴社，2010 年，第 250 页。
② 《云南年鉴（2010）》，昆明：云南年鉴社，2010 年，第 250 页。

设项目实施"区域限批"。对相关企业实施"企业限批",并追究相关人员的责任。
2010 年 7 月,完成总装机容量 580 万千瓦的 14 台火电机组脱硫设施增容改造工程,脱硫效率大幅提高。对 14 台机组脱硫设施旁路烟道实施封堵、8 台机组实行铅封,国电宣威电厂在全国率先拆除 4×30 万千瓦机组脱硫设施旁路烟道。昆明钢铁控股有限公司等 4 家钢铁企业 8 台烧结机烟气脱硫项目建设按时完成,云南解化集团等 50 多家企业实施工业锅炉脱硫或工艺尾气净化及综合利用改造。2010 年底,云南省建成 68 个污水处理项目,污水处理率达到 70%,已建成投运污水处理厂的城市全部开征污水处理费。淘汰落后产能任务全面完成。云南省人民政府与各州(市)政府签订的 122 个减排责任书项目全部完成,完成率 100%;云南省人民政府授权云南省环境保护厅与 18 家企业签订的 36 个减排责任书项目全部完成,完成率 100%;云南省环境保护厅确定的 272 个省级重点减排项目完成 219 个,完成率 81%[①]。

(二)环境管理

积极支持云南省重大项目建设,高度重视事关云南省经济社会发展全局的重大项目和民生项目,实施提前介入、超前研究、沟通协调、联合审查、同步审批、跟踪服务和开辟绿色通道等措施,加快环境影响评价审批。对符合中央和省重点投资要求的交通、输变电、污水和垃圾处理等基础设施,以及节能减排和现代服务业等拉动内需的建设项目,本着特事特办、急事急办的原则,及时进行评估和行政审批;对重大资源开发利用项目和重大投资项目,加快环境影响评价文件的审批,确保重点项目顺利推进;对环境影响评价中涉及自然保护区等环境敏感区域的项目与其他部门实行并联审批,简化程序,提高审批效率。严格执行环境影响评价制度和环境影响评价分类管理、分级审批等规定,以及环境保护部"四个不批""三个严格"的要求。严把环境准入关,从严控制高能耗、高污染、资源消耗型项目的建设,确保结构调整、优化发展方式。严格实行建设项目环境影响评价分类审查及分级审批制度等一系列规章制度,规范环境影响评价审查、审批程序,为严格建设项目环境影响评价审批、强化环境保护监管和竣工环境保护验收提供强有力的政策保障。到 2010 年,云南省共审批建设项目环境影响评价文件 310 项,涉及固定资产投资 999.03 亿元。验收审批 77 项。坚持把规划环境影响评价作为项目环境影响评价审批的前置条件,确保规划的严肃性、开发的有序性和建设的规范性。与有关部门共同对工业园区规划、水电开发规划、旅游总体规划等 17 项规划环境影响评价进行审查。推动云南省"十二五"中长期电网和电力工业的战略环境影响评价。强化监管,对 16 家存在"未批先建""批建不符"等环境违法行为的项目(企业)进行

---

① 《云南年鉴(2011)》,昆明:云南年鉴社,2011 年,第 220—221 页。

严肃查处，罚款165万元。对各地辖区内自2003年9月1日《中华人民共和国环境影响评价法》实施以来审批环境影响评价文件的建设项目环境保护执行情况进行一次全面的检查、清理和整顿。分别对红河哈尼族彝族自治州、文山壮族苗族自治州等8个州（市）开展环境影响评价重点工作专项检查，督促各地进一步加强环境影响评价管理，对存在的问题及时按照相关要求进行整改[1]。

（三）辐射环境管理

2010年，云南省完成368家未办理或换发辐射安全许可证的企业和单位的办证换证工作。正式启用国家网络化放射源监管系统，完成云南省2003家核技术利用单位及其1758枚放射源的数据导入工作。对放射源和射线装置的日常监督检查转向规范化和常态化。加强对云南省165户淘汰落后产能企业放射源的监管。云南省各州市已上报包含淘汰落后产能企业在内的146枚待收贮放射源，已完成收贮79枚。同时，强力推进电磁辐射行业补办环境影响评价手续[2]。

（四）九大高原湖泊水污染防治

云南省人民政府分别召开程海、杞麓湖现场办公会，确定程海"4114711"和杞麓湖"12345"的治理思路和措施。投入省级国债资金2.5亿元，拉动省级部门和地方政府、社会企业投资20.9亿多元，加快了异龙湖、程海、杞麓湖治理步伐。云南省环境保护厅坚决贯彻落实云南省人民政府现场办公会精神和云南省委、云南省人民政府关于环湖截污和交通、外流域调水及节水、入湖河道整治、农业农村面源治理、生态修复与建设、生态清淤等"六大工程"治理措施，切实加强对九大高原湖泊水污染防治"十一五"目标责任书及规划的监督、检查和指导。2010年，九大高原湖泊治理投资140.49亿元，其中滇池治理投资110.35亿元（含滇池治理"十一五"规划外投资29.73亿元），其他8湖治理投资30.14亿元。截至2010年底，九大高原湖泊治理累计投资349.54亿元，其中滇池治理投资279.39亿元。

环湖截污治污工程取得新进展。滇池流域加速污水处理厂及配套管网的建设。昆明市完成主城区8个污水处理厂新建和升级改造，污水日处理规模达到110.5万立方米，所有污水处理厂达到一级A排放标准。

环湖生态建设取得新突破。滇池流域完成退塘、退田3000公顷，迁出湖滨居民1.6万人，搬迁各级企事业单位和驻昆部队50个，退房95.1万平方米，建设湖滨湿地和林

---

① 《云南年鉴（2011）》，昆明：云南年鉴社，2011年，第221页。
② 《云南年鉴（2011）》，昆明：云南年鉴社，2011年，第221页。

带3600公顷，整治水土流失493平方千米，滇池流域林木覆盖率达50.8%。洱海流域完成48千米湖滨带生态建设工程，海东湖滨带新一轮"三退三还"已完成土地清退76.2公顷，拆迁房屋673户。异龙湖签订退塘还湖协议353.33公顷，拆除塘埂160公顷。玉溪市"三湖一海"建成100多公顷人工湿地及湖滨带，实施退塘159.25公顷。

入湖河道整治得到加强。滇池流域采取堵口查污、截污导流、拆临拆违、道路平整、两岸绿化、入湖湿地、河道保洁、中水回用等措施强力推进36条入湖河道的综合整治。洱海流域完成永安江、罗时江、弥苴河生态河道综合整治约20千米。抚仙湖梁王河环境综合治理工程正在抓紧实施。外流域引水工程稳步推进。牛栏江—滇池补水工程控制性实验场地建设开工，德泽水库大坝实现截流。抚仙湖—星云湖出流改道工程已竣工运行。杞麓湖调蓄水隧道工程全线贯通。异龙湖新街海河疏挖工程完成，初步具备复归珠江水系的条件。沿湖村落环境综合整治顺利推进。编制完成九大高原湖泊流域沿湖494个村落环境综合整治规划；2009年中央农村环境保护专项资金支持九大高原湖泊流域沿湖44个村落环境综合整治项目全部完工。

内源治理工程加快实施。继续实施滇池污染底泥疏浚二期工程，疏浚污染底泥340万立方米，清除滇池主要污染物总氮1.1万吨、总磷0.5万吨。截至2010年底，九大高原湖泊"十一五"规划项目206项，完工196项、在建10项，完工率95.15%、开工率100%，完成投资204亿元，投资完成率97.24%。监测数据显示，九大高原湖泊湖体水质监测断面达标率70.15%，5个湖泊达到水体功能要求，达标率55.60%，化学需氧量入湖削减率与2005年相比增加10%，全面完成云南省人民政府确定的"规划项目开工率100%、完工率95%，主要入湖污染物总量削减率10%，湖体水环境功能达标率50%以上"的目标[①]。

（五）重点流域水污染防治

编制实施《牛栏江流域（云南部分）水环境保护规划》，启动《南盘江流域（云南省部分）水污染防治规划》编制工作。开展重金属污染企业专项排查，严肃整治南盘江流域重点涉砷企业。截至2010年底，三峡库区上游涉及云南省的48个规划项目中，已完成31个、在建16个、开展前期工作1个。争取中央重金属污染防治专项资金1.81亿元对云南省10个项目予以支持。编制《云南省关于贯彻环境保护部等九部委加强重金属污染防治工作指导意见的实施方案》。召开云南省保障出境河流环境安全工作座谈会。完成云南省出境跨界河流基本情况和污染企业调查，保障了出境跨界河流环境安全[②]。

① 《云南年鉴（2011）》，昆明：云南年鉴社，2011年，第221—222页。
② 《云南年鉴（2011）》，昆明：云南年鉴社，2011年，第222页。

（六）重金属污染防治

一是加强环境监管，对涉及重金属的环境违法行为加大打击力度；二是重点治理一批污染源，局部地区重金属污染状况有所好转；三是积极稳妥地处置一批环境突发事件。至 2010 年下半年，阳宗海水体砷浓度降至最低值 0.021 毫克/升，比最高值下降84.3%。水质稳定在Ⅱ—Ⅲ类；沘江干流水质重金属大幅下降，达到水功能区Ⅲ类标准的要求；涉及出境的红河干流在 2009 年、2010 年水质大幅好转；文山壮族苗族自治州的南北河、小白河水质得到根本性好转，2010 年下半年开始稳定达标[1]。

（七）滇西北生物多样性保护

继《滇西北生物多样性保护丽江宣言》后，云南省人民政府出台《2010 国际生物多样性年云南行动腾冲纲领》，成立"云南省生物多样性保护基金会"；举办"云南省生物多样性（滇西北区域）大型图片展"。"滇西北生物多样性保护联席会议"扩大为"云南省生物多样性保护联席会议"。云南生物多样性保护重点区域由滇西北扩大到滇西南，由 5 州市 18 个县（市、区）扩大到 9 州（市）44 个县（市、区）。云南省环境保护厅组织滇西北、滇西南 9 州（市）编写完成 9 州（市）区域性生物多样性保护教育基地建设项目实施方案，西双版纳傣族自治州、德宏傣族景颇族自治州和临沧市生物多样性保护教育基地正式挂牌，并向社会免费开放。开展滇西北 18 个县生物物种资源重点调查，编制完成《云南省生物物种资源保护与利用规划》[2]。

（八）农村环境综合整治

通过实施2008—2010年中央农村环境保护专项资金109个项目，村庄的环境状况明显改善，农村环境综合整治取得积极成效；2010年中央农村环境保护专项资金项目30个，共2490万元。扎实推进农村环境保护"以奖促治"工作，畜禽养殖污染防治试点示范作用显著。完成云南省土壤污染状况调查，基本掌握云南省土壤环境治理现状及污染程度[3]。

（九）生态创建

截至 2010 年底，云南省有 12 个州（市）、70 余个县（市、区）开展生态创建工作，其中 9 个州（市）、45 个县（市、区）编制完成生态建设示范区规划；已获得命名

---

① 《云南年鉴（2011）》，昆明：云南年鉴社，2011 年，第 222 页。
② 《云南年鉴（2011）》，昆明：云南年鉴社，2011 年，第 222 页。
③ 《云南年鉴（2011）》，昆明：云南年鉴社，2011 年，第 222 页。

的国家级生态乡镇 16 个，国家级生态村 1 个，省级生态乡镇 188 个；另有 4 个县（区）被环境保护部命名为全国生态示范区。云南省环境保护厅制定《关于加强生态建设示范区工作的实施意见》；安排 890 万元补助滇西南 4 州（市）26 个县（市、区）开展生态建设规划的编制；组织专家对保山、大理、迪庆、丽江、怒江和西双版纳等生态州（市）、县（市、区）建设规划进行论证①。

（十）自然生态保护监管

2010 年，进一步加强自然生态保护监管，对云南省包括长江上游珍稀特有鱼类保护区在内的 17 个国家级自然保护区开展专项执法检查。切实加强对纳板河、苍山洱海 2 个保护区建设项目的实施，共争取到中央专项资金 700 万元；对环境保护系统管理的 3 个国家级自然保护区 3 年来国家安排的有关能力建设和湿地保护项目的实施情况和进展进行跟踪监督②。

（十一）环境监管

2010 年，云南省环境保护专项行动共出动环境执法人员 43 207 人，开展联合执法 80 余次，检查企业 8438 家，查处企业环境违法行为 567 家，行政处罚 387 家，罚款金额 610.86 万元；下达限期整改通知书 902 份，完成整改 698 家；限期治理 201 家，完成整改 160 家；完成国家、省、州（市）挂牌督办事项 75 件；做到县级环境保护部门不少于每月 1 次，州（市）环境保护部门不少于每季度 1 次，省级环境保护部门抽查率不低于 60%。"12369"投诉受理 5356 件，办结 5291 件，结案率 98.8%。切实解决一批危害群众健康和影响可持续发展的突出环境问题，全面整治南盘江、红河、沘江、螳螂川流域重金属排放企业环境违法问题。进一步加大牛栏江上游水污染防治工作力度，确保牛栏江调水水源区达到Ⅲ类水质。对个旧市降低环境影响评价等级违规审批建设项目环境影响评价文件的情况进行现场检查③。

（十二）环境执法

云南省环境保护厅与中国人民银行昆明中心支行、中国银行监督管理委员会云南监管局建立了落实环境法规防范信贷风险工作联席会议制度，及时向金融部门通报环境违法违规企业名单和环境保护专项行动省级挂牌督办企业及项目。向云南省工程建设领域信用平台提供企业环境违法信息和环境行政处罚信息，支持省高级人民法院开展环境公

① 《云南年鉴（2011）》，昆明：云南年鉴社，2011 年，第 222 页。
② 《云南年鉴（2011）》，昆明：云南年鉴社，2011 年，第 222 页。
③ 《云南年鉴（2011）》，昆明：云南年鉴社，2011 年，第 222 页。

益诉讼研究。探索重大行政处罚事前约谈违法违规企业负责人的工作机制，取得良好的处罚效应。昆明市、玉溪市政法机关在全国率先成立环境保护公安分局、环境保护法庭和环境保护检察机构，建立环境保护执法协调机制。昆明市环境保护局以公益诉讼人身份，对企业乱排污水直接导致附近村民、牲畜饮水困难，损害环境公共利益的行为，向人民法院提出公益诉讼，为云南省首例[①]。

（十三）环境监测

截至2010年底，云南省16个州（市）政府所在地实现环境空气自动监测。较好地完成国控、省控重点污染源监督性监测任务。各级环境监测站加大监督性监测频次，除对国控企业做到每季度监测1次外，对部分重点减排项目的主要指标按月实施监测。开展重点流域的水质监测及"菜篮子"和有机食品基地环境监测工作，完成集中式饮用水水源地有机污染物调查、云南省持久性有机污染物更新调查、温室气体监测试点等工作。组织云南省首次环境监测大比武，并组队参加全国环境监测大比武，在全国33个参赛单位中取得团体第14名、个人三等奖的优异成绩[②]。

（十四）环境宣传教育

环境宣传教育创新发展，不断推进"七彩云南保护行动"。云南省环境保护厅利用"六五环境日"、"国际生物多样性年"、图片展、新闻发布会和网站宣传等形式，向社会通报云南省环境状况、环境保护专项行动情况及省级挂牌督办事项等环境保护工作情况，展示生态保护和建设成效。完成"七彩云南保护行动环境保护十大杰出人物及环境保护贡献奖"评选工作。继续推进绿色创建工作，与省教育厅、商务厅、旅游局等部门密切合作，截至2010年底，共创建各级绿色学校2664所、绿色社区268个、绿色酒店31家；培训环境保护导游12000人次；创建云南省环境教育基地。极大地提升云南环境保护形象，促进一批公众关注的环境热点和难点问题的解决，环境宣传教育工作的先导作用得到充分发挥，"了解自然、敬畏自然、亲近自然、保护自然"的理念深入人心[③]。

（十五）环境保护对外合作

2010年，对外合作交流有序开展，世界银行贷款云南城市环境建设一期项目实施总体进展顺利，二期项目正式启动实施。大湄公河次区域的环境合作取得丰硕成果，达

---

① 《云南年鉴（2011）》，昆明：云南年鉴社，2011年，第222—223页。
② 《云南年鉴（2011）》，昆明：云南年鉴社，2011年，第223页。
③ 《云南年鉴（2011）》，昆明：云南年鉴社，2011年，第223页。

到预期目标，加强生物多样性保护、战略环境影响评价和环境绩效评估等方面的能力。多边和双边援助项目成效显著。圆满完成中瑞合作"云南规划/战略环境影响评价能力建设项目"。全球环境基金援助的"老君山生物多样性保护示范项目"进展顺利，完成以《老君山示范区综合生态系统管理（IEM）规划》为核心的 52 个项目成果。泛珠环境保护合作、沪滇环境保护合作、滇川环境保护合作等区域合作顺利推进[①]。

（十六）主要湖泊、水库水质状况

2010 年，在开展水质监测的 61 个湖泊和水库中，水质符合或优于Ⅲ类标准水质优良的占 67.2%；水质符合Ⅳ类标准水质轻度污染的占 18.0%；水质符合Ⅴ类标准水质中度污染的占 3.3%；水质为劣Ⅴ类标准水质重度污染的占 11.5%。云南省湖泊、水库总体水质仍为轻度污染。44.3%的湖泊、水库水质达到水环境功能要求。云南省主要湖泊、水库水质优良率比上年增加 3.8%，比 2005 年增加 6.8%。

2010 年，九大高原湖泊中，抚仙湖、泸沽湖水质符合Ⅰ类标准，洱海、程海水质符合Ⅲ类标准，4 个湖泊水质优良。阳宗海水质符合Ⅳ类标准，中度污染。滇池草海、滇池外海、异龙湖、星云湖、杞麓湖水质为劣Ⅴ类标准，重度污染。抚仙湖、泸沽湖、程海达到水环境功能要求。

与上年相比，九大高原湖泊水质基本保持稳定。受百年不遇特大干旱影响，滇池外海、异龙湖和星云湖中总氮、总磷年均值略有升高，营养状态指数有所上升。阳宗海砷浓度值有较大幅度下降，由 2009 年 12 月的 0.111 毫克/升下降至 2010 年 12 月的 0.065 毫克/升，水质从Ⅴ类降为Ⅳ类，水质明显好转。滇池草海水体中主要污染指标高锰酸盐指数、总磷、总氮的年均值比上年分别下降 31.0%、58.4%、33.9%；营养状态指数由上年的 82.4 下降到 71.0，有 5 个月的营养状态改善为中度富营养[②]。

（十七）主要河流水质状况

2010 年，伊洛瓦底江水系水质总体为优，澜沧江水系、怒江水系水质良好，金沙江水系、红河水系、珠江水系水质中度污染。云南省河流水质评价结果为轻度污染，总体干流水质较好，部分支流受到一定程度的污染。六大水系主要河流水质受污染程度由大到小的排序为金沙江水系、红河水系、珠江水系、澜沧江水系、怒江水系和伊洛瓦底江水系。污染严重的主要河流是金沙江水系的新河、螳螂川、秃尾河、普渡河和新宝象河，红河水系的三家河和红河干流，珠江水系的泸江，澜沧江水系的沘江等。2010

① 《云南年鉴（2011）》，昆明：云南年鉴社，2011 年，第 223 页。
② 《云南年鉴（2011）》，昆明：云南年鉴社，2011 年，第 223 页。

年，云南省河流水质的主要污染指标为总磷、氨氮、生化需氧量和铅[①]。

（十八）城市集中式饮用水水源地

2010年，16个州（市）政府所在地和5个不设区城市开展监测的38个集中式饮用水水源地中，水质满足要求的29个，占76.3%，达不到要求的9个，占23.7%。与上年相比，水质保持稳定的17个，占44.7%；水质好转的5个，占13.2%；水质下降的16个，占42.1%，影响饮用水水源地水质的主要污染指标为总磷和总氮。"十一五"期间主要城市集中式饮用水水源地水质达标率较2005年有所提高[②]。

（十九）城市水域

15个主要城市水域43个监测断面中，符合或优于Ⅲ类标准水质优良的占44.1%。符合Ⅳ类标准水质轻度污染的占14.0%，符合Ⅴ类标准水质中度污染的占7.0%，为劣Ⅴ类标准水质重度污染的占34.9%。能达到水功能要求的断面21个，占48.8%。城市水域水质总体仍为重度污染，主要污染指标为高锰酸盐指数、生化需氧量、氨氮和总磷，耗氧有机污染严重。"十一五"期间，城市水域水质总体呈稳定状态[③]。

（二十）城市环境空气质量

2010年，云南省16州（市）政府所在地昆明市、保山市隆阳区、丽江市古城区、普洱市思茅区、临沧市临翔区、楚雄市、文山市、景洪市、大理市、芒市、六库镇和香格里拉县城12个城市环境空气质量达到或优于二级标准天数比例为100%；其他4个城市环境空气质量达到或优于二级标准天数比例分别为玉溪市红塔区98.63%，蒙自市97.46%，曲靖市麒麟区97.26%，昭通市昭阳区92.2%，全年没有出现劣于环境空气质量三级标准的天数情况[④]。

（二十一）城市道路交通噪声

云南省18个城市道路交通噪声平均等效声级值范围为63.6—71.4分贝，最高是文山，超过国家标准1.4分贝。曲靖、玉溪、保山、昭通、丽江、普洱、临沧、楚雄、景洪、大理、蒙自、香格里拉和开远13个城市道路交通噪声质量为好，昆明、芒市和个旧3

① 《云南年鉴（2011）》，昆明：云南年鉴社，2011年，第223页。
② 《云南年鉴（2011）》，昆明：云南年鉴社，2011年，第223—224页。
③ 《云南年鉴（2011）》，昆明：云南年鉴社，2011年，第224页。
④ 《云南年鉴（2011）》，昆明：云南年鉴社，2011年，第224页。

个城市为较好，文山和六库2个城市为轻度污染①。

（二十二）城市区域环境噪声

17个城市区域环境噪声平均等效声级值范围为46.2—59.2分贝。曲靖、玉溪、昭通和香格里拉4个城市区域环境噪声质量为好，昆明、丽江、楚雄、个旧、开远、景洪和芒市7个城市为较好，保山、临沧、普洱、大理、文山和六库6个城市为轻度污染。共有11个城市区域环境噪声质量达标②。

（二十三）森林资源现状及变化趋势

2010年，云南省林地面积2476.11万公顷，森林面积1817.73万公顷，森林面积占林地面积的73.41%。森林以乔木林为主，面积为1581.63万公顷，占森林面积的87.01%。"十一五"期间，云南省林地面积保持增长，蓄积量大幅增加，森林覆盖率持续上升。活立木总蓄积从15.47亿立方米增加到17.12亿立方米，森林蓄积从13.99亿立方米增加到15.54亿立方米，森林覆盖率从40.8%增加到47.5%。

（二十四）物种状况

2010年，云南省12个森林类型蕴藏高等植物13000多种，占全国总数的46%以上，陆生野生脊椎动物1416余种，占全国总数的52.8%。在我国公布的401种重点保护野生动物和246种重点保护野生植物中，云南省各有222种和114种，分别占总数的55.4%和46.3%。

（二十五）湿地

2010年，云南省有天然湿地总面积3439平方千米，其中河流湿地1595平方千米，湖泊湿地1754平方千米，沼泽和沼泽化草甸湿地90平方千米。有湿地类型自然保护区15处。大山包、碧塔海、纳帕海、拉市海被列入"国际重要湿地"。红河哈尼梯田和洱源西湖被批准为国家湿地公园③。

（二十六）自然保护区

截至2010年12月，云南省有各类自然保护区162个，面积2.96万平方千米，占云南省土地面积的7.5%。其中国家级自然保护区16个；省级自然保护区44个；州（市）

① 《云南年鉴（2011）》，昆明：云南年鉴社，2011年，第224页。
② 《云南年鉴（2011）》，昆明：云南年鉴社，2011年，第224页。
③ 《云南年鉴（2011）》，昆明：云南年鉴社，2011年，第224页。

级自然保护区 59 个；县级自然保护区 43 个。基本形成各种级别、多种类型的自然保护区网络体系，云南省典型生态系统及 85%珍稀濒危野生动植物在自然保护区中得到了有效保护。

"十一五"期间，自然保护区数量和面积趋于稳定，保护区发展由数量增长向质量提升转变，国家级自然保护区基础设施条件大为改善，资源保护、科研监测、科普宣传教育等管理能力全面提升，逐步实现法制化、规范化管理[1]。

（二十七）废水排放

2010 年，云南省废水排放总量 9.21 亿吨，分别比上年和 2005 年增长 5.1%和 22.5%。其中，工业废水排放量 3.10 亿吨，分别比上年和 2005 年降低 4.2%和 5.8%。生活污水排放量 6.11 亿吨，分别比上年和 2005 年增长 10.6%和 44.4%。

化学需氧量排放量 26.83 万吨，分别比上年和 2005 年降低 1.75%和 5.76%。其中，工业废水中化学需氧量排放量 8.93 万吨，比上年增长 4.7%，比 2005 年降低 16.5%。生活污水中化学需氧量排放量 17.90 万吨，比上年降低 4.7%，比 2005 年增长 0.67%。

氨氮排放量 2.08 万吨，比上年增长 9.0%。其中，工业废水中氨氮排放量 0.38 万吨，比上年增长 17.5%，比 2005 年下降 12.9%。生活污水中氨氮排放量 1.70 万吨，比上年和 2005 年分别增长 7.6%和 13.3%。

工业废水中其他污染物排放量 81.01 吨，分别比上年和 2005 年降低 38.8%和 62.2%[2]。

（二十八）废气排放

2010 年，工业废气排放总量 10978.07 亿标准立方米，比上年和 2005 年分别增长 15.8%和 101.6%。二氧化硫排放量 50.07 万吨，比上年增长 0.28%，比 2005 年减少 4.08%。其中，工业二氧化硫排放量 43.96 万吨，比上年增长 5.2%。氮氧化物排放量 43.47 万吨，比上年增长 10.0%。其中，工业氮氧化物排放量 32.94 万吨，比上年增长 12.2%。烟尘排放量 13.82 万吨，分别比上年和 2005 年降低 22.5%和 39.0%。其中，工业烟尘排放量 8.92 万吨，比上年降低 27.8%。工业粉尘排放量 9.18 万吨，分别比上年和 2005 年降低 9.8%和 40.9%[3]。

（二十九）固体废物排放

2010 年，云南省工业固体废物产生量 9392.38 万吨，较上年增长 8.3%，其中危险废

---

[1] 《云南年鉴（2011）》，昆明：云南年鉴社，2011 年，第 224 页。
[2] 《云南年鉴（2011）》，昆明：云南年鉴社，2011 年，第 224 页。
[3] 《云南年鉴（2011）》，昆明：云南年鉴社，2011 年，第 224 页。

物产生量 61.51 万吨，较上年增长 22.0%。危险废物连续 3 年无排放量[1]。

（三十）总量减排

2010 年，云南省委、云南省人民政府高度重视主要污染物总量减排工作，狠抓治污项目建设及运行管理。对总装机容量 5800 兆瓦的 14 台火电机组脱硫设施进行增容改造，并对脱硫设施旁路烟道实施封堵和铅封，脱硫效率大幅提升。完成钢铁企业烧结机烟气脱硫项目等 158 个签订责任书的减排项目。关停 164 户公告淘汰企业。

"十一五"期间，累计完成 252 个化学需氧量减排项目，462 个二氧化硫减排项目，完成 68 个污水处理厂项目。出动环境执法人员 78568 人次，对 402 家重点控制涉水企业（化学需氧量）、150 家重点控制涉气企业（二氧化硫）、415 个化学需氧量和二氧化硫总量减排治理工程项目进行现场检查[2]。

（三十一）工业废水治理

2010 年云南省工业废水治理投资 24183.6 万元，完成治理项目 119 个，新增废水处理能力 48.12 万吨/日。"十一五"期间，云南省工业废水治理累计投资 105311.3 万元，完成治理项目 578 个。新增废水处理能力 141.3 万吨/日[3]。

（三十二）大气污染治理

2010 年云南省工业废气治理投资 72910.3 万元，完成治理项目 158 个，新增废气处理能力 4812.44 万标准立方米/时。"十一五"期间，云南省工业废气治理投资 287268.6 万元，完成治理项目 1181 个，新增废气处理能力 7820.11 万标准立方米/时[4]。

（三十三）固体废物治理

2010 年，云南省完成工业固体废物污染治理投资 6301.7 万元，完成治理项目 24 个，新增固体废物处理能力 5953 吨/日。云南省核发危险废物经营许可证 2 份，办理危险废物出省转移手续 7 批。"十一五"期间，云南省工业固体废物治理投资 58776.2 万元，完成治理项目 131 个，累计核发危险废物经营许可证 50 份，办理危险废物出省转移手续 25 批。云南省工业固体废物产生量、综合利用量、处置量总体均呈上升趋势，而工业固体废物排放量呈下降趋势。云南省纳入《全国危险废物和医疗废物处置设施建设

① 《云南年鉴（2011）》，昆明：云南年鉴社，2011 年，第 224 页。
② 《云南年鉴（2011）》，昆明：云南年鉴社，2011 年，第 224 页。
③ 《云南年鉴（2011）》，昆明：云南年鉴社，2011 年，第 224 页。
④ 《云南年鉴（2011）》，昆明：云南年鉴社，2011 年，第 225 页。

规划》项目 16 个，覆盖云南省 16 个州（市）[①]。

（三十四）生态建设示范区

云南省 13 个州（市）69 个县（市、区）开展生态创建工作，9 个州（市）45 个县（市、区）完成规划编制，部分规划通过省级专家论证，部分已由同级人大审议颁布实施。"十一五"期间，共建成全国生态示范区 4 个，国家级生态乡镇 16 个、生态村 1 个，省级生态乡镇 188 个[②]。

（三十五）水土保持

2010 年完成水土流失治理面积 3200 平方千米，中央预算内投资 11095 万元，其中中央投资 9276 万元，地方配套 1819 万元。"十一五"期间，开展了"长治"工程、"国债"项目、"珠治"试点工程等，云南省完成水土流失治理面积 1.39 万平方千米，新实施生态修复面积 3.0 万平方千米，中央预算内投资 32486 万元，其中，中央投资 24541 万元，地方配套投资 7945 万元。云南省水土流失呈递减趋势[③]。

（三十六）农村环境保护

2010 年，争取到中央农村环境保护专项资金项目 30 个，共 2490 万元。"十一五"期间，争取中央农村环境保护专项资金 9208 万元用于 96 个村庄开展环境综合整治和 13 个乡镇开展生态示范建设；省级环境保护专项资金安排 4725 万元开展农村环境综合整治。在云南省所有县（市、区）推广测土配方施肥，累计完成测土配方施肥推广面积 909.33 万公顷，减少了化肥流失，防治农业面源污染。加强农村能源建设，云南省农村户用沼气累计保有量 273 万户（其中"十一五"期间建设 124 万户）。在九大高原湖泊流域开展农村清洁工程建设项目 17 个[④]。

（三十七）建设项目环境管理

2010 年，云南省各级环境保护部门共审批环境影响评价文件 12953 项，比上年的 8946 项增加 4007 项。建设项目竣工环境保护验收 2272 项，比上年的 1302 项增加 970 项。牛栏江—滇池补水工程等 7 个重大建设项目环境影响评价文件通过环境保护部审批。与有关部门共同组织对工业园区规划、水电开发规划、旅游总体规划等 17 项规划

---

① 《云南年鉴（2011）》，昆明：云南年鉴社，2011 年，第 225 页。
② 《云南年鉴（2011）》，昆明：云南年鉴社，2011 年，第 225 页。
③ 《云南年鉴（2011）》，昆明：云南年鉴社，2011 年，第 225 页。
④ 《云南年鉴（2011）》，昆明：云南年鉴社，2011 年，第 225 页。

环境影响评价进行审查。开展工程建设领域突出问题专项治理，自查发现存在问题项目
269 个。经整改，办结环境影响评价、竣工环境保护验收等环境保护手续 81 个，责令
限期补办环境影响评价审批或竣工环境保护验收手续 169 个，其余尚未开工建设①。

（三十八）环境保护专项行动

2010 年，按照环境保护部等九部委要求和部署，云南省出动环境执法人员 47647
人，检查企业 13541 家，排查重金属排放企业 1019 家，行政处罚 222 家，关闭 73 家。
受理办结"12369"环境保护热线投诉 5291 件，完成国家、省、州（市）三级挂牌督办
事项 80 件。"十一五"期间，云南省共出动环境执法人员 20 多万人，检查企业 45016
家。立案查处企业 1265 家。共提出处理（处罚）建议 118 家。举行环境行政处罚听证案
件 25 件，办理行政复议案件 19 件，办理行政诉讼案件 18 件②。

（三十九）排污费征收

2010 年，云南省共征收排污费 2.75 亿元，其中，上缴中央国库 0.27 亿元，省级国库
0.93 亿元，州（市）级以下国库 1.55 亿元。"十一五"期间，全省累计征收排污费 13.2 亿
元，年均增长率超过 10%，其中缴入中央国库 1.33 亿元，缴入省级国库 5.08 亿元③。

（四十）城市基础设施建设

截至 2010 年末，云南省已建成污水处理厂 80 座，污水处理能力达 274.95 万吨/日，
城镇污水处理率由 2005 年的 39% 提高到 2010 年的 71%。建成无害化垃圾处理厂（场）
57 座，形成无害化处理能力 12086 吨/日，城镇垃圾无害化处理率由 2005 年的 41.88% 提
高到 2010 年的 62.5%。云南省城市燃气普及率 63.29%，绿地率 26.31%④。

（四十一）城市机动车污染防治

2010 年云南省机动车保有量达 6946302 辆，新增注册 1068359 辆。云南省有效环境
保护委托检验机构共计 20 个。昆明市机动车保有量 1279263 辆，机动车简易工况法环境
保护检测量 356050 辆，发放环境保护标志 382127 辆（含新车），其中黄标 96457 辆、
绿标 285670 辆⑤。

---

① 《云南年鉴（2011）》，昆明：云南年鉴社，2011 年，第 225 页。
② 《云南年鉴（2011）》，昆明：云南年鉴社，2011 年，第 225 页。
③ 《云南年鉴（2011）》，昆明：云南年鉴社，2011 年，第 225 页。
④ 《云南年鉴（2011）》，昆明：云南年鉴社，2011 年，第 225 页。
⑤ 《云南年鉴（2011）》，昆明：云南年鉴社，2011 年，第 225 页。

第二节 环境会谈

一、云南省可持续发展国际研讨会召开（2004 年 9 月）

2004 年 9 月 23—25 日，云南省可持续发展国际研讨会在昆明召开。此次会议由云南省环境保护局组织召开，德国技术合作公司北京办公室主要赞助，支持单位包括德国国际技术推广中心、加拿大国际可持续发展研究所、国际农林业研究中心、中英合作云南发展项目、中国—欧盟环境管理合作计划及山东省环境友好技术促进中心等。

参会人员是来自环境保护和可持续发展领域的政府官员、学者、专业人员和社会团体代表，所讨论问题比较广泛，涉及云南省可持续发展的各类问题。同时由云南推及世界，也谈到世界性问题。此次会议还特别谈到私企怎样切实参与环境保护的问题。

来自中国环境规划研究院的李云生教授做了名为"国家'十一五'环境保护规划框架设计"的报告，介绍了我国环境规划的历程及发展的新需求等情况。云南省发展和改革委员会处长介绍了《云南省 21 世纪初可持续发展规划研究》的编制情况。来自湄公河委员会的代表介绍了湄公河委员会近期工作成果。会上不同领域的中外专家纷纷发言，就云南可持续发展的状况交换了意见，并针对云南可持续发展的前景展开了激烈讨论。

最后，经过认真讨论，会议通过了《云南可持续发展倡议书》。该倡议书展望了云南省可持续发展的前景，确定了云南可持续发展的一些重点行动领域和推进这些重点领域的战略和行动。其目的在于为云南的可持续发展提供一个卓有远见的政策框架，它涉及可持续发展的各个方面，如农村和城市的发展，增强云南省人民政府可持续发展的能力，私营企业、社会团体和组织如何参与和促进云南省的可持续发展。同时探讨解决云南面临的一些具体问题的新思路和新方法。

二、东盟及大湄公河次区域环境合作战略研讨会在云南省西双版纳成功召开（2005 年 8 月）

2005 年 8 月 11—13 日，由国家环境保护总局国际合作司主办，云南省环境保护厅协办的东盟及大湄公河次区域环境合作战略研讨会在云南省西双版纳傣族自治州举行。

本次研讨会主要是作为对 2005 年 7 月初召开的第二次大湄公河次区域领导人峰会的积极响应，并根据 2005 年 5 月 25 日成功召开的首次大湄公河次区域环境部长会议公布的《联合声明》中的有关共识，加强本地区环境保护与可持续发展，巩固我国在东盟及大湄公河次区域环境合作中取得的成果，进一步加强我国与周边区域和国家的环境合作，充分发挥中国的核心优势，通过开展区域环境合作战略规划的形式，争取相关支持项目和拓展合作领域。

会议回顾了中国参与东盟及大湄公河次区域环境合作的总体情况，并分别就东盟及次区域国家开展环境合作的意义与目的，以及对区域资源开发的环境影响评价及生态补偿机制建设、生物多样性保护、环境政策的制定与执行、环境保护产业发展、信息交换与能力建设等专题进行了有益的讨论。

三、云南省九大高原湖泊水污染综合防治领导小组第六次会议在大理召开（2005 年 11 月）

2005 年 11 月 2 日，云南省九大高原湖泊水污染综合防治领导小组第六次会议在大理召开。会议由徐荣凯省长主持。云南省人民政府秘书长黄毅，云南省九大高原湖泊水污染综合防治领导小组成员等参加会议。昆明市、大理白族自治州、玉溪市、丽江市、红河哈尼族彝族自治州 5 州（市）政府就湖泊保护治理工作向会议做了汇报。会议还讨论了《九湖水污染防治"十一五"规划（讨论稿）》，对洱海治理工作进行了实地考察。

会议认为，"十五"以来，在中央的大力支持和云南省委、云南省人民政府的领导下，云南省九大高原湖泊水污染综合防治领导小组成员单位各负其责、分工协作，各州（市）采取了一系列扎实有效的措施，加大治理力度，成效明显。九大高原湖泊主要污染物入湖总量开始得到控制，部分湖泊水质有所改善，九大高原湖泊流域工业污染物所占比重逐渐降低，城市生活污水处理能力明显提高。

会议认为，"十一五"期间，要做到更加重视科学发展、协调发展；更加重视预防为主、综合治理；更加重视发挥市场机制作用、强化政府监管职能；更加重视规范企业和政府的行为；更加重视不欠新账、多还旧账。以科学发展观统领"十一五"九大高原湖泊水污染综合防治工作，增强信心、坚定决心，不断开创九大高原湖泊水污染防治工作新局面[①]。

---

① 《云南省九大高原湖泊水污染综合防治领导小组第六次会议在大理召开》，http://sthjt.yn.gov.cn/gyhp/jhdt/200512/t20051208_11602.html（2005-12-08）。

四、云南省召开整治违法排污企业保障群众健康环境保护专项行动电视电话会议，启动2006年环境保护专项行动（2006年5月）

2006年5月31日，国家环境保护总局、国家发展和改革委员会、监察部等七部门联合召开了"全国整治违法排污企业保障群众健康环境保护专项行动"电视电话会议，国家环境保护总局局长周生贤代表国家七部门传达了温家宝总理关于开展环境保护专项行动的指示，动员和部署全国环境保护专项行动，就全面落实《国务院关于落实科学发展观加强环境保护的决定》和第六次全国环境保护大会的精神，开展好今年的环境保护专项行动提出了具体要求，其他部门的领导也对环境保护专项行动提出了明确要求。会后，云南省召开了云南省环境保护专项行动电视电话会议，高峰副省长做了动员讲话，就贯彻落实全国电视电话会议精神，云南省开展环境保护专项整治行动做了部署和安排。会议还邀请了有关新闻媒体做宣传报道。

五、云南省环境保护专项行动领导小组召开联席会议，研究部署环境保护专项行动下一阶段工作（2006年10月）

2006年10月27日，云南省2006年整治违法排污企业保障群众健康环境保护专项行动领导小组召开了联席会议。会议经云南省"环境保护专项行动"领导小组组长高峰副省长委托省"环境保护专项行动"领导小组副组长、省环境保护局局长王建华主持，会议主要内容：一是通报云南省2006年"环境保护专项行动"开展情况；二是研究部署对部分州、市的"环境保护专项行动"工作情况进行检查。

会上，云南省环境保护专项行动领导小组办公室主任、云南省环境保护局副局长杨志强通报了云南省2006年"环境保护专项行动"开展情况。全国"环境保护专项行动"电视电话会议后，按照《关于开展整治违法排污企业保障群众健康环保专项行动的通知》（环发〔2006〕74号）要求，云南省积极行动，迅速贯彻落实，成立领导机构，制订工作方案，突出5个方面的工作重点，确定6个省级挂牌事项，认真组织实施。截至10月10日，云南省共出动环境执法人员18494人，检查企业6516家，立案查处企业267家，已结案169起，完成了3个阶段性报告、14期工作简报、12期专项报表及阶段工作总结的上报工作，省级组织了10个饮用水水源地的现场监察。云南省人民政府和云南省环境保护局等相关部门领导多次深入重点地区和重点企业对"环境保护专项行动"开展情况进行检查，有力地促进了云南省"环境保护专项行动"的开展。

六、云南省九大高原湖泊环境监管现场会议在大理召开（2006年12月）

2006 年 12 月 25—26 日，云南省九大高原湖泊环境监管现场会议在大理召开。大理白族自治州副州长李雄为会议致辞，云南省环境保护局局长王建华、副局长杨志强出席会议并作讲话。5 州（市）湖泊水污染综合防治领导小组办公室、环境保护局，昆明滇池管理局、玉溪抚仙湖管理局、大理市洱海管理局，九大高原湖泊流域所在 17 个县（市、区）环境保护局局长参加了会议。

会议期间，与会人员认真听取大理、玉溪有关单位湖泊综合整治和监管经验介绍，5 州市关于 2006 年湖泊治理情况和 2007 年工作设想汇报，会议实地参观考察了洱源县李家营农村面源污染控制示范村建设、西湖环境综合整治、大理市喜洲镇周城集镇生活污水治理、大理镇白鹤溪综合治理及洱海湖滨带建设情况。

会议指出，2007 年是实施"十一五"规划的重要一年。九大高原湖泊水污染综合防治工作要认真贯彻第八次党代会和九大高原湖泊领导小组第七次会议精神，以科学发展观为指导，依靠科技进步，加强入湖污染物控制，强化湖泊环境监管，建立长效机制，改善湖泊生态环境，着力推动"十一五"期间九大高原湖泊水污染综合防治工作。

会议要求，各地要认真学习洱海、抚仙湖保护治理的典型经验，把九大高原湖泊水污染防治工作推向新台阶：一是要进一步提高认识，加强领导，坚持不懈地做好九大高原湖泊水污染防治工作；二是要突出重点，全面推进，大幅削减入湖主要污染物总量；三是要完善体制机制，强化流域综合监管，形成多部门多层次共同治水的局面；四是要做好重大项目前期准备工作，加大投入力度，确保"十一五"规划目标的实现；五是要强化宣传教育，充分调动全社会参与九大高原湖泊保护治理的积极性。为实现九大高原湖泊水污染防治目标、改善九大高原湖泊生态环境质量、构建湖区和谐社会做出新的贡献。

七、云南省环境保护专项行动领导小组召开联席会议讨论研究2007年环境保护专项行动工作实施方案（2007年5月）

2007 年 5 月 10 日，云南省 2007 年环境保护专项行动领导小组在云南省环境保护局召开了第一次联席会议，讨论研究云南省 2007 年环境保护专项行动工作方案。会议由省环境保护专项行动领导小组办公室主任、省环境保护局副局长杨志强主持。

会上，领导小组各成员单位围绕着国家 2007 年环境保护专项行动工作方案，结合云南省实际就云南省 2007 年环境保护专项行动工作方案展开了讨论。经过讨论，在国家整治重点的基础上，增加了公路沿线及风景旅游区周边突出环境问题，同时，明确了省级挂牌督办事项，并提出了具体整治要求：一是对不能满足集中式饮用水水质要求的水源地制订整改方案，加大整治力度，保证达到水质要求，切实保障群众饮水安全；二是对重点河流、湖泊、水库沿岸的污染企业要求其在 2007 年 8 月 15 日前制订切实可行的整改计划，并完善应急措施；三是对工业园区内的各种环境违法问题，该纠正的一律予以纠正，该停产的必须停产，该停产整治的坚决停产整治，该追究刑事责任的一定要追究刑事责任；四是对各地土法炼铅、土法炼锌、土法炼焦反弹问题和造纸及纸制品加工企业要进行全面检查清理，凡属于淘汰的企业一律淘汰；五是对省级挂牌事项所涉及的州、市，要加大督促检查和整治工作力度，务求实效，限期完成整治任务；六是要加大宣传报道和典型案件曝光力度。

2007 年，云南省已成立了云南省环境保护专项行动领导小组，2007 年环境保护专项行动领导小组成员和环境保护专项行动信息调度联系人名单已于 5 月 31 日上报国家环境保护总局。

八、玉溪市召开抚仙湖保护工作现场会（2007 年 8 月）

2007 年 8 月 3 日，玉溪市召开抚仙湖保护工作现场会。玉溪市委、市人大、市政府、市政协和江川、澄江、华宁县委、政府主要领导及市级相关部门负责人参加会议。云南省副省长顾朝曦同志出席会议并做了重要讲话。省环境保护局、省九大高原湖泊水污染综合防治领导小组办公室领导列席会议。

副省长顾朝曦同志指出，提高认识，提高境界，让抚仙湖大放光彩。第一，提高认识。就是玉溪市要全民总动员，按照科学发展观要求，进一步提高认识。第二，提高境界。就是玉溪市各级各部门领导干部要提高确保抚仙湖 I 类水质境界。按照生态立省要求，积极推进“七彩云南保护行动”计划。要以面源污染治理为重点，引导农民改变旧的生产生活方式，推进实施农民种地用化肥、农药习惯的革命性工程。抓好湖泊周边环境整治及生态环境建设。进一步做好湖泊周边环境保护、湿地建设、主要入湖河道整治等。各级干部要多调查、多研究、多思考、多交流，进一步解放思想，树立环境成本理念，学会经营环境。玉溪市要尽快制定抚仙湖保护总体规划，明确环境功能区划，统筹实施好水污染防治、旅游等专项规划。

九、云南省环境保护局召开第三届省级自然保护区评审委员会成立大会（2007年8月）

2007年8月24日，云南省环境保护局组织召开了"云南省第三届省级自然保护区评审委员会成立大会"。来自云南省人民政府办公厅、发展和改革委员会、林业厅、建设厅，中国科学院昆明动物研究所，中国科学院昆明植物研究所，云南大学，云南省环境科学研究院等单位共20位委员会成员参加了会议。

云南省环境保护局副局长高正文同志在会议上做了重要发言。高副局长介绍了云南省自然保护区建设管理的情况，提出了自然保护区工作的指导思想和原则，明确了评审委员会的职责和工作要求，最后强调指出：委员会在今后要注意优化省级自然保护区的空间结构，开展省级自然保护区的考核评估，完善评审办法，严把质量关。会议还讨论了《云南省省级自然保护区申报和评审办法》和《云南省省级自然保护区评审委员会组织和工作制度》。委员们纷纷表示将以科学发展观为统领，坚持严格保护、科学管理、合理利用、持续发展的方针，有效保护自然资源，促进人与自然和谐相处，保障经济社会全面协调可持续发展①。

十、"七彩云南"生物多样性保护国际论坛在昆明召开（2007年10月）

2007年10月17日，由国家环境保护总局和云南省人民政府主办，亚洲开发银行、欧盟驻华代表处、德国技术公司协办的"七彩云南"生物多样性保护国际论坛在昆明隆重召开，国家环境保护总局副局长李干杰出席论坛并讲话，云南省副省长顾朝曦出席论坛开幕式并致辞。

参加这次论坛的有老挝、越南、泰国、柬埔寨、缅甸、马来西亚、德国等国的官员和专家，以及美国大自然保护协会等非政府组织代表，国内的四川、广西、内蒙古等省区和云南省内相关单位及科研院所也参加了论坛。国内外的专家学者在论坛上就全球的生物多样性保护进行了广泛深入的学术研究和探讨。此次论坛是全球生物多样性保护的一次重要会议，对于提高认识、增强理解、加强合作，共同寻求生物多样性保护、促进生态安全具有重要的意义。

---

① 云南省环境保护厅：《省环保局召开云南省第三届省级自然保护区评审委员会成立大会》，http://sthjt.yn.gov.cn/zwxx/xxywrdjj/200708/t20070827_4638.html（2007-08-27）。

云南省环境保护局局长王建华在论坛上向中外环境保护专家介绍了云南省全面实施"七彩云南保护行动"的有关情况和取得的成效，引起了广泛关注。生物多样性是人类赖以生存和发展的基础，是世界各国的共同责任，需要广泛的国际合作，需要全社会的积极参与和大力支持。"七彩云南"生物多样性国际论坛为云南省提供了难得的学习机会，通过学习借鉴国际社会在生物多样性保护领域的经验，有利于推动云南省实施"七彩云南保护行动"，开展节能减排，加快建设生态省步伐，促进经济社会与环境保护的协调发展①。

十一、云南省"九大高原湖泊办"召开九大高原湖泊水污染综合防治领导小组办公室主任会议（2007 年 11 月）

　　2007 年 11 月 5—6 日，云南省九大高原湖泊水污染综合防治领导小组办公室主任会议在昆明市阳宗海召开。会议提出，要以党的十七大精神为指导，深入贯彻落实国务院"三湖"治理座谈会议、全国湖泊污染防治工作会议和云南省人民政府滇池治理工作调研座谈会议精神，进一步推广学习洱海治理保护经验，全面推进九大高原湖泊水污染综合防治，迎接云南省九大高原湖泊水污染综合防治领导小组第八次会议的召开。云南省九大高原湖泊水污染综合防治领导小组办公室主任、云南省环境保护局局长王建华在会上指出，九大高原湖泊水环境是云南省生态环境的重要标志。加强九大高原湖泊水污染治理是学习贯彻党的十七大精神、落实科学发展观、建设生态文明的重要举措，是全面建设小康社会的内在要求。王建华强调，要用十七大精神武装头脑、指导实践、推动工作，努力把九大高原湖泊水污染综合防治工作统一到十七大精神上来，把力量凝聚到实现九大高原湖泊治理各项任务上来，把九大高原湖泊治理作为云南省全面实施"七彩云南保护行动"的重中之重，以大幅度削减入湖污染物总量为重点，以改善湖泊水环境质量为目标，深化改革、创新思路，充分调动全社会参与九大高原湖泊保护治理的积极性，全面推进环湖截污、环湖生态、入湖河道整治、底泥疏浚、水源地保护、外流域引水六大工程建设，为实现九大高原湖泊水污染综合防治规划目标做出新贡献②。

---

① 云南省环境保护局对外交流合作处：《省环保局："七彩云南"生物多样性保护国际论坛在昆明召开》，http://sthjt.yn. gov.cn/dwhz/dwhzgjjlhz/200711/t20071107_12619.html（2007-11-07）。

② 云南省九大高原湖泊水污染综合防治领导小组办公室：《省"九湖办"召开九湖水污染综合防治领导小组办公室主任会议》，http://sthjt.yn.gov.cn/zwxx/xxyw/xxywrdjj/200711/t20071113_4858.html（2007-11-13）。

十二、云南省人民政府召开九大高原湖泊水污染综合防治工作会议（2008 年 5 月）

2008 年 5 月 22 日，云南省人民政府在玉溪江川召开云南省九大高原湖泊水污染综合防治工作会议，研究部署推进九大高原湖泊治理工作。云南省人民政府主要领导强调，水污染综合防治任务光荣而艰巨，要以科学发展观为指导，以建设生态文明为目标，坚定信心，狠抓落实，力争"十一五"期间九大高原湖泊水污染综合防治工作取得更大成效，为推进生态大省建设再立新功。

十三、云南省召开电视电话会议启动 2008 年环境保护专项行动（2008 年 7 月）

2008 年 7 月 10 日，环境保护部、国家发展和改革委员会、监察部、司法部、建设部、国家工商行政管理总局、国家安全生产监督管理总局、国家电力监管委员会八部委联合召开了 2008 年全国整治违法排污企业保障群众健康环境保护专项行动电视电话会议。国家电视电话会议结束后，云南省继续召开了云南省环境保护专项行动电视电话会议，顾朝曦副省长做了动员讲话，就贯彻落实全国电视电话会议精神，结合国家下达云南省主要污染物的减排任务，对云南省开展环境保护专项整治行动做了部署和安排，并就贯彻落实国家电视电话会议精神提出了四点意见：一是总结经验，发扬成绩，不断巩固环境保护专项行动新成果；二是查找问题，大力纠正，不断解决专项行动中遇到的新问题；三是抓住机遇，攻坚克难，不断取得环境保护专项行动新突破；四是解放思想，真抓实干，不断推进环境保护专项行动新发展。云南省 16 个州（市）在省环境保护专项行动电视电话会议后，组织召开了州（市）环境保护专项行动会议。

十四、云南省召开长江环境保护执法行动部署会议（2009 年 2 月）

2009 年 2 月 16 日，环境保护部召开 2009 年长江环境保护执法行动电视电话会议。会上，环境保护部副部长对长江环境保护执法行动做了具体动员部署，对查清涉及 10 个省（市），3 个督查中心的长江干流和 10 个一级支流排污口数量、排入污染物的总量提出了具体要求。

云南省设立了昆明分会场，云南省环境保护厅副厅长任治忠出席了会议。涉及云南省长江干流的昆明、昭通、楚雄、丽江等四州（市）环境保护局，由分管副局长带队，污控科、环境影响评价科、监察支队及监测站负责人，省厅相关处室领导和总队全体人员共40人参加了全国电视电话会议。会议结束后，云南省继续召开了云南省长江环境保护执法行动部署会议，任副厅长做了动员讲话，对贯彻落实全国电视电话会议精神提出了三点意见：一是加强领导，精心组织；二是合理分工，明确职责；三是落实要求，按时上报。

任副厅长强调，此次行动的主要任务是查清长江干流沿岸的排污口设置情况和排入长江的主要污染物情况，对检查的排污口进行拍照、定位，检查排污口规范化情况，同时对行动期间超标排污、私设排污口的企业进行依法查处。

任副厅长要求，监测部门要针对重点监控对象提供超标排污企业名单；污控部门结合污染源普查成果提供污染物源强数据；环境影响评价部门结合专项检查成果提供违法建设项目名单；监察部门结合《云南省2009年重点流域监察方案》查处违法企业。对检查中发现不规范的排污口，要责令相关单位限期整改；对私设排污口、超标排污的违法行为，要依据《中华人民共和国水污染防治法》的相关规定，依法严肃处理。

十五、云南省召开 2009 年环境保护专项行动第一次联席会议（2009 年 4 月）

为继续开展2009年云南省整治违法排污企业保障群众健康环境保护专项行动，4月29日，云南省2009年环境保护专项行动第一次联席会议召开，会议主要研究了《云南省2009年整治违法排污企业保障群众健康环保专项行动实施方案》。

会议由云南省环境保护厅副厅长、环境保护专项行动领导小组办公室主任杨志强主持。会上，各成员单位根据本部门的职责，对该实施方案进行了修改、补充完善，确定了省级挂牌督办事项。最后，会议要求各部门做好协调工作，该实施方案于5月15日前会签下发。

十六、云南省环境保护专项行动联席会议办公室召开部分省级挂牌督办事项整改汇报会（2009 年 7 月）

为加快云南省2009年环境保护专项行动省级挂牌督办事项的整改进度，按时完成挂牌督办事项，及时掌握部分省级挂牌督办企业落实停产整改情况，根据厅领导指示要求，2009 年 7 月 15 日，云南省环境保护专项行动联席会议办公室组织召开部分省级挂牌督办事项整改汇报会。参加人员有曲靖、昆明、红河环境保护局分管监察系统的工作人员。

会议的主要内容：一是主要对云南陆良龙海化工有限公司、陆良县金泰博化工有限公司、云南省陆良乐事达工贸有限公司、昆明东昇冶化有限责任公司、云南金星化工有限公司等 5 家省级挂牌督办问题及停产整改落实情况进行汇报；二是讨论云南省下一步整改措施，会议要求，为确保挂牌督办取得实效，停产整改企业达不到挂牌督办要求，不准恢复生产；三是对企业下一步继续落实整改工作提出了 6 条要求。

十七、云南省九大高原湖泊水污染综合防治办公室主任会议顺利召开（2009 年 8 月）

为总结国务院"三湖"治理工作座谈会议以来九大高原湖泊水污染综合防治取得的进展，探索九大高原湖泊治理新思路，研究今后两年的主要工作，加快推进九大高原湖泊水污染综合防治，云南省九大高原湖泊水污染综合防治办公室主任会议于 2009 年 8 月 24—26 日在晋宁召开。云南省九大高原湖泊领导小组成员单位，五州（市）湖泊水污染防治办公室、环境保护局、湖泊管理局，九大高原湖泊所在县（市、区）政府、环境保护局，省环境保护厅机关有关处室及直属单位、省环境保护产业协会及相关治理公司的负责人共 120 人参加了会议。

与会人员先后考察观摩了宝象河水环境综合整治、第三污水处理厂运行、西华街生态湿地建设、双龙村村落污水处理、东大河水环境综合整治及湿地建设等工程现场。在会议上，五州市环境保护局做了会议交流发言；省九大高原湖泊水污染综合防治领导小组办公室副主任、环境保护厅副厅长左伯俊通报了九大高原湖泊治理有关情况；与会代表就九大高原湖泊水污染治理共同面对的困难和今后两年的任务进行了充分的讨论；省九大高原湖泊水污染综合防治领导小组办公室主任、环境保护厅厅长王建华出席会议并做了重要讲话。

王建华厅长认为，2007 年以来是九大高原湖泊水污染治理推进最快、发展最好的时期。全国"三湖"治理座谈会后，在党中央、国务院和云南省委、云南省人民政府的正确领导下，九大高原湖泊治理力度不断加大，项目进度加快，治理初见成效。一是难点正在攻坚。滇池是云南省九大高原湖泊治理的难点，目前滇池治理全面提速，且效果非常明显。二是经验不断发展。洱海是环境保护部推荐的全国城市近郊治理与保护最好的湖泊，要把洱海总结的经验在其他高原湖泊进行推广。三是教训深入人心。阳宗海的教训非常深刻，为阳宗海砷污染感到心痛的同时，也给我们敲响了警钟。四是加大九大高原湖泊治理保护的良好工作状态正在形成。各地各部门结合各个湖的实际，治理力度不断加大，项目进度加快，九大高原湖泊治理取得了明显的成效，水质基本保持稳定[①]。

十八、云南省环境保护厅召开第一次环境安全状况会商会议（2009 年 10 月）

2009 年 10 月 9 日，根据《云南省环境保护厅关于建立环境安全状况会商制度的通知》要求，云南省环境保护厅召开了第一次环境安全状况会商会议。参加会议的有王建华厅长、杨志强副厅长，以及各有关处（室）、省监测站、省监察总队领导。会议由杨志强副厅长主持，王建华厅长在会上做了重要指示。

会议的主要内容：一是听取省监察总队汇报 2009 年环境保护专项行动省级挂牌督办事项整改落实情况；二是听取省监测站汇报国控省控断面重金属监测情况；三是听取省监察总队汇报部分国控省控监测断面重金属超标原因分析及查处情况；四是讨论《环境安全状况会商问题督查督办制度（征求意见稿）》。

会上，厅办公室、法规处、污控处、环境影响评价处，以及九大高原湖泊水污染综合防治领导小组办公室的领导发表了意见，杨志强副厅长做了总结讲话，明确了云南省环境保护厅第一次环境安全状况会商问题督查督办事项。

会议指出，会商制度是信息交流平台，不能代替部门职能。会议要求，会商问题的督查督办按部门职责分别办理。会议特别强调，对 2009 年省级挂牌督办事项，明确南盘江 5 家涉砷企业必须认真按照《云南省环境保护厅关于印发南盘江涉砷污染省级挂牌督办企业恢复生产条件的通知》要求进行整改，并经州（市）环境保护局验收同意方可恢复生产；沘江流域选冶企业达不到整改要求，一律不得复产。

十九、云南省召开 2009 年环境保护专项行动第二次联席会议（2009 年 10 月）

云南省为深入开展重金属污染企业专项检查工作，按照环境保护部、国家发展和改

---

① 云南省九大高原湖泊水污染综合防治领导小组办公室：《云南省九大高原湖泊水污染综合防治办公室主任会议顺利召开》，http://sthjt.yn.gov.cn/zwxx/xxyw/xxywrdjj/200909/t20090901_7129.html（2009-09-01）。

革委员会、工业和信息化部、监察部、司法部、住房和城乡建设部、国家工商行政管理总局、国家安全生产监督管理总局、国家电力监管委员会等九部门《关于深入开展重金属污染企业专项检查的通知》要求，10 月 19 日云南省 2009 年环境保护专项行动第二次联席会议召开。会议主要研究了《云南省深入开展重金属污染企业专项检查的通知》。

会议由云南省环境保护厅副厅长、环境保护专项行动领导小组办公室主任杨志强主持，会上，各成员单位根据本部门的职责，对该通知发表了意见，并对其内容进行了修改、补充完善。

参加会议的还有云南省环境保护厅环境影响评价处、政策法规处等部门，以及云南省监察总队负责人。会议要求，各部门要按照职责严格抓好落实，按部门职责做好对重金属污染企业专项检查工作。

二十、大理白族自治州召开 2009 年环境统计工作会议（2010 年 1 月）

2010 年 1 月 25 日下午，大理白族自治州 2009 年环境统计工作会议在大理市经济开发区大禹酒店召开，各相关部门骨干共 50 多人参加了会议。

段彪副局长传达了全国环境统计会议精神，动员布置了全州环境统计工作，各机关对口科室及州环境监测站、州环境监察支队、州环境信息中心对 2009 年的环境统计报表进行了讲解，并提出了具体的要求。

全州环境统计工作会议强调：一是要充分认识做好环境统计的重要性和必要性，进一步增强责任感和使命感。环境统计作为环境保护参与国民经济和社会发展综合决策的一项基础性工作，对反映减排成果、准确把握"十一五"末和"十二五"初污染物总量控制目标及日常环境管理提供及时有效的服务均具有十分重要的意义。二是要全面贯彻落实全国环境统计工作会议精神，认清环境统计面临的形势。认真领会 2009 年全国环境统计工作会议精神，集中全力做好环境统计工作，扎实推进"十一五"污染减排工作，为"十二五"污染减排打下坚实基础。三是要着眼大理环境统计的重点工作，抓实抓好 2010 年环境统计的各项工作。2009 年和 2010 年是"十一五"期末的关键年，年报和季报是统计的重点工作。2010 年环境统计工作总的思路：围绕一个目标——加强环境统计支撑和保障能力；突出一个重点——推进环境统计管理改革；坚持一个核心——提高环境统计数据科学性、真实性；实现一个衔接——环境统计与污染源普查工作相衔接；加强一个能力——环境统计基础能力建设。

二十一、云南省农村环境综合整治现场会在洱源县召开（2010年3月）

2010年3月4日，云南省农村环境综合整治现场会在大理白族自治州洱源县召开，云南省环境保护厅厅长王建华在会上说，农村环境保护事关广大农民的切身利益，是一项十分重要的民生工程。各级环境保护部门要深化对农村环境保护重要性和紧迫性的认识，高度重视严重影响广大农民群众身体健康，制约云南省可持续发展的农村环境问题，确保农村环境治理工作成为惠民工程、德绩工程。

在现场会上，大理白族自治州、曲靖市麒麟区、潞西市遮放镇、洱源县等地的与会代表针对农村环境保护工作中的一些做法、经验做了交流。云南省环境保护厅厅长王建华说，2008年以来云南省农村环境保护工作取得了明显成效。云南省委、云南省人民政府近两年安排22.7亿元资金，解决了500万名农村群众的饮水安全问题。农村生态建设也取得了初步成果，目前云南省有国家确定的"农村环境保护试点县"4个；国家命名的"全国环境优美乡镇"10个、"国家级生态村"1个。

会上，还举行了第四批云南省生态镇授牌仪式，云南省环境保护厅厅长王建华、云南省环境保护厅副厅长左伯俊、大理白族自治州人民政府副州长许映苏等领导为宜良县马街镇、沾益县白水镇、洱源县右所镇等31个镇授牌。

二十二、大理白族自治州2010年环境保护工作大会成功召开（2010年3月）

2010年3月9日，大理白族自治州2010年环境保护工作大会在大理市成功召开。

会上，许映苏副州长做了重要讲话，全州要认清形势，明确任务，争取环境保护工作有更大作为；要突出重点，整体推进，确保完成"十一五"环境保护工作目标任务；要加强领导，务求实效，推动环境保护工作再上新台阶。

会议通报了大理白族自治州"七彩云南保护行动2009年度工作责任制"考核结果，大理白族自治州与12县市签订了"七彩云南保护行动2010年度工作目标考核责任书"和"2010年主要污染物总量减排目标考核责任书"。

与会人员一致认为，大会主题鲜明、内容务实、组织严密、重点突出、目标明确、任务具体。纷纷表示要在州委、州政府的坚强领导下，继续深入贯彻落实科学发展观，以昂扬饱满的精神、扎实奋进的作风，切实把环境保护作为转变经济发展方式的重要抓手，坚持不懈地履职尽责，开拓创新，为全面完成"十一五"环境保护规划目标任务，举力推进全州环境保护工作再上新台阶，进一步服务好全州经济社会又好又快发展做出更大的贡献。

二十三、云南省人民政府召开了九大高原湖泊水污染综合防治领导小组会议和 2010 年滇池治理工作会议（2010 年 3 月）

2010 年 3 月 24—25 日，云南省人民政府在昆明召开了云南省九大高原湖泊水污染综合防治领导小组会议和 2010 年滇池治理工作会议。会议要求：九大高原湖泊治理要切实加强组织领导，确保九大高原湖泊治理各项工作措施的落实，各有关部门要加强配合，对涉及九大高原湖泊治理项目的立项审批、用地审批、环境影响评价审批、水土保持审批、竣工验收等都要特事特办；各级各部门的领导干部和生产经营单位的负责人要认真履行好"一岗双责"，切实承担起湖泊水污染防治的责任，要严格考核，并将考核结果作为对 5 州市领导班子和领导干部综合考核评价和云南省今后流域生态补偿奖惩机制的重要依据；要创新思路，积极探索切实可行的资本运作模式，增加湖泊治理的投入；要努力提高湖泊治理的科技支撑能力，全面开展九大高原湖泊流域入湖污染总量控制研究，启动九大高原湖泊产业结构调整及水环境保护规划研究，推进九大高原湖泊流域产业结构调整，优化城乡社会发展；为加强对九大高原湖泊治理工作的指导、检查和监督，推进云南省委、云南省人民政府重大决策事项的落实，云南省人民政府专门成立了九大高原湖泊水污染综合防治督导组，并在会上向督导组成员颁发了聘书；要立足长远，及早谋划，抓紧开展九大高原湖泊治理"十二五"规划编制工作，确保下一步更加科学有效地推进治理工作。

二十四、大理白族自治州召开 2010 年主要污染物总量减排监察工作会议（2010 年 4 月）

2010 年 4 月 12 日，大理白族自治州环境监察支队在下关组织召开全州 2010 年主要污染物总量减排监察工作会议。全州 12 县（市）环境监察机构负责人及负责主要污染物总量减排监察工作人员共计 54 人参加会议。会议根据《云南省环境保护厅关于印发〈云南省 2010 年主要污染物总量减排监察方案〉的通知》的精神要求，紧紧结合全州实际情况，对全州 2009 年减排监察工作进行总结，安排部署全州 2010 年度减排监察工作。

会上，杨宗礼支队长对全州 2009 年减排监察工作中存在的问题进行分析总结，提出今后应规范的措施，并对 2010 年全州减排监察工作进行了要求。季光明副支队长传达了云南省 2010 年主要污染物总量减排监察方案要求，通报了全州 2009 年度国控省控企业、省级减排项目监察情况，并提出 2010 年度全州国控省控企业的监察重点及省级减排项目的监察重点及要求，明确了监察内容、重点、频次及报送要求。同时，全州环境监察系统参会人员进行了交流座谈。

二十五、2010 年洱海保护治理领导组会议召开（2010 年 5 月）

2010 年 5 月 7 日，大理白族自治州委、州人民政府召开 2010 年洱海保护治理领导组会议。会议的主题是全面贯彻落实 2010 年 3 月云南省九大高原湖泊领导小组第七次会议和 4 月云南省九大高原湖泊督导组反馈意见精神，总结分析一年来洱海保护治理工作。

大理白族自治州委副书记何金平指出，多年来，州委、州人民政府深入贯彻落实大理滇西中心城市建设战略构想，紧紧围绕洱海保护治理目标，统一思想，千方百计增加投入，想方设法推进洱海保护治理各项工作，使洱海水质连续 6 年总体保持在Ⅲ类，每年有 3 个月达到Ⅱ类，2010 年前 4 个月达到Ⅱ类。2010 年 4 月 20—21 日，云南省九大高原湖泊督导组一行到大理白族自治州检查指导洱海保护治理工作，对洱海保护治理取得的成绩给予充分肯定，并提出了明确要求。

何金平要求，2010 年是完成与云南省人民政府签订的云南省九大高原湖泊水污染综合防治目标责任书，以及实现洱海流域水污染综合防治"十一五"规划的最后一年，也是为启动"十二五"规划奠定坚实基础的关键之年，要严格对照"十一五"规划中各项目标任务及完成时限要求，掀起项目实施高潮，确保各项目任务全面完成。要在推进项目建设上狠下功夫，主要领导要亲自抓，要建立健全领导分包责任制，千方百计完成"十一五"规划项目，确保项目早建成、早运行、早见效；坚定不移地实施好截污、治污和控污工程，加大生态修复、治理力度，严格规划、完善配套，努力推进人口和产业聚集发展，使聚集区成为集经济效益、社会效益、生态效益为一体的典范；对农业和农村面源污染的治理，重点要做好"控、调、压、减"工作，争取在 2015 年前在洱海流域推广应用测土配方、平衡施肥技术的农田面积达到 90%以上，化肥、农药施用量减少 25%以上①。

---

① 大理白族自治州环境保护局：《2010 年洱海保护治理领导组会议在关召开》，http://sthjt.yn.gov.cn/zwxx/xxyw/xxywzsdt/201005/t20100514_28891.html（2010-05-14）。

二十六、云南省环境监察工作会在玉溪召开（2010 年 5 月）

2010 年 5 月 25 日，云南省环境监察工作会在玉溪市汇龙生态园召开。

云南省环境保护厅杨志强副厅长，省环境保护厅总量处、信息中心、规财处、污防处、法规处、湖泊处、监测处、监测中心站、环境影响评价处和办公室负责人，省环境监察总队领导及有关科室负责人，各州市环境保护局分管环境监察工作的副局长、环境监察支队支队长，有关县区环境保护局分管环境监察工作的副局长及相关科室负责人等共 130 余人参加会议。会议由省环境监察总队黄杰总队长主持。

云南省环境保护厅杨志强副厅长在会上做了工作报告。杨副厅长充分肯定了 2009 年云南省环境监察工作所取得的进步，云南省环境监察战线上的广大干部职工克服困难，以高度的政治责任感，切实履行职责，在一系列复杂棘手事件和环境保护重点工作中发挥了重要作用，环境执法工作取得了积极的成效。

杨副厅长强调，云南省环境监察部门必须全面、清楚地认识到群众日益高涨的环境保护要求与执法能力之间的矛盾，增强忧患意识，抓住当前环境保护事业发展的大好机遇：一是要加大减排项目监察力度，确保"十一五"总量减排任务完成；二是要加大重点地区、重点流域及重金属污染环境监察；三是要继续开展环境保护专项行动，有效解决突出环境问题；四是要规范征收，确保完成今年排污费征收任务；五是要保持高度警觉，积极应对突发环境事件；六是要完善制度建设，强化工作措施；七是要加强队伍能力建设，切实提高履职能力，推动云南省环境执法工作实现跨越式发展。

杨副厅长号召，云南省广大环境执法战线的干部职工一定要认清形势，抓住机遇，乘势而上，树立新作风，创造新成绩，不断提高环境执法监管能力，以更加饱满的工作热情和不懈的创新精神，迎接挑战，攻坚克难，为全面实现云南省"十一五"环境保护目标做出应有的贡献[①]。

二十七、云南省九大高原湖泊水污染综合防治领导小组办公室组织召开九大高原湖泊水污染综合防治 2010 年度第二次调度会议（2010 年 7 月）

为切实加强九大高原湖泊水污染综合防治工作，全面推进九大高原湖泊"十一五"

---

① 玉溪市环境保护局：《云南省环境监察工作会在玉溪召开》，http://sthjt.yn.gov.cn/zwxx/xxyw/xxywrdjj/201005/t20100527_7762.html（2010-05-27）。

规划项目的实施，进一步做好九大高原湖泊流域水质监测及信息分析工作，云南省九大高原湖泊水污染综合防治领导小组办公室 2010 年 7 月 15 日在昆明组织召开了九大高原湖泊水污染综合防治 2010 年度第二次调度会议。五州（市）环境保护局、发展和改革委员会、省财政厅、省国土资源厅、省科学技术厅、省住房和城乡建设厅、省农业厅、省林业厅、省水利厅等有关负责同志参加会议。会议听取了五州（市）环境保护局对九大高原湖泊"十一五"规划项目、"十一五"规划外重点项目、九大高原湖泊专项资金及国家资金支持项目的进展情况，以及 2010 年上半年九大高原湖泊水质监测情况的汇报，对存在问题及原因进行分析，并对下一步工作进行安排部署。据调度统计，九大高原湖泊水污染防治"十一五"规划项目共 212 项，截至 2010 年 6 月底，已完工 111 项，调试 8 项，在建 82 项，开工率为 94.81%，完工率为 52.36%；累计完成投资 99.36 亿元（其中滇池 78.94 亿元，其他 8 湖 20.42 亿元），占规划总投资 118.37 亿元的 83.94%。九大高原湖泊水质情况为抚仙湖 I 类、泸沽湖 I 类、程海Ⅲ类，达到水环境功能要求。滇池劣 V 类、洱海Ⅲ类、星云湖劣 V 类、杞麓湖劣 V 类、异龙湖劣 V 类、阳宗海Ⅲ类，未达到水环境功能要求。

会议强调，各地要全面推行环境保护"一岗双责"制度，促进九大高原湖泊治理工作落实；加快九大高原湖泊治理项目的建设进度，全面完成九大高原湖泊治理"十一五"规划任务；加强污染源的监管，大幅度削减入湖污染物总量；加强领导，认真组织开展九大高原湖泊治理"十一五"规划实施情况考核；加强九大高原湖泊流域水质监测及信息分析工作，为规划编制和行政决策提供依据。

二十八、云南省科学技术厅主持召开九大高原湖泊水污染综合防治科技责任项目推进协调会（2010 年 7 月）

按照《云南省九大高原湖泊水污染综合防治目标责任书（2006—2010 年）》和《云南省人民政府办公厅关于印发滇池流域水污染防治规划（2006—2010 年）责任分工和任务分解方案的通知》的要求，为加强对项目的管理，督促已执行项目切实完成任务、提升创新能力并获得预期绩效，确保九大高原湖泊"十一五"期末考核工作顺利完成，云南省科学技术厅于 2010 年 7 月 28 日主持召开了九大高原湖泊水污染综合防治科技责任项目推进协调会。会议听取了九大高原湖泊目标责任书、滇池"十一五"规划分工给云南省科学技术厅的所有 8 个责任项目的执行情况汇报，对各项目存在的重大问题进行了现场协调、指导，对所有项目下一步的验收工作进行了部署并提出了要求。会议要求在 2010 年 11 月前完成所有项目的验收工作。

二十九、石屏县召开异龙湖水污染综合防治工作推进会（2010年8月）

为认真贯彻落实云南省九大高原湖泊督导组督察异龙湖水污染综合防治工作会议精神以及省、州领导的指示精神，2010年8月6日，石屏县召开了异龙湖水污染综合防治工作推进会，县四套班子正副职领导及异龙湖水污染综合防治工作领导小组主要领导参加了会议。

会议在听取异龙湖水污染综合防治工作进展情况及存在的问题和困难的基础上，就如何快速有效推进异龙湖综合治理各项工作进行了认真分析和研究，并提出了意见和建议：一是要充分认识到异龙湖水污染防治工作的重要性，采取各种有效措施迅速推进异龙湖水污染综合防治各项工作，确保异龙湖"十一五"规划项目及省州县确定的重点项目按时完成；二是已完工但未验收的8个"十一五"规划项目必须在2010年8月底以前完成并通过验收，对于在建的4个项目和其他重点项目，要认真分析存在的问题，找准原因，加快推进，确保完成；三是加强对各项目资金的规范管理和统一安排。同时，会上成立了以县人大常委会主任为组长，以县委常委、县委办主任为副组长的异龙湖水污染综合防治工作督查组，加强对异龙湖水污染综合防治各项工程的督促检查。会后及时下发了相关文件，进一步明确异龙湖水污染防治责任领导、责任部门及责任人。

三十、云南省人民政府程海水污染防治会议圆满召开（2010年8月）

2010年8月21日，云南省人民政府在丽江永胜召开程海水污染防治现场办公会议。会议强调，要抓住当前程海水质仍然较好、治理保护代价相对较小的关键时刻，以更大的决心、更强的力度、更扎实的作风推动程海综合防治、科学防治、有效防治，争取用3—5年时间，使程海水质稳定达到Ⅱ类标准，让程海这湖清水更清，让程海这张名片更亮，让程海这片宝地更富。

云南省主要领导出席了"程海流域农村环境综合治理启动仪式"和"绿A生物产业园区废水物质循环使用启动仪式"，听取了丽江市程海水污染防治情况汇报。云南省委、云南省人民政府对九大高原湖泊治理倾注了大量心血，也牵扯了各级政府和部门的大量精力。特别是丽江市、永胜县高度重视程海的治理保护，认真落实程海水污染防治规划，加强组织领导，完善体制机制，加大资金投入，工作取得明显成效。

三十一、2010年西南地区主要污染物总量减排工作座谈会在大理召开（2010年9月）

2010年9月15—16日，环境保护部西南督查中心在云南省大理白族自治州组织召开了"2010年西南地区主要污染物总量减排工作座谈会"。云、贵、川、藏、渝的环境保护厅（局）和部分市（州）、县环境保护局领导共70余名代表参加了会议，会议由环境保护部西南督查中心副主任杨为民主持。

会上，许映苏副州长代表大理白族自治州人民政府向大会致辞，西南五省（区、市）环境保护厅（局）领导就本地主要污染物总量减排控制工作情况做了交流发言，环境保护部西南督查中心分别与五省（区、市）参会代表进行了交流座谈。会议结束前，环境保护部西南督查中心郭伊均副主任就努力完成"十一五"减排目标任务做了重要讲话。

会议指出，西南各级政府进一步转变观念，逐渐变被动减排为主动减排，有力地推动了减排工作的深入开展。各级环境保护部门紧紧围绕污染减排这项中心工作，顶住了经济发展与污染减排的双重压力，大胆创新，迎难而上，做了大量艰苦细致的工作，减排工作取得了明显成效，西南地区环境质量总体趋于改善。同时，也清醒地看到，西南地区经济回升较快，污染物新增排放量不断增大，且相继出现的特大干旱、洪涝泥石流等自然灾害给减排工作带来不利影响，当前减排工作仍不容松懈。

会议要求，要采取强有力措施严控"两高"行业过快增长，最大限度降低污染物新增排放量；要继续加快污水处理厂建设，保证已建成污水处理厂正常运行；要加强监控，全力确保污染减排治理设施正常运行；要认真盘点"十一五"减排目标，确保全面完成责任书确定的任务；要认真核准核实2010年污染源普查动态更新调查数据，转移工作重点，突出结构减排，切实将"十二五"减排规划编制工作做深做细。各地区、各级环境保护部门要认真贯彻落实中央决策部署，进一步统一思想，确保"十一五"污染减排目标实现[①]。

三十二、环境保护部农村面源污染防治技术交流会在大理召开（2010年12月）

2010年12月1—3日，环境保护部在大理召开了农村面源污染防治技术交流会，深

---

① 大理白族自治州环境保护局：《2010年西南地区主要污染物总量减排工作座谈会在大理召开》，http://sthjt.yn.gov.cn/zwxx/xxyw/xxywrdjj/201009/t20100917_8076.html（2010-09-17）。

入贯彻十七届五中全会精神，分析研究农村面源污染防治面临的形势，进一步加强农村面源污染防治工作，为谋划好"十二五"环境保护工作，实现污染减排目标，探索环境保护新道路提供强有力的技术支撑。

环境保护部副部长吴晓青作重要讲话，高度肯定了大理白族自治州农村面源污染防治工作取得的成绩。吴晓青指出，我国农村环境基础设施建设相对比较滞后，农村面源污染防治的科研投入相对不足，实用、简单、高效、低成本的治理技术储备不够，全面系统的科技标准支撑体系尚未健全，农村面源污染防治的技术人才十分匮乏。

吴晓青强调，"十二五"期间要把农业减排作为实现减排目标的一个主攻方向，按照李克强副总理提出的"代价小、效益好、排放低、可持续"的要求，积极开展农业面源污染减排技术攻关，大力发展生态循环农业，为实现"十二五"主要污染物减排目标提供技术支撑。

吴晓青要求，各地要按照五中全会要求和部党组的统一部署，认真研究农村面源污染防治的科技需求，突出重点，抓住要害，把农村面源污染防治科技支撑作为重要内容纳入相关规划；着力构建以政策、标准、工程示范、成果推广等为主要内容的科技标准支撑体系；广大环境保护科技工作者既要百家争鸣、百花齐放，又要本着因地制宜、经济适用、简便易行的原则，开拓创新，着力构建完善的科技标准支撑体系，为探索环境保护新道路，建设社会主义新农村，全面实现小康社会的宏伟目标而努力奋斗！①

三十三、云南省人民政府召开杞麓湖水污染综合防治现场办公会（2010 年 12 月）

2010 年 12 月 3 日，云南省人民政府在玉溪市通海县召开杞麓湖水污染综合防治现场办公会，专题研究部署杞麓湖治理保护工作。会议要求杞麓湖治理要按照"12345"的工作思路来推进。通过实施好"5 大工程"，突出 5 个方面的治理重点：一是实施面源污染整治工程，减轻农业农村面源污染；二是实施点源污染控制工程，推动流域产业结构调整；三是实施污水拦截和环湖公路工程，截断入湖污染来源；四是实施生态修复工程，增强湖泊水体自我修复功能；五是实施补水和调蓄水工程，突破生态用水不足制约。到 2015 年使杞麓湖水质达到Ⅳ类水质标准。会议决定，2010—2012 年云南省人民政府安排 5000 万元专项资金用于杞麓湖水污染防治工作，各部门表态支持的资金，要在 2011 年 6 月底前完成项目审批程序，3 年内实现资金全部到位；现场办公会确定的项

① 大理白族自治州环境保护局：《国家环保部农村面源污染防治技术交流会在大理召开》，http://sthjt.yn.gov.cn/zwxx/xxyw/xxywrdjj/201012/t20101206_8229.html（2010-12-06）。

目必须在2012年底前完成。玉溪市、通海县要加快推进项目前期工作，确保市县两级配套资金足额到位。云南省九大高原湖泊督导组和云南省人民政府督查室要监督、指导玉溪市做好杞麓湖水污染防治工作，加大督促检查力度，推进杞麓湖水污染防治工作。

三十四、国家水专项管理办公室召开昆明水专项管理工作座谈会（2010年12月）

2010年12月6日上午，国家水专项管理办公室在昆明组织召开水专项实施管理工作座谈会，环境保护部副部长、国家水专项第一行政负责人吴晓青和云南省副省长和段琪出席会议并讲话，会议由环境保护部科技标准司司长、水专项管理办公室主任赵英民主持。会上，国家水专项湖泊主题组组长金相灿研究员介绍了水专项滇池项目、洱海项目"十二五"顶层设计的技术路线、研究内容等；昆明市副市长王道兴、大理白族自治州副州长许映苏就滇池、洱海保护治理情况进行了汇报。随后，和段琪副省长就水专项云南项目的实施成效、"十二五"工作思路及有关意见建议做了发言，吴晓青副部长做了重要讲话。

吴晓青副部长指出，一直以来，党中央、国务院领导高度重视滇池水污染治理工作，云南省委、云南省人民政府认真贯彻落实中央领导指示精神，把滇池、洱海治理作为事关云南发展全局的大事来抓，以前所未有的重视程度和工作力度，完善治理思路，强化治理措施，将水专项云南项目的实施作为水环境综合治理的重要科技支撑。在"十二五"水专项工作中：一是"十二五"水专项必须与滇池、洱海重大治污工程紧密结合，切实发挥科技支撑作用；二是要突出抓亮点、抓核心成果产出，实现流域水质根本性好转，形成水专项重大标志性成果；三是创新体制机制，发挥好地方政府的作用。

座谈会结束后，赵英民司长带领国家水专项管理办公室的有关同志实地考察了新运粮河河道整治工程和昆明市第四污水处理厂。

第三节　环境保护合作

一、中英合作云南环境发展与扶贫项目正式启动（2004年4月）

2004年4月6日上午，中英合作云南环境发展与扶贫项目在昆明举行了启动仪式，标志着为期四年的项目正式执行。

中英合作云南环境发展与扶贫项目，是由英国国际发展部无偿援助云南省的一个旨在促进环境可持续发展、消除贫困的项目，总援助金额为 676.6 万英镑。项目的总体目标是实现云南省环境可持续发展；具体目标是提高云南省人民政府制定和实施参与性的、有助于解决贫困问题的环境可持续发展项目的能力。

在启动仪式上陈勋儒副省长与英国驻华大使馆发展合作处主任夏菲女士分别代表中英双方政府发表了致辞，陈勋儒代表云南省人民政府感谢英国政府对云南环境发展与扶贫项目的关心，感谢英国国际发展部的官员和咨询公司的专家多次到云南实地考察，帮助编制项目文件。云南省人民政府非常重视该项目的实施，专门成立了项目领导小组。相信在英国国际发展部援助下，云南省实施可持续发展扶贫项目的能力将不断提高[1]。

二、德国专家亨立先生到富宁县木央乡木香村小组考察生态村建设（2004 年 8 月）

2004 年 8 月 24 日，云南省环境保护局外经处德国专家亨立先生一行到富宁县木央乡木香村小组考察民族风情和生态示范村建设情况。在实地考察和听取汇报后，亨立先生表示，在接到《木央乡木香村小组扶贫规划建设项目建议书》之后就开始积极寻求投资伙伴，现决定与荷兰大使馆联系争取投资，目前投资项目已确定。亨立先生还对该项目提出了以下意见：一是补充少数民族传统文化知识方面的内容和村规民约中有关生态环境保护内容，制作成小册子，并将此方面的内容放在项目建议书的第一部分；二是建沼气池；三是建饮水池；四是实施退耕还林。此工作计划投资 12.5 万元。亨立先生希望此次合作能成功，并把木香村小组建设成为最好的生态示范村[2]。

三、英国国际发展部总司长马肃一行到保山市考察中英发展合作项目（2004 年 10 月）

2004 年 10 月 28 日，英国国际发展部总司长马肃先生一行飞抵保山，对中英合作云南环境发展与扶贫项目进行考察，随行的英方人员有英国国际发展部驻华代表处主任 Adrian Davis，英国国际发展部官员、项目负责人 Matthew Perkins、英国国际发展部驻

---

① 云南省环境保护厅：《中、英合作云南环境发展与扶贫项目正式启动》，http://sthjt.yn.gov.cn/dwhz/dwhzgjjlhz/200408/t20040802_12596.html（2004-08-02）。

② 云南省环境保护厅：《德国专家亨立先生到富宁县木央乡木香村小组考察生态村建设》，http://sthjt.yn.gov.cn/dwhz/dwhzgjjlhz/200409/t20040929_12605.html（2004-09-29）。

华代表处主任秘书高萍等，中方人员有商务部副处长吕宙翔，云南省商务厅副处长刘杰，云南省环境保护局对外交流合作处处长、中方项目经理杨为民等。

中英合作云南环境发展与扶贫项目是由英国国际发展部无偿援助云南省的一个旨在促进环境可持续发展、消除贫困的项目。保山市昌宁县漭水镇翠华村是云南环境发展与扶贫项目三个首次示范点之一，示范主题是"山地农业与可持续生计""村级扶贫与环境挑战""自然资源管理与社区发展"，示范活动于2004年3月正式启动。

10月29日，考察人员一行从保山市乘车直达昌宁县漭水镇翠华村。上午，在翠华村村委会听取了昌宁县扶贫开发办公室主任、云南环境发展与扶贫项目办公室主任杨德对示范工程项目实施情况的详细汇报后，马肃先生对当地政府所做的工作表示感谢，同时他希望示范项目早日取得成功，以使示范项目取得的经验在更大地区推广。昌宁县苏正平县长、张卫国副县长等领导及相关部门领导参加了汇报会，并回答了马肃先生一行的提问。汇报会结束后，马肃先生一行深入附近的几户沼气池建设示范户家中了解查看，并在村委会与当地群众进行座谈，马肃先生还通过翻译同几位80多岁的老大娘亲切交谈。午饭后，马肃先生一行又先后到山地上查看了生态茶园建设情况；到农户家查看了节能灶改造、优质水果栽培、生猪养殖、沼气池建造等情况，并了解农户生活水平状况；到翠华村完小查看了小学生的学习生活情况。通过考察，马肃先生一行对保山市昌宁县漭水镇翠华村示范工程的进展情况表示满意，同时希望在项目实施过程中注意总结经验，不断扩大项目，使示范工程圆满成功。

四、美国环境保护署的经济学家到云南省环境保护局作演讲（2005年4月）

2005年4月4日上午，美国环境保护署下设的国家环境经济学中心的经济学家安沃夫顿应邀到云南省环境保护局作题为"环境保护署的经济分析"的演讲。安沃夫顿同时也是国家环境经济学中心指定的开展自由贸易协定环境评审定量分析小组的成员，她目前主要从事污染的地理与社会经济分配，她的演讲分为环境保护署规则制定的结构、经济分析的类型、美国环境保护局的经济分析构成、效益—成本分析、损害作用法、估计成本、建立社会成本模型、公平性评估、环境法令允许的分析等几大部分。演讲进入提问部分后，来自不同单位的环境保护工作者纷纷就"排污许可证的市场交易"提问。安沃夫顿以美国经验为基础，解答了听众关于"排污许可证交易"这一新引进环境保护政策的一些疑问，但由于国情不同一些问题有待国内专家通过实践来解决[①]。

五、丽江市环境保护局和凉山彝族自治州环境保护局加强泸沽湖水污染防治工作（2007 年 3 月）

2007 年 3 月，在"云南四川环境保护协调委员会"第三次会议上签署了泸沽湖水污染防治工作备忘录。备忘录就 2007 年泸沽湖水污染综合防治共同推进以下工作：

一是继续完成《泸沽湖流域水污染防治规划（2006—2020 年）》申报工作，尽快争取国家环境保护总局批准实施。

二是积极推进污染治理。宁蒗彝族自治县泸沽湖污水、垃圾处理工程争取年内竣工，开展试运行；盐源县泸沽湖镇污水处理站争取年内竣工，垃圾处理二期工程争取得到上级支持，年内竣工。

三是共同推进协调制定《丽江市泸沽湖保护条例》，于 2007 年 8 月底前编制调研工作方案，并于 9 月开展前期调研工作。

四是积极开展"泸沽湖流域基础数据库"建设，实施陆地地形和水下地形测量。丽江市开展泸沽湖（云南部分）陆地地形测量，整理完善泸沽湖（云南部分）水下地形成果；凉山彝族自治州年内开展泸沽湖（四川部分）陆地地形、水下地形测量工作，争取尽早提交测量成果。

五是开展联合执法检查。云南省环境监察总队牵头制定对泸沽湖联合执法检查方案，2007 年 9 月进行联合环境执法检查。

六是加强泸沽湖流域生态环境保护。共同开展流域生态调查，推进泸沽湖生态承载能力和水生生态系统恢复重建研究，加强面山绿化和水土保持工作。

六、云南省举办首期"水污染连续自动监控设施运行管理培训班"（2008 年 11 月）

2008 年 11 月 2—11 日，云南省第一期"水污染连续自动监控设施运行管理培训班"在云南省环境保护产业协会职业技能培训中心举行。来自昆明城市污水处理运营公司等 8 家运营单位的一线现场管理和操作人员共 50 人参加了培训。授课老师既有来自取得环境保护部颁发的《环境污染治理设施运营人员培训教师资格证》的大学讲师、教授，又

[①]《美国环境保护署的经济学家到我局作演讲》，http://sthjt.yn.gov.cn/dwhz/dwhzgjjlhz/200508/t20050830_12613.html（2005-08-30）。

有来自生产第一线的高级工程师及专家。通过理论教学和现场实训，特别是到晋宁污水处理厂的现场参观实训，学员普遍感到不仅学到了在线监测运营管理知识、在线监测环境标准规范、在线监控管理要求，还增强了责任感、法律意识，对实际工作有很大的帮助。

七、中英合作——“云南排污许可证管理示范项目”在昆明正式启动（2009 年 10 月）

由英国环境、食品和农村事务部提供援助，英国环境署（英格兰和威尔士）和云南省环境保护厅共同实施的中英合作“云南排污许可证管理示范项目”于 2009 年 10 月 12 日在昆明正式启动，该项目是环境保护部在云南开展的排污许可证管理示范项目。英国环境署环境和商业部主任特瑞沙·海顿女士、云南省环境保护厅副厅长左伯俊、环境保护部总量司副处长张震宇出席了会议，并在会上做了发言。同时英国环境署排污许可证管理专家、四川省和贵州省环境保护厅、广西壮族自治区环境保护局、云南省工业和信息化委员会、昆明市环境保护局、云南省环境科学学会等代表，以及项目示范企业的主管和环境保护负责人参加了会议。

“云南排污许可证管理示范项目”旨在通过学习借鉴英国现行的环境管理工具——排污许可证的管理经验，结合我国即将出台的《排污许可证管理条例》，进一步完善云南省的排污许可证及许可证的管理，使之成为一个高效的、强有力的环境管理工具，并逐步建立以排污许可证为中心（包括排污收费、监测和监察）的环境执法系统。

项目将通过借鉴英国排污许可证管理制度的经验，结合云南省的实际情况，提出一套新的排污许可证管理手册（包括排污许可证、申请指南、技术指南和使用手册），并在火电、钢铁和水泥行业开展示范和测试（许可证申请、审核、发证、监察等），建立一个系统、实用、高效的排污许可证管理机制。通过项目的实施，提高云南省环境保护系统的相关管理和技术人员与企业管理人员的环境管理能力，积极推广云南省开展排污许可证示范所取得的成果和经验，为我国其他省市排污许可证制度提供可借鉴的案例，为进一步推进和完善排污许可证制度提供了宝贵的经验。

八、丽江市人民政府考察团到洱源考察洱海保护治理工作（2010 年 4 月）

2010 年 4 月 2 日，丽江市人民政府考察团一行 30 余人在市长和良辉的率领下对洱源县洱海治理与保护工作进行考察。

在副州长许映苏、洱源县委书记许云川、洱源县副县长马利生等领导陪同下考察团一行先后来到右所镇西湖村，右所镇三枚村，三营镇三营村、郑家庄村，茈碧湖镇下龙门村、海口村等地，对西湖湿地生态恢复建设情况、永安江河道综合治理情况、村落污水处理系统建设情况、农村环境综合治理情况及农村垃圾焚烧设施建设情况进行考察。

在认真考察和听取情况介绍后，丽江市市长和良辉说，多年来，洱源县在州委、州政府的正确领导下，洱海源头保护治理工作做到了各级领导重视、思想统一、步调一致、责任明确、措施具体，经过不懈努力，洱海治理与保护工作成效明显。洱海治理与保护的经验成为全国的典型，成为云南省治理湖泊的标兵，当之无愧，希望丽江市各相关部门认真总结、学习和借鉴，为建设生态文明社会共同努力。

九、中国国际绿色低碳技术高峰论坛在大理举行(2010 年 4 月)

为呼吁全社会共同关注环境保护、全民提倡低碳生活，联合全球企业为构建节约型社会贡献力量，同时为中外企业绿色低碳技术产业发展构筑对话平台，宣传中国政府和企业在"低碳发展"问题上的立场，由华彬集团和中国国际商会主办的 2010 中国（大理）国际绿色低碳技术高峰论坛于 2010 年 4 月 3 日在云南大理白族自治州如期举行，论坛通过这个国际交流平台，形成全球低碳技术研究、低碳产品开发、低碳技术产业化水平发展的产业联盟总动员。

开幕式上，云南省副省长顾朝曦、大理白族自治州委书记刘明、中国国际商会副会长张伟博士，以及华彬集团董事长严彬博士分别致开幕词。他们希望通过此次低碳经济高峰论坛，共同面对挑战与压力，研讨如何通过产业结构调整，大力发展现代服务业和先进制造业，优化能源结构，大力发展低碳经济，坚持科技引领节能减排等措施来努力实现低碳发展，建设低碳城市与和谐宜居人居环境，开展实现低碳发展的实践和示范，以节约能源、优化能源结构、加强生态保护和建设为重点，以科技进步为支撑，来努力控制和减缓温室气体排放，以不断提高适应气候变化能力，增强可持续发展能力，促进经济与人口、资源、环境的协调发展。同时刘明书记还希望通过此次论坛宣传云南大理在低碳建设方面的国内外竞争力和影响力，充分展示"风花雪月"之城的美好韵味和风采。

论坛上，全国政协副主席白立忱、大理白族自治州委书记刘明、大理白族自治州委副书记、中国国际商会副会长张伟博士等，以及来自各行各业的机构负责人、企业领导者、专家、学术领袖等纷纷发表演说，内容包括气候变化的挑战与低碳经济发展趋势；中国发展低碳经济的政策展望；加强环境保护领域合作，提升低碳竞争力；低碳经济对中国企业带来的机遇与挑战；低碳经济与人居环境建设；后危机时代中国经济展望；碳减排机制对全球经贸格局的影响等方面进行了激烈的讨论。最后大会发布了《大理低碳宣言》，宣言鼓励中国企业及公民团结起来"发展绿色经济，倡导低碳生活，共赢绿色未来"①。

十、新西兰环境部副国务秘书盖·比特森及环境保护部国际司徐庆华司长一行到昆明参观考察（2010 年 12 月）

应环境保护部邀请，新西兰环境部副国务秘书盖·比特森先生一行来中国出席中新环境合作第二次协调会，借此机会于 2010 年 12 月 8—11 日到昆明参加生物多样性技术研讨会。在昆明期间，环境保护部国际司司长徐庆华陪同盖·比特森先生一行考察了中国科学院昆明植物研究所和滇池污染治理情况，云南省环境保护厅厅长王建华会见了代表团一行②。

第四节 环 境 法 规

一、云南省环境保护局及时印发《关于报送 2006 年整治违法排污企业保障群众健康环境保护专项行动有关信息的通知》及《饮用水源保护专项执法检查工作方案》（2006 年 6 月）

2006 年 6 月 26 日，云南省环境保护局及时将国家环境保护总局《关于报送 2006 年整治违法排污企业保障群众健康环境保护专项行动有关信息的通知》和《饮用水源保护专项执法检查工作方案》转发给了各州、市环境保护局，要求各地遵照执行，文件规定了省专项行动领导小组报送报表及各项工作总结的时限和要求，即 2006 年 7 月 25 日前

---

① 大理白族自治州环境保护局：《中国国际绿色低碳技术高峰论坛在大理举行》，http://sthjt.yn.gov.cn/zwxx/xxyw/xxywrdjj/201004/t20100409_7640.html（2010-04-09）。

② 云南省环境保护厅外经处：《新西兰环境部副国务秘书盖·比特森及环保部国际司徐庆华司长一行到昆明参观考察》，http://sthjt.yn.gov.cn/zwxx/xxyw/xxywrdjj/201012/t20101213_8252.html（2010-12-23）。

报送《饮用水源保护专项执法检查工作进展情况》和《挂牌督办环境问题基本情况明细表》；8 月 25 日前报送《饮用水源保护专项执法检查情况统计表》和《工业园区检查情况表》；9 月 25 日前报送《影响饮用水水源地水质的污染企业查处情况表》和《建设项目违法建设生产明细表》；10 月 10 日前报送《饮用水源保护专项执法检查情况总结报告》及附件二、三的汇总表；11 月 10 日前以正式文件方式报送《2006 年环境保护专项行动工作总结》。要求以上报表报送通过 12369 网站"环境监察专用信息管理系统"报送省环境监察总队。

二、保山市腾冲县制订方案加强农村环境保护工作（2007 年 9 月）

为认真贯彻落实国家环境保护总局《关于加强农村环境保护工作的意见》（环发〔2007〕77 号）文件精神，结合腾冲县新农村建设及"七彩云南腾冲保护行动"，进一步提高农民环境保护意识，改善农村环境现状，腾冲县人民政府出台了《腾冲县关于加强农村环境保护工作的实施方案》。

方案针对全县农村环境现状，结合国家环境保护总局《关于加强农村环境保护工作的意见》，提出八条具体要求：一是加强农村环境保护组织领导和队伍建设；二是建立农村环境保护责任制；三是加大农村环境保护宣传力度、提高农民环境保护意识；四是改善农村饮用水水源地环境，确保农村饮用水安全；五是加大农村生活污染和工业污染治理力度；六是控制农村面源和畜禽养殖污染；七是加强农村自然生态保护；八是加强乡镇卫生院和村级卫生所的医疗废物监管[①]。

三、云南及时制定印发《云南省 2008 年整治违法排污企业保障群众健康环境保护专项行动实施方案》（2008 年 7 月）

为贯彻落实《国务院关于落实科学发展观加强环境保护的决定》，确保云南省环境保护"十一五"规划和节能减排工作目标任务顺利完成，根据环境保护部等八部门联合印发的《关于继续深入开展整治违法排污企业保障群众健康环境保护专项行动的通知》要求，省环境保护局、发展和改革委员会等九部门于 2008 年 7 月 15 日，联合制定并向云南省印发了《云南省 2008 年整治违法排污企业保障群众健康环境保护专项行

---

① 保山市环境保护局：《保山市腾冲县制定方案加强农村环境保护工作》，http://sthjt.yn.gov.cn/trgl/ncsthj/200709/t20070927_11141.html（2007-09-27）。

动实施方案》。

该实施方案结合云南省开展环境保护专项行动工作实际，明确环境保护专项行动后督察、污染减排和重点湖泊流域污染集中整治为云南省 2008 年专项行动整治的三项重点任务，将七个事项列为省级挂牌督办任务。并对 2008 年环境保护专项行动进行了统一部署：一是 7 月为云南省动员阶段，各地要成立环境保护专项行动领导小组，并将领导小组成员名单和实施方案于 7 月 30 日前报送省环境保护专项行动领导小组办公室；二是 8 月、9 月为集中检查和整治阶段，对县级以上地表水饮用水水源地、污水处理厂和垃圾填埋场、滇池和洱海等九大高原湖泊流域存在的环境问题进行集中整治，并分别于 8 月 15 日、9 月 15 日、9 月 30 日前将整治情况报送省环境保护专项行动领导小组办公室；三是 10 月为环境保护专项行动工作总结阶段，各地环境保护专项行动领导小组于 10 月 30 日前向省环境保护专项行动领导小组办公室报送《2008 年环境保护专项行动工作总结》。

四、云南省环境保护局对云南省环境安全隐患开展百日督查专项行动检查（2008 年 8 月）

根据《国务院办公厅关于开展安全生产百日督查专项行动的通知》《关于印发 2008年环境安全隐患百日督查专项行动方案的通知》《云南省人民政府办公厅关于开展安全生产百日督查专项行动的实施意见》的部署和要求，云南省环境保护局及时印发《云南省 2008 年环境安全隐患百日督察专项行动方案》。并组织云南省积极开展环境安全隐患百日督查专项行动检查工作。截至 2008 年 7 月 31 日，云南省共出动环境执法人员17713 人次，检查企业 2793 家、饮用水水源地 225 个、尾矿库 1557 个。专项行动共排查出环境安全隐患 77 项，已整改的 69 项，正在整改的 8 项。通过整治，依法取缔、关闭企业 146 家，责令停止生产、限期治理 80 家，责令限期整改 43 家，对 94 家违法排污企业处以罚款 348.1 万元。云南省未发生重特大环境安全事故，确保了云南省环境安全。

五、云南省及时印发《云南省 2009 年整治违法排污企业保障群众健康环保专项行动实施方案》（2009 年 4 月）

2009 年，根据环境保护部等八部门联合印发的《关于 2009 年深入开展整治违法排污企业保障群众健康环保专项行动的通知》要求，继续在云南省组织开展整治违法排污企业保障群众健康环境保护专项行动。4月29日，省环境保护厅、发展和改革委员会、工业和信息化委员等在昆明召开了第一次联席会议，专题讨论并通过了《云南省2009年整治违法排污企业保障群众健康环保专项行动实施方案》。5月7日，印发了《云南省2009年整治违法排污企业保障群众健康环保专项行动实施方案》。

该方案明确了2009年云南省环境保护专项行动的工作重点。结合云南省实际，针对完成落实挂牌督办任务、"两高一资"、重点流域整治等突出问题，把六个典型违法问题的企业及重点整改项目实行省级挂牌督办，第一次把2008年未完成挂牌督办任务的企业实行企业限批。

第五节　环　境　监　管

一、云南省环境保护专项行动办公室对曲靖市整治违法排污企业环境保护专项行动进行检查（2004年6月）

2004年6月9—12日，云南省环境保护专项行动办公室成员、云南省环境监理所所长方雄等一行3人，对曲靖市环境保护专项行动进展情况进行了检查，检查组听取了曲靖市环境保护局的工作情况汇报，深入马龙、沾益、富源、陆良等地，先后到被取缔的土法炼焦、土法炼锌企业、筹建中的曲靖市危险废物处理中心、曲靖发电厂、陆良造纸厂和宜良县柴石滩水库等单位进行了检查。

检查组充分肯定了曲靖市在落实专项行动要求上所做的大量有成效的工作。同时要求曲靖市各级环境保护部门：一是要进一步提高认识，在以后专项行动各阶段的工作中，随着工作的深入，克服畏难情绪，结合当地实际和整治工作重点，认真抓好落实；二是要巩固取缔成果，加强监管，防止其死灰复燃，在国家、云南省未有明确的意见情况下，不得擅自同意替代工艺；三是围绕专项整治工作中确定的四个重点工作，继续抓紧抓好，抓出成效，对那些违反环境保护要求的建设项目和违反国家产业政策的项目，环境保护部门要加强监管，要顶住压力，有鲜明的态度和意见，防止监管不力；四是要按时上报各阶段的检查进展情况报告，对国家和云南省的各项要求要早布置、早安排，及时上报云南省环境保护专项行动领导小组。

二、云南省环境保护专项行动办公室对红河哈尼族彝族自治州进行环境保护专项整治行动现场检查（2004 年 6 月）

2004 年 6 月 7—12 日，云南省环境保护局污染控制处、云南省环境监理所、云南省环境监测中心站组成环境保护专项整治行动检查小组，深入红河哈尼族彝族自治州个旧、河口、金平、元阳、红河、石屏等县（市），对云南省确定的环境保护专项整治行动重点地区和部分排污企业进行了现场检查。

检查组重点检查了红河哈尼族彝族自治州个旧市沙甸冲坡哨地区治理整顿炼铅企业，贯彻落实国家环境保护总局《关于对云南省个旧市沙甸冲坡哨工业片区恢复生产意见的函》的情况。听取了个旧市环境保护局开展环境保护专项整治行动情况的汇报，并现场检查了冲坡哨地区治理整顿状况。检查组充分肯定了红河哈尼族彝族自治州、个旧市所做的大量扎实有效的工作和取得的阶段性成果。同时要求红河哈尼族彝族自治州、个旧市环境保护部门：一是要抓紧冲坡哨地区 21 家炼铅企业污染治理监测验收；二是要完善在线监控，做到省、州、市环境保护部门的联网；三是要进一步加强对该地区的环境监督管理，确保实现长期稳定达标排放，改善环境质量。

检查组还对元阳县糖厂、云南红河糖业有限责任公司、云南富屏糖业股份有限公司、石屏异龙水泥有限责任公司污染限期治理情况进行现场检查，未发现违法行为。以上 4 家排污单位均属云南省实施工业污染源全面达标排放重点考核企业，在 2004 年 12 月 30 日完成工业污染源的全面达标工作，检查组督促以上企业加快治理进度完善治理措施，确保按时完成达标工作。

三、云南省环境保护专项行动联合检查组对曲靖市整治违法排污企业环境保护专项行动进行检查（2004 年 7 月）

根据《云南省开展整治违法排污企业保障群众健康环境保护专项行动实施方案》和《云南省人民政府关于清理整顿炼焦企业（项目）的紧急通知》的有关要求，2004 年 7 月 19—22 日，由云南省环境保护局高正文副局长带队，云南省环境保护局、云南省司法厅、云南省安全监察局、云南省环境监理所、云南省环境监测站相关人员及中国环境报、云南电视台记者共 13 人组成环境保护专项行动联合检查组，对曲靖市环境保护专项整治行动情况进行检查。

检查组先后听取了曲靖市人民政府、富源县人民政府和宣威市人民政府开展环境保护专项行动工作的情况汇报，并深入富源县 2 个土法炼焦点和宣威 4 个乡镇 6 个土法炼锌取缔现场,对当地取缔土法炼焦、土法炼锌工作进行了检查,7月22日高正文副局长代表省联合检查组向曲靖市人民政府反馈了意见。

针对曲靖市开展专项整治工作中存在的问题,检查组提出了以下建议:一是进一步深化认识,统一思想;二是进一步加大宣传力度,增强威慑力;三是强化法制观念,严格依法办事;四是慎重决策,明确方向;五是转变观念,走新型工业化道路,要以清理整顿为契机,加快产业结构调整,提高科技含量,积极推广先进生产工艺,走资源浪费少、经济效应好、环境污染小、人力资源优势得到充分发挥的新型工业化道路,推进循环经济建设和可持续发展战略的实施;六是加大工作力度,确保环境保护专项整治各阶段工作的顺利完成。

四、云南省环境保护专项整治行动检查组检查红河哈尼族彝族自治州环境保护专项整治行动工作(2004 年 7 月)

根据《云南省开展整治违法排污企业保障群众健康环境保护专项行动实施方案》的要求,2004 年 7 月 13 日,云南省环境保护局、发展和改革委员会、监察厅、环境监理所、环境监测中心站等单位人员及云南人民广播电台、滇池晨报记者共 11 人组成云南省环境保护专项整治行动检查组,由云南省环境保护局党组成员、纪检组长李永清带队,对红河哈尼族彝族自治州开展整治违法排污企业、保障群众健康环境保护专项行动情况进行了检查。

检查组听取了红河哈尼族彝族自治州人民政府关于开展环境保护专项整治行动工作的情况汇报,现场检查了个旧市冲坡哨工业片区炼铅企业污染治理情况,并向红河哈尼族彝族自治州人民政府及有关部门领导反馈了意见。

检查组充分肯定了红河哈尼族彝族自治州环境保护专项整治行动取得的成绩,同时也指出了在检查冲坡哨工业片区污染治理情况时发现的问题:一是堆渣场建设不够规范,对地下水存在污染隐患,要完善渣场规范化建设;二是对废气的无组织排放还没有得到有效控制,需进一步采取有效措施。另外,对工业污染源全面达标排放工作需进一步加大力度、加快进度。针对存在的问题,检查组提出了以下三点意见:一是要进一步提高认识,做好环境保护专项整治行动工作;二是要认真解决损害群众切身利益的问题,切实抓出成效,加强对未达标企业的现场监督力度;三是要正确理解云南省委、云南省人民政府发展工业的决定,一定要走新型工业化道路,走可持续发展道路,大力推进清洁生产,推进循环经济。

五、云南省环境保护专项整治行动检查组检查文山壮族苗族自治州环境保护专项整治行动工作（2004 年 7 月）

根据《云南省开展整治违法排污企业保障群众健康环境保护专项行动实施方案》的要求，2004 年 7 月 14—15 日，云南省环境保护局、发展和改革委员会、监察厅、环境监理所、环境监测中心站等单位人员及云南人民广播电台、滇池晨报记者共 10 人组成省环境保护专项整治行动检查组，由省环境保护局党组成员、纪检组长李永清带队，对文山壮族苗族自治州环境保护专项整治行动情况进行了检查。

检查组听取了文山壮族苗族自治州人民政府关于开展环境保护专项整治行动工作的情况汇报，重点检查了文山壮族苗族自治州城镇饮用水源污染整治情况，现场察看了文山暮底河水库的建设进展情况，实地检查了文山县、麻栗坡县、西畴县、丘北县水厂水处理设施运转情况及出水水质状况，并检查这四个县水厂取水口水源地保护情况。李永清组长代表检查组向文山壮族苗族自治州人民政府及有关部门领导反馈了意见。

检查组在实地检查中发现了两个值得重视的问题：一是文山县、麻栗坡县、西畴县饮用水源取水点离县城较近，易受生活面源污染，导致水源污染物超标；二是对水源地污染的调查研究不够，水源污染的原因底数不清，分析不够，影响以后有针对性地采取措施，应尽快开展调研工作。针对存在的问题，检查组建议：一是要加大对文山壮族苗族自治州 20 家列为云南省达标排放重点考核企业的整治力度，已竣工未验收的要抓紧监测，组织验收，不达标的企业，要加强督促治理；二是要加强对饮用水源水质的监控，州环境监测站要定期监控，增加监测频次；三是要加强对水源地的监管，要控制面源污染问题，协调处理好文山暮底河水库建设中资金不到位和拖欠库区农民搬迁经费问题，及时清理水库库区的杂物，要加快西畴县城饮用水工程建设。

六、国家联合督查组检查云南省两个专项行动工作情况（2004 年 9 月）

为进一步做好 2004 年环境保护专项行动，加强督促检查，由国家环境保护总局环境应急与事故调查中心副主任熊耀辉为组长，国土资源部和国家安全生产监督管理局三个部门组成联合督查组，于 2004 年 9 月 14—21 日，对云南省贯彻落实"全国整治违法排污企业保障群众健康环境保护专项行动"和"矿山生态环境保护专项执法检查"的工作情况进行督查，督查组通过听取汇报、现场查看、查阅资料和随机暗查等形式，对昆明、玉溪、思茅、西双版纳傣族自治州四个州（市）的两个专项行动工作开展情况进行了认真细致的检查，并深入对玉溪抚仙湖湖滨带整治、峨山违法违规钢铁项目、西双版纳傣族自治州景洪市城市污水处理厂等进行实地检查，督查组同时对景洪市部分企业进行了突击暗查。督查组高度评价了云南省整治违法排污企业、保障群众健康环境保护专项行动开展情况及矿山生态保护专项执法检查工作情况，针对云南省两个专项行动中存在的问题提出了宝贵的意见和建议，并向云南省人民政府反馈了意见。对云南省进一步推进两个专项行动起到了很好的推动作用。

七、云南省环境保护局李现武局长就整治违法排污企业、保障群众健康环境保护专项行动工作到玉溪调研（2005 年 6 月）

2005 年 6 月 20 日，云南省环境保护局局长李现武一行到玉溪调研环境保护工作，并就 6 月 10 日国家 6 部委和云南省 7 部门召开两级电视电话会议精神的要求和落实情况进行全面调研。

玉溪市副市长陈志芬及市整治违法排污企业、保障群众健康环境保护专项行动领导小组全体成员参加会议，并就环境保护专项行动整治工作情况进行了全面汇报。在电视电话会议结束后，玉溪市人民政府结合实际情况制定了《玉溪市 2005 年整治违法排污企业保障群众健康环境保护专项行动实施方案》，调整充实领导小组成员和办公室人员，保障专项行动扎实开展，2005 年 5 月底前关闭和拆除 9 座炼铁高炉。在整治违法排污企业保障群众健康环境保护专项行动中，玉溪市列入了 2005 年环境保护专项整治挂牌督办单位，玉溪市委、市人民政府高度重视，明确提出要以这次环境保护专项整治为契机，全面整治污染排放不达标，环境保护设备设施运行不正常等问题，集中整治环境污染的突出问题，对多次整治，群众反映强烈，污染反弹的，特别是云南省人民政府明令的"四小"（小炼铁、小黄磷、小炼焦、小炼锌）企业，分清责任，分级立案，挂牌督办，依法严肃处理。

八、云南省环境监察总队对德宏傣族景颇族自治州饮用水水源地进行检查（2006 年 8 月）

根据国家环境保护总局关于下发《饮用水源保护专项执法检查工作方案》的通知精神，2006 年 8 月 17—18 日，由云南省环境监察总队总队长白云辉等人组成的检查组，一行3人对德宏傣族景颇族自治州就整治违法排污企业、保障群众健康环境保护专项行动期间，饮用水源保护专项执法工作的情况进行现场检查。

检查组在听取德宏傣族景颇族自治州环境保护局对饮用水源保护专项执法检查工作情况汇报的基础上，深入瑞丽市饮用水水源地——勐卯水库进行现场执法检查。检查组一致认为，德宏傣族景颇族自治州在开展饮用水源保护专项执法工作中，领导高度重视，有关部门配合密切，工作认真踏实，在有限的时间、资金和人员条件下，深入水源地开展工作，对水源地的情况调查和数据汇报齐全。在检查中，除瑞丽市勐卯水库因除险加固工程正在施工致使水库的水质不能达到饮用水质的Ⅱ类标准外（此水库为瑞丽市饮用水水源地备用水库，2006年并未作为城市饮用水），其他7个饮用水水源地的水质都能达到饮用水质的Ⅱ类标准，自来水厂水质均达标。

检查组在对德宏傣族景颇族自治州开展饮用水源保护专项执法工作的情况表示肯定的同时，也指出存在的问题：一是德宏傣族景颇族自治州的城市饮用水水源地没有设置专门机构进行管理，个别县（市）还未划定饮用水源保护区，缺乏必要的管理措施及资金；二是虽然水源及水源林周围都没有排污口向水源排污，但是水源地附近沿线有居民居住，农田种植，盗伐林木，采石的情况突出，水源地的森林植被破坏严重，面源污染比较重，因而水源水质时有超标。

检查组要求德宏傣族景颇族自治州要以此次对饮用水源保护专项执法检查工作为契机，加大环境保护的执法力度，加强对水源地的保护，确保社会稳定和群众的饮水安全，真正让人民群众喝上干净的水。

九、云南省环境保护局副局长杨志强到红河哈尼族彝族自治州调研环境监察工作（2008年11月）

2008年11月，云南省环境保护局副局长杨志强带队到红河哈尼族彝族自治州调研环境监察工作，陪同调研的有云南省环境保护局人事处张副处长、云南省环境监察总队白总队长和个旧市人民政府杨副市长等相关人员。

调研组通过查、看、听、问和座谈等方式，对红河哈尼族彝族自治州环境监察机构环境监察工作及存在的问题进行了详细的了解，听取了州、县（市）的建议和意见。杨副局长对红河哈尼族彝族自治州的环境监察工作给予了充分肯定，对红河哈尼族彝族自治州今后的环境监察工作提出了三点要求：一是红河哈尼族彝族自治州各级政府和各级环境保护局要高度重视环境监察工作，特别是环境监察机构人员增加人员编制方面的问题，在"十一五"期间全州环境监察机构从软件和硬件上要达到标准化建设的要求；二是认真剖析阳宗海污染事件并从中吸取教训、转变观念，更新工作思维，适应新时期环境监察工作要求；三是加强业务学习和培训，提高环境监察队伍的整体综合素质[①]。

十、云南强化九大高原湖泊流域环境执法监察（2009 年 5 月）

九大高原湖泊流域的环境执法是云南省环境执法监察部门的工作重点。为了确保九大高原湖泊水环境的安全，云南各级环境监察部门经常深入流域内城镇污水处理厂和国控、省控企业等开展现场监察。据统计，2006—2008 年，云南省环境保护部门组织昆明、玉溪、大理白族自治州等共出动 8361 人，对滇池、抚仙湖、洱海、阳宗海、异龙湖、杞麓湖、星云湖、泸沽湖、程海等九大高原湖泊流域内 26 家国控企业（含污水处理厂）、15 家省控企业、3 家其他企业、22 个责任书项目进行了现场监察，提高了污染防治设施正常运行效率，促进了流域治理。坚持每季度通过新闻网络定期向社会公布一次《九大高原湖泊流域环境监察报告》，接受社会监督。

为了进一步强化九大高原湖泊环境执法，加强重点区域流域环境整治，云南省环境保护厅要求，昆明、玉溪、大理、红河和丽江等五州（市）要进一步强化九大高原湖泊流域现场监察，按照县（市、区）级环境监察部门对九大高原湖泊每月监察不少于 1 次，州（市）级环境监察部门对滇池、抚仙湖、洱海每月监察 1 次，其余 6 湖每季度监察 1 次，对九大高原湖泊流域内 22 家城镇污水处理厂治理设施运转情况、44 家国控省控企业稳定达标排放情况进行现场监察，对责任书中 2009 年应完工的 7 个项目工程进度实施跟踪检查。涉及三峡库区上游、南盘江流域、红河流域等重点流域的 10 个州（市），按县（区、市）级环境监察部门每月监察不少于 1 次，州（市）级环境监察部门每季度监察 1 次，对重点流域的 38 家国控重点排污企业及省控企业进行现场监察，进一步加大执法力度，严肃查处环境违法行为。

十一、云南省环境保护厅厅长王建华到杞麓湖调研指导工作（2010 年 1 月）

2010 年 1 月 7 日，王建华厅长率云南省九大高原湖泊水污染综合防治领导小组办公室有关人员和云南省环境科学研究院专家到玉溪市通海县，专题调研杞麓湖综合治理情

---

① 红河哈尼族彝族自治州环境保护局：《省环保局副局长杨志强到红河州调研环境监察工作》，http://sthjt.yn.gov.cn/zwxx/xxyw/xxywrdjj/200811/t20081113_6208.html(2008-11-13)。

况。玉溪市环境保护局、通海县人民政府有关负责人陪同调研。

王建华厅长一行实地察看了杞麓湖红旗河污染现状、杞麓湖周边农田退水治理示范工程选址、沤肥池建设、者湾河末端治理工程建设情况，肯定了杞麓湖在综合治理上取得的成绩，共同研究杞麓湖的保护治理工作。

王厅长指出，杞麓湖治理虽然取得进展，但形势依然严峻，还存在着许多问题。主要入湖河流治理未取得实质性进展，入湖污染负荷未得到削减，主城排水管网建设有一定难度，沿湖村落环境综合整治尚未全面建设，杞麓湖"十一五"规划 15 个项目中还有 1 个项目尚未启动，这些问题都需要在 2010 年的工作中抓紧解决。

王厅长强调，要坚定杞麓湖治理的信心和决心。杞麓湖的保护治理必须要理清思路，抓住重点，全面实施治理工作。2010 年要突出抓好以下几方面的工作：一是要全力以赴抓好"十一五"目标责任书项目建设，确保全面完成目标任务；二是要重点抓好杞麓湖入湖水量最大的红旗河污染治理工作，完成红旗河流域 10 个村落污水收集与处置工程，尽快完成红旗河末端治理工程的前期工作；三是要抓好杞麓湖周边农田退水治理示范项目，启动示范项目建设，做好研究工作。同时要调查杞麓湖周边有条件做治理工程的点尽量开展前期工作，争取在农田退水治理方面取得突破；四是要抓好杞麓湖沿湖村落环境综合治理工作，分轻重缓急逐步实施村落治理；五是要加强对沿湖群众的宣传教育和引导工作，提高老百姓的环境保护意识；六是在雨季来临之前，开展一次以"七彩云南保护行动"为主题的环境保护活动，发动机关干部、沿湖企业和群众对入湖河道及湖泊周围的垃圾进行清理打捞。

十二、云南省集中检查考核组莅临大理白族自治州环境保护局检查考核工作（2010 年 1 月）

2010 年 1 月 4 日，以云南省科学技术厅政策法规处处长陆开文任组长、云南省委老干部局生活待遇处副处长王育良和云南省环境保护厅污染控制处副主任科员张小平为组员的云南省集中检查考核第十四组第三小组，在中共大理白族自治州委督查室副调研员彭增清的陪同下，莅临大理白族自治州环境保护局，对大理白族自治州 2009 年度完成"七彩云南保护行动"、洱海水污染综合防治和主要污染物减排目标任务的落实情况实施了认真全面的检查考核。

检查考核组一行在大理白族自治州环境保护局听取了州环境保护局党组书记、局长所做的大理白族自治州 2009 年度环境保护各项目标责任落实情况的汇报，以及洱海流域污染治理机制和技术创新的情况介绍；根据汇报内容，认真对照目标责任书的内容查阅了相关原始痕迹资料。

十三、云南环境监测力破四大难题突出做好六项重点监测和专项监测工作（2010 年 4 月）

2010 年，云南将全力以赴，破解存在的体制机制不畅等四大难题，突出做好重金属监测、农村环境监测等六项重点监测和专项监测工作。

据了解，2010 年云南将在强化质量管理、能力建设和队伍建设上狠下功夫。在加强环境监测管理、组织好环境监测技术大比武活动、扎实抓好《2010 年云南省环境监测工作实施方案》的落实情况，围绕污染物总量减排做好国控和省控共计 200 家重点企业污染源监督性监测，高质量完成抗旱期间环境监管和环境监测工作的同时，还将突出做好六项重点监测和专项监测工作。一是做好重金属监测工作。尤其是重点监测存在重金属污染隐患的涉铅、涉镉、涉汞、涉铬和类金属砷的工业企业及危险废物处理利用类企业。二是做好国界河流水质监测工作。德宏傣族景颇族自治州、保山市、西双版纳傣族自治州、文山壮族苗族自治州和红河哈尼族彝族自治州环境保护局将切实按照《跨国界水体环境监测方案》要求，认真开展跨界水体监测工作，定期编制跨界水体水质状况报告。三是做好重点流域水质监测工作。主要是九大高原湖泊和南盘江、牛栏江流域的水质监测。四是做好农村环境监测专项工作。在做好石林彝族自治县国家农村自动监测子站建设工作的同时，结合中央农村环境保护资金"以奖促治"试点村庄和九大高原湖泊沿湖治理的村庄，开展对拟选择的文山县摆依寨、宣威市虎头村等 6 个村庄的环境质量监测工作。五是按要求做好昆明温室气体试点监测工作。六是协调好建设项目竣工环境保护验收的监测工作。

十四、环境保护部西南督查中心到大理白族自治州督查污染减排工作（2010 年 6 月）

2010 年 6 月 8—10 日，环境保护部西南督查中心处长但家文一行 2 人，在云南省环境保护厅、大理白族自治州环境保护局有关人员的陪同下，专项督查 2010 年省级重点污染减排项目进展情况。首先，督查组听取了大理白族自治州 2010 年上半年污染减排项目进展情况汇报，随后，但家文处长一行深入污染减排企业进行现场检查，重点查看了大理市华营水泥厂和巍山县高炉水泥有限责任公司减排项目，以及喜州镇污水处理厂和巍山县红大锑业有限责任公司烟气脱硫实施改造项目。大理华营水泥厂已于 2010 年 3 月 30 日提前完成关停任务，巍山县高炉水泥有限责任公司于 2010 年 6 月

2 日开始拆除设备，喜州镇污水处理厂和巍山县红大锑业有限责任公司烟气脱硫实施改造项目运转正常，可以进行环境保护验收。督查组一行对大理白族自治州所做的工作给予了充分肯定，对各项目完成情况给予了认可，同时对存在的问题提出了解决的办法和建议。

十五、督导组积极开展九大高原湖泊治理督导（2010 年 7 月）

2010 年 7 月 1 日，云南省人民政府九大高原湖泊水污染综合防治督导组对阳宗海水污染防治工作进行了调研督导。督导组要求要加大砷污染治理力度，抓紧处置危险固体废物，要高度重视农业农村面源污染，加强对阳宗海周边污染和入湖河道整治力度，千方百计确保阳宗海治理"十一五"规划全面完成，要高起点、高标准制定阳宗海管委会辖区建设发展规划和抓紧《云南省阳宗海保护条例》的修订工作。2010 年 7 月 7—8 日，云南省人民政府九大高原湖泊水污染综合防治督导组到石屏县调研督导异龙湖水污染综合防治工作。督导组提出，要千方百计完成"十一五"规划及规划外重点项目，要摸清污染现状，在截污上狠下功夫，抓紧抓好"十二五"规划的编制工作。8 月 2 日，云南省人民政府滇池水污染防治专家督导组召开滇池水污染防治工作第十一次联席会议，听取了昆明市人民政府和省级相关部门负责人情况汇报，督导组认为，实施"十一五"规划以来，昆明市及省级 13 个责任部门认真履行职责，加强协调配合，突出重点，抓好落实，做了大量有效的工作，加快推进了滇池治理进程，滇池外海有 5 个月已达到Ｖ类水标准，滇池治理取得阶段性可喜成果。督导组要求要千方百计确保滇池"十一五"规划全面完成，始终把截污作为滇池治理的重中之重，加快实施好牛栏江—滇池补水工程。

十六、云南省环境监测站和大理白族自治州环境监测站对宾川县城生活垃圾处理厂开展监测（2010 年 9 月）

2010 年 8 月 31 日—9 月 2 日，宾川县环卫站委托云南省环境监测中心站和大理白族自治州环境监测站对县城生活垃圾处理厂进行监测。

宾川县城由于人口逐年增加，生活垃圾产生量也在逐年增长，为了使垃圾资源化利用，减少垃圾的堆存量，宾川县环卫站向上争取资金对垃圾处理厂进行改扩建，提升处理垃圾的能力。改扩建项目申报涉及原垃圾处理厂的环境保护，为了使项目申报顺利，完善垃圾处理厂的资料，宾川县环卫站委托了云南省环境监测中心站监测垃圾处理厂的臭味，委托大理白族自治州环境监测站监测垃圾处理厂噪声及垃圾处理厂附近的地下水、地表水。

十七、督导组积极开展九大高原湖泊治理督导（2010 年 10 月）

2010 年 10 月 11—15 日，云南省人民政府九大高原湖泊水污染综合防治督导组到丽江调研程海、泸沽湖水污染综合防治工作。督导组要求：一是要坚决完成程海、泸沽湖"十一五"规划目标任务；二是要认真贯彻落实云南省人民政府 8 月程海现场办公会议精神；三是要充分认识程海水资源流失面临的严峻形势；四是要把截污治污作为泸沽湖保护工作的重中之重；五是要切实抓好泸沽湖女儿国镇项目的建设；六是要加强与四川省的沟通和协调。

十八、云南省督查组到漾濞县开展减排项目完成情况现场督查（2010 年 10 月）

2010 年 10 月 13 日，云南省环境保护督查组到漾濞县开展减排项目完成情况现场督查，督查组在漾濞县人民政府副县长杨燕彬和漾濞县环境保护局局长厉赛君的陪同下深入漾濞县金牛冶炼厂现场督查该厂的关停情况，并听取了县领导和相关部门负责人的情况介绍。

漾濞县金牛冶炼厂位于漾濞县苍山西镇金牛村境内，于 2006 年 2 月建成，年产 500 吨锑氧粉。金牛冶炼厂的关停是漾濞县"十一五"减排的工作重点。漾濞县委、漾濞县人民政府对此高度重视，切实加强节能减排工作的领导，加强监督管理。2010 年 3 月，漾濞县人民政府组织县经济局、环境保护局等相关单位对金牛冶炼厂进行主要部件的拆除。金牛冶炼厂的关停，削减了 39 吨二氧化硫的排放，圆满完成了漾濞县的减排目标任务。

第六节 环 境 治 理

一、云南省启动环境保护专项整治行动（2004 年 4 月）

2004 年 4 月 20 日，国家环境保护总局、国家发展和改革委员会、监察部、工商总局、司法部、安全生产监督管理局六部委联合召开"全国整治违法排污企业保障群众健康环境保护专项行动"电视电话会议，动员和部署全国环境保护专项行动。会后，云南省及时召开了云南省环境保护专项行动电视电话会议，传达和贯彻全国环境保护专项行动电视电话会议精神，制定了云南省实施方案及宣传报道计划，开展了信息调度工作，启动云南省环境保护专项整治行动。

云南省副省长吴晓青，云南省环境保护局、发展和改革委员会、监察厅、工商局、司法厅等七部门领导，昆明市人民政府及有关部门负责人，云南省和昆明市环境保护局约100人参加了全国环境保护专项整治行动电视电话会议云南分会场会议。4月21日，云南省人民政府决定由云南省环境保护局等七部门联合召开"云南省环境保护专项整治行动电视电话会议"，会议开到县一级，云南省人民政府副秘书长钱恒义代表云南省人民政府做了动员讲话，就贯彻落实全国电视电话会议精神，云南省开展环境保护专项整治行动做了部署。各州、市、县政府主管领导和七个部门负责人及相关人员共 1221 人参加会议。会议还邀请了有关新闻媒体作宣传报道。

二、云南省启动整治违法排污企业保障群众健康环境保护专项行动（2005 年 6 月）

2005 年 6 月 10 日，国家环境保护总局、国家发展和改革委员会、监察部、工商总局、司法部等六部委联合召开了"全国整治违法排污企业保障群众健康环境保护专项行动"电视电话会议，国家环境保护总局局长解振华代表国家六部委传达了党中央和国务院领导同志关于开展环境保护专项行动的指示，动员和部署全国环境保护专项行动，其他部门的有关领导也对专项行动提出了明确要求。

各级各有关部门约 100 人参加了全国环境保护专项整治行动电视电话会议昆明分会场会议。云南省各州（市）、县（区）各级各部门领导和环境保护监察人员约 1200 多人参加了全国电视电话会议云南分会场会议。会后，云南省及时召开了云南省环境保护专项行动电视电话会议，吴晓青副省长代表云南省人民政府做了动员讲话，就贯彻落实全国电视电话会议精神、开展环境保护专项整治行动做了部署和安排。会议还邀请了有关新闻媒体作宣传报道。

吴晓青副省长在会上强调在云南省范围内全面开展环境保护专项行动，切实解决影响人民群众身体健康的环境污染和生态破坏问题。各级各有关部门必须进一步认清形势、统一思想，充分认识环境保护专项行动的重要性、紧迫性和艰巨性，从维护好、发展好、实现好人民群众根本利益出发，扎实工作，狠抓落实，切实做好环境保护专项行动的各项工作，促进云南省经济社会的可持续发展。

三、玉溪市以太湖蓝藻暴发引发水源危机为契机全面推进抚仙湖保护（2007 年 6 月）

2007 年 6 月 13 日，玉溪市抚仙湖管理局召开中层以上干部会议，通报太湖蓝藻暴发事件，认真传达学习国务院太湖水污染防治座谈会会议精神，结合 2007 年工作实际，要求全局干部职工扎实做好以下工作：一是抚仙湖湖滨生态恢复和建设，要进一步建立健全基础数据，编制完善实施方案；二是禁控区规划实施工作，要做出具体方案；三是要完成抚仙湖沿岸建筑设施拆除扫尾工作；四是抚仙湖入湖河道治理工作，列出重点治理河道，分期分批治理；五是建立信息管理系统和水环境监测系统。

太湖蓝藻暴发引发的水源危机是抚仙湖保护治理的一大契机，在关注太湖治理的同时，更应反思抚仙湖的保护方案与措施，通过推进《云南省抚仙湖保护条例》的贯彻落实，正确处理经济发展与环境保护的关系，坚持不懈地推进全面、系统、科学的保护治理，确保抚仙湖 I 类水质保护目标的实现①。

四、环境保护部生态司副司长李远到洱源调研农村环境综合整治连片治理工作（2010 年 4 月）

2010 年 4 月 7 日，环境保护部生态司副司长李远、保护区处副处长扈才彪、农村处主任科员李汉林一行在云南省环境保护厅自然生态保护处处长张正鸣、副调研员李湘、大理白族自治州环境保护局长李琼杰陪同下到洱源县调研农村环境综合整治连片治理工作。

李远副司长在县委副书记杨代兴、县人大副主任杨益红、副县长马利生、县政协副主席赵红、县环境保护局长李蔚然陪同下深入邓川镇邓北桥湿地、西湖湿地生态修复、右所镇南登村太阳能中温沼气站、茈碧湖镇下龙门村调研，每到一个调研点，李远副司长都详细了解洱源县在农村环境综合整治中新做法，并深入农户家中和群众促膝谈心，详细了解农村环境综合整治项目的实施情况，听取群众的意见和建议。通过实地察看和听取洱源县关于农村环境综合整治工作汇报，李远副司长充分肯定了洱源县在农村环境综合整治工作中取得的成绩，对洱源县因地制宜，部门协同，整合项目资金推进农村环境综合整治工作的做法给予了高度评价，并希望洱源县发扬成绩，创新思路，在 2009

---

① 云南省环境保护厅：《以太湖蓝藻暴发引发水源危机为契机玉溪市全面推进抚仙湖保护》，http://sthjt.yn.gov.cn/gyhp/jhdt/200707/t20070711_11609.html（2007-07-11）。

年中央农村环境综合项目实施上取得更好的成绩。

五、国务院调研组到洱源调研农业源污染防治工作（2010 年 8 月）

2010 年 8 月 4 日，由国务院办公厅秘书二局巡视员兼副局长李眈陆率领的调研组一行在省州两级领导的陪同下到洱源县检查指导工作。

在许映苏副州长等领导陪同下，调研组一行深入洱源县邓川镇牧源养猪场考察生物发酵床养猪技术示范，随后到西湖实地察看了洱源县农村环境综合治理情况和生态建设进展情况。在听取了有关领导关于洱源县环境保护治理和生态文明试点县建设情况介绍后，调研组对洱源县农业源污染防治取得的成绩给予了充分肯定，同时希望今后进一步推进生态文明建设和洱海源头环境保护治理情况，促进全县经济社会发展。

调研组指出，洱源县在洱海保护工作中领导重视，措施有力，宣传力度大，群众参与积极性高，特别是在财政十分困难的情况下，采取多种形式不断加大对洱海保护的投入力度，全县进入洱海河流水质有了明显的改善，为洱海保护治理工作做出了积极的贡献。

随后，调研组一行还走访了西湖南登村部分村民。调研组在村民家中与村民们亲切交谈，详细询问他们的生产生活，同时叮嘱他们要一如既往地支持洱源县委、县人民政府开展的各项环境保护工作。

六、云南省人民政府和段琪副省长调研杞麓湖保护治理工作（2010 年 9 月）

2010 年 9 月 2 日，云南省副省长和段琪率环境保护厅、水利厅等部门负责人到通海县对杞麓湖水污染综合治理及云南省人民政府现场办公会准备工作进行调研。和副省长指出，杞麓湖水污染治理要从全流域范围着眼，以农业农村面源控制和环湖截污为重点，采取分区控制、节点控制、污染源定点治理措施，实行综合治理，确保取得实效。

在小回村环境整治施工现场，和副省长提出，要通过集中与分散相结合的方式，加快村落污水处理工程建设，做到污水处理率达到 100%，不遗漏一家一户，污水处理工艺中土壤净化槽顶部要实行填土复耕，种植化肥、农药施用量少的作物，要把小回村建设成为民族生态示范村。在红旗河入湖河口退塘及湿地建设工程现场，和副省长提出，湿地、湖滨带及流域生态建设要以有效削减入湖污染物为重点，尽量选用本地的原生植物，少引进外地物种，在 9 月底前要完成红旗河入湖河口湿地建设主体工程；在六一村蔬菜种植区生产废水净化示范工程现场，和副省长认为，该项目抓住了杞麓湖污染治理的要害，对杞麓湖水污染治理工作将起到积极的作用，通海县要与项目设计单位认真研究，科学分析项目实施后循环利用的水资源量、节约的水量、减少的污染物入湖量，以便今后在农业面源污染治理中推广应用。

和副省长指示，玉溪市要进一步细化云南省人民政府杞麓湖水污染综合治理现场办公会会议方案，认真做好现场办公会各项准备工作，要按照 10 月上旬召开现场办公会的计划，建立倒逼机制，对各项准备工作，特别是现场办公会需要查看的几个施工现场，要倒排工期，确保现场办公会召开时项目能基本完工，投入调试运行。要统筹处理好杞麓湖治理与通海县社会经济发展的关系，科学合理确定治理目标和工程项目，尽快完成杞麓湖水污染综合治理重点工程实施方案的修改完善，抓紧研究杞麓湖生态补水工程的可行性，力求杞麓湖水污染综合治理工作取得实效。

第三章　2004—2010 年云南省气象灾害

第一节　雪　灾

一、2004 年

（一）滇中及以东地区 2 月上旬雪灾

2 月 6—8 日，受强冷空气影响，曲靖市、昭通市、昆明市、玉溪市、红河哈尼族彝族自治州、文山壮族苗族自治州出现了中到大雪局部暴雪天气，造成昆曲、昆石、嵩待高速公路和昭通机场关闭，昆明机场部分航班延误，农作物和经济作物受灾。9—10日，红河哈尼族彝族自治州出现了霜冻灾害[①]。

（二）寻甸县 2 月上旬大雪成灾

2 月 6—7 日，寻甸县普降大雪，最大积雪深度 18 厘米。造成民房受损 3 间，农作物受灾 4554.5 公顷，损失马铃薯种 20 吨，损失牲畜 71 头。河口乡树木受损 10000 株，竹子受损 24000 根[②]。

---

① 《云南减灾年鉴》编辑委员会：《云南减灾年鉴：2004—2005》，昆明：云南科技出版社，2006 年，第 135 页。
② 《云南减灾年鉴》编辑委员会：《云南减灾年鉴：2004—2005》，昆明：云南科技出版社，2006 年，第 135 页。

（三）嵩明县2月上旬大雪成灾

2月6—7日，嵩明县持续降大雪，坝区积雪深度14.9厘米。造成农作物受灾7466.7公顷，其中蚕豆受灾5400公顷，大麦受灾2000公顷，花卉受灾66.7公顷。折断树木3000多株[①]。

（四）泸西县"2·7"雪灾

2月7—8日，泸西县出现降雪天气。造成农作物受灾3075.5公顷，绝收166.7公顷。其中油料作物受灾2088.2公顷，绝收166.7公顷，蚕豆受灾448.1公顷，大麦受灾226.7公顷，亚麻受灾84.4公顷。小麦受灾228.1公顷[②]。

（五）弥勒县2月上旬低温雪灾

2月6—9日，弥勒县五山乡、西二镇、巡检司镇发生低温雪灾。造成农作物受灾1210.7公顷，成灾498.6公顷，绝收68公顷[③]。

（六）宣威市"4·17"雪灾

4月17—18日，宣威市发生雪，造成西泽乡、靖外乡农作物受灾954公顷[④]。

二、2005年

（一）贡山县2月中旬雪灾

2月13—16日，受南支槽影响，贡山县持续降雨雪，降水量206.7毫米，其中14日0—14时降雪66.3毫米（大暴雪），积雪深度13.1厘米，极端最低气温0.1℃。造成3.4万人受灾，死亡2人，受伤3人。民房倒损221间，牛圈倒塌135间。小春作物受灾0.11万公顷，绝收0.05万公顷，苗木受损60万株，牲畜死亡840头。水利、电力、交通、通信等设施受损严重，15日约60名游客被困在丙中洛景区，16日22时40分安全回到县城。共计直接经济损失2983.9万元[⑤]。

① 《云南减灾年鉴》编辑委员会：《云南减灾年鉴：2004—2005》，昆明：云南科技出版社，2006年，第135页。
② 《云南减灾年鉴》编辑委员会：《云南减灾年鉴：2004—2005》，昆明：云南科技出版社，2006年，第135页。
③ 《云南减灾年鉴》编辑委员会：《云南减灾年鉴：2004—2005》，昆明：云南科技出版社，2006年，第135页。
④ 《云南减灾年鉴》编辑委员会：《云南减灾年鉴：2004—2005》，昆明：云南科技出版社，2006年，第136页。
⑤ 《云南减灾年鉴》编辑委员会：《云南减灾年鉴：2004—2005》，昆明：云南科技出版社，2006年，第148页。

（二）迪庆藏族自治州 2 月中旬雪灾

2 月 13—17 日，迪庆藏族自治州德钦县、维西县、香格里拉县降大雨雪，德钦县、维西县、香格里拉县 5 天累计降水量分别为 21.8 毫米、114.2 毫米、36.8 毫米，造成近十年来罕见的雪灾。全州 8955 人受灾，冻死 2 人。农作物受灾 0.41 万公顷，成灾 0.19 万公顷，绝收 0.05 万公顷，经济林果受损 4500 株，蔬菜大棚受损 39 个。冲毁农田 51.3 公顷，冲毁田间沟渠 40.6 千米。大小牲畜受困 1.8 万头，死亡 0.8 万头。公路交通受损严重，通信、广播设施不同程度受损。全州共计直接经济损失 4911.8 万元[①]。

（三）迪庆藏族自治州"3·4"雪灾

3 月 4 日 20 时—6 日 14 时，迪庆藏族自治州降暴雪，香格里拉降雪量 25.7 毫米，维西 52.8 毫米，德钦 9.6 毫米，积雪深度普遍在 25—35 厘米。造成农作物受灾 0.72 万公顷，成灾 0.27 万公顷，绝收 0.07 万公顷。大小牲畜死亡 2.1 万头（只），受困 1.6 万头（只）。冲毁农田 0.04 万公顷，冲毁水渠 12.3 千米，农业设施受损 1451 件。经济林木受损 33412 棵。输电线路损坏 985.5 千米，倒杆 3048 根，变压器损坏 17 台。共计直接经济损失 3415.7 万元[②]。

（四）丽江市"3·2"雪灾

3 月 2—7 日，丽江市普降大灾，因灾伤病 3607 人，313 个村庄被困 5535 人。损坏房屋 9923 间，倒塌 2973 间。农作物受灾 3.35 万公顷，成灾 2.32 万公顷，死亡大小牲畜 9330 头（只）。共计直接经济损失 11397 万元，其中农业直接经济损失 9296 万元[③]。

（五）宾川县"3·4"雪灾

3 月 4—5 日，宾川县持续降雪，造成 12.6 万人受灾，3 人受伤。民房受损 592 户 1597 间，倒塌 2 户 4 间。农作物受灾 2.04 万公顷，成灾 1.16 万公顷，家畜（禽）受灾 2612 头（只）。森林受灾 1.31 万公顷，损失林木 4820 立方米。公路、通信及输电线路等设施受损，鸡足山风景区受灾，部分景区停电、停水。共计直接经济损失 21037.6 万元[④]。

① 《云南减灾年鉴》编辑委员会：《云南减灾年鉴：2004—2005》，昆明：云南科技出版社，2006 年，第 148 页。
② 《云南减灾年鉴》编辑委员会：《云南减灾年鉴：2004—2005》，昆明：云南科技出版社，2006 年，第 148 页。
③ 《云南减灾年鉴》编辑委员会：《云南减灾年鉴：2004—2005》，昆明：云南科技出版社，2006 年，第 148 页。
④ 《云南减灾年鉴》编辑委员会：《云南减灾年鉴：2004—2005》，昆明：云南科技出版社，2006 年，第 148 页。

（六）祥云县"3·3"雪灾

3月3—6日，祥云县发生雪灾。民房受损8980间，倒塌1143间。教室受损238间，倒塌4间。畜圈受损8697间，倒塌402间。烟棚受损1080个，烤房受损330间。小春作物受灾2.75万公顷，经济林果受灾0.66万公顷，林木受灾2101.3万株。高压线断线12370米，大部分乡村公路受阻。共计直接经济损失34126万元①。

（七）弥渡县"3·4"雪灾

3月4—5日，弥渡县降雪，坝区平均积雪深度20厘米，红岩、密祉两个乡镇最大积雪深度70厘米。造成30万人受灾，房屋受损354间。小春作物受灾1.4万公顷，成灾1.27万公顷，冻伤牛羊4326头，死亡25头。经济林木受灾2.67万公顷，成灾0.67万公顷。有线电视、电信、输电设施受损，造成红岩、新街及城区西线停电。县境内国道、山路交通中断，大量车辆及人员滞留弥渡。共计直接经济损失9613.4万元②。

（八）鹤庆县"3·4"雪灾

3月4日，鹤庆县降雪，平均积雪深度8.8厘米，造成24万人受灾，房屋倒塌8间。农作物受灾1.04万公顷，牲畜受冻239.1万头。经济林木受灾7.09万公顷，成灾0.04万公顷。雪灾致使客车停开322个班次，货运车辆停驶2928辆。3月4日县城及部分乡镇停电，自来水输水管道中断100千米。共计直接经济损失1.4亿元③。

（九）洱源县"3·4"雪灾

3月4日，洱源县普降大雪，造成10个镇乡90个村委会25.2万人受灾，交通严重受阻，部分通信线路和供电中断。房屋受损905间，倒塌23间。农作物受灾20.5万亩，成灾18.9万亩，绝收15.3万亩，死亡牲畜1487头。输电线路受损3.5千米。共计直接经济损失8000万元，其中农业经济损失6660万元④。

（十）南涧县"3·4"雪灾

3月4—5日，南涧县降雪，最大积雪深度10厘米，造成9个乡镇75个村委会1243个村民小组17.0万人受灾，伤病1人。房屋受损3584间。农作物受灾10142.2公顷，成

① 《云南减灾年鉴》编辑委员会：《云南减灾年鉴：2004—2005》，昆明：云南科技出版社，2006年，第148页。
② 《云南减灾年鉴》编辑委员会：《云南减灾年鉴：2004—2005》，昆明：云南科技出版社，2006年，第148—149页。
③ 《云南减灾年鉴》编辑委员会：《云南减灾年鉴：2004—2005》，昆明：云南科技出版社，2006年，第149页。
④ 《云南减灾年鉴》编辑委员会：《云南减灾年鉴：2004—2005》，昆明：云南科技出版社，2006年，第149页。

灾 7218.9 公顷，绝收 1673.5 公顷。烤烟育苗大棚受灾 137 个。森林受灾 1853.3 公顷。冻伤牲畜 7209 头（只）。64 条乡村公路受损，无法通行。1 个乡镇停电停水，16 个村委会通信中断。共计直接经济损失 6867 万元[①]。

（十一）禄劝县"3·2"雪灾

3月2—4日，禄劝县普降大雪，造成 18 个乡镇受灾。农作物受灾 1.78 万公顷，成灾 0.71 万公顷，绝收 0.71 万公顷。共计直接经济损失 3197.9 万元[②]。

（十二）石林彝族自治县"3·4"雪灾

3月4—5日，石林彝族自治县出现了降温降雨（雪）天气。3月4日最低气温降至 0.6℃。民房倒塌 7 间，牛羊厩倒塌 6 间。农作物受灾 5234.9 公顷，果树受灾 632.7 公顷。泰国尖椒苗损失 50 万株，压垮 63 个烤烟漂浮育苗拱棚。冻死小羊 10 只[③]。

（十三）嵩明县"3·2"雪灾

3月2日，嵩明县气温骤降，3月4日出现罕见的中到大雪天气。3日24时—4日8时，县城降雪量 5.5 毫米，积雪深度 1.3 厘米，最低气温 0.1℃。4日8—10时降 14.9 毫米大雪，积雪深度 1.1 厘米。造成小春作物受灾 15333.3 公顷，花卉受灾 147.6 公顷，大棚倒塌 59 个[④]。

（十四）曲靖市"3·4"雪灾

3月3—4日，曲靖市普降大到暴雪，造成农作物受灾 6.4 万公顷，绝收 0.92 万公顷。共计直接经济损失 5266 万元[⑤]。

（十五）师宗县"3·4"雪灾

3月4日师宗县降雪，积雪深度 7 厘米，造成农作物受灾 6920 公顷，农作物减产 70%—80%[⑥]。

① 《云南减灾年鉴》编辑委员会：《云南减灾年鉴：2004—2005》，昆明：云南科技出版社，2006年，第149页。
② 《云南减灾年鉴》编辑委员会：《云南减灾年鉴：2004—2005》，昆明：云南科技出版社，2006年，第149页。
③ 《云南减灾年鉴》编辑委员会：《云南减灾年鉴：2004—2005》，昆明：云南科技出版社，2006年，第149页。
④ 《云南减灾年鉴》编辑委员会：《云南减灾年鉴：2004—2005》，昆明：云南科技出版社，2006年，第149页。
⑤ 《云南减灾年鉴》编辑委员会：《云南减灾年鉴：2004—2005》，昆明：云南科技出版社，2006年，第149页。
⑥ 《云南减灾年鉴》编辑委员会：《云南减灾年鉴：2004—2005》，昆明：云南科技出版社，2006年，第149页。

（十六）隆阳区"3·3"雪灾

3月3—6日，保山市隆阳区出现降温降雪天气，造成 16 个乡镇受灾。农作物受灾 0.82 万公顷，烤烟棚受灾 880 个。家禽和牲畜受冻 2834 头（只）。共计直接经济损失 3617 万元[①]。

（十七）楚雄市"3·2"雪灾

3月2—5日，楚雄市出现了雨雪天气，降水量 26.0 毫米，积雪深度 5 厘米，极端最低气温 0.3℃，高海拔地区积雪深度 15—45 厘米，造成 19 个乡镇的 45 个村民委员会 2418 个村民小组 71990 户 29.0 万人受灾。民房倒损 133 间。农作物受灾 16755.3 公顷，成灾 10235.3 公顷，绝收 3046.3 公顷，冻死小山羊 186 只。公路受损 25 千米。共计直接经济损失 2839.6 万元[②]。

（十八）姚安县"3·3"雪灾

3月3—4日，姚安县出现强降温和雨雪天气。3月3日，日平均气温降幅 9.4℃，最高气温降幅 14.6℃。3月4日，全县普降雨和雪，造成 12 个乡镇 77 个村民委员会 1209 个村民小组 20.3 万人受灾。民房受损 129 间，倒塌 1 间。小春农作物受灾 8025.9 公顷，烤烟漂浮育苗受灾 1228 池，牲畜受灾 141 头。基础设施不同程度受损。共计直接经济损失 2499.1 万元[③]。

（十九）元谋县"3·5"雪灾

3月5日，元谋县降雪，造成羊街、老城、凉山、江边、姜驿、新华 7 个乡 24 个村民委员会 153 个村民小组 6447 户 26465 人受灾。民房倒塌 65 间。农作物受灾 1408.1 公顷，绝收 1109.7 公顷。直接经济损失 392.4 万元[④]。

（二十）丘北县"3·4"雪灾

3月4—5日，丘北县降雪，积雪深度 3 厘米，极端最低气温-0.5℃。造成 14 个乡镇受灾。农作物受灾 1292.7 公顷，成灾 460.1 公顷，绝收 20 公顷。其中三七受灾 642 公顷，成灾 237.7 公顷，绝收 20 公顷。共计直接经济损失 2568 万元，其中三七的直接

① 《云南减灾年鉴》编辑委员会：《云南减灾年鉴：2004—2005》，昆明：云南科技出版社，2006 年，第 149 页。
② 《云南减灾年鉴》编辑委员会：《云南减灾年鉴：2004—2005》，昆明：云南科技出版社，2006 年，第 149 页。
③ 《云南减灾年鉴》编辑委员会：《云南减灾年鉴：2004—2005》，昆明：云南科技出版社，2006 年，第 149 页。
④ 《云南减灾年鉴》编辑委员会：《云南减灾年鉴：2004—2005》，昆明：云南科技出版社，2006 年，第 149 页。

经济损失 2556 万元[①]。

（二十一）凤庆县"3·4"雪灾

3 月 4 日，凤庆县部分乡镇出现雨雪天气，降雪从 4 日 14—23 时，造成高海拔地区 11 个乡镇 93 个村 11.9 万人受灾，死亡 1 人。农作物受灾 10194.1 公顷，成灾 2947.7 公顷，绝收 1560.9 公顷，减损产量 4472 吨。共计直接经济损失 996.6 万元[②]。

三、2006 年

（一）贡山县"2·16"雨雪成灾

2 月 16—17 日，贡山县普降大雨雪，降水量 111.6 毫米，24 小时极大降水量 67.4 毫米。造成 1644 人受灾，1 人死亡。损坏房屋 192 间，损坏石棉瓦 450 片；农作物受灾 123.1 公顷，成灾 77.2 公顷，绝收 7.2 公顷，死亡牲畜 139 只（头）；贡山县境内公路塌方 97 处 1.7 万立方米，路基缺口 18 处，下陷木档墙 6 处，人马驿道坍塌 0.3 千米；怒江沿线电力线路损坏 22 千米；人畜饮水沟坍塌 15 条 2.8 千米。直接经济损失 324.1 万元，其中农业直接经济损失 85.0 万元[③]。

（二）昭通市"2·17"雪灾

2 月 17 日，昭通市出现大范围降雪天气，造成彝良、鲁甸、巧家、永善 4 县受灾。农作物受灾 3038.9 公顷，成灾 1297.5 公顷。垮塌蔬菜大棚 6 个，大棚蔬菜受灾 1.3 公顷；畜厩损坏 291 间，死亡牲畜 1128 头（只）。直接经济损失 823.9 万元[④]。

四、2007 年

（一）1 月末至 2 月初云南省雨雪灾

1 月 31 日—2 月 3 日，云南省出现了入冬以来最强的降温降水天气。昆明市、玉溪市、楚雄市、大理白族自治州、丽江市、迪庆藏族自治州、思茅市、临沧市、保山市的高海拔地区发生了雪灾，滇中及以北地区的交通影响明显。导致高速公路封闭，航班延

① 《云南减灾年鉴》编辑委员会：《云南减灾年鉴：2004—2005》，昆明：云南科技出版社，2006 年，第 149 页。
② 《云南减灾年鉴》编辑委员会：《云南减灾年鉴：2004—2005》，昆明：云南科技出版社，2006 年，第 149—150 页。
③ 《云南减灾年鉴》编辑委员会：《云南减灾年鉴：2006—2007》，昆明：云南科技出版社，2008 年，第 87 页。
④ 《云南减灾年鉴》编辑委员会：《云南减灾年鉴：2006—2007》，昆明：云南科技出版社，2008 年，第 87 页。

误，造成 70.8 万人受灾，房屋受损 793 间，倒塌 193 间，农作物受灾 7.25 万公顷，死亡牲畜 2427 头，直接经济损失 9886.9 万元[①]。

（二）2 月初丽江市雪灾

2 月 1—3 日，丽江市大部地区出现降温降雪天气，造成 106081 人受灾。损坏民房 220 间，损坏大棚 3 个。农作物受灾 5640.2 公顷，绝收 561.8 公顷，死亡牲畜 611 头。直接经济损失 1820.3 万元，其中农业经济损失 1741.9 万元[②]。

（三）永平县"1·31"雪灾

1 月 31 日—2 月 1 日，永平县出现入降以来最强的降温降雨（雪）天气。最低气温下降了 4.7℃，最高气温下降了 5.3℃。降水量 20.0 毫米，其中高海拔户区出现中到大雪，造成全县 7 个乡镇 13993 户 59994 人受灾。房屋受灾 11 间，倒塌 10 间。农作物受灾 10860.2 公顷，成灾 622 公顷，绝收 115 公顷，冻死牲畜 353 头。烤烟育苗小棚受灾 280 个，电力设施受灾 0.15 千米。直接经济损失 2228.1 万元，其中农业经济损失 2209.1 万元[③]。

（四）鹤庆县"2·1"雪灾

2 月 1 日，鹤庆县降雨雪，平均积雪厚度 4.6 厘米，造成 12.68 万人受灾。损坏民房 3 户，烤烟房倒塌 10 座。农作物受灾 9156.2 公顷，成灾 7080.9 公顷，冻死牲畜 63 头。共计直接经济损失 1351.3 万元[④]。

（五）南涧县"2·1"雪灾

2 月 1 日 0 时—2 日 14 时，南涧县出现强降温降雨雪天气，造成 8 个乡镇 68 个村委会 970 个村民小组 28276 户 10742 人受灾，民房受损 11 幢 54 间，倒塌 2 幢 6 间。小春作物受灾 5365.7 公顷，成灾 2758.5 公顷，绝收 166.0 公顷。拥翠乡 7 个村委会和无量乡 5 个村委会因输电线业受损停电。共计直接经济损失 832.5 万元，其中农业经济损失 754.9 万元[⑤]。

（六）楚雄市"2·1"雪灾

2 月 1 日 3 时 30 分—2 月 2 日 9 时，楚雄市普降中到大雪，积雪深度为 3—25 厘米，

① 《云南减灾年鉴》编辑委员会：《云南减灾年鉴：2006—2007》，昆明：云南科技出版社，2008 年，第 97 页。
② 《云南减灾年鉴》编辑委员会：《云南减灾年鉴：2006—2007》，昆明：云南科技出版社，2008 年，第 97 页。
③ 《云南减灾年鉴》编辑委员会：《云南减灾年鉴：2006—2007》，昆明：云南科技出版社，2008 年，第 97 页。
④ 《云南减灾年鉴》编辑委员会：《云南减灾年鉴：2006—2007》，昆明：云南科技出版社，2008 年，第 97 页。
⑤ 《云南减灾年鉴》编辑委员会：《云南减灾年鉴：2006—2007》，昆明：云南科技出版社，2008 年，第 97 页。

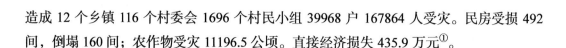
造成 12 个乡镇 116 个村委会 1696 个村民小组 39968 户 167864 人受灾。民房受损 492 间，倒塌 160 间；农作物受灾 11196.5 公顷。直接经济损失 435.9 万元①。

（七）姚安县"2·1"雪灾

2 月 1 日，姚安县降中雪局部大雪，最大积雪深度 50 厘米，造成前场镇等 8 个乡镇受灾。农作物受灾 1472.4 公顷，成灾 175.6 公顷，烤烟育苗受灾 5000 平方米，冻死羊 35 只，光禄乡电力线路受损，导致电力中断②。

（八）武定县"1·31"雪灾

1 月 31 日—2 月 2 日，武定县出现雨雪天气，普遍积雪深度 5 厘米，部分高海拔地区积雪深度 40 厘米。造成 11 个乡镇 102 个村委会 1016 个村民小组 15398 户 581984 受灾。民房倒塌 3 户 7 间，农作物受灾 2734 公顷，冻死牲畜 54 头。直接经济损失 542.2 万元，其中农业直接经济损失 515.16 万元③。

（九）隆阳区"2·1"雪灾

2 月 1 日，保山市隆阳区降雪，造成水寨、瓦渡、板桥、瓦窑、杨柳等乡镇 65412 人受灾。损坏房屋 7 间，农作物受灾 8378.6 公顷，绝收 1309.6 公顷。直接经济损失 660.4 万元，其中农业经济损失 626 万元④。

（十）景东县高海拔地区发生雪灾

2 月 1 日，景东县高海拔地区普降大雪，造成 13 个乡镇 41 个村 369 个村民小组 33210 人受灾，重灾人口 21783 人。农作物受灾 3285.5 公顷，绝收 938 公顷，死亡牲畜 232 头。直接经济损失 835.7 万元⑤。

（十一）凤庆县局部雪灾

2 月 1 日凌晨，凤庆县地处高海拔的部分乡镇出现降雪天气，平均积雪深度 15 厘米，造成 4.6 万人受灾。民房受灾 3 间，农作物受灾 4307 公顷，死亡家畜 11 头，直接经济损失 795.2 万元⑥。

① 《云南减灾年鉴》编辑委员会：《云南减灾年鉴：2006—2007》，昆明：云南科技出版社，2008 年，第 97 页。
② 《云南减灾年鉴》编辑委员会：《云南减灾年鉴：2006—2007》，昆明：云南科技出版社，2008 年，第 97 页。
③ 《云南减灾年鉴》编辑委员会：《云南减灾年鉴：2006—2007》，昆明：云南科技出版社，2008 年，第 97 页。
④ 《云南减灾年鉴》编辑委员会：《云南减灾年鉴：2006—2007》，昆明：云南科技出版社，2008 年，第 97 页。
⑤ 《云南减灾年鉴》编辑委员会：《云南减灾年鉴：2006—2007》，昆明：云南科技出版社，2008 年，第 97 页。
⑥ 《云南减灾年鉴》编辑委员会：《云南减灾年鉴：2006—2007》，昆明：云南科技出版社，2008 年，第 97 页。

五、2008 年

（一）迪庆藏族自治州 1 月下旬暴雪成灾

1 月 25—31 日，迪庆藏族自治州降暴雪，香格里拉县积雪深度超过 50 厘米，造成德钦、香格里拉、维西 10.7 万人受灾，4 人死亡。民房受损 14562 间，倒塌 1700 间；农作物受灾 11386.9 公顷，成灾面积 3720.5 公顷，绝收面积 320.0 公顷，死亡牲畜 608 头（只）；香格里拉—德钦等公路交通中断，60 多个通信基站停止运行，输电线路受损 80.2 千米；民航从 23 日起，全部停飞，取消 7 个航班，影响乘客 400 多人。直接经济损失 14562.9 万元，其中农业经济损失 1700 万元[①]。

（二）怒江傈僳族自治州 1 月下旬暴雪成灾

1 月 24—31 日，怒江傈僳族自治州普降大雪、暴雪，贡山县丙中洛乡最大积雪深度达 46 厘米，县城达 20 厘米。贡山、福贡、兰坪、六库等地发生雪灾，造成 99441 人受灾，4 人死亡，因灾伤病 20 人。民房受损 6801 间，倒塌 723 间，圈舍倒塌 318 间；农作物受灾 6913.6 公顷，成灾面积 1932.0 公顷，绝收面积 1762.2 公顷，草果苗受灾 53 万苗，牲畜死亡 10203 头；丙中洛、捧当、普拉底、独龙江 4 个乡电力中断，丙中洛、捧当 2 个乡交通中断。水利、电力、通信、交通设施严重受损，城市引水设施被毁。直接经济损失 12771.1 万元，其中农业直接经济损失 4762.3 万元[②]。

（三）保山市 1 月下旬局部雪灾

1 月 27—28 日，保山市隆阳区、腾冲县、龙陵县、昌宁县的高海拔地区发生雪灾，造成 45458 人受灾。房屋受灾 450 间；农作物受灾面积 2603.5 公顷，绝收面积 160.0 公顷。直接经济损失 2184.2 万元，其中农业直接经济损失 850.0 万元[③]。

六、2009 年

（一）昭阳区"3·1"雪灾

3 月 1 日，昭阳区 20 个乡镇普降大雪，129 个村 2635 个村民小组 11 万户 47 万人遭

---

① 《云南减灾年鉴》编辑委员会：《云南减灾年鉴：2008—2009》，昆明：云南科技出版社，2010 年，第 100 页。
② 《云南减灾年鉴》编辑委员会：《云南减灾年鉴：2008—2009》，昆明：云南科技出版社，2010 年，第 100 页。
③ 《云南减灾年鉴》编辑委员会：《云南减灾年鉴：2008—2009》，昆明：云南科技出版社，2010 年，第 100 页。

受低温灾害。农作物受灾面积533.33公顷，成灾面积333.33公顷；林果受灾面积166.67公顷，成灾面积120公顷。直接经济损失1650万元[①]。

（二）永善县11月中下旬雪灾

11月16—23日，永善县马楠、莲峰、茂林、伍寨、水竹、码口、墨翰7乡镇发生雪灾，造成7个乡镇36个村216个村民小组5408户18928人受灾。农作物受灾面积674.8公顷，成灾面积446.2公顷，绝收面积259公顷，冻死大小牲畜834只。直接经济损失130万元，其中农业经济损失80万元[②]。

七、2010年云南发生局部低温霜冻和雪灾

2010年，云南省发生偏轻低温冷害、霜冻、雪灾。1月至2月中旬，临沧、德宏、昭通、曲靖、迪庆等州市发生局部低温冷害、霜冻、雪灾，6月永善县发生低温冷害，12月中下旬，临沧、德宏、玉溪等州市发生局部霜冻、低温冷害。其中2月中旬末宣威市的霜冻灾害造成农作物严重受损。灾害造成28.7万人受灾，1人死亡；房屋受损2493间，倒塌1035间；农作物受灾面积3.54万公顷，绝收面积0.25万公顷。直接经济损失1.9亿元，其中农业经济损失1.4亿元[③]。

第二节 干 旱

一、2004年云南发生冬春连旱

2003年11月—2004年3月，云南省大部分地区日照时数偏多，气温偏高，降水偏少，造成严重的冬春连旱。2004年1—3月，云南省77%的站点降水偏少至特少，是最近20年来同期第3个少雨年，大部地区的平均气温为偏高至特高，云南省有103个县达到干旱标准，其中57个县市达到重旱标准，重旱区主要分布在滇西、滇西南、滇东南。春旱造成云南省库塘蓄水严重不足，森林火险等级偏高，317.8万人受灾，45.8万

---

① 《云南减灾年鉴》编辑委员会：《云南减灾年鉴：2008—2009》，昆明：云南科技出版社，2010年，第109页。
② 《云南减灾年鉴》编辑委员会：《云南减灾年鉴：2008—2009》，昆明：云南科技出版社，2010年，第109页。
③ 《云南减灾年鉴》编辑委员会：《云南减灾年鉴：2010—2011》，昆明：云南科技出版社，2012年，第109页。

人饮水困难，农作物受旱面积 22.03 万公顷，直接经济损失 5.7 亿元，其中农作物直接经济损失 5.2 亿元[①]。

（一）南涧县发生冬春连旱

1 月 27 日—3 月 20 日，南涧县降雨持续偏少，降水量仅为 0.8 毫米，造成全县大面积干旱。9 个乡镇 80 个村委会 1126 个村民小组 38492 户 146271 人受灾，4.8 万人、3.1 万头牲畜饮水困难。小春作物受灾面积 5768.8 公顷，成灾面积 3694.5 公顷，绝收面积 989.1 公顷。粮食减产 7806 吨，经济作物减产 1194 吨。直接经济损失 1578.7 万元[②]。

（二）楚雄市发生冬春连旱

1 月 28 日—3 月 28 日，62 天内楚雄市降水仅为 2.3 毫米，高温少雨造成楚雄市发生干旱灾害，造成 2.1 万头大牲畜饮水困难。农作物受旱面积 9774 公顷，水田缺水面积 360 公顷，旱地缺墒 451 公顷，牧区受旱 2299.9 公顷[③]。

（三）新平县发生冬春连旱

2—3 月，新平县高温少雨，干旱严重。造成 1.9 万人、0.7 万头牲畜饮水困难。农作物受旱 2211.5 公顷，水田缺水 102.7 公顷，旱地缺墒 212.7 公顷。小坝塘干涸 4 座[④]。

（四）元江县发生春旱

2 月 25 日—3 月 30 日元江县高温少雨，干旱严重。全县 6 乡 4 镇 2 个农场受灾，因干旱造成 2.6 万人、0.5 万头牲畜饮水困难，水库干枯 2 座。农作物受灾 4290.5 公顷，水田缺水 360.5 公顷，旱地缺墒 428.5 公顷[⑤]。

（五）通海县发生春旱

3 月 1—29 日，通海县高温少雨，干旱严重。造成河西镇、四街镇 2030 人、1580 头牲畜饮水困难。农作物受灾面积 394.1 公顷，成灾面积 307.9 公顷，绝收面积 20 公顷[⑥]。

---

① 《云南减灾年鉴》编辑委员会：《云南减灾年鉴：2004—2005》，昆明：云南科技出版社，2006 年，第 136 页。
② 《云南减灾年鉴》编辑委员会：《云南减灾年鉴：2004—2005》，昆明：云南科技出版社，2006 年，第 136 页。
③ 《云南减灾年鉴》编辑委员会：《云南减灾年鉴：2004—2005》，昆明：云南科技出版社，2006 年，第 136 页。
④ 《云南减灾年鉴》编辑委员会：《云南减灾年鉴：2004—2005》，昆明：云南科技出版社，2006 年，第 136 页。
⑤ 《云南减灾年鉴》编辑委员会：《云南减灾年鉴：2004—2005》，昆明：云南科技出版社，2006 年，第 136 页。
⑥ 《云南减灾年鉴》编辑委员会：《云南减灾年鉴：2004—2005》，昆明：云南科技出版社，2006 年，第 136 页。

（六）翠云区发生秋冬春干旱

2003 年 11 月—2004 年 3 月 31 日，思茅市翠云区降水量仅 33 毫米，较历年同期偏少 76%，造成秋、冬、春连旱。干旱造成 6.0 万人受灾，1.9 万人、1.8 万头牲畜饮水困难。粮食作物减产 5272.5 吨，直接经济损失 527.3 万元。经济作物受灾 2191 公顷，成灾 1096 公顷，经济损失 516.9 万元[①]。

（七）孟连县发生秋冬春干旱

2003 年 11 月—2004 年 3 月，孟连县降水量仅 29.3 毫米，较历年同期减少 76%，其中 11 月、12 月、2 月降水量均小于 1 毫米，造成严重干旱灾害。7 个乡镇 39 个村 6.8 万人受灾，橡胶、秋甘蔗、茶叶等受灾面积 4238.9 公顷，成灾面积 1218.9 公顷。直接经济损失 396 万元[②]。

（八）寻甸县发生夏旱

6 月 20 日—7 月 1 日，寻甸县金源乡连续高温干旱，造成 266.7 公顷烤烟受灾，其中 100 公顷烤烟损失 25%[③]。

二、2005 年春末夏初云南发生严重干旱

2005 年春末夏初，云南省降水异常偏少，气温异常偏离，出现了近 50 年来最严重的干旱灾害。4—5 月云南省大部地区的降水均为偏少到特少，其中降水特少（偏少 5 成以上）的站有 84 个，占云南省总站数的 68%，主要分布在昭通南部、曲靖、昆明、玉溪、红河北部、文山、楚雄、迪庆、怒江、丽江、大理、保山、思茅、临沧，降水偏少 8 成以上的站有 22 个，主要分布在昆明、玉溪、大理、迪庆、丽江等地。滇西北的香格里拉、维西、华坪，滇西的腾冲、大理、会泽、景东、临沧 8 个站破历史最低纪录，滇西、滇东北的局部地区灾情直至 7 月上旬才解除。云南省 1332.3 万人受灾，419.3 万人饮水困难，农作物受灾 131.77 万公顷，绝收 17.25 万公顷，直接经济损失 412605.8 万元，其中农业直接经济损失 288374 万元[④]。

① 《云南减灾年鉴》编辑委员会：《云南减灾年鉴：2004—2005》，昆明：云南科技出版社，2006 年，第 136 页。
② 《云南减灾年鉴》编辑委员会：《云南减灾年鉴：2004—2005》，昆明：云南科技出版社，2006 年，第 136 页。
③ 《云南减灾年鉴》编辑委员会：《云南减灾年鉴：2004—2005》，昆明：云南科技出版社，2006 年，第 136—137 页。
④ 《云南减灾年鉴》编辑委员会：《云南减灾年鉴：2004—2005》，昆明：云南科技出版社，2006 年，第 149—150 页。

（一）富源县发生春旱

4 月 1 日—5 月 20 日，富源县持续高温少雨天气，造成大面积干旱，农作物受灾 16759.0 公顷，成灾 14179.4 公顷，经济损失 2047.0 万元。经济作物受灾 853.3 公顷，成灾 186.7 公顷。共计直接经济损失 2147.1 万元①。

（二）宁蒗彝族自治县发生春旱

5 月，宁蒗彝族自治县降水偏少，特别是 5 月 11—26 日滴雨未下，干旱造成 23 万人受灾，125 个村民小组 2.5 万人、18.6 万头牲畜饮水困难。农作物受灾 0.98 万公顷，成灾 7400 公顷，绝收 1600 公顷。共计直接经济损失 5951 万元②。

（三）广南县发生春旱

4—5 月，广南县降水较历年同期偏少 75%，气温持续偏高，造成严重的干旱灾害。造成 25 万人、12 万头牲畜饮水困难。农作物受灾 34700 公顷，成灾 24500 公顷，绝收 6000 公顷。渔业受灾 400 公顷，损失产量 301.2 吨。烤烟、茶叶、甘蔗、林业损失严重。91 个小坝塘，214 条河、沟干枯，全县小（一）型、小（二）型水量蓄水量同比减损 458 万立方米。共计直接经济损 33159.7 万元③。

（四）元江县发生春旱

5 月 9—31 日，元江县高温少雨，11—17 日最高温度都在 40.0℃以上，造成严重旱灾。造成 7.3 万人饮水困难，农作物受灾 15200 公顷，成灾 6400 公顷，绝收 1800 公顷。其中烤烟受灾 4700 公顷，成灾 1700 公顷④。

（五）景谷县发生春旱

4 月 6 日—5 月 31 日，景谷县发生干旱灾害。造成 15.3 万人受灾，7.9 万人、0.2 万头牲畜饮水困难。农作物受灾 21300 公顷，成灾 8500 公顷，绝收 1500 公顷。共计直接经济损失 4905 万元⑤。

① 《云南减灾年鉴》编辑委员会：《云南减灾年鉴：2004—2005》，昆明：云南科技出版社，2006 年，第 150 页。
② 《云南减灾年鉴》编辑委员会：《云南减灾年鉴：2004—2005》，昆明：云南科技出版社，2006 年，第 150 页。
③ 《云南减灾年鉴》编辑委员会：《云南减灾年鉴：2004—2005》，昆明：云南科技出版社，2006 年，第 150 页。
④ 《云南减灾年鉴》编辑委员会：《云南减灾年鉴：2004—2005》，昆明：云南科技出版社，2006 年，第 150 页。
⑤ 《云南减灾年鉴》编辑委员会：《云南减灾年鉴：2004—2005》，昆明：云南科技出版社，2006 年，第 150 页。

（六）翠云区发生春旱

5 月，思茅市翠云区降水量较历年同期偏少 45%，造成干旱灾害。8.8 万人受灾，3.7 万人、3.3 万头牲畜饮水困难。农作物受灾 14500 公顷，成灾 8100 公顷，绝收 1300 公顷。共计直接经济损失 6185 万元[①]。

（七）墨江县发生春旱

5 月，墨江县降水偏少，气温偏高，造成严重的干旱灾害。全县 15.7 万人受灾，3.8 万人、0.39 万头牲畜饮水困难。农作物受灾 10568 公顷，成灾 7217 公顷，绝收 515 公顷。共计直接经济损失 2831 万元[②]。

（八）临沧市发生春旱

4—5 月，临沧市出现持续高温少雨天气，全市气温达到或接近建站以来历史同期最高值，造成严重的干旱。农作物受灾 16.96 万公顷。茶叶等经济作物受灾 7.04 万公顷，绝收 3100 公顷。共计直接经济损失 1.7 亿元[③]。

（九）文山县发生春旱

5 月 9 日—6 月 1 日，文山县持续高温少雨，造成干旱灾害。干旱造成 122 个村委会 11004 个自然村 7.03 万户 23.9 万人受灾。农作受灾 27787 公顷，成灾 18307 公顷，干枯 2813 公顷。共计直接经济损失 1127.9 万元[④]。

（十）宾川县发生春夏干旱

4 月 1 日—6 月 5 日，宾川县发生干旱灾害。5 月中旬起连续 27 天日最高气温超过 30℃，4 月 1 日—5 月 31 日全县降水量仅 2.8 毫米，为云南省同期降水量最少的县。干旱造成 6.2 万人、4.5 万头牲畜饮水困难。农作物受灾 15300 公顷，成灾 7700 公顷，绝收 400 公顷。1100 公顷玉米需补种，水改旱 600 公顷，3900 公顷土地因干旱无法栽种[⑤]。

（十一）昆明市发生春旱

5 月 12—31 日，昆明市出现持续高温少雨天气，造成干旱灾害。农作物受灾

① 《云南减灾年鉴》编辑委员会：《云南减灾年鉴：2004—2005》，昆明：云南科技出版社，2006 年，第 150 页。
② 《云南减灾年鉴》编辑委员会：《云南减灾年鉴：2004—2005》，昆明：云南科技出版社，2006 年，第 150 页。
③ 《云南减灾年鉴》编辑委员会：《云南减灾年鉴：2004—2005》，昆明：云南科技出版社，2006 年，第 150 页。
④ 《云南减灾年鉴》编辑委员会：《云南减灾年鉴：2004—2005》，昆明：云南科技出版社，2006 年，第 150 页。
⑤ 《云南减灾年鉴》编辑委员会：《云南减灾年鉴：2004—2005》，昆明：云南科技出版社，2006 年，第 150—151 页。

57520 公顷，成灾 19933 公顷，死苗 4267 公顷。旱育移栽大田进度比 2004 年低 5.6 个百分点①。

（十二）东川区发生春夏干旱

5 月 7 日—6 月 2 日，昆明市东川区气温持续偏高，降水量仅 18.3 毫米，造成严重的春夏干旱。大春作物受灾 8700 公顷，成灾 3900 公顷，绝收 2100 公顷。因干旱无法栽种的面积达 2100 公顷②。

（十三）华坪县发生春夏干旱

5 月 20 日—6 月 6 日，华坪县降水量仅 7.6 毫米，气温持续偏高，造成华坪县严重干旱。造成 5.4 万人、8.0 万头牲畜饮水困难。农作物受旱 6220 公顷，其中轻旱 2933 公顷，重旱 2205 公顷，干枯 1083 公顷。水田缺水 430 公顷，旱地缺墒 1996 公顷③。

（十四）德宏傣族景颇族自治州发生春夏干旱

4 月 1 日—6 月 10 日，德宏傣族景颇族自治州持续高温少雨天气，造成严重的春夏干旱。造成 7.8 万人、3.0 万头牲畜饮水困难。农作物受灾 36.31 万公顷，成灾 2.68 万公顷，绝收 3800 公顷。全州 81 条山区河流出现断流，361 条灌溉沟渠无法取水，库塘蓄水降至 5 年来最低值，2 座小（二）型水库降至死库容，3 座中型水库接近死库容。共计直接经济损失 9124 万元④。

（十五）巧家县发生春夏干旱

5 月 5 日—6 月 13 日，巧家县发生干旱灾害。造成 20.3 万人、23.5 万头牲畜饮水困难。农作物受灾 4.55 万公顷，其中轻旱 4200 公顷，重旱 24800 公顷，干枯 16.5 公顷。水田缺水 0.11 万公顷，旱地缺墒 1490 万公顷。牧区受旱 3.41 万公顷。水窖干涸 2.4 万个，小水池干涸 189 个，小塘坝干涸 4 个，小（二）型水库干涸 1 座⑤。

（十六）祥云县发生春夏连旱

3 月 30 日—6 月 14 日，祥云县降水量仅 20.1 毫米，造成严重的春夏连旱。造成 6.3

① 《云南减灾年鉴》编辑委员会：《云南减灾年鉴：2004—2005》，昆明：云南科技出版社，2006 年，第 151 页。
② 《云南减灾年鉴》编辑委员会：《云南减灾年鉴：2004—2005》，昆明：云南科技出版社，2006 年，第 151 页。
③ 《云南减灾年鉴》编辑委员会：《云南减灾年鉴：2004—2005》，昆明：云南科技出版社，2006 年，第 151 页。
④ 《云南减灾年鉴》编辑委员会：《云南减灾年鉴：2004—2005》，昆明：云南科技出版社，2006 年，第 151 页。
⑤ 《云南减灾年鉴》编辑委员会：《云南减灾年鉴：2004—2005》，昆明：云南科技出版社，2006 年，第 151 页。

万人、3.2 万头牲畜饮水困难。农作物受灾 18700 公顷，其中轻旱 8500 公顷，重旱 8900 公顷，干枯 1300 公顷①。

（十七）腾冲县发生春夏干旱

5 月 1 日—6 月 18 日，腾冲县发生春夏干旱。造成 6.9 万人饮水困难。农作物受灾 4.38 万公顷，成灾 0.82 万公顷，绝收 0.41 万公顷②。

（十八）鲁甸县发生冬春夏连旱

2004 年 11 月 1 日—2005 年 7 月 2 日，鲁甸县持续高温少雨，加之连续遭受 3 次破坏性地震，使蓄水设施不能蓄水，造成干旱灾害。农作物受灾 3.03 万公顷，成灾 2.73 万公顷，绝收 1.31 万公顷。农业直接经济损失 20066.7 万元③。

（十九）镇雄县发生夏旱

6 月 24 日—7 月 5 日，镇雄县降水量仅有 0.9 毫米，加之气温特高，造成严重的干旱灾害。截至 7 月 7 日，20 个乡镇 107 个村 10 万户 43.1 万人受灾。农作物受灾 23900 公顷，成灾 18900 公顷，绝收 1400 公顷。共计直接经济损失 5533.1 万元④。

三、2006 年

（一）呈贡县冬春干旱

1 月 1 日—4 月 4 日，呈贡县的降水量为 7.0 毫米，蒸发量为 597.7 毫米，高温少雨导致呈贡县发生干旱灾害。造成 1673.3 公顷已栽种的蔬菜缺水，636 公顷蔬菜地因缺水无法栽种⑤。

（二）峨山彝族自治县冬春干旱

1 月 1 日—3 月 21 日，峨山彝族自治县降水量仅为 9.1 毫米，月平均气温较同期偏高 1.3—2.3℃，其中 2 月平均气温突破历史极值，高温少雨天气导致峨山彝族自治县发生干旱灾害，造成 1.9 万人、0.4 万头牲畜饮水困难。农作物受灾 1511.6 公顷，其中轻旱

① 《云南减灾年鉴》编辑委员会：《云南减灾年鉴：2004—2005》，昆明：云南科技出版社，2006 年，第 151 页。
② 《云南减灾年鉴》编辑委员会：《云南减灾年鉴：2004—2005》，昆明：云南科技出版社，2006 年，第 151 页。
③ 《云南减灾年鉴》编辑委员会：《云南减灾年鉴：2004—2005》，昆明：云南科技出版社，2006 年，第 151 页。
④ 《云南减灾年鉴》编辑委员会：《云南减灾年鉴：2004—2005》，昆明：云南科技出版社，2006 年，第 151 页。
⑤ 《云南减灾年鉴》编辑委员会：《云南减灾年鉴：2006—2007》，昆明：云南科技出版社，2008 年，第 88 页。

1194.2公顷，重旱313.3公顷，干枯4.1公顷，水田缺水6.7公顷①。

（三）江川县冬春干旱

1月1日—4月19日，江川县降水量24.4毫米，较历年同期偏少70%，1—3月平均气温较历年同期偏高2.0℃。高温少雨导致江川县发生干旱灾害。造成1.7万人、1000头牲畜饮水困难，农作物受旱面积1082.9公顷②。

（四）元江县冬春干旱

1月1日—4月10日，元江县降水量仅为9.1毫米，比历史同期减少了54.3毫米，气温偏高。干旱灾害造成1.3万人、0.7万头牲畜饮水困难。农作物受旱面积1175.0公顷。其中轻旱659.1公顷，重旱515.1公顷，干枯0.1公顷，33.3公顷甘蔗地因缺水未能栽种③。

（五）保山市发生春旱

3月1—27日，保山市降水偏少，气温偏高，导致隆阳区、施甸县、腾冲县、龙陵县、昌宁县发生干旱，造成1.8万人饮水困难。农作物受灾30300公顷，成灾20500公顷，绝收9700公顷④。

（六）凤庆县冬春干旱

1—3月，凤庆县降水偏少，气温偏高，造成干旱灾害，造成1.2万人、0.5万头牲畜饮水困难。农作物干旱面积10300公顷；与去年相比，发电量减少250万千瓦时。直接经济损失750万元⑤。

（七）鲁甸县春旱灾害

2月2日—4月10日，鲁甸县持续高温少雨天气，导致文屏镇和桃源、茨院、小寨、龙头山、大水井、火德红、乐红、龙树、水磨等10乡镇发生旱灾，12.5万人受灾，3.3万人饮水困难。农作物受灾6279.7公顷，绝收12.2公顷。直接经济损失221.2万元⑥。

———————————

① 《云南减灾年鉴》编辑委员会：《云南减灾年鉴：2006—2007》，昆明：云南科技出版社，2008年，第88页。
② 《云南减灾年鉴》编辑委员会：《云南减灾年鉴：2006—2007》，昆明：云南科技出版社，2008年，第88页。
③ 《云南减灾年鉴》编辑委员会：《云南减灾年鉴：2006—2007》，昆明：云南科技出版社，2008年，第88页。
④ 《云南减灾年鉴》编辑委员会：《云南减灾年鉴：2006—2007》，昆明：云南科技出版社，2008年，第88页。
⑤ 《云南减灾年鉴》编辑委员会：《云南减灾年鉴：2006—2007》，昆明：云南科技出版社，2008年，第88页。
⑥ 《云南减灾年鉴》编辑委员会：《云南减灾年鉴：2006—2007》，昆明：云南科技出版社，2008年，第88页。

（八）普洱市大面积春旱

3 月 1 日—4 月 10 日，普洱市持续气温少雨天气，造成全市 66 个乡镇 425 个村委会 126 万人遭受旱灾，受旱较重的是景谷中西部、墨江东北部、景东、澜沧、江城、镇沅、西盟、翠云等 8 县区的部分乡镇。干旱造成 99.71 万人、3.21 万头牲畜饮水困难；农作物受灾 122700 公顷，其中小春作物受灾 21300 公顷，大春作物受灾 78700 公顷，经济作物受灾 18700 公顷①。

（九）翠云区冬春干旱

1 月 1 日—4 月 25 日，思茅市翠云区持续高温少雨天气造成旱灾，12.5 万人受灾。干旱造成 2.7 万人、1.0 万头牲畜饮水困难；农作物受灾 5789 公顷，绝收 469 公顷。直接经济损失 1597.2 万元②。

（十）弥勒县冬春连旱

1 月 1 日—4 月 25 日，弥勒县降水量仅 42.7 毫米，高温少雨导致弥勒县发生冬春连旱。干旱造成 4.3 万人、1.9 万头牲畜饮水困难；小（二）型水库干涸 6 座，坝塘干涸 83 座。农作物受灾 4572 公顷，其中轻旱 2898 公顷，重旱 1654 公顷；水田缺水 1275 公顷，旱地缺墒 6582 公顷，重旱 1654 公顷；大春作物栽种进度缓慢，水稻仅移栽 57 公顷，烤烟仅移栽 104 公顷③。

（十一）景洪市发生春旱

2—5 月上旬，景洪市发生干旱灾害，造成 11000 人受灾。干旱造成 1000 人饮水困难；农作物受灾 2987 公顷，绝收 1654 公顷。直接经济损失 645 万元④。

（十二）宣威市发生夏旱

7 月 1 日—8 月 7 日，宣威市杨柳乡发生干旱灾害，造成 10 个村委会 5400 户 2.16 万人受灾。农作物受灾 1333.3 公顷，直接经济损失 486.1 万元⑤。

---

① 《云南减灾年鉴》编辑委员会：《云南减灾年鉴：2006—2007》，昆明：云南科技出版社，2008 年，第 88 页。
② 《云南减灾年鉴》编辑委员会：《云南减灾年鉴：2006—2007》，昆明：云南科技出版社，2008 年，第 89 页。
③ 《云南减灾年鉴》编辑委员会：《云南减灾年鉴：2006—2007》，昆明：云南科技出版社，2008 年，第 89 页。
④ 《云南减灾年鉴》编辑委员会：《云南减灾年鉴：2006—2007》，昆明：云南科技出版社，2008 年，第 89 页。
⑤ 《云南减灾年鉴》编辑委员会：《云南减灾年鉴：2006—2007》，昆明：云南科技出版社，2008 年，第 89 页。

（十三）文山县冬春连旱

1 月 1 日—5 月 10 日，文山县测站降水量为 88.8 毫米，雨量特少，气温偏高，4.4 万人遭受干旱灾害。造成 13.6 万人、7.8 万头牲畜饮水困难；农作物受灾 17006.7 公顷，成灾 9906.7 公顷，干枯 17000 公顷[①]。

四、2007 年

（一）昭通市冬春干旱

1 月 1 日—3 月 27 日，昭通市发生干旱灾害，昭阳、鲁甸、巧家、镇雄和永善五个县区受灾较重。干旱造成 4.8 万人、20.2 万头牲畜饮水困难，农作物受旱 38834 公顷，其中轻旱 24448 公顷，重旱 13243 公顷，干枯 1103 公顷[②]。

（二）鲁甸县冬春干旱

1 月 18 日—3 月 30 日，鲁甸县发生干旱灾害。造成 9.648 万人受灾，农作物受灾 4288 公顷，绝收 857 公顷，直接经济损失 515 万元[③]。

（三）维西县秋冬春连旱

2006 年 11 月 1 日—3 月 20 日，维西县降水量持续偏少，特别是 2007 年 2 月 18 日—3 月 20 日，降水量仅为 8.8 毫米，农作物受灾 3410 公顷[④]。

（四）隆阳区发生春旱

3 月 12—30 日，隆阳区降水特少，气温偏高气候偏干，灾害造成 1.2 万人、0.33 万头牲畜饮水困难，农作物受旱 6066.7 公顷，其中轻旱 4953.3 公顷，重旱 1173.3 公顷[⑤]。

（五）石屏县发生春旱

3 月 12—31 日，石屏县出现高温少雨天气，降水量仅 0.2 毫米，干旱造成 7799 人、1840 头牲畜饮水困难，农作物受旱 1107.1 公顷[⑥]。

---

① 《云南减灾年鉴》编辑委员会：《云南减灾年鉴：2006—2007》，昆明：云南科技出版社，2008 年，第 89 页。
② 《云南减灾年鉴》编辑委员会：《云南减灾年鉴：2006—2007》，昆明：云南科技出版社，2008 年，第 98 页。
③ 《云南减灾年鉴》编辑委员会：《云南减灾年鉴：2006—2007》，昆明：云南科技出版社，2008 年，第 98 页。
④ 《云南减灾年鉴》编辑委员会：《云南减灾年鉴：2006—2007》，昆明：云南科技出版社，2008 年，第 98 页。
⑤ 《云南减灾年鉴》编辑委员会：《云南减灾年鉴：2006—2007》，昆明：云南科技出版社，2008 年，第 98 页。
⑥ 《云南减灾年鉴》编辑委员会：《云南减灾年鉴：2006—2007》，昆明：云南科技出版社，2008 年，第 98 页。

（六）江川县发生春旱

2 月 16 日—3 月 26 日，江川县降水量仅 0.2 毫米，持续的高温少雨天气造成干旱灾害。造成 12866 人、1234 头牲畜饮水困难，农作物受旱 1239 公顷[①]。

（七）红塔区发生春旱

2 月 18 日—3 月 30 日，红塔区降水量仅为 2.5 毫米，较历年同期偏少 89.9%，造成小石桥、洛河等乡镇的山区或半山区发生旱灾。农田受灾 245 公顷[②]。

（八）南涧县发生春旱

3 月 1 日—4 月 1 日，南涧县降水量仅 1.4 毫米，造成 8 个乡镇 73 个村委会 972 个村民小组 33251 户 126357 人遭受旱灾。小春农作物受灾 8593.3 公顷，成灾 1800 公顷，绝收 206.7 公顷。农业直接经济损失 474.5 万元[③]。

（九）永善县冬春干旱

1 月 21 日—4 月 5 日，永善县持续高温少雨天气，导致 9 个乡镇 48 个村委会 28 村民小组 10630 户 4.7 万人遭受干旱灾害。造成 4.7 万人、7.23 万头牲畜饮水困难，农作物受灾 7604 公顷，绝收 920 公顷。直接经济损失 1500 万元[④]。

（十）丽江市发生春旱

3 月 1 日—4 月 10 日，丽江市发生干旱灾害，造成 230454 人受灾，34642 人饮水困难。农作物受灾 12754 公顷，绝收 956 公顷，直接经济损失 2279.47 万元，其中农业经济损失 2221.47 万元[⑤]。

（十一）威信县发生春旱

5 月上旬，威信县发生干旱灾害，造成 83410 人受灾，农作物受灾 18598 公顷，直接经济损失 635.6 万元[⑥]。

① 《云南减灾年鉴》编辑委员会：《云南减灾年鉴：2006—2007》，昆明：云南科技出版社，2008 年，第 98 页。
② 《云南减灾年鉴》编辑委员会：《云南减灾年鉴：2006—2007》，昆明：云南科技出版社，2008 年，第 98 页。
③ 《云南减灾年鉴》编辑委员会：《云南减灾年鉴：2006—2007》，昆明：云南科技出版社，2008 年，第 98 页。
④ 《云南减灾年鉴》编辑委员会：《云南减灾年鉴：2006—2007》，昆明：云南科技出版社，2008 年，第 98 页。
⑤ 《云南减灾年鉴》编辑委员会：《云南减灾年鉴：2006—2007》，昆明：云南科技出版社，2008 年，第 98 页。
⑥ 《云南减灾年鉴》编辑委员会：《云南减灾年鉴：2006—2007》，昆明：云南科技出版社，2008 年，第 98 页。

（十二）绥江县发生夏旱

6月1—19日，绥江县发生干旱灾害，造成4个乡镇24个村委会530村民小组15761户60746人受灾，16000人、8500头牲畜饮水困难。农作物受灾7062公顷，干枯171.1公顷；总蓄水量比正常蓄水量少110.7万立方米，旱坝干涸5个，旱浇地干涸418个。直接经济损失1171.36万元①。

（十三）牟定县发生夏旱

6月10—19日，牟定县发生干旱灾害，造成2780人、1480头牲畜饮水困难。农作物受灾2411.5公顷，其中轻旱1327.4公顷，重旱654.8公顷，干枯42.9公顷，2549.6公顷水田缺水②。

（十四）红塔区发生夏旱

6月1—24日，玉溪市红塔区降水量仅39.7毫米，较历年同期减少71%，全区发生干旱灾害，烤烟受灾2497公顷，绝收1公顷③。

（十五）维西县春夏干旱

5月19日—6月30日，维西县发生干旱灾害，造成农作物受灾2200公顷。直接经济损失800万元④。

（十六）安宁市春夏干旱

5月下旬—6月中旬，安宁市降水量比历史同期减少62.2毫米，八街镇、县街乡发生干旱灾害。造成8722人、5608头牲畜饮水困难，小坝塘干涸34座；农作物受灾1641公顷⑤。

（十七）元谋县发生夏旱

6月1日—7月2日，元谋县发生干旱灾害，造成8个乡镇51个村委会322个村民小组13728户50727人受灾，20216人饮水困难。农作物受灾3285.5公顷，绝收37.4公

① 《云南减灾年鉴》编辑委员会：《云南减灾年鉴：2006—2007》，昆明：云南科技出版社，2008年，第98页。
② 《云南减灾年鉴》编辑委员会：《云南减灾年鉴：2006—2007》，昆明：云南科技出版社，2008年，第98页。
③ 《云南减灾年鉴》编辑委员会：《云南减灾年鉴：2006—2007》，昆明：云南科技出版社，2008年，第98页。
④ 《云南减灾年鉴》编辑委员会：《云南减灾年鉴：2006—2007》，昆明：云南科技出版社，2008年，第98页。
⑤ 《云南减灾年鉴》编辑委员会：《云南减灾年鉴：2006—2007》，昆明：云南科技出版社，2008年，第98页。

顷。直接经济损失707.2万元，其中农业经济损失691.4万元①。

（十八）楚雄市春夏干旱

5月18日—7月6日，楚雄市发生干旱灾害，造成14个乡镇134个村委会192804人受灾，2117人、3528头牲畜饮水困难，农作物受灾9432.7公顷。直接经济损失9290.99万元②。

（十九）永胜县发生夏旱

6月1日—7月6日，永胜县发生干旱灾害，造成7.85万人、6.66万头牲畜饮水困难。水库干涸13座，机电井出水不足1492眼；农作物受灾5736.2公顷，成灾2133.3公顷③。

（二十）景洪市发生夏旱

6月20日—7月6日，景洪市景讷、渡哈、大渡岗、普文、勐养5个乡镇24个村委会发生干旱灾害，24668人受灾。农作物受灾851.3公顷④。

（二十一）江川县发生夏旱

6月28日—7月5日，江川县发生干旱灾害，造成江城镇、前卫镇、安化乡、大街镇、九溪镇、路居镇、雄关乡等7乡镇受灾，9781人、410头牲畜饮水困难。农作物受旱2017公顷，其中轻旱1340.3公顷，重旱676.7公顷⑤。

（二十二）新平县发生夏旱

6月1日—7月6日，新平县发生干旱灾害。14037人、5090头牲畜饮水困难。农作物受旱8885.1公顷，其中轻旱6576.7公顷，重旱1960.2公顷，干枯348.2公顷⑥。

（二十三）华坪县发生夏旱

6月1日—7月9日，华坪县发生干旱灾害。造成56750人受灾，农作物受灾5202

———————————

① 《云南减灾年鉴》编辑委员会：《云南减灾年鉴：2006—2007》，昆明：云南科技出版社，2008年，第98页。
② 《云南减灾年鉴》编辑委员会：《云南减灾年鉴：2006—2007》，昆明：云南科技出版社，2008年，第99页。
③ 《云南减灾年鉴》编辑委员会：《云南减灾年鉴：2006—2007》，昆明：云南科技出版社，2008年，第99页。
④ 《云南减灾年鉴》编辑委员会：《云南减灾年鉴：2006—2007》，昆明：云南科技出版社，2008年，第99页。
⑤ 《云南减灾年鉴》编辑委员会：《云南减灾年鉴：2006—2007》，昆明：云南科技出版社，2008年，第99页。
⑥ 《云南减灾年鉴》编辑委员会：《云南减灾年鉴：2006—2007》，昆明：云南科技出版社，2008年，第99页。

公顷，直接经济损失 1052.3 万元[①]。

（二十四）威信县发生夏旱

6月10日—7月10日，威信县发生干旱灾害，造成10个乡镇45个村委会971个村民小组12591户56392人受灾，5688人饮水困难。农作物受灾3457.3公顷，绝收面积656.5公顷。直接经济损失1059.4万元，其中农业经济损失1059.4万元[②]。

五、2008 年云南发生局地冬春干旱

2007年12月—2008年4月，滇东北、滇中、滇西、滇东南发生局部冬春干旱灾害，保山、昭通、玉溪等州市旱灾较明显。干旱造成269.3万人受灾，70.5万人饮水困难；农作物受灾25.55万公顷，绝收面积4.2万公顷；直接经济损失4.5亿元，其中农业经济损失4.3亿元[③]。

（一）保山市发生冬旱

2007年12月—2008年1月中旬，保山市隆阳区、施甸县、腾冲县、龙陵县、昌宁县发生干旱灾害，造成12210人饮水困难，农作物受灾面积11520公顷，成灾面积180公顷[④]。

（二）临沧市发生冬旱

1月，临沧市的镇康县、云县、凤庆县、耿马县发生干旱灾害，造成24996人饮水困难，农作物受灾4433.3公顷，成灾面积1311.3公顷，直接经济损失189.6万元，其中农业直接经济损失174.6万元[⑤]。

（三）维西县发生冬旱

1月中旬，维西县发生干旱灾害，造成农作物缺墒200公顷，牧草受灾800公顷[⑥]。

① 《云南减灾年鉴》编辑委员会：《云南减灾年鉴：2006—2007》，昆明：云南科技出版社，2008年，第99页。
② 《云南减灾年鉴》编辑委员会：《云南减灾年鉴：2006—2007》，昆明：云南科技出版社，2008年，第99页。
③ 《云南减灾年鉴》编辑委员会：《云南减灾年鉴：2008—2009》，昆明：云南科技出版社，2010年，第101页。
④ 《云南减灾年鉴》编辑委员会：《云南减灾年鉴：2008—2009》，昆明：云南科技出版社，2010年，第101页。
⑤ 《云南减灾年鉴》编辑委员会：《云南减灾年鉴：2008—2009》，昆明：云南科技出版社，2010年，第101页。
⑥ 《云南减灾年鉴》编辑委员会：《云南减灾年鉴：2008—2009》，昆明：云南科技出版社，2010年，第102页。

（四）东川区发生冬旱

1月，东川区发生干旱灾害，造成农作物受灾1334公顷[1]。

（五）建水县发生冬旱

1月，建水县发生干旱灾害，造成农作物受灾8424.2公顷，直接经济损失985.2万元[2]。

（六）云县发生干旱灾害

2月，云县发生干旱灾害，造成24000人受灾。农作物受灾12467公顷。直接经济损失1079.3万元，其中农业直接经济损失1058.4万元[3]。

（七）隆阳区发生春旱

3月1日—4月10日，隆阳区发生干旱灾害，造成2235人、1800头牲畜饮水困难。农作物受旱面积1080公顷，成灾面积980公顷，绝收面积100公顷[4]。

（八）石屏县发生春旱

4月1—24日，石屏县大部乡镇出现干旱，造成20356人、3379头牲畜饮水困难。农作物受旱面积4030.7公顷，其中轻旱3287公顷，重旱690.7公顷，干枯53公顷[5]。

（九）新平县发生春旱

3月1日—4月10日，新平县的老厂、者竜等乡镇发生旱灾，造成3689人、2689头牲畜饮水困难。农作物受旱1195.0公顷，重旱6.7公顷[6]。

（十）通海县发生春旱

4月，通海县发生干旱灾害，造成18452人受灾。农作物受旱面积1352.6公顷[7]。

① 《云南减灾年鉴》编辑委员会：《云南减灾年鉴：2008—2009》，昆明：云南科技出版社，2010年，第102页。
② 《云南减灾年鉴》编辑委员会：《云南减灾年鉴：2008—2009》，昆明：云南科技出版社，2010年，第102页。
③ 《云南减灾年鉴》编辑委员会：《云南减灾年鉴：2008—2009》，昆明：云南科技出版社，2010年，第102页。
④ 《云南减灾年鉴》编辑委员会：《云南减灾年鉴：2008—2009》，昆明：云南科技出版社，2010年，第102页。
⑤ 《云南减灾年鉴》编辑委员会：《云南减灾年鉴：2008—2009》，昆明：云南科技出版社，2010年，第102页。
⑥ 《云南减灾年鉴》编辑委员会：《云南减灾年鉴：2008—2009》，昆明：云南科技出版社，2010年，第102页。
⑦ 《云南减灾年鉴》编辑委员会：《云南减灾年鉴：2008—2009》，昆明：云南科技出版社，2010年，第102页。

（十一）耿马县发生春旱

4月，耿马县发生干旱灾害，造成69600人受灾，农作物受旱面积5250公顷，受灾面积350公顷[①]。

六、2009年云南省发生严重旱灾

2009年，云南省发生了冬春旱、局部夏旱和秋冬旱，灾害造成1414.6万人受灾，413.4万人饮水困难，农作物受灾面积144.85万公顷，绝收面积18.22万公顷，直接经济损失356553.0万元，其中农业经济损失340409.1万元。干旱灾害的受灾面积高于1991—2008年的平均值，影响范围和造成的损失明显加重，属干旱灾害偏重年份。2008年11月中旬—2009年3月中旬，云南省降水持续偏低，大部地区气温偏高到特高，省内有30个站连续100—136天无有效降水，造成云南省大部发生干旱灾害，昭通、曲靖、昆明、玉溪、红河、文山、普洱、临沧、保山、丽江等州市受灾严重。5—6月，迪庆、丽江、大理、楚雄、玉溪、曲靖、保山等州市的局部地区发生干旱灾害。入秋后，云南省大部地区降水异常偏少，9—12月云南省平均降水量较历年同期减少41%，突破历史同期最少纪录，平均气温较历年同期偏高1.1℃，突破历史同期最高纪录。丽江、大理、楚雄、昭通、曲靖、玉溪、红河、文山、保山、临沧等地发生严重的秋冬连旱[②]。

（一）丽江市发生冬春干旱

2008年11月—2009年3月，丽江市发生干旱灾害，造成古城、玉龙、永胜、宁蒗4区县的47个乡镇291863人受灾，37357人、32154头牲畜饮水困难，死亡牲畜179头。农作物受灾面积16971.6公顷，成灾6600公顷，绝收面积1184.7公顷；人工草场受灾400公顷；森林受灾面积3667公顷，受害苗木30万株，直接经济损失5107.6万元，其中农业经济损失5107.6万元[③]。

（二）昭通市大面积冬春干旱

2008年12月—2009年3月中旬，昭通市11县区降水量偏少，干旱造成116个乡镇个15个村委会7081个村民小组488521户1865395人受灾，64.55万人、29.515万头牲

① 《云南减灾年鉴》编辑委员会：《云南减灾年鉴：2008—2009》，昆明：云南科技出版社，2010年，第102页。
② 《云南减灾年鉴》编辑委员会：《云南减灾年鉴：2008—2009》，昆明：云南科技出版社，2010年，第106页。
③ 《云南减灾年鉴》编辑委员会：《云南减灾年鉴：2008—2009》，昆明：云南科技出版社，2010年，第106页。

畜饮水困难。农作物受灾面积 104459.9 公顷，绝收面积 6284.5 公顷；严重缺墒 25667 公顷；水库干涸 3 座，库塘干涸 50 口，堰沟断流 185 条。直接经济损失 19013.7 万元，其中农业直接经济损失 17263.7 万元[1]。

（三）新平县发生冬春连旱

1 月中旬—3 月 18 日，新平县持续高温少雨，有效降水日数仅 1 日，致使平甸、新化、建兴、水塘、者竜、平掌、桂山、老厂、杨武、腰街等乡镇遭受旱灾。造成 13898 人、3734 头牲畜饮水困难。农作物受灾面积 2296.9 公顷，成灾面积 465.3 公顷，绝收面积 258.1 公顷[2]。

（四）通海县发生春旱

2—3 月，通海县降水特少，干旱造成 16378 人、1933 头牲畜饮水困难。农作物受灾面积 3941.8 公顷，成灾面积 1127.0 公顷，绝收面积 41.6 公顷[3]。

（五）红塔区发生春季干旱

2 月 4 日—3 月 4 日，红塔区出现持续高温天气，造成高仓镇、北城镇等 6 乡镇发生干旱灾害。农作物受旱面积 1562.4 公顷，成灾面积 438.3 公顷，绝收面积 10.8 公顷，直接经济损失 53.5 万元[4]。

（六）澄江县发生冬春连旱

1—3 月，澄江县降水偏少，造成干旱灾害。受灾人口 23780 人，农作物受灾面积 2263 公顷，成灾面积 1622 公顷，绝收面积 140 公顷，直接经济损失 828 万元[5]。

（七）石屏县发生冬春连旱

2008 年 11 月—2009 年 3 月，石屏县降水持续偏少，导致冬春旱灾。造成 84923 人受灾，18495 人、5150 头牲畜饮水困难。农作物受灾面积 4685 公顷，成灾面积 4400 公顷，绝收面积 285 公顷，农业直接经济损失 937.5 万元[6]。

① 《云南减灾年鉴》编辑委员会：《云南减灾年鉴：2008—2009》，昆明：云南科技出版社，2010 年，第 106 页。
② 《云南减灾年鉴》编辑委员会：《云南减灾年鉴：2008—2009》，昆明：云南科技出版社，2010 年，第 107 页。
③ 《云南减灾年鉴》编辑委员会：《云南减灾年鉴：2008—2009》，昆明：云南科技出版社，2010 年，第 107 页。
④ 《云南减灾年鉴》编辑委员会：《云南减灾年鉴：2008—2009》，昆明：云南科技出版社，2010 年，第 107 页。
⑤ 《云南减灾年鉴》编辑委员会：《云南减灾年鉴：2008—2009》，昆明：云南科技出版社，2010 年，第 107 页。
⑥ 《云南减灾年鉴》编辑委员会：《云南减灾年鉴：2008—2009》，昆明：云南科技出版社，2010 年，第 107 页。

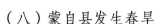

（八）蒙自县发生春旱

2月27日—3月30日，蒙自县持续高温少雨，造成干旱灾害。10500人受灾，11000人、8327头牲畜饮水困难，农作物受灾面积13100公顷，成灾面积2326.7公顷，绝收面积10.6公顷。直接经济损失635.6万元[①]。

（九）元阳县发生冬春连旱

2008年11月—2009年3月，元阳县降水量偏少，致使11个乡镇85个村委会59788人遭受旱灾，16357人、13874头牲畜饮水困难。农作物受灾面积2460.1公顷，成灾面积897.5公顷。农业直接经济损失693.8万元[②]。

（十）建水县发生春旱

3月3—25日，建水县各乡镇降水量都不足5毫米，造成14个乡镇21664人遭受干旱灾害，6369人、751头牲畜饮水困难。农作物受灾面积2400公顷，成灾面积1078.7公顷。直接经济损失163.7万元[③]。

（十一）施甸县发生冬春连旱

2008年11月中旬以来，施甸县降水量偏少，旱情迅速扩大，农作物受灾面积10913.3公顷，成灾面积5440.0公顷，绝收面积126.7公顷，核桃等经济林受灾面积4000公顷，成灾面积2000公顷，直接经济损失1700万元[④]。

（十二）沾益县发生冬春连旱

1月27日—3月4日，沾益县发生干旱灾害。农作物受灾面积18550公顷，成灾面积16566公顷，直接经济损失1721.4万元[⑤]。

（十三）寻甸县发生春旱

2月1日—3月17日，寻甸县降水量偏少，气温升高，春旱明显，造成河口乡、七星乡等16乡镇受灾。农作物受灾面积14716公顷，成灾面积2777.3公顷，绝收面积

① 《云南减灾年鉴》编辑委员会：《云南减灾年鉴：2008—2009》，昆明：云南科技出版社，2010年，第107页。
② 《云南减灾年鉴》编辑委员会：《云南减灾年鉴：2008—2009》，昆明：云南科技出版社，2010年，第107页。
③ 《云南减灾年鉴》编辑委员会：《云南减灾年鉴：2008—2009》，昆明：云南科技出版社，2010年，第107页。
④ 《云南减灾年鉴》编辑委员会：《云南减灾年鉴：2008—2009》，昆明：云南科技出版社，2010年，第107页。
⑤ 《云南减灾年鉴》编辑委员会：《云南减灾年鉴：2008—2009》，昆明：云南科技出版社，2010年，第107页。

333.3公顷[①]。

（十四）南涧县发生冬春连旱

2008年12月—2009年2月23日，南涧县境内持续高温干旱，大部分地区降雨较少或无降雨。造成南涧镇、拥翠乡、乐秋乡、公郎镇、小湾东镇等8个乡镇68个村委会872个村民小组24506户93126人遭受旱灾。农作物受灾面积5192公顷，成灾面积2473公顷，绝收面积195公顷，农业直接经济损失514万元[②]。

（十五）凤庆县发生冬春连旱

1月4日—2月24日，凤庆县连续52天内无有效降雨，造成干旱灾害。2.4万人、0.8万头牲畜饮水困难；农作物受灾面积5960公顷。直接经济损失1012.6万元，其中农业经济损失780.8万元[③]。

（十六）耿马县发生冬春连旱

1月1日—3月26日，耿马县发生了严重干旱，造成12295人饮水困难，农作物受灾面积达28513公顷。直接经济损失635.3万元[④]。

（十七）景洪市发生冬春连旱

1月4日—3月24日，景洪市10个乡镇36个村委会89个村小组37388人受灾，农作物受灾面积2252公顷，成灾面积686公顷，直接经济损失780万元，其中农业经济损失720万元[⑤]。

（十八）澜沧县发生冬春连旱

1—3月，澜沧县降水量仅27.9毫米，比历年同期偏少42%，其中1月4日—3月25日连续81天无降水，造成13个乡镇受灾，15300人、14900头牲畜饮水困难。农作物受灾面积6933.3公顷，重旱313.3公顷，干枯200.0公顷，水田缺水866.7公顷，旱地缺墒9853.3公顷，水利工程蓄水比去年同期减少18%[⑥]。

① 《云南减灾年鉴》编辑委员会：《云南减灾年鉴：2008—2009》，昆明：云南科技出版社，2010年，第107页。
② 《云南减灾年鉴》编辑委员会：《云南减灾年鉴：2008—2009》，昆明：云南科技出版社，2010年，第107页。
③ 《云南减灾年鉴》编辑委员会：《云南减灾年鉴：2008—2009》，昆明：云南科技出版社，2010年，第107页。
④ 《云南减灾年鉴》编辑委员会：《云南减灾年鉴：2008—2009》，昆明：云南科技出版社，2010年，第107页。
⑤ 《云南减灾年鉴》编辑委员会：《云南减灾年鉴：2008—2009》，昆明：云南科技出版社，2010年，第107页。
⑥ 《云南减灾年鉴》编辑委员会：《云南减灾年鉴：2008—2009》，昆明：云南科技出版社，2010年，第107页。

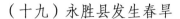

（十九）永胜县发生春旱

5 月 1—18 日，永胜县基本无有效降雨，持续的高温少雨天气导致干旱灾害。15 个乡镇 139 个村委会 102 428 人受灾，9829 人饮水困难。大春作物受灾面积 5991.7 公顷，成灾面积 2223.6 公顷，绝收面积 79.9 公顷。直接经济损失 2495.0 万元[1]。

（二十）维西县发生春旱

5 月，维西县发生干旱。造成农作物受灾面积 1560 公顷，成灾面积 1092 公顷，绝收面积 760 公顷，9900 头牲畜饮水困难[2]。

（二十一）弥渡县发生春旱

5 月 1—27 日，弥渡县持续高温少雨天气，大春作物受旱 11200 公顷，成灾面积 6067 公顷[3]。

（二十二）祥云县发生初夏旱

6 月 1—21 日，祥云县降水量仅为 11.3 毫米，比历年同期偏少 88%，发生明显干旱。烤烟、玉米、水稻、蚕桑等农作物受旱 10153 公顷，重旱 1180 公顷[4]。

（二十三）施甸县发生初夏旱

6 月中旬，施甸县出现高温少雨天气，干旱造成 2.32 万人、5880 头牲畜饮水困难，农作物受旱 4400 公顷[5]。

（二十四）威信县发生局部夏旱

7 月 10—25 日，威信县发生干旱灾害，造成河谷地区、矮二半山区的 5 个乡镇 30 个村委会 651 个村民小组 35149 人受灾，3218 人饮水困难，经济作物受灾面积 2435 公顷，绝收面积 251 公顷。直接经济损失 744.5 万元[6]。

① 《云南减灾年鉴》编辑委员会：《云南减灾年鉴：2008—2009》，昆明：云南科技出版社，2010 年，第 107 页。
② 《云南减灾年鉴》编辑委员会：《云南减灾年鉴：2008—2009》，昆明：云南科技出版社，2010 年，第 107 页。
③ 《云南减灾年鉴》编辑委员会：《云南减灾年鉴：2008—2009》，昆明：云南科技出版社，2010 年，第 107 页。
④ 《云南减灾年鉴》编辑委员会：《云南减灾年鉴：2008—2009》，昆明：云南科技出版社，2010 年，第 108 页。
⑤ 《云南减灾年鉴》编辑委员会：《云南减灾年鉴：2008—2009》，昆明：云南科技出版社，2010 年，第 108 页。
⑥ 《云南减灾年鉴》编辑委员会：《云南减灾年鉴：2008—2009》，昆明：云南科技出版社，2010 年，第 108 页。

（二十五）鲁甸县发生夏旱

7月8—22日，鲁甸县乐红乡、梭山乡、江底乡、火德红乡、小寨乡、龙头山镇、水磨镇等5乡2镇遭受严重干旱，21个村委会231个村民小组55440人受灾。农作物受灾面积3778公顷，成灾面积3778公顷，农业直接经济损失2197.0万元[①]。

（二十六）彝良县发生夏旱

7月14—22日，彝良县遭遇持续高温天气，基本无降雨，造成干旱灾害。角奎镇21个村委会389个村民小组11951户46084人受灾。玉米受灾面积1813公顷，成灾面积1519.5公顷，绝收面积104.3公顷。直接经济损失368.6万元[②]。

（二十七）永胜县发生夏旱

7月下旬—9月中旬，永胜县南部持续高温少雨天气，4个乡镇35个村委会发生干旱灾害。造成55307人受灾，3180人、1730头牲畜饮水困难。农作物受灾面积5761公顷，成灾面积2420公顷，绝收面积1683公顷，农业直接经济损失2520.5万元[③]。

（二十八）宾川县发生夏旱

8月15日—9月7日，宾川县降水量持续偏少，总降水量仅10.7毫米，较历年同期偏少77.9毫米，10个乡镇出现干旱灾害。农作物受灾面积10437公顷，成灾面积4336公顷，绝收面积199公顷[④]。

（二十九）鲁甸县发生夏旱

5月以来，元阳县降水偏少、气温偏高，造成大面积干旱。截至9月15日，农作物受灾面积4063.7公顷，绝收面积130.7公顷，直接经济损失919.3万元[⑤]。

（三十）文山县发生秋旱

9月22日—10月23日，文山县测站降水量仅5.0毫米，干旱造成15个乡镇137个村委会1046个自然村71550户32.2万人受灾。因干旱尚未耕种的地块有20000公顷；农作物受灾面积6613.3公顷，成灾面积2240公顷，绝收面积600.7公顷，直接经济损失

① 《云南减灾年鉴》编辑委员会：《云南减灾年鉴：2008—2009》，昆明：云南科技出版社，2010年，第108页。
② 《云南减灾年鉴》编辑委员会：《云南减灾年鉴：2008—2009》，昆明：云南科技出版社，2010年，第108页。
③ 《云南减灾年鉴》编辑委员会：《云南减灾年鉴：2008—2009》，昆明：云南科技出版社，2010年，第108页。
④ 《云南减灾年鉴》编辑委员会：《云南减灾年鉴：2008—2009》，昆明：云南科技出版社，2010年，第108页。
⑤ 《云南减灾年鉴》编辑委员会：《云南减灾年鉴：2008—2009》，昆明：云南科技出版社，2010年，第108页。

1500万元[1]。

（三十一）保山市发生秋冬连旱

保山市自雨季结束后，多以高温少雨天气为主，出现秋冬连旱。截至12月23日，干旱造成5个县区25.55万人、15.08万头牲畜饮水困难。农作物受灾面积8.094万公顷[2]。

（三十二）镇康县发生秋旱

11月，高温少雨天气造成镇康县干旱灾害。1520人饮水困难，农作物受灾面积6400公顷，成灾面积4480公顷，绝收面积1920公顷；直接经济损失1194万元，其中农业经济损失849万元[3]。

（三十三）泸西县发生秋冬旱区

9月24日—12月中旬，泸西县发生秋冬连旱灾害，造成115580人受灾。农作物受灾面积11499公顷，农业直接经济损失3449.7万元[4]。

（三十四）元阳县发生秋冬旱

9月以来，元阳县大部分地区气温较高，降水较少，致使逢春岭、上新城、马街、南沙4个乡镇39897人受灾，1296人饮水困难，农作物受灾面积2955.7公顷，成灾面积1959公顷，绝收面积1498公顷，直接经济损失143万元[5]。

（三十五）开远市发生秋冬连旱

9月1日—12月17日，开远市干旱灾害导致18106人、11339头牲畜饮水困难。农作物受旱面积3493公顷，因旱减收粮食3430吨，4896公顷冬小麦及其他作物无法播种，直接经济损失1240万元[6]。

（三十六）玉溪市红塔区发生秋旱

9月1日—11月19日，玉溪市红塔区降水持续偏少；其中9—10月降水量突破历史

① 《云南减灾年鉴》编辑委员会：《云南减灾年鉴：2008—2009》，昆明：云南科技出版社，2010年，第108页。
② 《云南减灾年鉴》编辑委员会：《云南减灾年鉴：2008—2009》，昆明：云南科技出版社，2010年，第108页。
③ 《云南减灾年鉴》编辑委员会：《云南减灾年鉴：2008—2009》，昆明：云南科技出版社，2010年，第108页。
④ 《云南减灾年鉴》编辑委员会：《云南减灾年鉴：2008—2009》，昆明：云南科技出版社，2010年，第108页。
⑤ 《云南减灾年鉴》编辑委员会：《云南减灾年鉴：2008—2009》，昆明：云南科技出版社，2010年，第109页。
⑥ 《云南减灾年鉴》编辑委员会：《云南减灾年鉴：2008—2009》，昆明：云南科技出版社，2010年，第109页。

同期最少值。干旱造成 3308 人受灾，农作物受灾面积 6350.9 公顷，成灾面积 2738.2 公顷，绝收面积 989.1 公顷，直接经济损失 1358.9 万元[1]。

（三十七）峨山彝族自治县发生秋旱

9 月 1 日—11 月 17 日，峨山彝族自治县发生干旱灾害。小春作物受灾面积 345.3 公顷，成灾面积 130.6 公顷，绝收面积 328.3 公顷；甸中镇有 3 个村委会出现饮水困难[2]。

（三十八）新平县发生秋冬连旱

10 月 1 日—12 月 30 日，新平县持续高温少雨造成干旱灾害，12 个乡镇受灾，造成 1.7 万人、1 万头牲畜饮水困难。农作物受旱面积 8991.7 公顷[3]。

（三十九）石林彝族自治县发生秋冬连旱

夏季以来，石林彝族自治县降水持续偏少，造成秋冬连旱，水库蓄水严重不足。截至 12 月 28 日，全县 7 个乡镇 37 个村委会 68 个自然村 10120 户 41153 人、29303 头牲畜饮水困难；小春作物受旱面积 9786.7 公顷[4]。

（四十）凤庆县发生秋冬连旱

10—12 月，凤庆县降水持续偏少，气温较历年同期偏高，造成干旱灾害。截至 12 月 22 日，造成 4110 人、1929 头牲畜饮水困难；农作物受旱面积 3896 公顷，减少发电量 150 万千瓦时，直接经济损失 663 万元[5]。

（四十一）漾濞县发生秋冬连旱

10 月 5 日—12 月 31 日，漾濞县降水量仅 10.7 毫米，出现了严重的秋冬连旱。造成 1271 人、5459 头牲畜饮水困难；小春作物受旱面积 346.7 公顷[6]。

（四十二）沧源县发生秋冬连旱

10 月以来，沧源县持续高温少雨，造成干旱灾害。10 个乡镇 2.01 万人受灾，1.508

① 《云南减灾年鉴》编辑委员会：《云南减灾年鉴：2008—2009》，昆明：云南科技出版社，2010 年，第 109 页。
② 《云南减灾年鉴》编辑委员会：《云南减灾年鉴：2008—2009》，昆明：云南科技出版社，2010 年，第 109 页。
③ 《云南减灾年鉴》编辑委员会：《云南减灾年鉴：2008—2009》，昆明：云南科技出版社，2010 年，第 109 页。
④ 《云南减灾年鉴》编辑委员会：《云南减灾年鉴：2008—2009》，昆明：云南科技出版社，2010 年，第 109 页。
⑤ 《云南减灾年鉴》编辑委员会：《云南减灾年鉴：2008—2009》，昆明：云南科技出版社，2010 年，第 109 页。
⑥ 《云南减灾年鉴》编辑委员会：《云南减灾年鉴：2008—2009》，昆明：云南科技出版社，2010 年，第 109 页。

万头牲畜饮水困难。农作物受灾面积 6160 公顷，直接经济损失 92.4 万元[①]。

七、2010 年云南省发生秋冬春连旱

2009 年 11 月—2010 年 5 月，云南降雨持续偏少，气温持续偏高，云南省大部分地区发生罕见的秋、冬、春干旱灾害，致使小春作物严重受灾，人畜饮水困难，楚雄、大理、丽江、昆明西部、玉溪北部、文山西部、红河中北部等重旱区的灾害持续至 7 月，大春作物的栽插、生长受影响。这场干旱是有气象记录以来持续时间最长、影响面最广、危害程度最深的特大旱灾。干旱造成云南省 16 个州市 2497.7 万人受灾，有 1167.4 万人、619 万头牲畜饮水困难；云南省有 564 座小型水库干涸，1119 眼机井出水不足；农作物受灾面积 295.72 万公顷，绝收面积 101.55 万公顷；林地受灾面积 384.73 万公顷，报废 107.87 万公顷。直接经济损失 273.3 亿元，其中农业经济损失 198.6 亿元[②]。

（一）楚雄市发生秋冬春连旱

2009 年 10 月 5 日—2010 年 7 月 8 日，楚雄市降水量较历年同期偏少 198.6 毫米，造成干旱灾害。15 个乡镇 31.9 万人受灾，7.9 万人、4.5 万头牲畜饮水困难。农作物受灾面积 20700 公顷，成灾面积 20300 公顷，绝收面积 17613 公顷。直接经济损失 19165.4 万元，其中农业经济损失 15246.1 万元[③]。

（二）大理白族自治州发生秋冬春连旱

2009 年 10 月 11 日—2010 年 7 月 17 日，大理白族自治州持续高温少雨天气，特别是宾川县，2009 年 10 月 17 日—2010 年 4 月 25 日降雨量仅为 3.5 毫米。严重的干旱灾害造成全州 31 万人、23.0 万头牲畜饮水困难，水库干涸 25 座；农作物受旱面积 79880 公顷，其中重旱面积 17160 公顷，对全州大春作物的栽种生长发育造成了严重影响[④]。

（三）永胜县发生秋冬春连旱

2009 年 10 月—2010 年 7 月 16 日，永胜县发生干旱灾害，致使 15 个乡镇 29.5 万人受灾，13.9 万人、22.7 万头牲畜饮水困难。农作物受灾面积 39680.7 公顷，成灾面积 29841.5 公顷，绝收面积 10590 公顷，粮食减产 56324.2 吨；大春作物无法播种 1600 公

① 《云南减灾年鉴》编辑委员会：《云南减灾年鉴：2008—2009》，昆明：云南科技出版社，2010 年，第 109 页。
② 《云南减灾年鉴》编辑委员会：《云南减灾年鉴：2010—2011》，昆明：云南科技出版社，2012 年，第 104 页。
③ 《云南减灾年鉴》编辑委员会：《云南减灾年鉴：2010—2011》，昆明：云南科技出版社，2012 年，第 104 页。
④ 《云南减灾年鉴》编辑委员会：《云南减灾年鉴：2010—2011》，昆明：云南科技出版社，2012 年，第 104 页。

顷；18 座水库干枯，3545 眼水井干枯。直接经济损失 26456.8 万元[①]。

（四）华坪县发生秋冬春连旱

2009 年 11 月—2010 年 5 月，华坪县发生干旱灾害，造成 5.14 万人、5.37 万头牲畜饮水困难，水库干涸 5 座。农作物受旱面积 5330 公顷，旱地缺墒面积 733 公顷。直接经济损失 7293 万元[②]。

（五）陆良县发生秋冬春连旱

2009 年 8 月—2010 年 5 月，陆良县发生干旱灾害，造成 47.4 万人受灾，15.1 万人、10.0 万头牲畜饮水困难。农作物受灾面积 35326.7 公顷，成灾面积 28360 公顷，绝收面积 16973.3 公顷。直接经济损失 35000 万元[③]。

（六）安宁市发生秋冬春连旱

2009 年 10 月—2010 年 4 月，安宁市发生干旱灾害，造成 15640 人、3340 头牲畜饮水困难。农作物受灾面积 5743 公顷，成灾面积 4195 公顷，绝收面积 2132 公顷。直接经济损失 3800 万元[④]。

（七）峨山彝族自治县发生冬春夏连旱

2010 年 1 月—7 月中旬，峨山彝族自治县发生干旱灾害，造成 5.8 万人、5.8 万头牲畜饮水困难。小春作物受灾面积 8613.3 公顷，成灾面积 7633.3 公顷，绝收面积 4333.3 公顷；大春作物受灾面积 5886.7 公顷；林地受灾面积 7840 公顷；水库、坝塘干涸 88 座[⑤]。

（八）江川县发生秋冬春连旱

2009 年 9 月 17 日—2010 年 5 月 26 日，江川县发生干旱灾害，造成 43185 人、4509 头牲畜饮水困难。农作物受旱面积 12069.9 公顷，其中轻旱 6638.5 公顷，重旱 4067 公顷，干枯 1364.5 公顷；旱地缺墒面积 919.1 公顷；水库干涸 5 座，小坝塘干涸 112 座，星云湖 5 月 25 日突破历史最低水位记录[⑥]。

---

① 《云南减灾年鉴》编辑委员会：《云南减灾年鉴：2010—2011》，昆明：云南科技出版社，2012 年，第 104 页。
② 《云南减灾年鉴》编辑委员会：《云南减灾年鉴：2010—2011》，昆明：云南科技出版社，2012 年，第 104 页。
③ 《云南减灾年鉴》编辑委员会：《云南减灾年鉴：2010—2011》，昆明：云南科技出版社，2012 年，第 104 页。
④ 《云南减灾年鉴》编辑委员会：《云南减灾年鉴：2010—2011》，昆明：云南科技出版社，2012 年，第 104 页。
⑤ 《云南减灾年鉴》编辑委员会：《云南减灾年鉴：2010—2011》，昆明：云南科技出版社，2012 年，第 104 页。
⑥ 《云南减灾年鉴》编辑委员会：《云南减灾年鉴：2010—2011》，昆明：云南科技出版社，2012 年，第 104—105 页。

（九）新平县发生秋冬春连旱

2009 年 10 月—2010 年 5 月 27 日，新平县发生干旱灾害，造成 49457 人、26024 头牲畜饮水困难。农作物受旱 6787.3 公顷，其中轻旱 2899.1 公顷，重旱 1631.2 公顷，干枯 2256.9 公顷，水田缺水 205 公顷，旱地缺墒 228.1 公顷；水库干枯 4 座，小坝塘干涸 71 座。直接经济损失 21172.5 万元①。

（十）蒙自县发生秋冬春连旱

2009 年入秋以来，蒙自县降水持续偏少，致使全县发生秋、冬、春、夏连旱。截至 2010 年 7 月 15 日，造成 11 个乡镇 663 个自然村受灾，84100 人、27200 头牲畜饮水困难。13 个座小型水库、162 个小坝塘、13506 个小水窖干涸；农作物受灾面积 44200 公顷，林地受灾面积 15946.7 公顷，水产品养殖受灾面积 260 公顷，产量损失 975 吨。其中小春粮食减产 33.3%。直接经济损失 2 亿元②。

（十一）建水县发生秋冬春连旱

2009 年 9 月—2010 年 5 月，建水县发生秋、冬、春连旱，造成 26 万人受灾，90663 人、62000 头牲畜饮水困难。农作物受灾面积 33991 公顷，成灾面积 21957 公顷，绝收面积 8356 公顷。农业直接经济损失 1.9967 亿元③。

（十二）泸西县发生秋冬春连旱

2010 年 1 月 2 日—6 月 28 日泸西县持续干旱，造成 35.1 万人受灾。农作物受灾面积 10102 公顷，成灾面积 10102 公顷，绝收面积 9385 公顷，农业直接经济损失 2.73 亿元④。

（十三）西畴县发生秋冬春连旱

2009 年 10 月—2010 年 5 月 10 日，西畴县发生干旱灾害，造成 9 乡镇 162999 人受灾，153080 人、125650 头牲畜饮水困难。农作物受灾面积 10290 公顷，成灾面积 5654 公顷，绝收面积 3838 公顷，减产粮食 3879 万斤（1 斤=0.5 千克）。直接经济损失 12889 万元，其中农业经济损失 6992.6 万元⑤。

---

① 《云南减灾年鉴》编辑委员会：《云南减灾年鉴：2010—2011》，昆明：云南科技出版社，2012 年，第 105 页。
② 《云南减灾年鉴》编辑委员会：《云南减灾年鉴：2010—2011》，昆明：云南科技出版社，2012 年，第 105 页。
③ 《云南减灾年鉴》编辑委员会：《云南减灾年鉴：2010—2011》，昆明：云南科技出版社，2012 年，第 105 页。
④ 《云南减灾年鉴》编辑委员会：《云南减灾年鉴：2010—2011》，昆明：云南科技出版社，2012 年，第 105 页。
⑤ 《云南减灾年鉴》编辑委员会：《云南减灾年鉴：2010—2011》，昆明：云南科技出版社，2012 年，第 105 页。

第三节　暴雨、洪涝

一、2004 年

（一）耿马县"4·17"暴雨灾害

4月17日，耿马县勐永镇降暴雨，24小时降水量44.6毫米。12时15分，勐永镇香竹林村委会村民8人途经河底岗清水河时被河水冲走，其中4人获救，2人死亡，2人失踪[①]。

（二）昭通市"4·6"洪涝灾害

4月6日下午至7日凌晨，昭通市降中到大雨，绥江、水富、盐津3县4个乡31个村8.5万人受灾，山洪造成绥江县死亡2人。损坏房屋9914间。农作物受灾6195.6公顷，成灾3324.3公顷，绝收1163.2公顷，粮食减产84.9吨，经济林果受灾84.3公顷，成灾42.9公顷，绝收8公顷。水利工程受损10件、1.2千米，损坏乡村公路1条，冲毁路面7千米。共计直接经济损失4311.7万元[②]。

（三）福贡县4月中旬洪涝灾害

4月13—16日，福贡县连降大到暴雨，降水总量217.3毫米，24小时极大降水量70.5毫米。造成2人死亡，4人失踪，7人受伤。民房受损994间，冲毁139户民房。冲毁农田118.3公顷，经济林木103.6公顷，经济作物受灾16.8公顷，牲畜死亡517头（只）。冲毁沟渠243条，冲毁农田灌溉沟渠22.2千米，冲毁人畜饮水工程113处、76.5千米，冲毁路基30千米，塌方量56000立方米，冲毁人马驿道53条、26.5千米。共计直接经济损失7677.9万元[③]。

（四）施甸县4月中旬暴雨成灾

4月13—19日，施甸县降暴雨，24小时极大降水量67.4毫米，太平、等子、何元、

① 《云南减灾年鉴》编辑委员会：《云南减灾年鉴：2004—2005》，昆明：云南科技出版社，2006年，第142页。
② 《云南减灾年鉴》编辑委员会：《云南减灾年鉴：2004—2005》，昆明：云南科技出版社，2006年，第142页。
③ 《云南减灾年鉴》编辑委员会：《云南减灾年鉴：2004—2005》，昆明：云南科技出版社，2006年，第142页。

木老元等地发生泥石流和山体滑坡灾害，造成 4013 人受灾，伤 5 人，紧急转移安置 24 人，无家可归 123 人。房屋倒塌 342 间，房屋损坏 761 间，牲畜死亡 10 头。农作物受灾 280 公顷，成灾 98 公顷，绝收 25 公顷，毁坏耕地 25 公顷，减产粮食 75 吨。倒折成材树木 3426 株，冲毁公路 21 千米，电力通信线路中断 3.9 千米，倒折电杆 42 根，学校、卫生院受损 2 所，需搬迁户 184 户，人畜饮水工程受损 35 件。共计直接经济损失 181 万元，其中农业直接经济损失 103 万元[①]。

（五）耿马县"4·17"洪灾

4 月 17 日，耿马县勐永镇降暴雨，24 小时降水量 44.6 毫米。12 时 15 分，勐永镇香竹林村委会村民 8 人途经河底岗清水河时被河水冲走，造成 2 人死亡，2 人失踪，4 人获救[②]。

（六）绥江县"5·1"洪涝灾害

5 月 1 日 21 时 30 分—23 时 30 分，绥江县 6 个乡镇 28 个村委会降暴雨，局部雨量 120 毫米，造成 10442 户 4.0 万人受灾。房屋受损 2792 户 4138 间，畜厩受损 1614 间。农作物受灾 3818.2 公顷，成灾 1887.5 公顷，树木受灾 9.1 万棵，竹受灾 352.5 公顷，牲畜死亡 8 头，禽类死亡 61 只。道路受损 46 千米，水利设施受损 52 件，通信线路受损 3.0 千米，电力线路受损 33.9 千米，倒折电杆 26 根。共计直接经济损失 1474.1 万元，间接经济损失 3678.7 万元[③]。

（七）富宁县"5·15"大暴雨成灾

5 月 15 日 19 时 30 分—16 日 2 时，富宁县降大暴雨，6 小时降雨量 167.8 毫米，造成县城周边 8 条河流河水暴涨，县城被淹，新华镇、板仑乡、归朝镇、洞波乡 4 个乡镇发生洪灾，5 人死亡、1 人失踪。损坏房屋 7756 间，冲垮民房 726 间，两所小学教室倒塌，学校围墙倒塌 894 米。农作物受灾 3040 公顷，成灾 860 公顷，冲毁农田 54.7 公顷。国道 323 线多处塌方，路基路面受损，交通中断 8 小时，县乡公路桥涵损坏 27 座，2 条县乡公路和 26 条乡村公路交通中断。县城街道被淹，主街道淤泥 2.9 万立方米。冲毁水沟 82.5 千米、冲毁鱼塘 38 个、冲毁供水设施 670 米，损坏变压器 2 台，城区供电中断。共计直接经济损失 2188.2 万元[④]。

① 《云南减灾年鉴》编辑委员会：《云南减灾年鉴：2004—2005》，昆明：云南科技出版社，2006 年，第 142—143 页。
② 《云南减灾年鉴》编辑委员会：《云南减灾年鉴：2004—2005》，昆明：云南科技出版社，2006 年，第 143 页。
③ 《云南减灾年鉴》编辑委员会：《云南减灾年鉴：2004—2005》，昆明：云南科技出版社，2006 年，第 143 页。
④ 《云南减灾年鉴》编辑委员会：《云南减灾年鉴：2004—2005》，昆明：云南科技出版社，2006 年，第 143 页。

（八）隆阳区"5·17"暴雨成灾

5月17—19日，保山市隆阳区降暴雨，造成20个乡镇32个村委会3万人受灾。农户住房进水400户，房屋倒塌76间。农田被淹800公顷，大棚蔬菜被淹200公顷，鱼塘受灾40公顷。河堤坍塌1.6千米，山体滑坡3处，毁坏电杆3根，道路坍塌1.5千米，冲毁路基3处。共计直接经济损失3050万元[①]。

（九）云县"5·17"暴雨成灾

5月17日，云县境内普降暴雨，24小时极大降水量91.1毫米，造成14个乡镇56个村委会40186人受灾，轻伤3人，重伤2人。民房损坏251幢627间，倒塌19幢51间，无法居住8户25人。农作物受灾1288公顷，成灾426.7公顷，绝收47.9公顷，无法垦复18.9公顷，粮食减产682吨。损坏公路13条，损坏路基0.3千米。冲毁桥梁3座，损坏桥梁1座，损坏桥涵47座，公路坍塌5万立方米。损坏灌溉沟渠413条，冲毁沟渠坝头44处，损坏河堤70处5.6千米，冲毁堤防0.04千米，损坏桥涵36座，损坏人畜饮水工程3件，损坏输水管道5.6千米。损坏输电线路16.4千米，电杆受损22根，冲毁变压器2台。共计直接经济损失1651.4万元，间接损失555万元[②]。

（十）永德县"5·18"洪涝灾害

5月18—19日，永德县连降暴雨，24小时极大降水量108.7毫米，造成12个乡镇受灾。损坏房屋3766间。农作物受灾15284公顷。公路受损62条175.3千米，堤坝决口60处0.8千米，塘坝受损21座，损坏灌溉设施210处。共计直接经济损失9529万元[③]。

（十一）凤庆县"5·17"洪灾

5月17—19日，凤庆县连降暴雨，过程降水量253.5毫米，24小时极大降水量112.0毫米，造成河水上涨，民房倒塌。因灾死亡1人，失踪2人，重伤3人[④]。

（十二）腾冲县"5·17"暴雨灾害

5月17—19日，腾冲县暴雨，过程降水总量159.4毫米，24小时极大降水量88.9

① 《云南减灾年鉴》编辑委员会：《云南减灾年鉴：2004—2005》，昆明：云南科技出版社，2006年，第143页。
② 《云南减灾年鉴》编辑委员会：《云南减灾年鉴：2004—2005》，昆明：云南科技出版社，2006年，第143页。
③ 《云南减灾年鉴》编辑委员会：《云南减灾年鉴：2004—2005》，昆明：云南科技出版社，2006年，第143页。
④ 《云南减灾年鉴》编辑委员会：《云南减灾年鉴：2004—2005》，昆明：云南科技出版社，2006年，第143页。

毫米。造成21个乡镇受灾，2人被洪水冲走死亡。淹没农田351.3公顷，农田被毁2公顷。农作物受灾336.6公顷，成灾336.0公顷。冲毁鱼塘4个2.2公顷，损失鱼2.98吨。冲毁河堤1.361千米。沟渠坍塌、淤塞436米，冲毁取水坝2座，冲毁桥梁1座，受损3座。吊桥被毁1座，勐连乡3座石拱桥受损。滑坡致51户236人受灾，7户受到威胁。毁坏公路路基50米。损坏输电线路620米，冲毁木板20立方米，树木被毁200棵。共计直接经济损失878.2万元[①]。

（十三）沧源县"5·19"暴雨灾害

5月19—20日，沧源县普降大到暴雨，局部出现大暴雨，勐董24小时降水量103.7毫米，造成11个乡镇47个村委会2.27万人受灾。民房受损217间。农作物受灾3066.7公顷，成灾953.3公顷，绝收273.3公顷，损失产量2730吨。水产养殖受灾21.3公顷，损失产量256吨。公路坍塌4.17千米，损坏路基47.2千米，损坏涵洞23个。水沟坍塌3.8千米，损坏渡槽6座，河道决口4.08千米，损坏护岸5.2千米。共计直接经济损失1255万元[②]。

（十四）贡山县5月中旬暴雨灾害

5月10—19日，贡山县连降大雨、暴雨，过程降水总量175.0毫米，5月11日降水量54.2毫米。独龙江乡民房受损2361间，农作物受灾102.1公顷，退耕还林工程受损3.9公顷。挡墙塌方4323立方米，损坏人马驿道2.9千米，塌方42500立方米，损坏便桥8座。共计直接经济损失484.7万元[③]。

（十五）禄丰县"6·18"洪涝灾害

6月18—20日，禄丰县普降大到暴雨，金山镇城区降雨量142.9毫米。全县18个乡镇69个村委会640个村民小组10.4万人受灾，损坏民房213间，倒塌104间。农作物受灾3472.5公顷，成灾1846.7公顷，绝收907公顷。损坏各类水库21座，损坏堤防49处6.5千米，损坏灌溉设施111处，损坏机电泵站15座，损毁桥梁4座。公路塌方38处2917立方米。共计直接经济损失4586.5万元[④]。

① 《云南减灾年鉴》编辑委员会：《云南减灾年鉴：2004—2005》，昆明：云南科技出版社，2006年，第143—144页。
② 《云南减灾年鉴》编辑委员会：《云南减灾年鉴：2004—2005》，昆明：云南科技出版社，2006年，第144页。
③ 《云南减灾年鉴》编辑委员会：《云南减灾年鉴：2004—2005》，昆明：云南科技出版社，2006年，第144页。
④ 《云南减灾年鉴》编辑委员会：《云南减灾年鉴：2004—2005》，昆明：云南科技出版社，2006年，第144页。

（十六）西畴县"6·25"洪涝灾害

6月25—26日，西畴县境内降大雨、暴雨，测站降水量46.6毫米，造成10个乡镇41个村委会35757个村民小组15718户55016人受灾。房屋损坏257间，倒塌38间。农作物受灾2269.2公顷，成灾1666.6公顷，绝收284.1公顷，减产3734.5吨。冲毁河堤、沟渠35条（段），冲毁桥梁1座。共计直接经济损失733.33.6万元，其中农业直接经济损失652.9万元[①]。

（十七）思茅市翠云区"6·26"暴雨灾害

6月27—28日，思茅市翠云区降暴雨，27日2—17时降水量60.6毫米，28日3—7时降水量36.8毫米，过程降水总量97.4毫米。造成六顺乡、震东乡、倚象镇、南屏镇、思茅镇13个村委员36个村民小组受灾。民房受损390间，冲走民房6间。农作物受灾456.7公顷，成灾311公顷。造林地受灾466.7公顷，冲毁钢丝吊桥4座、苗木17.1万株、桥梁4座、鱼塘0.5公顷，冲走农用拖拉机、打沙机各1台，多条电力、通信线路和农村道路中断，思小公路、思云公路部分受损。共计直接经济损失850万元[②]。

（十八）建水县"6·26"洪涝灾害

6月26日4—6时，建水县降暴雨，城区降水量93.3毫米，造成2人死亡，1人失踪，55人受伤。房屋受损1922户，倒塌房屋1127间。农作物受灾3009.2公顷，成灾637.6公顷，绝收219.8公顷，损失仓储粮832吨。共计直接经济损失12711万元[③]。

（十九）陇川县"6·28"洪涝灾害

6月28日，陇川县普降大雨，24小时降水量44.1毫米，局部地区雨量更大。南宛河水涨势凶猛，几个支流小河河堤被冲垮，洪水冲入村寨，造成章凤镇拉勐、迭撒两村26370人受灾。房屋损坏123间，倒塌13间。农作物受灾1465公顷，绝收95公顷，成灾1238公顷。共计直接经济损失613万元，其中农业直接经济损失510万元[④]。

（二十）富民县"7·9"暴雨灾害

7月9—10日，富民县普降大雨、暴雨，造成9个乡镇受灾。房屋受损531间，房

① 《云南减灾年鉴》编辑委员会：《云南减灾年鉴：2004—2005》，昆明：云南科技出版社，2006年，第144页。
② 《云南减灾年鉴》编辑委员会：《云南减灾年鉴：2004—2005》，昆明：云南科技出版社，2006年，第144页。
③ 《云南减灾年鉴》编辑委员会：《云南减灾年鉴：2004—2005》，昆明：云南科技出版社，2006年，第144页。
④ 《云南减灾年鉴》编辑委员会：《云南减灾年鉴：2004—2005》，昆明：云南科技出版社，2006年，第144页。

屋倒塌 140 间。农作物受灾 548.3 公顷。河道、沟渠倒塌 7.1 千米，造成滑坡点 35 个[①]。

（二十一）澄江县"7·10"暴雨灾害

7月9日20时—10日8时，澄江县阳宗镇降暴雨，镇政府降水量 91.6 毫米。房屋倒塌 16 户 19 间，348 户 870 间房屋成危房。农作物受灾 346.2 公顷，绝收 140.4 公顷。乡村公路损毁 57 千米。丁家庄自然村发生山体滑坡，3 户农户房屋受损。共计直接经济损失 773.7 万元[②]。

（二十二）腾冲县 7 月中下旬洪涝灾害

7月16—24日，腾冲县发生洪涝灾害，造成 10.3 万人受灾，死亡 4 人、失踪 6 人、重伤 2 人、轻伤 7 人、因灾伤病 195 人，紧急转移安置 1680 人。损坏房屋 4920 间，倒塌 84 间。农作物受灾 5333.3 公顷，成灾 1820 公顷，绝收 1040 公顷，淹没鱼塘 4.8 公顷，森林受灾 4.3 公顷。冲毁人畜饮水工程 50 件、沟渠 78.4 千米，冲毁公路 75.1 千米、涵洞 3 座，损坏桥梁 50 座，5 条交通干线和 2 条乡村公路交通中断。电力与通信电路中断 6.9 千米，折断电杆 104 根，损坏变压器 1 台，3 座电站停机。共计直接经济损失 8148.3 万元[③]。

（二十三）保山市 7 月中旬洪涝灾害

7月16—20日，保山市发生洪涝灾害，造成 5 个县区 20 个乡镇 30 多万人受灾，死亡 2 人，失踪 10 人。房屋被淹 4701 间，损坏 1245 间。农作物受灾 7160 公顷。淹没公路 2 千米，毁坏路基 83 千米、桥梁 16 座。损坏输电线路 25 千米、通信线路 5 千米。损坏堤防 160 千米，堤防决口 161 处 2.1 千米，损坏护岸 19 处，损坏灌溉设施 890 处，渠道坍塌 112 千米，损坏水闸 15 座。10 座水电站受灾，3 座电站被迫停产。共计直接经济损失 23766 万元[④]。

（二十四）西畴县"7·19"洪涝灾害

7月19—21日，西畴县境内连降大雨，过程降水总量 82.6 毫米，造成 8 个乡镇 87300 人受灾。房屋倒塌 135 间，损坏 274 间，毁坏瓦片 91.4 万片。农作物受灾 4252.7 公顷，成灾 1878.7 公顷，绝收 385.1 公顷，粮食减产 4192.5 吨。冲毁河堤、沟渠 51 条

① 《云南减灾年鉴》编辑委员会：《云南减灾年鉴：2004—2005》，昆明：云南科技出版社，2006 年，第 145 页。
② 《云南减灾年鉴》编辑委员会：《云南减灾年鉴：2004—2005》，昆明：云南科技出版社，2006 年，第 145 页。
③ 《云南减灾年鉴》编辑委员会：《云南减灾年鉴：2004—2005》，昆明：云南科技出版社，2006 年，第 145 页。
④ 《云南减灾年鉴》编辑委员会：《云南减灾年鉴：2004—2005》，昆明：云南科技出版社，2006 年，第 145 页。

（段）24 千米，公路垮塌 163 处 5400 立方米。2 个村民小组 24 户 96 人受山体滑坡威胁，急需搬迁 13 户 54 人。共计直接经济损失 944.7 万元，其中农业直接经济损失 810 万元[①]。

（二十五）永胜县"8·3"洪涝灾害

8 月 3—4 日，永胜县降大暴雨，测站 24 小时降水量 132.7 毫米，造成 18 个乡镇 75 个村委会 14.7 万人受灾，死亡 1 人，伤 40 人，被困村庄 35 个，被困 12577 人。损坏房屋 132209 间，倒塌 2426 间，围墙倒塌 19.6 千米。农作物受灾 5291.7 公顷，成灾 3900.7 公顷，冲毁农田 249.4 公顷，牲畜死亡 20571 头（只），农户存粮损失 437.6 吨。电站受损 5 座，中断输电线路 79.2 千米，倒折电杆 202 根。冲毁水库、坝塘 146 座，公路受损 132 千米，冲毁灌溉沟渠 74 千米，人畜饮水工程受损 122 件。共计直接经济损失 22192.5 万元[②]。

（二十六）宁蒗彝族自治县"8·3"洪涝灾害

8 月 3—4 日，宁蒗彝族自治县普降大雨、暴雨，测站 24 小时降水量 34.1 毫米，造成战河、西布河、西川、跑马坪、蝉战河 69000 人受灾，受伤 1 人。民房受损 687 间，倒塌 39 间。农作物受灾 1500 公顷，成灾 1226 公顷，绝收 678 公顷，粮食减产 4576 吨。冲走牲畜 2 头，冲毁公路 2.3 千米，冲毁桥涵 5 座。共计直接经济损失 749 万元，其中农业直接经济损失 549 万元[③]。

（二十七）景东县"8·3"洪涝灾害

8 月 3 日 20 时—4 日 16 时，景东县普降大雨、暴雨，测站 24 小时降水量 43.7 毫米，造成 8 个乡镇 25472 人受灾。民房受灾 1430 间，倒塌 44 间。农作物受灾 1521 公顷，成灾 1042 公顷，绝收 169 公顷，淹死牲畜 25 头。水利设施受损 297 件 342 处。冲毁县乡公路拱桥 3 座，公路坍塌 4 处 2 万立方米。共计直接经济损失 816.7 万元[④]。

（二十八）凤庆县"8·4"洪涝灾害

8 月 4—5 日，凤庆县新华、鲁史、大寺、小湾乡降暴雨，24 小时降水量 58.6 毫米，造成洪涝、泥石流、滑坡灾害。受灾 4826 人，伤病 3 人，洪水冲走 2 人。房屋受损 218 间，倒塌 18 间，4 户急需搬迁重建。农作物受灾 274.5 公顷，成灾 95.5 公

① 《云南减灾年鉴》编辑委员会：《云南减灾年鉴：2004—2005》，昆明：云南科技出版社，2006 年，第 145 页。
② 《云南减灾年鉴》编辑委员会：《云南减灾年鉴：2004—2005》，昆明：云南科技出版社，2006 年，第 146 页。
③ 《云南减灾年鉴》编辑委员会：《云南减灾年鉴：2004—2005》，昆明：云南科技出版社，2006 年，第 146 页。
④ 《云南减灾年鉴》编辑委员会：《云南减灾年鉴：2004—2005》，昆明：云南科技出版社，2006 年，第 146 页。

顷，绝收 60.5 公顷，减损产量 459 吨，死亡牲畜 135 头。公路路面受损 1.946 千米，涵洞受损 1 个，沟渠堤坝受损 0.7 千米。森林受灾 1.9 公顷。共计直接经济损失 128.9 万元[1]。

（二十九）潞西市"8·7"洪涝灾害

8月7—9日，潞西市（今芒市）连降大到暴雨，过程降水总量 92.4 毫米，芒市河河水猛涨，超警戒水位 0.53 米，遮放、风平、轩岗 3 个乡镇 13649 人遭受洪涝灾害。倒塌房屋 2 间。农作物受灾 1449.4 公顷。芒市河遮放段漫堤 9 千米，损坏堤防 60 处 2 千米，堤防决口 6 处 255 米。损坏钢筋石笼 150 米，损坏沟渠 4 米，损坏涵洞 1 个。共计直接经济损失 549 万元[2]。

（三十）勐腊县"8·14"洪灾

8月14日2—7时，勐腊县关累镇降暴雨，降水量 110 毫米，造成 3 个村民小组 127 户 650 人受灾，1 人死亡，2 人失踪，122 户 605 人急需搬迁。民房受损 27 户，其中冲毁 11 户。农作物受灾 17.1 公顷，成灾 12 公顷，冲毁 5.1 公顷，冲走粮食 4.3 吨。冲毁沟渠 1.7 千米、自来水管 1.5 千米。乡村公路、桥涵受损。共计直接经济损失 238.6 万元[3]。

（三十一）富源县"8·24"暴雨灾害

8月24日傍晚至25日凌晨，富源县后所镇、营上镇、墨红镇、中安镇、大河镇降暴雨，过程降水量 120.0 毫米。造成 3 人受伤，房屋被淹 60 间，倒塌 10 间，中安镇 1 所学校及 3 个自然村被淹。死伤牲畜 200 头，农作物受灾 1163.2 公顷，绝收 164.7 公顷。共计直接经济损失 1909 万元[4]。

（三十二）建水县"8·26"洪涝灾害

8月25日22时—26日1时30分，建水县曲江镇降暴雨，3 小时 30 分降雨量 58 毫米。3366 户 12712 人受灾，需转移安置 74 人。房屋被淹 485 间，倒塌 105 间。农作物受灾 964.4 公顷，绝收 266.9 公顷，水毁农田 27.5 公顷。村镇道路受损 6910 米，冲毁桥梁 2 座，受损 3 座，河堤决堤、倒塌 13154 米，沟渠倒损 11530 米。共计直接经济损失

① 《云南减灾年鉴》编辑委员会：《云南减灾年鉴：2004—2005》，昆明：云南科技出版社，2006年，第 146 页。
② 《云南减灾年鉴》编辑委员会：《云南减灾年鉴：2004—2005》，昆明：云南科技出版社，2006年，第 146 页。
③ 《云南减灾年鉴》编辑委员会：《云南减灾年鉴：2004—2005》，昆明：云南科技出版社，2006年，第 147 页。
④ 《云南减灾年鉴》编辑委员会：《云南减灾年鉴：2004—2005》，昆明：云南科技出版社，2006年，第 147 页。

2769.9万元①。

（三十三）永胜县"9·6"洪涝灾害

9月6日晚—7日凌晨，永胜县降暴雨，造成12个乡镇54个村委会24727人受灾，死亡8人，重伤1人。损坏房屋1104间，倒塌111间。农作物受灾1732.3公顷，绝收396.1公顷，冲毁农田30.7公顷，农户存粮损失44吨，死亡牲畜19头。冲毁县乡公路23.8千米，中断输电线路21.8千米，冲毁水库坝塘50座、灌溉沟渠2.1千米，人畜饮水工程受损10件。共计直接经济损失1770.3万元②。

（三十四）华坪县"9·6"洪涝灾害

9月6—7日，华坪县普降大雨，测站48小时降水量61.1毫米，造成2.3万人遭受洪涝灾害。民房受损1560间，教育、卫生、村委会公房受损345间。农作物受灾481.7公顷，成灾427.3公顷，死亡牲畜54头（只）。损毁鱼塘245个、坝塘89个、小型水库6个，冲毁乡村公路32千米，路基塌方47万立方米，高、低压线路受损4.5千米，倒折电杆76根。共计直接经济损失2406.2万元③。

（三十五）昌宁县"9·26"洪涝灾害

9月26日20时—27日8时，昌宁县降暴雨，降水量85.7毫米。造成8.5万人遭受洪涝灾害。民房受损3825间，需搬迁151户1208间。农作物受灾432.6公顷。由于南门河水暴涨，城市干道、街巷、广场路面淤积水12.5万平方米，路面受损3.2万平方米，损坏人行道1.1万平方米，下水道阻塞6千米，路灯电缆受损0.9千米。冲毁桥梁2座，塌方1260立方米，损坏城区主水管5千米、分水管20千米。多条公路坍塌，造成交通中断。共计直接经济损失2308.5万元④。

二、2005年

（一）富宁县"6·13"洪涝灾害

6月13日晚—14日8时，富宁县出现强降水天气，造成5个乡镇53个村委会323

① 《云南减灾年鉴》编辑委员会：《云南减灾年鉴：2004—2005》，昆明：云南科技出版社，2006年，第147页。
② 《云南减灾年鉴》编辑委员会：《云南减灾年鉴：2004—2005》，昆明：云南科技出版社，2006年，第147页。
③ 《云南减灾年鉴》编辑委员会：《云南减灾年鉴：2004—2005》，昆明：云南科技出版社，2006年，第147页。
④ 《云南减灾年鉴》编辑委员会：《云南减灾年鉴：2004—2005》，昆明：云南科技出版社，2006年，第147页。

个村民小组 4.5589 万人遭受洪涝灾害，1 人受伤。39 户村民的房屋受损，28 户村民的房屋倒塌。农作物受灾 0.116 万公顷，成灾 0.062 万公顷，绝收 0.0267 万公顷。冲毁沟渠 217 条 200.46 千米，河坝 32 处。折断高压电杆 3 根，损坏电路 0.7 千米，损坏饮水工程 5 个，冲毁自来水管道 2.353 千米。冲毁乡村公路 2.353 千米，冲毁桥涵 12 座，造成乡村公路中断 69 条。共计直接经济损失 1450 万元[①]。

（二）龙陵县"6·26"大暴雨成灾

6 月 26—27 日，龙陵县出现强降水天气，测站 26 日降雨量为 120.7 毫米，使得江河水位暴涨，造成 8 个乡镇受灾，2 人死亡，5 人失踪。民房受灾 74 幢，倒塌 7 幢。农作受灾 661.6 公顷，冲毁 79.7 公顷。冲毁河堤 250 米，冲毁沟渠 77 处 10.6 千米，冲毁人畜饮水管道 2 处，损毁涵洞 42 个。县乡公路中断 3 条，部分乡村公路坍塌中断。6 座电站因灾停产。共计直接经济损失 1006.6 万元[②]。

（三）宁蒗彝族自治县"7·4"洪灾

7 月 4 日凌晨，宁蒗彝族自治县出现中雨局部暴雨天气，战河、西布河、跑马坪 3 乡镇发生洪灾，造成 1 人死亡，1 人失踪，3 人受伤。房屋被淹 59 间，受损 67 间，冲毁 27 间。农作物受灾 896.7 公顷，成灾 475.9 公顷，绝收 387.6 公顷。冲走禽畜 602 头（只）。冲毁便桥 10 座，水池 51 个，水管 0.1 千米，围墙 0.18 千米。冲走车辆 7 辆，冲走煤 16 吨。共计直接经济损失 1161.82 万元[③]。

（四）宁蒗彝族自治县"7·15"洪涝灾害

7 月 15 日傍晚—16 日 8 时，宁蒗彝族自治县降 74.2 毫米暴雨，致使 5 个乡镇 3501 人遭受洪涝灾害。房屋被淹 2031 间，倒塌 156 间，围墙倒塌 630 米。农作物受灾 2082 公顷，成灾 870 公顷，绝收 398 公顷。牲畜死亡 732 头（只），家禽死亡 1546 只。冲毁水沟 347 米、水沟挡墙 283 米、房屋挡墙 283 米，冲走便桥 6 座。电站、电力设施受损。共计经济损失 3475.2 万元[④]。

（五）盐津县"7·18"洪涝灾害

7 月 18—19 日，盐津县日降暴雨和大暴雨（18 日降雨量 95 毫米，19 日降雨量 101.4

① 《云南减灾年鉴》编辑委员会：《云南减灾年鉴：2004—2005》，昆明：云南科技出版社，2006 年，第 153—154 页。
② 《云南减灾年鉴》编辑委员会：《云南减灾年鉴：2004—2005》，昆明：云南科技出版社，2006 年，第 154 页。
③ 《云南减灾年鉴》编辑委员会：《云南减灾年鉴：2004—2005》，昆明：云南科技出版社，2006 年，第 154 页。
④ 《云南减灾年鉴》编辑委员会：《云南减灾年鉴：2004—2005》，昆明：云南科技出版社，2006 年，第 154 页。

毫米），造成大面积洪涝灾害，12 个乡镇 73 个村 2368 社 26627 户 119820 人受灾，受伤 3 人，重伤 2 人。损坏房屋 494 间，全毁 56 间。农作物受灾 4339 公顷，成灾 2361 公顷，绝收 1273 公顷。损坏各种经济林木 10451 棵，死亡牲畜 75 头。水产养殖受灾 4 公顷，损失成鱼 2.5 吨。损坏水库 3 座，坝塘 25 口，引水渠道 46 条 25 千米，堤防 0.45 千米，引水管道 1.25 千米。2 座水电站受损，损坏输电线路 95.2 千米。毁坏路基 46.2 千米，10 条乡村公路中断数小时，损坏通信线路 15.8 千米。造成 5 个工矿企业停产。共计直接经济损失 759.9 万元[①]。

（六）寻甸县 "8·10" 洪灾

8 月 10 日，寻甸县降暴雨，24 小时降水量 93.1 毫米，城关乡 7 个农民 10 日下午返家途中被洪水冲走，造成 5 人死亡，2 人受伤[②]。

（七）勐腊县 "8·16" 洪灾

8 月 16 日，勐腊县尚勇镇、勐捧镇降暴雨，造成 4 个村委会 30 个自然村、1 个茶厂发生洪涝灾害，1008 户 0.5 万人受灾，洪水冲走 1 人。损坏房屋 17 间，倒塌 7 间。农作物受灾 322.1 公顷，成灾 201.2 公顷，绝收 93.6 公顷，毁坏耕地 18.3 公顷。吊桥受灾 20 座。勐腊县城至勐捧镇公路发生塌方 13.5 千米，塌方量 6.0 万立方米。水坝、桥涵、水管等水利设施受损。共计直接经济损失 3230.9 万元，其中农业经济损失 764.4 万元[③]。

三、2006 年

（一）沧源县 "5·21" 大暴雨成灾

5 月 20 日 23 时—21 日 6 时，勐源县降大暴雨，7 小时降雨量为 124.9 毫米，致使勐董河支流暴涨，堤防决口，洪水泛滥，造成 3 个乡镇 18 个村委会 0.2 万人受灾。民房进水 130 间；农作物受灾 213.4 公顷，成灾 103.4 公顷，绝收 30 公顷，鱼塘受灾 8.7 公顷；河道决堤 2.1 千米，沟渠坍塌 1.8 千米，损坏渡槽 1 座；损坏道路 18 条。损坏路基 2.4 千米。直接经济损失 228.7 万元[④]。

① 《云南减灾年鉴》编辑委员会：《云南减灾年鉴：2004—2005》，昆明：云南科技出版社，2006 年，第 154 页。
② 《云南减灾年鉴》编辑委员会：《云南减灾年鉴：2004—2005》，昆明：云南科技出版社，2006 年，第 154—155 页。
③ 《云南减灾年鉴》编辑委员会：《云南减灾年鉴：2004—2005》，昆明：云南科技出版社，2006 年，第 155 页。
④ 《云南减灾年鉴》编辑委员会：《云南减灾年鉴：2006—2007》，昆明：云南科技出版社，2008 年，第 92 页。

（二）福贡县"5·31"暴雨成灾

5 月 30 日 20 时—31 日 14 时，福贡县降雨 54.9 毫米，造成石月亮乡、匹河乡发生洪灾和滑坡灾害。瓦贡公路塌方 1600 立方米，造成交通中断 5 个多小时；乡村公路受损 2 条，冲毁 2.1 千米；人马驿道受损 2 条；沟渠受灾 0.8 千米，冲毁 0.5 千米[①]。

（三）泸水县 5 月下旬暴雨成灾

5 月 25—31 日，泸水县降雨 133.9 毫米，29 日降水量为 44.0 毫米，造成洪涝灾害，102 户 510 人受灾。房屋受灾 21 间，冲毁 7 间；农作物受灾 54.1 公顷，绝收 34.4 公顷，牲畜死亡 74 头；管线断裂 40 米，造成片马镇供水中断。冲毁挡墙 1 道、铁桥 1 座、水沟 3 条。冲毁乡村公路 150 平方米，公路塌方 7.3 万立方米，水毁路面 99200 平方米。直接经济损失 299.9 万元[②]。

（四）马龙县"6·7"大暴雨成灾

6 月 7 日 15 时 28 分—8 日 14 时，马龙县降 109.3 毫米大暴雨，造成洪灾。房屋倒塌 34 间；农作物受灾 2116.8 公顷；损毁部分河堤、沟渠、涵洞等。直接经济损失 2850 万元[③]。

（五）麒麟区发生洪涝灾

6 月 6—8 日，麒麟区越州、茨营、珠街、三宝、东山、寥廓、沿江、南宁等乡镇发生洪涝灾害。房屋受损 155 间；农作物受灾 1634 公顷。直接经济损失 42793.4 万元[④]。

（六）金平县"6·15"暴雨成灾

6 月 15 日凌晨，金平县降暴雨，造成 3 个乡 10 个村委会 44 个村民小组 5846 人遭受洪涝灾害，1 人受伤。农作物受灾 46 公顷。直接经济损失 1500 万元[⑤]。

（七）楚雄市 6 月下旬暴雨成灾

6 月 23 日 23 时—26 日 15 时，楚雄市出现强降水天气，强降水中心苍岭镇的降雨量

① 《云南减灾年鉴》编辑委员会：《云南减灾年鉴：2006—2007》，昆明：云南科技出版社，2008 年，第 92 页。
② 《云南减灾年鉴》编辑委员会：《云南减灾年鉴：2006—2007》，昆明：云南科技出版社，2008 年，第 92 页。
③ 《云南减灾年鉴》编辑委员会：《云南减灾年鉴：2006—2007》，昆明：云南科技出版社，2008 年，第 92 页。
④ 《云南减灾年鉴》编辑委员会：《云南减灾年鉴：2006—2007》，昆明：云南科技出版社，2008 年，第 92 页。
⑤ 《云南减灾年鉴》编辑委员会：《云南减灾年鉴：2006—2007》，昆明：云南科技出版社，2008 年，第 92 页。

达 129.3 毫米，致使苍岭镇、大过口等 13 个乡镇 36 个村委会 121 个村民小组 4567 户 20120 人遭受洪涝灾害。民房受损 1002 间；农作物受灾 1075.9 公顷，毁坏耕地 7.5 公顷。牲畜死亡 1 头，小坝塘损毁 7 座，农业灌溉大沟倒塌 3310 米。冲毁桥涵 2 座、道路 820 米。直接经济损失 1040.2 万元①。

（八）镇雄县"6·28"暴雨成灾

6 月 28 日 8 时—29 日 8 时，镇雄县降雨 87.1 毫米，造成 17 个乡镇 70 个村委会 920 个村民小组 34680 户 90085 人受灾，死亡 4 人、失踪 2 人，受伤 14 人。房屋受损 1012 间，倒塌 300 间。出现滑坡 8 处，危及 262 户 1059 人的安全，急需搬迁 12 户 39 人；农作物受灾 5534.6 公顷，成灾 4658.7 公顷，绝收 669.5 公顷。死亡牲畜 425 头；毁坏涵洞 8 个、管道 0.730 千米、河堤 3.228 千米、沟渠 59 条 6.97 千米、公路 63 段 13.92 千米；毁坏树木 3050 棵、电杆 99 根。直接经济损失 3033.0 万元②。

（九）姚安县"7·1"局部暴雨成灾

7 月 1 日 16 时许，姚安县弥兴镇小苴村委会突降暴雨导致洪灾，造成 1 人死亡、1 人失踪③。

（十）盐津县"7·4"洪灾

7 月 4 日凌晨 4 时，盐津县普洱镇串丝村龙溪湾发生洪灾，造成 8120 人受灾、3 人失踪。农作物受灾 434.0 公顷，绝收 147.6 公顷，死亡牲畜 7 头。直接经济损失 128.4 万元④。

（十一）永善县"7·7"暴雨成灾

7 月 6 日 20 时—7 日 8 时，永善县降雨 74.1 毫米，导致务基、黄华、溪洛渡等乡镇发生泥石流灾害，1984 人受灾，死亡 1 人。损坏房屋 1219 间，倒塌 340 间；农作物受灾 832.4 公顷，成灾 408.6 公顷，绝收 261.5 公顷。死亡牲畜 83 头；乡村公路受损 7.44 千米，沟渠受损 13.9 千米，电线受损 12.29 千米。直接经济损失 1704.2 万元⑤。

① 《云南减灾年鉴》编辑委员会：《云南减灾年鉴：2006—2007》，昆明：云南科技出版社，2008 年，第 92 页。
② 《云南减灾年鉴》编辑委员会：《云南减灾年鉴：2006—2007》，昆明：云南科技出版社，2008 年，第 92—93 页。
③ 《云南减灾年鉴》编辑委员会：《云南减灾年鉴：2006—2007》，昆明：云南科技出版社，2008 年，第 93 页。
④ 《云南减灾年鉴》编辑委员会：《云南减灾年鉴：2006—2007》，昆明：云南科技出版社，2008 年，第 93 页。
⑤ 《云南减灾年鉴》编辑委员会：《云南减灾年鉴：2006—2007》，昆明：云南科技出版社，2008 年，第 93 页。

（十二）盐津县"7·7"暴雨成灾

7月6日20时—7日8时，盐津县降雨0.4毫米，造成7个乡镇36个村遭受洪灾，54741人受灾，死亡3人。损坏房屋125间，倒塌21间；农作物受灾656.4公顷，成灾418.6公顷，绝收206.4公顷；毁坏路基3.4千米，公路中断25条，损坏输电线路1.06千米。冲毁水渠14条68处1.69千米。直接经济损失234.8万元[①]。

（十三）威信县"7·7"暴雨成灾

7月6日23时—7日8时，威信县降雨76.9毫米，并伴有强雷暴，造成10个乡镇31个村委会329个村民小组10057户42183人遭受洪灾，死亡2人，伤3人（其中雷电击伤2人）。损坏房屋743间，倒塌314间；农作物受灾1915.8公顷，绝收520.2公顷；直接经济损失2005.7万元，其中农业经济损失986.6万元[②]。

（十四）彝良县"7·7"大雨成灾

7月6日20时—7日8时，彝良县降雨43.6毫米，造成洪灾，2人死亡，2人受伤。房屋倒塌32间[③]。

（十五）元谋县"7·8"暴雨成灾

7月7日20时—8日8时，元谋县普降暴雨，测站降雨量79.2毫米，造成羊街镇、元马镇、西华乡、平田乡等10乡镇遭受洪灾，1人死亡，2人受伤，2人被困，500人饮水困难。房屋倒塌2间；农作物受灾358.8公顷，绝收37.1公顷；牟元公路护坡挡墙被冲倒12米，路面下出现长18.5米、宽5米、高5米的空洞，造成牟元公路中断数小时。直接经济损失297.8万元[④]。

（十六）金平县"7·8"大暴雨成灾

7月7日20时—8日8时，金平县降120.0毫米大暴雨，金河、勐拉等乡镇发生洪涝、滑坡、泥石流灾害。造成1人死亡，4人失踪，7人受伤。损坏房屋90间，倒塌42间，滑坡造成21户97人急需搬迁；农作物受灾100.3公顷，绝收50.0公顷。冲毁鱼塘0.7公顷；冲毁公路24处0.3千米，冲毁沟渠6条0.88千米，冲倒挡墙60立方米。直接

① 《云南减灾年鉴》编辑委员会：《云南减灾年鉴：2006—2007》，昆明：云南科技出版社，2008年，第93页。
② 《云南减灾年鉴》编辑委员会：《云南减灾年鉴：2006—2007》，昆明：云南科技出版社，2008年，第93页。
③ 《云南减灾年鉴》编辑委员会：《云南减灾年鉴：2006—2007》，昆明：云南科技出版社，2008年，第93页。
④ 《云南减灾年鉴》编辑委员会：《云南减灾年鉴：2006—2007》，昆明：云南科技出版社，2008年，第93页。

经济损失 428.9 万元[①]。

（十七）元阳县"7·8"大雨成灾

7 月 8 日，元阳县普降大雨，造成大坪乡小寨村委会发生洪灾。民房倒塌 1 间，造成 2 人死亡[②]。

（十八）呈贡县"7·8"大暴雨灾

7 月 7 日 20 时—8 日 8 时，呈贡县降 119.7 毫米大暴雨，造成洪涝灾害。281 户农户房屋被水淹，4 户农房倒塌；农作物受灾 1809.2 公顷[③]。

（十九）勐腊县"7·12"大暴雨成灾

7 月 12 日，勐腊县降 110.1 毫米大暴雨，造成勐腊镇、尚勇镇、易武乡、勐捧镇 4 个乡镇 16 个村委会 4991 户 26381 人受灾，死亡 3 人，失踪 4 人。房屋受损 30 间；农作物受灾 690.3 公顷，成灾 381.8 公顷，绝收 227.9 公顷。死亡牲畜 447 头；国道 213 线道路塌方 5 处，冲断乡村公路 5.88 千米；损坏车辆 11 辆、冲走 8 辆。冲毁小水坝 169 座、水沟 56.6 千米、桥涵 29 座、鱼塘 35.5 公顷，损坏自来水管道 5.5 千米，造成 2851 人饮水困难。直接经济损失 6377.4 万元[④]。

（二十）龙陵县"7·12"暴雨成灾

7 月 12 日 1—3 时，龙陵县象达乡降 99 毫米暴雨，造成象达、营坡、棠梨坪、赧洒、坝头、甘寨 6 个村遭受洪涝、山体滑坡灾害，造成 1 人死亡，4 户农户房屋受灾；农作物受灾 46.7 公顷，绝收 7.2 公顷；沟渠受损 13 条，供水管道被毁 0.02 千米。直接经济损失 33.0 万元[⑤]。

（二十一）石屏县"7·11"洪涝灾

7 月 11 日，石屏县出现强降水天气，造成哨冲镇、龙武镇发生洪涝灾害，造成 1 人死亡，房屋受损 34 间，倒塌 17 间；农作物受灾 487.8 公顷，绝收 127.3 公顷。牲畜死亡 18 头；损坏河堤 0.249 千米。直接经济损失 334.8 万元，其中农业直接经济损失 205.6

———————————

① 《云南减灾年鉴》编辑委员会：《云南减灾年鉴：2006—2007》，昆明：云南科技出版社，2008 年，第 93 页。
② 《云南减灾年鉴》编辑委员会：《云南减灾年鉴：2006—2007》，昆明：云南科技出版社，2008 年，第 93 页。
③ 《云南减灾年鉴》编辑委员会：《云南减灾年鉴：2006—2007》，昆明：云南科技出版社，2008 年，第 93 页。
④ 《云南减灾年鉴》编辑委员会：《云南减灾年鉴：2006—2007》，昆明：云南科技出版社，2008 年，第 94 页。
⑤ 《云南减灾年鉴》编辑委员会：《云南减灾年鉴：2006—2007》，昆明：云南科技出版社，2008 年，第 94 页。

万元①。

（二十二）勐腊县"7·18"大雨洪灾

7月18日，勐腊县降42.7毫米大雨，造成瑶区乡山洪暴发，2人死亡，2人失踪，4人受伤。房屋倒塌4间；农作物受灾64.0公顷，成灾33.5公顷，绝收30.2公顷。直接经济损失94.0万元②。

（二十三）施甸县"7·18"暴雨成灾

7月17日22—23时，施甸县发生暴雨、大风灾害，造成10.5万人受灾，2人受伤。民房受损172间，倒塌6间，紧急转移安置53人；农作物受灾6496公顷，成灾1423公顷。直接经济损失827万元③。

（二十四）蒙自县"7·20"暴雨洪灾

7月19日夜间—20日凌晨，蒙自县冷泉镇出现单点暴雨，蒙新高速公路第七、八合同段发生山洪灾害，造成3000人受灾，12人死亡，23人失踪，5人受伤。房屋受损100间。直接经济损失3100万元④。

（二十五）墨江县7月中旬洪涝灾

7月12—19日，墨江县连续降雨，降雨量为90.3毫米，造成12个乡镇发生洪涝灾害，2人死亡。房屋受损1008间，倒塌241间；农作物受灾1388.2公顷，绝收40.3公顷。直接经济损失415.9万元⑤。

（二十六）双江拉祜族佤族布朗族傣族自治县7月中旬洪涝灾

7月13—18日，双江拉祜族佤族布朗族傣族自治县局部地区连降暴雨，造成6个乡75个村委会4.4万人受灾。房屋受损243间，倒塌28间；农作物受灾1085公顷，绝收40.3公顷；毁坏涵洞7座，半毁19座，乡村公路中断4条4次，损坏输电线路0.5千米；损坏堤防3处0.2千米，损坏灌溉设施58处。直接经济损失549.3万元⑥。

① 《云南减灾年鉴》编辑委员会：《云南减灾年鉴：2006—2007》，昆明：云南科技出版社，2008年，第94页。
② 《云南减灾年鉴》编辑委员会：《云南减灾年鉴：2006—2007》，昆明：云南科技出版社，2008年，第94页。
③ 《云南减灾年鉴》编辑委员会：《云南减灾年鉴：2006—2007》，昆明：云南科技出版社，2008年，第94页。
④ 《云南减灾年鉴》编辑委员会：《云南减灾年鉴：2006—2007》，昆明：云南科技出版社，2008年，第94页。
⑤ 《云南减灾年鉴》编辑委员会：《云南减灾年鉴：2006—2007》，昆明：云南科技出版社，2008年，第94页。
⑥ 《云南减灾年鉴》编辑委员会：《云南减灾年鉴：2006—2007》，昆明：云南科技出版社，2008年，第94页。

（二十七）景东县 7 月中下旬洪涝灾

7 月中下旬，景东县单点大雨暴雨天气突出，造成 13 个乡镇 85 个村委会 374 个村民小组 74163 人遭受洪涝、滑坡灾害，6 人受伤。房屋受损 3276 间，倒塌 318 间，急需搬迁 137 户 863 间；农作物受灾 5817.7 公顷，绝收 335 公顷；县、乡、村公路中断 79 条，坍塌 72.898 万立方米，冲毁涵洞 77 个。冲毁坝头 71 个，损坏沟渠 277 条。直接经济损失 1683.9 万元[①]。

（二十八）龙陵县 "8·1" 暴雨洪灾

8 月 1 日凌晨—2 日 8 时，龙陵县象达乡、平达乡、龙山镇因暴雨引发洪灾和坍塌，造成 1 人死亡。房屋受损 13 间，农作物受灾 3 公顷，直接经济损失 7.7 万元[②]。

（二十九）盈江县 "8·5" 洪灾

8 月 5 日 20 时—6 日 10 时，盈江县那邦镇降雨 93.0 毫米，其中 6 日 2—3 时降雨 39.3 毫米。那邦镇发生洪灾，造成 2 人死亡、4 人失踪、1 人受伤。房屋倒塌 13 间；农作物受灾 205.4 公顷，成灾 3.3 公顷。直接经济损失 451 万元，其中农业经济损失 321 万元[③]。

（三十）富宁县 "8·6" 洪涝灾

8 月 5—7 日，富宁县出现强降雨天气，其中 6 日降 54.6 毫米暴雨，造成洪涝灾害，1 人死亡，1 人受伤。房屋受损 158 间，倒塌 70 间；农作物受灾 1087 公顷，牲畜死亡 7 头；公路塌方 356 条 4.962 千米，涵洞受损 166 个；冲毁沟渠 510 条 217.7 千米，河堤 23 条，小水坝 31 座，电站 1 座。直接经济损失 1616.6 万元[④]。

（三十一）盈江县 "8·11" 大暴雨成灾

8 月 11 日 2—8 时，盈江县平原镇降 108.2 毫米大暴雨，致富联村上拱布三家村一景颇族农户住房倒塌，造成 4 人死亡[⑤]。

（三十二）祥云县 "8·21" 洪灾

8 月 21 日下午，祥云县普淜镇易康村王家夏组降单点大雨，冲断高速路排洪沟，洪

---

① 《云南减灾年鉴》编辑委员会：《云南减灾年鉴：2006—2007》，昆明：云南科技出版社，2008 年，第 94—95 页。
② 《云南减灾年鉴》编辑委员会：《云南减灾年鉴：2006—2007》，昆明：云南科技出版社，2008 年，第 95 页。
③ 《云南减灾年鉴》编辑委员会：《云南减灾年鉴：2006—2007》，昆明：云南科技出版社，2008 年，第 95 页。
④ 《云南减灾年鉴》编辑委员会：《云南减灾年鉴：2006—2007》，昆明：云南科技出版社，2008 年，第 95 页。
⑤ 《云南减灾年鉴》编辑委员会：《云南减灾年鉴：2006—2007》，昆明：云南科技出版社，2008 年，第 95 页。

水造成 2 人死亡①。

（三十三）普洱县 "8·24" 大暴雨成灾

8 月 24 日，普洱县降 138.0 毫米大暴雨，2 时 30 分，普义乡田头寨村俣那咖啡场三棵树桩小队要生山体滑坡，造成 1 人死亡，3 户 14 人需要搬迁②。

（三十四）盐津县 "9·17" 洪灾

9 月 17—18 日，盐津县境内出现强降雨，造成山洪暴发，豆沙镇万古村一村民被水冲走致死。部分河沟、拦山堰、排洪沟受损，洪水冲毁公路 5 处，冲毁农田 3.3 公顷③。

（三十五）南华县 "9·30" 暴雨成灾

9 月 30 日下午，南华县雨露、龙川 2 个乡镇发生暴雨、冰雹灾害，洪水冲走 1 人。农作物成灾 47.8 公顷，绝收 19.6 公顷④。

（三十六）楚雄市 "10·7" 大雨成灾

10 月 7 日，楚雄市降 39.1 毫米大雨，造成新村镇 1 人被洪水冲走死亡⑤。

（三十七）昌宁县 "10·7" 暴雨成灾

10 月 7 日，昌宁县降 63.4 毫米暴雨，1 辆中巴客车行至卡湾 XM61 线 K11+600M 处时，车辆行进方向左侧 80 米高的山体落下约 10 立方米整石砸落于客车前部，导致 8 人死亡，11 人受伤，车辆报废⑥。

（三十八）耿马县 "10·7" 大暴雨成灾

10 月 6—10 日，耿马县连续出现强降水天气，过程降水量 307.2 毫米，其中 7 日降 152.6 毫米大暴雨，造成 9 个乡镇、3 个农场遭受洪涝灾害，24160 人受灾。农作物受灾 3712.4 公顷，孟定镇贺海村芒崩小组 335 人被洪水围困，房屋、水产养殖、公路、拦河坝、桥梁等受损。直接经济损失 1683.7 万元⑦。

① 《云南减灾年鉴》编辑委员会：《云南减灾年鉴：2006—2007》，昆明：云南科技出版社，2008 年，第 95 页。
② 《云南减灾年鉴》编辑委员会：《云南减灾年鉴：2006—2007》，昆明：云南科技出版社，2008 年，第 95 页。
③ 《云南减灾年鉴》编辑委员会：《云南减灾年鉴：2006—2007》，昆明：云南科技出版社，2008 年，第 95 页。
④ 《云南减灾年鉴》编辑委员会：《云南减灾年鉴：2006—2007》，昆明：云南科技出版社，2008 年，第 95 页。
⑤ 《云南减灾年鉴》编辑委员会：《云南减灾年鉴：2006—2007》，昆明：云南科技出版社，2008 年，第 95 页。
⑥ 《云南减灾年鉴》编辑委员会：《云南减灾年鉴：2006—2007》，昆明：云南科技出版社，2008 年，第 95 页。
⑦ 《云南减灾年鉴》编辑委员会：《云南减灾年鉴：2006—2007》，昆明：云南科技出版社，2008 年，第 96 页。

（三十九）景洪市 10 月上旬暴雨成灾

10 月 8—10 日，景洪市连降大到暴雨，过程降雨量 134.6 毫米，10 日降水 64.7 毫米，致使澜沧江水位上涨及山洪暴发，勐旺乡、勐罕镇、嘎洒镇、景讷乡等 7 个乡镇 23926 人受灾。农作物受灾 18255 公顷，绝收 12911 公顷。直接经济损失 1249.7 万元[①]。

（四十）凤庆县 10 月上旬暴雨成灾

10 月上旬，凤庆县因强降水引发洪涝、滑坡和泥石流灾害。造成 32900 人受灾，5 人死亡。农作物受灾 254.1 公顷。直接经济损失 362.7 万元[②]。

（四十一）河口县 10 月上旬洪涝灾

10 月 8—10 日，河口县境内红河沿线发生洪涝灾害。造成莲花滩乡、瑶山乡、坝洒农场、河口农场、河口镇、新河高速公路指挥部受灾。受灾农户 76 户 1380 人，房屋被淹 331 间，农作物受灾 211.4 公顷，公路受损 73 千米。直接经济损失 3124 万元[③]。

（四十二）金平县"10·8"暴雨成灾

10 月 8—10 日，金平县境内普降大雨、暴雨，过程降水量 126.7 毫米，导致红河流域和藤条河流域洪水暴涨，10 日，阿得博、沙依坡、大寨、勐桥、老勐、铜厂等 5 个乡镇 27 个村委会 174 个村民小组 1320 户 5872 人遭受洪涝、滑坡灾害。造成 2 人死亡，1 人失踪，1 人受伤。民房损坏 72 间，倒塌 174 间，农作物受灾 147.1 公顷，绝收 102 公顷。冲毁公路 65 处 1.4 万立方米，冲毁大小水沟 235 条 23.7 千米，冲毁山林地 18 公顷，鱼塘 0.6 公顷，倒塌挡墙 500 立方米，损坏拦河坝 15 米。直接经济损失 520 万元，其中农业直接经济损失 224 万元[④]。

（四十三）元阳县"10·8"大雨成灾

10 月 8 日，元阳县降 45.7 毫米大雨，大坪乡一民房倒塌，造成 1 人死亡，1 人受伤；黄茅岭乡 3 户农户房屋倒塌[⑤]。

---

① 《云南减灾年鉴》编辑委员会：《云南减灾年鉴：2006—2007》，昆明：云南科技出版社，2008 年，第 96 页。
② 《云南减灾年鉴》编辑委员会：《云南减灾年鉴：2006—2007》，昆明：云南科技出版社，2008 年，第 96 页。
③ 《云南减灾年鉴》编辑委员会：《云南减灾年鉴：2006—2007》，昆明：云南科技出版社，2008 年，第 96 页。
④ 《云南减灾年鉴》编辑委员会：《云南减灾年鉴：2006—2007》，昆明：云南科技出版社，2008 年，第 96 页。
⑤ 《云南减灾年鉴》编辑委员会：《云南减灾年鉴：2006—2007》，昆明：云南科技出版社，2008 年，第 96 页。

（四十四）元江县 10 月上旬暴雨成灾

10 月 8—10 日，元江县连降大雨、暴雨，过程降水量 166.6 毫米，10 日 15 时 30 分，羊街乡党堕村委会因暴雨引发山墙倒塌，压死民工 1 人。农作物受灾 31.8 公顷，公路塌方 750 米，河堤塌方 30 米。直接经济损失 189 万元[①]。

（四十五）景东县 "10·7" 暴雨成灾

10 月 7—10 日，景东县持续降雨，过程降水量 108.3 毫米，造成 13 个乡镇 124 个村委会 40 个村民小组 29846 人遭受洪涝灾害。民房受灾 1240 间，倒塌 117 间。农作物受灾 2086 公顷，绝收 225 公顷。县乡公路中断 1 条，乡村公路中断 42 条，石拱桥受损 1 座，冲毁涵洞 24 个。冲毁护岸 39 处，冲毁堤防 132 米，冲毁临时坝头 212 座，渠道受损 1422 件。直接经济损失 1108.2 万元[②]。

（四十六）澜沧县 "10·8" 降暴雨成灾

10 月 8—10 日，澜沧县降 140.1 毫米大暴雨，造成 83456 人遭受洪涝灾害。房屋受损 820 间，农作物受灾 1777.95 公顷，成灾 737.6 公顷，绝收 84.3 公顷，死亡牲畜 22 头。沟渠受损 4105 条，国道 214 线多处塌方，县乡公路水毁塌方 118.96 万立方米，冲毁大小涵洞 45 道，路基下沉 43 处，水毁砂石路面 14.72 万平方米，山体滑坡 97 处。直接经济损失 7399.5 万元，其中农业经济 4643.2 万元[③]。

（四十七）江城县 "10·10" 大暴雨成灾

10 月 9—11 日，江城县出现连续强降水，过程降水量 186.9 毫米，其中 10 日降 114.2 毫米大暴雨，江城县 7 个乡镇发生洪涝灾害。房屋倒塌 40 间，301 户 1158 人 1724 间房屋受泥石流、滑坡和洪灾的影响急需搬迁。农作物受灾 187 公顷，成灾 154 公顷，绝收 67 公顷，冲毁农田 53 公顷。公路中断 10 条 47 处，塌方 93945 立方米。损坏人畜饮水管道 6.1 千米，护岸防洪设施受损 31 处 0.251 千米，冲毁沟渠及坝头 231 条 8.1 千米。损坏电力设施 10 千伏电线 0.81 千米，通信电杆 10 根。直接经济损失 1348 万元，其中农业经济损失 196 万元[④]。

① 《云南减灾年鉴》编辑委员会：《云南减灾年鉴：2006—2007》，昆明：云南科技出版社，2008 年，第 96 页。
② 《云南减灾年鉴》编辑委员会：《云南减灾年鉴：2006—2007》，昆明：云南科技出版社，2008 年，第 96 页。
③ 《云南减灾年鉴》编辑委员会：《云南减灾年鉴：2006—2007》，昆明：云南科技出版社，2008 年，第 96 页。
④ 《云南减灾年鉴》编辑委员会：《云南减灾年鉴：2006—2007》，昆明：云南科技出版社，2008 年，第 96 页。

（四十八）景谷县"10·8"暴雨成灾

10月8—10日，景谷县出现连续强降水，过程降水量135.1毫米，其中9日降73.5毫米暴雨，致使威远江水位暴涨，造成沿岸发生洪涝灾害，因灾1人死亡，2人受伤，紧急转移群众699人。房屋受损432间。水毁农田68.17公顷，冲毁水坝32座，沟渠25条，渠道8.2千米。公路塌方98.8万立方米，桥涵受损2座，部分公路主干道交通中断，乡村公路几乎全部中断。电杆受损21根。直接经济损失2429.2万元①。

（四十九）翠云区"10·8"暴雨成灾

10月8—10日，思茅市翠云区出现持续强降水天气，3天累积降雨量达170.7毫米。致使7个乡镇60个村委会722个村民小组15366户61464人受灾，1人死亡。房屋受损2193间，倒塌84间，紧急转移受灾群众330户1330人。农作物受灾555.7公顷，绝收160公顷。水库、坝塘受损42个（座），冲毁沟渠31.5千米，通信线路受损15千米，电力线路受损12千米。国道、乡村公路16条310千米多处坍塌、路基下沉，致使交通中断。直接经济损失1051.2万元②。

（五十）孟连县"10·10"大暴雨成灾

10月8—10日，孟连县出现连续性强降水天气，过程降水量277.6毫米，其中10日降121.0毫米大暴雨，造成南垒河、南碾河河水暴涨，勐柏水库、腊福水库、班卡水库超警戒水位。全县6个乡镇4249户16995人遭受洪灾，1人失踪。损毁民房282间，农作物受灾510.1公顷，成灾297.6公顷，绝收129.5公顷，牲畜死亡213头。冲毁水利工程取水坝11座220米，水沟79条3.84千米，堤防5处0.22千米。公路坍塌99处14.7万立方米，损坏路面2.31万平方米，柏油路面0.108千米，路基3.5万立方米，挡墙1068立方米。直接经济损失1053.6万元③。

四、2007年

（一）维西县"5·11"洪涝灾害

5月11日8时—16日8时，维西县降雨97.2毫米，造成洪涝灾害。农作物受灾面

---

① 《云南减灾年鉴》编辑委员会：《云南减灾年鉴：2006—2007》，昆明：云南科技出版社，2008年，第96页。
② 《云南减灾年鉴》编辑委员会：《云南减灾年鉴：2006—2007》，昆明：云南科技出版社，2008年，第96—97页。
③ 《云南减灾年鉴》编辑委员会：《云南减灾年鉴：2006—2007》，昆明：云南科技出版社，2008年，第97页。

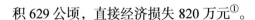

积 629 公顷，直接经济损失 820 万元①。

（二）梁河县"5·17"暴雨成灾

5 月 17 日，梁河县芒东镇降暴雨，造成西瓜受灾 464 公顷，成灾 398 公顷，绝收 222.7 公顷。直接经济损失 467.6 万元②。

（三）绿春县"5·17"暴雨成灾

5 月 17—18 日，绿春县普降暴雨，测站降雨量达 151.1 毫米，部分乡镇发生滑坡、泥石流灾害。造成 9 个乡镇 27 个村委会 54 个自然村 2870 人受灾，死亡 1 人，受伤 8 人。房屋受损 372 间，倒塌 216 间；农村物受灾 57 公顷，损毁沟渠 23 条 68 处，县乡及乡村公路塌陷 250 处 1.25 千米。直接经济损失 127.3 万元③。

（四）金平县"5·17"大暴雨成灾

5 月 17—18 日，金平县连降暴雨 48 小时，降雨量 243.5 毫米，造成洪涝、泥石流等灾害，全县 11 个乡镇 42 个村委会 257 个村民小组 1870 户 7680 人受灾，紧急转移安置 113 人。损坏民房 240 间，倒塌 120 间，学校受损 3 所；农作物受灾 362 公顷，绝收 104 公顷，死亡牲畜 3 头；公路塌方 1.23 万立方米，冲毁桥梁 5 座，导致多条公路中断；冲毁电杆 3 根，损坏电缆 1 千米，损毁水沟 117 条 11.4 千米。直接经济损失 572 万。其中农业经济损失 329 万元④。

（五）河口县"5·17"暴雨成灾

5 月 17—18 日，河口县连降暴雨，过程降雨量 114.9 毫米。19 日 14 时 30 分，河口县南溪镇李忠采石厂发生山体坍塌，造成现场作业人员死亡 3 人⑤。

（六）宾川县"5·24"暴雨成灾

5 月 24—25 日，宾川县平川镇、鸡足山镇、力角镇普降暴雨，平川镇 24 日 17 时 1 小时降雨量 39.4 毫米。暴雨造成 3 镇 34318 人遭受洪灾，农作物受灾 3620 公顷，直接经济损失 640.8 万元⑥。

---

① 《云南减灾年鉴》编辑委员会：《云南减灾年鉴：2006—2007》，昆明：云南科技出版社，2008 年，第 103 页。
② 《云南减灾年鉴》编辑委员会：《云南减灾年鉴：2006—2007》，昆明：云南科技出版社，2008 年，第 103 页。
③ 《云南减灾年鉴》编辑委员会：《云南减灾年鉴：2006—2007》，昆明：云南科技出版社，2008 年，第 103 页。
④ 《云南减灾年鉴》编辑委员会：《云南减灾年鉴：2006—2007》，昆明：云南科技出版社，2008 年，第 103 页。
⑤ 《云南减灾年鉴》编辑委员会：《云南减灾年鉴：2006—2007》，昆明：云南科技出版社，2008 年，第 103 页。
⑥ 《云南减灾年鉴》编辑委员会：《云南减灾年鉴：2006—2007》，昆明：云南科技出版社，2008 年，第 103 页。

（七）开远市"5·21"暴雨成灾

5 月 21 日 16 时，由于前期持续降雨，开远市灵泉办事处三台铺村委会老邓耳自然村第五村民小组的 1 户村民房屋的围墙倒塌，造成 3 人死亡、1 人重伤①。

（八）丘北县"5·27"暴雨洪灾

5 月 27 日 17 时 30 分，丘北县新店乡突降暴雨，持续时间 2 个小时 30 分。洪灾造成 4 个村委会 54 个村民小组 187 户 4609 人受灾，1 人死亡。农作物受灾 133 公顷，成灾 80 公顷，牲畜死亡 6 头，沪中公路多处受损。直接经济损失 11 万元②。

（九）文山县 6 月上旬洪涝灾害

6 月 9—10 日，文山县连续降雨，造成德厚、薄竹、马塘等 3 个乡镇 15 个村委会发生洪涝灾害，造成 1 人死亡，1 人受伤。民房进水 150 户，房屋倒塌 2 间；农作物受灾 335.1 公顷，成灾 201.7 公顷，绝收 104.5 公顷，死亡牲畜 1 头；水毁道路 6 米，冲垮沟渠 13 米、河堤 5 米，损坏管网 20 余米。直接经济损失 220 万元③。

（十）思茅区"6·28"暴雨成灾

6 月 28 日 17 时 6 分—19 时 10 分，普洱市思茅区降 61 毫米暴雨，造成思茅城区多条街道积水，多处单位和居民住房进水，农作物受灾 7533.3 公顷。直接经济损失 500 万元④。

（十一）广南县夏季洪涝灾害

6 月 28 日—7 月 2 日，广南县连降大到暴雨，发生洪涝灾害，造成篆角、者太等 8 个乡镇 13.45 万人受灾、死亡 2 人、失踪 1 人。损坏民房 931 间，倒塌 417 间；农作物受灾 4286.7 公顷，绝收 410.8 公顷，毁坏耕地 152.6 公顷；毁坏公路 50 千米，部分乡镇水、电、路、通信中断。直接经济损失 1262.8 万元⑤。

（十二）镇沅县"7·2"暴雨成灾

7 月 1 日 20 时—2 日 8 时，镇沅县按板镇、勐大镇降暴雨，其中按板镇 12 小时降

① 《云南减灾年鉴》编辑委员会：《云南减灾年鉴：2006—2007》，昆明：云南科技出版社，2008 年，第 103 页。
② 《云南减灾年鉴》编辑委员会：《云南减灾年鉴：2006—2007》，昆明：云南科技出版社，2008 年，第 103 页。
③ 《云南减灾年鉴》编辑委员会：《云南减灾年鉴：2006—2007》，昆明：云南科技出版社，2008 年，第 104 页。
④ 《云南减灾年鉴》编辑委员会：《云南减灾年鉴：2006—2007》，昆明：云南科技出版社，2008 年，第 104 页。
⑤ 《云南减灾年鉴》编辑委员会：《云南减灾年鉴：2006—2007》，昆明：云南科技出版社，2008 年，第 104 页。

雨量达113.0毫米，勐大镇67.2毫米，导致下关音小河河水暴涨，发生洪灾、泥石流灾害，造成7个村委会、1个居委会的1360户6120人受灾。民房受损420间、倒塌32间；农作物受灾374.1公顷，绝收101.3公顷；道路塌方5020立方米，水毁路面1.625千米，水毁桥梁1座；河堤、沟渠、城区排水设施、饮水管道受损。直接经济损失1029.8万元[1]。

（十三）罗平县发生"7·3"暴雨洪灾

7月3—4日，罗平县局部发生暴雨灾害，造成28980人受灾。损坏房屋89间，倒塌23间；农作物受灾2415.3公顷，其中烤烟受灾873.4公顷；死亡牲畜48头；冲毁渠道47千米、乡村公路80千米。直接经济损失2844.5万元[2]。

（十四）云县"7·7"暴雨成灾

7月7日凌晨，云县茂兰、漫湾、忙怀、涌宝、大朝山西镇降暴雨，引发山洪和泥石流灾害，造成12892人受灾，1人受伤，紧急转移138人。损坏房屋98间，农作物受灾762.7公顷。直接经济损失987.5万元[3]。

（十五）元阳县"7·12"洪灾

7月12—13日，元阳县境内普降大雨，造成15个乡镇13563人遭受洪灾，1人死亡，紧急转移安灾103人。损坏房屋86间、倒塌26间；农作物受灾407公顷，绝收82.78公顷。直接经济损失184.77万元，其中农业经济损失149.38万元[4]。

（十六）绿春县暴雨洪涝灾害

7月13—15日，绿春县连降暴雨，累计降雨量192.3毫米，造成9个乡镇57个村委会224个自然村发生洪涝、滑坡、泥石流灾害，2991人受灾，1人死亡，3人受伤。损坏民房160间，倒塌102间；农作物受灾103.8公顷，绝收70.4公顷；冲毁水沟42条，县乡公路坍塌74处384米。直接经济损失640万元，其中农业经济损失520万元[5]。

① 《云南减灾年鉴》编辑委员会：《云南减灾年鉴：2006—2007》，昆明：云南科技出版社，2008年，第104页。
② 《云南减灾年鉴》编辑委员会：《云南减灾年鉴：2006—2007》，昆明：云南科技出版社，2008年，第104页。
③ 《云南减灾年鉴》编辑委员会：《云南减灾年鉴：2006—2007》，昆明：云南科技出版社，2008年，第104页。
④ 《云南减灾年鉴》编辑委员会：《云南减灾年鉴：2006—2007》，昆明：云南科技出版社，2008年，第104页。
⑤ 《云南减灾年鉴》编辑委员会：《云南减灾年鉴：2006—2007》，昆明：云南科技出版社，2008年，第104页。

（十七）墨江县"7·13"暴雨成灾

7 月 13 日，墨江县降 84.2 毫米暴雨，造成 15 个乡镇发生洪涝、滑坡灾害，1 人死亡，2 人受伤。民房受灾 2312 户，急需搬迁 184 户；农作物受灾 3885.2 公顷，成灾 2960.1 公顷，绝收 1691.1 公顷；损坏水库、坝塘 6 座，冲垮沟渠、河堤 16.3 千米，毁坏公路 753 千米，便桥 8 座；电力线路受损 5.3 千米，电杆受损 74 根。直接经济损失 5742.9 万元[1]。

（十八）景谷县"7·14"大暴雨成灾

7 月 14 日 10—11 时，景谷县降 103.9 毫米大暴雨，造成威远江流域河水猛涨，威远镇公榔村小学 2 名学生被洪水冲走。民房、农作物、交通、农田水利基础设施等受损。直接经济损失 3000 万元[2]。

（十九）威信县"7·19"洪灾

7 月 19 日 8—10 时，威信县普降大雨，造成 10 个乡镇 63 个村委会 1217 个村民小组 9464 户 41688 人遭受洪灾。农作物受灾 3613 公顷，绝收 274 公顷，粮食减产 3869 吨。直接经济损失 940.3 万元，其中农业经济损失 833.7 万元[3]。

（二十）景谷县"7·18"洪涝灾害

7 月 18—21 日，景谷县持续降雨导致江河水位暴涨，引发洪涝灾害，造成 1 人死亡。民房受损 1784 间；农作物受灾 1020.1 公顷，鱼塘及稻田养鱼墙损 21.6 公顷；沟渠受损 5 千米、沟坝 124 座，挡墙 780 处，沟渠 38 条，多个小（一）型、小（二）型水库带险工作；部分乡村公路交通中断，桥涵受损严重。直接经济损失 2568.5 万元[4]。

（二十一）沧源县"7·19"洪涝灾害

7 月 19 日 20 时—21 日 8 时，沧源县持续强降水天气，造成 10 个乡镇 72 个村委会 146 个村民小组 2.16 万人遭受洪灾。损坏房屋 315 间，进水 78 间，倒塌 13 间；农作物受灾 6097.3 公顷，成灾 3600 公顷，绝收 1866.7 公顷，牲畜死亡 136 头；水利、通信、电力设施受损，89 条公路多处受损。直接经济损失 1491.8 万元[5]。

---

① 《云南减灾年鉴》编辑委员会：《云南减灾年鉴：2006—2007》，昆明：云南科技出版社，2008 年，第 104 页。
② 《云南减灾年鉴》编辑委员会：《云南减灾年鉴：2006—2007》，昆明：云南科技出版社，2008 年，第 104 页。
③ 《云南减灾年鉴》编辑委员会：《云南减灾年鉴：2006—2007》，昆明：云南科技出版社，2008 年，第 104 页。
④ 《云南减灾年鉴》编辑委员会：《云南减灾年鉴：2006—2007》，昆明：云南科技出版社，2008 年，第 104 页。
⑤ 《云南减灾年鉴》编辑委员会：《云南减灾年鉴：2006—2007》，昆明：云南科技出版社，2008 年，第 105 页。

（二十二）大关县"7·19"洪灾

7 月 19 日，大关县吉利镇沙沙坡电站发生洪灾，造成 7 名工人被洪水冲走死亡①。

（二十三）景东县"7·19"洪涝灾害

7 月 19—20 日，景东县出现大范围强降水过程，造成 13 个乡镇 102 个村委会 612 个村民小组 13254 户 54342 人受灾，死亡 2 人，失踪 2 人，受伤 1 人。民房受损 11107 间，倒塌 2051 间；农作物受灾 8953.61 公顷。渠道受损 3541 件，小池塘受损 84 个，人畜饮水管道受损 188 千米，河堤受损 20.6 千米；损坏公路 161 条；29 所学校受损。直接经济损失 6849.5 万元，其中农业经济损失 2350.9 万元②。

（二十四）临沧市发生夏季洪涝灾害

7 月 19—23 日，临沧市 8 县区发生洪涝灾害，失踪 1 人，伤病 386 人，受困群众 14906 人，紧急转移 12787 人；农作物受灾 48072 公顷，成灾 27631.2 公顷，绝收 12143.47 公顷；公路受损 317.4 千米；河堤决口 484 处 387.887 千米，水库受损 13 座，饮水工程受损 84 件 62.28 千米，城镇供水受损 43 处 17.294 千米；电力、通信设施受损 207 处 234.951 千米，桥梁受损 210 座，冲毁 54 座，电站受损 46 个。直接经济损失 73831.61 万元，其中农业经济损失 41887.7 万元③。

（二十五）澜沧县"7·19"暴雨成灾

7 月 19—20 日，澜沧县出现强降水天气过程，造成 20 个乡镇 68500 人遭受洪涝灾害，紧急转移安置 330 人，受伤 1 人。民房受损 624 间；农作物受灾 1025 公顷，绝收 258 公顷；损毁沟渠 717 条，毁坏公路路基 18.6 千米，造成公路中断 6 条；损坏输电线路 0.1 千米，损坏通信线路 0.08 千米。直接经济损失 1125 万元④。

（二十六）会泽县"7·25"暴雨洪灾

7 月 24 日 11 时—25 日 8 时，会泽县乐业镇发生暴雨洪灾，造成 2 人死亡。房屋倒塌 5 间，房屋进水 36 户；农作物受灾 1113.53 公顷，成灾 596.2 公顷，绝收 248.9 公顷；冲毁道路 5 段 210 米，河堤缺口 58 段 2201 米，鲁珠村泥落寨小学围墙倒塌 250 平方米。

① 《云南减灾年鉴》编辑委员会：《云南减灾年鉴：2006—2007》，昆明：云南科技出版社，2008 年，第 105 页。
② 《云南减灾年鉴》编辑委员会：《云南减灾年鉴：2006—2007》，昆明：云南科技出版社，2008 年，第 105 页。
③ 《云南减灾年鉴》编辑委员会：《云南减灾年鉴：2006—2007》，昆明：云南科技出版社，2008 年，第 105 页。
④ 《云南减灾年鉴》编辑委员会：《云南减灾年鉴：2006—2007》，昆明：云南科技出版社，2008 年，第 105 页。

直接经济损失 2487.9 万元①。

（二十七）陇川县"7·26"洪涝灾害

7 月 25—26 日，陇川县突降 56.0 毫米暴雨，导致河流水位上涨，发生洪涝灾害，死亡 1 人，受伤 118 人，紧急转移安置 270 人。损坏民房 288 间，倒塌 48 间；农作物受灾 1846 公顷，绝收 565 公顷。直接经济损失 1867 万元，其中农业经济损失 1641 万元②。

（二十八）禄丰县 7 月中下旬洪涝灾害

7 月 18—26 日，禄丰县持续降水，累积降雨量 227 毫米，造成 14 个乡镇 59 个村委会 470 个村民小组 54342 人受灾，1 人失踪，1 人受伤。损坏房屋 219 间，倒塌 218 间；农作物受灾 1161.27 公顷，绝收 228.58 公顷，毁坏耕地 5.17 公顷，死亡牲畜 3 头。直接经济损失 1959.06 万元，其中农业经济损失 950.5 万元③。

（二十九）富源县"7·30"暴雨洪灾

7 月 30 日 2 时，富源县老厂乡发生暴雨灾害，造成 2 人死亡，1 人受伤④。

五、2008 年夏、秋季节云南发生洪涝灾害

2008 年，云南省的暴雨洪涝灾害主要发生在 8 月、9 月下旬和 10 月下旬—11 月上旬。灾害发生较重的地区是滇东北、滇东南、滇西、滇西南。10 月 24 日—11 月 6 日，云南省出现了大范围的持续强降水天气。云南省平均雨量为 135 毫米，97 站的累计降雨量大于 100 毫米，12 站累计降水量大于 200 毫米。由于降水强度大，持续时间长，引发了大范围的暴雨洪涝灾害，楚雄彝族自治州、大理白族自治州、昆明市、临沧市、文山壮族苗族自治州、普洱市北部受灾较重，楚雄彝族自治州是受灾最严重的地区。洪涝灾害造成 776.5 万人受灾；房屋受损 14.1 万间，倒塌 4.1 万间；农作物受灾 39.15 万公顷，绝收面积 7.15 万公顷；直接经济损失 35.2 亿元，其中农业经济损失 19.3 亿元⑤。

① 《云南减灾年鉴》编辑委员会：《云南减灾年鉴：2006—2007》，昆明：云南科技出版社，2008 年，第 105 页。
② 《云南减灾年鉴》编辑委员会：《云南减灾年鉴：2006—2007》，昆明：云南科技出版社，2006 年，第 105 页。
③ 《云南减灾年鉴》编辑委员会：《云南减灾年鉴：2006—2007》，昆明：云南科技出版社，2006 年，第 105 页。
④ 《云南减灾年鉴》编辑委员会：《云南减灾年鉴：2006—2007》，昆明：云南科技出版社，2006 年，第 105 页。
⑤ 《云南减灾年鉴》编辑委员会：《云南减灾年鉴：2008—2009》，昆明：云南科技出版社，2006 年，第 104 页。

（一）云县"5·18"洪涝灾害

5月18日，云县发生洪涝灾害，造成5196人受灾，1人死亡。房屋受损78间，农作物受灾面积358公顷。直接经济损失1536.1万元，其中农业经济损失453.3万元[①]。

（二）瑞丽市"6·12"洪涝灾害

6月12日，瑞丽市勐卯镇、姐相乡、弄岛镇、户育乡、勐秀乡、瑞丽农场发生洪涝灾害，造成4225户18609人受灾，死亡2人，受伤1人。损坏房屋1079间；农作物受灾面积2879.8公顷；公路桥梁塌方47处14037立方米，损坏路面1245平方米，道路受损10.05千米；骨干灌溉工程损坏19处224米；小石坝工程损坏16件；小河道堤防工程损坏6件；损坏水利桥涵设施5件；广电设施、天线、电杆、挡墙等受损。直接经济损失1835.8万元[②]。

（三）会泽县"6·11"洪涝灾害

6月11日，会泽县遭受洪涝灾害，造成14972人受灾，五星乡干松林村委会小海子村1人被洪水冲走死亡。农作物受灾面积5034.7公顷，成灾面积3510.0公顷，绝收面积628.2公顷。直接经济损失3151.0万元[③]。

（四）砚山县大暴雨成灾

6月15日12时—16日8时，砚山县降雨量为123.7毫米，造成稼依、平远等8个乡镇和2个社区的28个村委会（居委会）162个村民小组5692户22769人受灾，受伤2人。损坏房屋493间，倒塌129间；农作物受灾面积1280.0公顷，成灾面积1280.0公顷，绝收面积466.7公顷。直接经济损失1754万元，其中农业经济损失1257万元[④]。

（五）姚安县"6·25"暴雨成灾

6月24日20时—25日8时，姚安县降85.0毫米暴雨。姚安至左门公路发生塌方，导致交通中断。左门乡发生地质灾害，致4人死亡。

① 《云南减灾年鉴》编辑委员会：《云南减灾年鉴：2008—2009》，昆明：云南科技出版社，2006年，第104页。
② 《云南减灾年鉴》编辑委员会：《云南减灾年鉴：2008—2009》，昆明：云南科技出版社，2006年，第104页。
③ 《云南减灾年鉴》编辑委员会：《云南减灾年鉴：2008—2009》，昆明：云南科技出版社，2006年，第104页。
④ 《云南减灾年鉴》编辑委员会：《云南减灾年鉴：2008—2009》，昆明：云南科技出版社，2006年，第104页。

（六）昭阳区"7·14"局地特大暴雨

7月14日16时—15日8时，昭阳区盘河乡、靖安乡出现特大暴雨天气过程，盘河乡新店村岩洞站日降雨量达393.4毫米，乡政府所在地日降雨量263毫米，突破昭阳区有水文资料以来最大日降水量纪录，造成山洪、滑坡、泥石流灾害。19个乡镇、办事处129行政村1874个村民小组63280户243950人受灾，急需搬迁2585户10343人。民房受损2400间，倒塌410间；农作物受灾面积2835.3公顷，绝收面积1579.9公顷，冲毁耕地800公顷，冲走牲畜1786头（只），盘河乡大花小学全部被淹，公路、水利等设施受损。直接经济损失29162.5万元，其中农业经济损失3573.5万元[①]。

（七）个旧市"7·16"局地大暴雨成灾

7月16日，个旧市蔓耗镇降雨105毫米，强降雨造成山洪、泥石流灾害，造成1105户4660人受灾，6人死亡，26人受伤。损坏民房114间，倒塌42间；农作物受灾面积200公顷，成灾面积200公顷，绝收面积60公顷，死亡牲畜66头；冲毁乡镇道路1千米、道路桥梁2座、公路塌方10千米，漠八线滑坡100处，省道212线被阻断16个小时；冲毁供水主管道2500米，供水管网3000米。直接经济损失2200万元，其中农业经济损失250万元[②]。

（八）沧源县"7·28"暴雨成灾

7月28日，沧源县班洪乡班洪村委会章略村民小组发生洪涝灾害，致使4人死亡[③]。

（九）西畴县8月上旬暴雨成灾

8月7—9日，受热带风暴"北冕"影响，西畴县连降大到暴雨，造成9个乡镇72个村委会1728个村民小组128372人受灾；转移安置367人。损坏民房677间，倒塌448间，山体滑坡威胁310间；农作物受灾面积3222.9公顷，成灾面积1861.1公顷，绝收面积313.8公顷；公路坍塌33条（段）126处26.5万立方米，冲毁吊桥1座，涵洞25个；冲毁沟渠48条（段）21千米，饮水管道18处28千米。直接经济损失3698.8万元[④]。

（十）景洪市"8·9"暴雨成灾

8月9日凌晨，受热带风暴"北冕"的影响，景洪市嘎洒等6个乡镇发生暴雨灾

① 《云南减灾年鉴》编辑委员会：《云南减灾年鉴：2008—2009》，昆明：云南科技出版社，2006年，第104页。
② 《云南减灾年鉴》编辑委员会：《云南减灾年鉴：2008—2009》，昆明：云南科技出版社，2006年，第104页。
③ 《云南减灾年鉴》编辑委员会：《云南减灾年鉴：2008—2009》，昆明：云南科技出版社，2006年，第104页。
④ 《云南减灾年鉴》编辑委员会：《云南减灾年鉴：2008—2009》，昆明：云南科技出版社，2006年，第104页。

害，局部地区出现滑坡、泥石流灾害，造成63199人受灾，转移安置200人。损坏民房1054间，倒塌39间；农作物受灾面积3305公顷，成灾面积1236公顷，绝收面积599公顷。直接经济损失22981万元，其中农业经济损失12115万元[1]。

（十一）澜沧县"9·28"大暴雨成灾

受台风"黑格比"影响，9月26日20时—27日20时，澜沧县降114.4毫米大暴雨，造成勐朗镇内南角河河水上涨，1人死亡。糯扎渡镇小新寨、落水洞村委会，勐朗镇坡脚新村委会22户66人的房屋受灾41间，其中倒塌10间；农作物受灾面积800.0公顷，鱼塘0.5公顷；公路塌方1.20万立方米，水毁公路涵洞1座。直接经济损失777.5万元，其中农业经济损失556.0万元[2]。

（十二）勐腊县"9·27"大暴雨成灾

9月26—27日，受台风"黑格比"影响，勐腊县出现持续强降水天气，26日测站降雨88.3毫米，27日降雨158.9毫米，强降水引发洪灾，造成全县10个乡镇17个村委会72个村民小组2800户1.4万人受灾。房屋受损200户，直接经济损失4200万元[3]。

（十三）大理白族自治州10月下旬暴雨成灾

10月24—30日，大理白族自治州持续阴雨天气，造成洪涝灾害，大理市、永平县、洱源县、巍山县受灾较重。全州178256人受灾，死亡1人（永平县），失踪1人，转移安置1412人。房屋受损4409间；农作物受灾面积11452公顷，成灾面积6331公顷，绝收面积1200公顷。直接经济损失5545万元，其中农业经济损失4715万元[4]。

（十四）禄丰县"11·2"暴雨洪涝灾

11月1—2日，禄丰县出现大范围的强降水天气，造成14个乡镇150923人遭受洪涝灾害。房屋受损245间，其中倒塌128间；农作物受灾面积5530.21公顷，绝收面积939.27公顷，死亡牲畜13头，冲走生猪472头；公路交通、水利、市政、通信、电力等基础设施受损。直接经济损失18131万元，其中农业经济损失5320万元[5]。

① 《云南减灾年鉴》编辑委员会：《云南减灾年鉴：2008—2009》，昆明：云南科技出版社，2006年，第105页。
② 《云南减灾年鉴》编辑委员会：《云南减灾年鉴：2008—2009》，昆明：云南科技出版社，2006年，第105页。
③ 《云南减灾年鉴》编辑委员会：《云南减灾年鉴：2008—2009》，昆明：云南科技出版社，2006年，第105页。
④ 《云南减灾年鉴》编辑委员会：《云南减灾年鉴：2008—2009》，昆明：云南科技出版社，2006年，第105页。
⑤ 《云南减灾年鉴》编辑委员会：《云南减灾年鉴：2008—2009》，昆明：云南科技出版社，2006年，第105页。

（十五）耿马县"11·2"暴雨成灾

11 月 2 日，耿马县降暴雨，致使 8 个乡镇 1 个农场的 57 个村委会 4.4796 万人遭受洪涝灾害。损坏房屋 201 间，倒塌 24 间；农作物受灾面积 4849.41 公顷，成灾面积 2710.25 公顷，绝收面积 878.4 公顷；乡村公路塌方 4 千米；堤防决口 1 处 0.08 千米。直接经济损失 2273.6 万元，其中农林牧渔业经济损失 2160.4 万元[1]。

（十六）景东县"11·2"暴雨洪涝灾

11 月 1—2 日，景东县出现强降水天气，致使 13 个乡镇 1792 户 5376 人遭受洪涝灾害，死亡 1 人。民房受灾 7246 间，倒塌 168 间；农田受灾面积 1970.7 公顷，绝收面积 36.0 公顷，死亡牲畜 32 头。水利、电力设施公路、桥梁、广电网络、通信设施不同程度受损。直接经济损失 6817.6 万元，其中农业经济损失 2481.4 万元[2]。

（十七）富宁县发生秋季洪涝灾

10 月 31 日—11 月 4 日，富宁县受持续大雨袭击，造成 13 个乡镇 45 个村委会 810 个村民小组 14934 户 66567 人遭受洪涝灾。民房受损 209 间，倒塌 82 间；农作物受灾面积 1147.3 公顷，成灾面积 437.1 公顷，绝收面积 50.5 公顷；损坏河堤工程 80 处 920 米，冲毁灌溉沟渠 490 条 1560 处，供水管道受损 146 条 80 千米，蓄水池损坏 7 口 120 立方米，造成 1.2 万人、5000 头（匹）牲畜饮水困难；公路受灾 298 条。直接经济损失 3500 万元，其中农业经济损失 1067 万元[3]。

（十八）红河县"11·2"洪涝灾

11 月 2—3 日，红河县发生洪涝灾害，导致 4765 人受灾，3 人死亡，247 人饮水困难，32 人转移安置。损坏和倒塌民房 134 间；农作物受灾面积 138.7 公顷，成灾面积 130 公顷。直接损失 96.7 万元，其中农业经济损失 31.8 万元[4]。

六、2009 年云南汛期发生局地暴雨洪涝灾害

2009 年，云南省由于部分地区雨季开始较晚，夏秋季降水偏少，无大范围暴雨洪

---

① 《云南减灾年鉴》编辑委员会：《云南减灾年鉴：2008—2009》，昆明：云南科技出版社，2006 年，第 105 页。
② 《云南减灾年鉴》编辑委员会：《云南减灾年鉴：2008—2009》，昆明：云南科技出版社，2006 年，第 105 页。
③ 《云南减灾年鉴》编辑委员会：《云南减灾年鉴：2008—2009》，昆明：云南科技出版社，2006 年，第 105 页。
④ 《云南减灾年鉴》编辑委员会：《云南减灾年鉴：2008—2009》，昆明：云南科技出版社，2010 年，第 105 页。

涝灾害，洪涝灾害损失、受灾面积、死亡失踪人数均低于 1991 年以来的平均状况，属洪涝灾害偏轻年份，但降水极端性强，局地暴雨和衍生灾害较重。强降水主要出现在 5 月下旬、6 月中下旬、7—8 月，造成云南省大部地区发生局地暴雨洪涝灾害，曲靖、昭通、昆明、丽江、普洱等地受灾较重。灾害造成 315.8 万人受灾，52 人死亡，9 人失踪；房屋受损 51986 间，倒塌 10649 间；农作物受灾面积 15.82 万公顷，绝收面积 2.75 万公顷。直接经济损失 14 亿元，其中农业经济损失 8.24 亿元[①]。

（一）宣威市"5·24"暴雨洪涝灾

5 月 24 日夜间，宣威市格宜镇、宝山镇 17 个村委会遭受暴雨袭击。20 户农户房屋受损，1 间倒塌，格宜镇得马村茨竹箐小学房屋倒塌；农经作物受灾面积 504.7 公顷；冲毁桥梁 8 座，道路 24 千米，塌方 4200 立方米，挡墙倒塌 1800 立方米，淹没果林 13.3 公顷，27 处生产生活道路被毁。直接经济损失 924 万元[②]。

（二）华宁县"5·28"洪灾

5 且 28 日，华宁县降小到中雨局部大雨，青龙镇城门硐村委会牛期多村民小组 1 名小孩被洪水冲走死亡[③]。

（三）威信县"6·6"大暴雨成灾

6 月 6 日 10 时—7 日 8 时，威信县降大暴雨，扎西镇降雨量达 11.74 毫米，造成洪涝灾害，10 个乡镇 59 个村委会 216 个村民小组 6468 户 15878 人受灾。损坏民房 2317 间，倒塌 86 间，紧急转移安置 15 户 67 人；农作物受灾面积 2836 公顷，成灾面积 2836 公顷，绝收面积 186 公顷；冲毁河堤 4.5 千米，损坏人畜饮水管道 13 千米、引水沟 2.7 千米、拦山堰 1.2 千米、水池 12 个；42 个煤电配电房、住宿房、监测监控系统等不同程度受损；公路塌方 85 处，冲毁公路 60.1 千米、桥梁 4 座；双河电站机房被冲毁，发电机、闸门被冲坏。直接经济损失 3628.3 万元，其中农业经济损失 1723.8 万元[④]。

（四）沾益县"6·26"大暴雨成灾

6 月 26 日，沾益县因 177.6 毫米罕见特大暴雨引发严重的洪涝灾害，造成房屋进水 5308 间，倒塌 112 间，玉林广场被淹，部分地段积水深达 30 厘米，九龙湖水面超过泊

① 《云南减灾年鉴》编辑委员会：《云南减灾年鉴：2008—2009》，昆明：云南科技出版社，2010 年，第 114 页。
② 《云南减灾年鉴》编辑委员会：《云南减灾年鉴：2008—2009》，昆明：云南科技出版社，2010 年，第 114 页。
③ 《云南减灾年鉴》编辑委员会：《云南减灾年鉴：2008—2009》，昆明：云南科技出版社，2010 年，第 114 页。
④ 《云南减灾年鉴》编辑委员会：《云南减灾年鉴：2008—2009》，昆明：云南科技出版社，2010 年，第 115 页。

岸，四周绿化面积被淹达到了90%；农作物受灾面积2740公顷，成灾面积2273公顷，绝收面积225公顷，粮食减产4810吨；道路、通信、城市设施等受损。直接经济损失达1.16亿元，其中农业经济损失1.02亿元①。

（五）宜良县"6·15"暴雨成灾

6月14日22时—15日8时，宜良县普降大到暴雨，12小时内降雨量达到91.6毫米，竹山乡受灾较为严重。民房受损50间，倒塌15间，豆达小学、团山小学被水淹；三家村、小箐弯村发生泥石流，造成31户农户房屋无法居住；农作物受灾面积178.3公顷，成灾面积178.3公顷，绝收面积118公顷；狗竹公路沿线多处塌方、泥石流2.6万立方米，冲断水管2610米，冲毁沟渠970米。直接经济损失450万元②。

（六）弥勒县"6·15"洪灾

6月14—15日，弥勒县出现大到暴雨天气，巡检司镇降雨量达160毫米，造成洪灾，1310户6281人受灾。房屋倒塌8间，被洪水冲毁3间；农作物受灾面积423.6公顷，成灾面积243.7公顷，绝收面积101.0公顷；损毁沟渠、道路450米，损坏农村公路路面10千米，塌方40处。直接经济损失362.3万元，其中农业经济损失356万元③。

（七）开远市"6·15"暴雨成灾

6月15日凌晨3时—11时30分，开远市普降暴雨，造成4个乡镇、1个办事处受灾，市区内街道被淹，13311人受灾。农作物受灾面积985.5公顷，成灾面积537公顷，绝收面积283.1公顷。直接经济损失685万元，其中农业经济损失385万元④。

（八）维西县"6·23"局地暴雨成灾

6月23日，维西县康普乡出现短时强降水，造成河水暴涨，导致20名民工被困，1人死亡⑤。

（九）宣威市6月下旬暴雨成灾

6月28—30日8时，宣威市普降大到暴雨，造成西泽、格宜、来宾、龙潭、龙场、

① 《云南减灾年鉴》编辑委员会：《云南减灾年鉴：2008—2009》，昆明：云南科技出版社，2010年，第115页。
② 《云南减灾年鉴》编辑委员会：《云南减灾年鉴：2008—2009》，昆明：云南科技出版社，2010年，第115页。
③ 《云南减灾年鉴》编辑委员会：《云南减灾年鉴：2008—2009》，昆明：云南科技出版社，2010年，第115页。
④ 《云南减灾年鉴》编辑委员会：《云南减灾年鉴：2008—2009》，昆明：云南科技出版社，2010年，第115页。
⑤ 《云南减灾年鉴》编辑委员会：《云南减灾年鉴：2008—2009》，昆明：云南科技出版社，2010年，第115页。

倘塘、双河、海岱、热水、西宁、宝山、乐丰、双龙、阿都、杨柳15个乡镇受灾。农作物受灾面积5367.9公顷，冲毁河堤3545米，道路18165立方米。直接经济损失4988.9元[①]。

（十）富宁县6月下旬暴雨成灾

6月22日16时20分—29日10时，富宁县总降雨量达80.5毫米，致使花甲、板仑、洞波等10个乡镇发生洪涝灾害，88个村委会402个村民小组9350户38130人受灾，被洪水冲走致死2人。房屋倒损386间，倒塌197间；农作物受灾面积1487公顷，成灾面积1200公顷，绝收面积813公顷，冲走耕牛4头；损毁乡村公路22条、涵洞1道、灌溉沟渠49条、水管252米；道路塌方30处，全部中断2条。直接经济损失1432万元，其中农业经济损失736万元[②]。

（十一）云县"6·22"洪灾

6月22—23日，云县部分乡镇降暴雨，造成2012人受灾、死亡1人。农作物受灾面积33公顷，成灾面积33公顷。农业直接经济损失50万元[③]。

（十二）墨江县"7·2"洪灾

7月2日，墨江县泗南江乡三江口水电站泄洪道水流过猛，冲毁对岸防护墙，导致山体滑坡，河堤大面积坍塌，造成房屋倒塌、牲畜淹埋，417人受灾。房屋受灾69间；农作物受灾面积17.3公顷，牲畜死亡66头。直接经济损失2286.7万元，其中农业经济损失338万元[④]。

（十三）通海县"7·5"洪涝灾害

7月5日，通海县受强降水影响，秀山、杨广、高大、四街、河西、兴蒙、九街、纳古等8个乡镇遭受洪涝灾害。房屋受灾17间，倒塌14间，农作物受灾面积2165.2公顷，成灾面积1249.6公顷，绝收面积163.7公顷；河埂坍塌6米，沟渠坍塌739米；公路塌方50米，路面塌方5处50立方米，村庄道路损毁3处15米；2个小坝塘出现险情。直接经济损失1742万元[⑤]。

————————————

① 《云南减灾年鉴》编辑委员会：《云南减灾年鉴：2008—2009》，昆明：云南科技出版社，2010年，第115页。
② 《云南减灾年鉴》编辑委员会：《云南减灾年鉴：2008—2009》，昆明：云南科技出版社，2010年，第115页。
③ 《云南减灾年鉴》编辑委员会：《云南减灾年鉴：2008—2009》，昆明：云南科技出版社，2010年，第115页。
④ 《云南减灾年鉴》编辑委员会：《云南减灾年鉴：2008—2009》，昆明：云南科技出版社，2010年，第116页。
⑤ 《云南减灾年鉴》编辑委员会：《云南减灾年鉴：2008—2009》，昆明：云南科技出版社，2010年，第116页。

（十四）武定县"7·4"洪涝灾害

7月4日17时—5日15时30分，武定县普降大雨局部暴雨，造成狮山、猫街、高桥、白路、东坡、环州等7乡镇42个村民小组3786户15356人遭受洪涝灾害。民房受损217间，倒塌46间；农作物受灾面积1654.8公顷，成灾面积890.4公顷，绝收面积310.4公顷；石拱桥倒塌5座，损毁水利设施16件，公路受损6千米。直接经济损失2049.0万元，其中农业经济损失1494.1万元[①]。

（十五）金平县"7·5"洪灾

7月5日，金平县勐拉、金水河、营盘等乡镇出现大暴雨天气，3个乡镇10个村委会48个村民小组743户3470人遭受洪灾，死亡1人，转移安置94人，金水河镇受滑坡威胁急需搬迁24户104人。损毁民房51间，倒塌15间；冲毁公路18处2550立方米，冲毁大小水沟16条720立方米；勐拉乡和金水河镇电力中断。直接经济损失422.3万元[②]。

（十六）马关县7月上旬洪涝灾害

7月1—7日，马关县出现持续降雨天气，引发洪涝灾害，马白、南捞、坡脚、大栗树、八寨、古林箐、篾厂、仁和、木厂、夹寒箐、小坝子、都龙等12个乡镇52个村委会379个村民小组7928户15533人受灾。损坏房屋275间，倒塌27间；农作物受灾面积3203.4公顷，成灾面积1207.7公顷，绝收面积194.7公顷；乡村公路坍塌1.5千米。直接经济损失700万元，其中农业经济损失623.7万元[③]。

（十七）罗平县"7·10"洪灾

7月10日20时15分，罗平县出现强降水，造成26820人受灾，农作物受灾面积2445.4公顷，成灾面积2230.7公顷。直接经济损失1439.3万元[④]。

（十八）石屏县"7·12"洪灾

7月12日0—7时，石屏县降大雨局部暴雨，洪灾造成5950人受灾，受伤2人。损坏房屋47间，倒塌房屋36间；农作物受灾面积774.73公顷，成灾面积111.43公顷，绝

① 《云南减灾年鉴》编辑委员会：《云南减灾年鉴：2008—2009》，昆明：云南科技出版社，2010年，第116页。
② 《云南减灾年鉴》编辑委员会：《云南减灾年鉴：2008—2009》，昆明：云南科技出版社，2010年，第116页。
③ 《云南减灾年鉴》编辑委员会：《云南减灾年鉴：2008—2009》，昆明：云南科技出版社，2010年，第116页。
④ 《云南减灾年鉴》编辑委员会：《云南减灾年鉴：2008—2009》，昆明：云南科技出版社，2010年，第116页。

收面积 79.5 公顷, 毁坏耕地 5.7 公顷; 桥梁受损 2 座, 倒塌 1 座; 倒塌小坝塘 1 个, 水沟受损 950 米, 公路受损 490 米。直接经济损失 1260.7 万元, 其中农业损失 1075.7 万元[①]。

（十九）富源县 7 月下旬洪涝灾害

7 月 24—27 日, 富源县持续强降水, 造成 9 个乡镇 32 个村委会遭受洪涝灾害。民房受损 2438 间, 交通、电力、水利、通信设施、树木、畜禽等不同程度受灾。直接经济损失 2847.7 万元[②]。

（二十）永胜县"8·4"洪涝灾害

8 月 4 日 3 时, 永胜县普降大雨局部暴雨, 造成六德、仁和、光华 3 个乡镇 10 个村委会发生洪涝灾害, 6700 人受灾, 1 人受伤, 49 人需转移安置, 因灾需口粮救济 1685 人。损坏房屋 223 间, 倒塌 61 间; 水稻、玉米等农作物受灾面积 583 公顷, 成灾面积 315 公顷, 绝收面积 126 公顷; 冲毁农田 12.7 公顷; 损毁炼锌厂、电站等工矿企业 5 个; 中断输电线路 600 米, 倒折电杆 10 根; 冲毁库塘 2 座, 损毁灌溉沟渠 5.7 千米; 损毁人畜管饮 5 件, 损毁公益设施 1 个。直接经济损失 7271.2 万元, 其中农业经济损失 402.2 万元[③]。

（二十一）镇沅县"8·4"洪涝灾害

8 月 4—5 日, 镇沅县出现强降雨天气, 造成田坝、勐大、和平、恩乐、九甲、古城 6 个乡镇 50 个村委会 250 个村民小组 57240 户 23311 人受灾。民房受损 497 间, 倒塌 82 间; 农作物受灾面积 1455.8 公顷, 成灾面积 600 公顷, 绝收面积 192 公顷, 损毁农田面积 16 公顷; 道路塌方 6100 米, 桥涵损毁 15 座, 灌溉设施损坏 360 条。直接经济损失 1235.4 万元, 其中农业经济损失 766.7 万元[④]。

（二十二）丘北县"8·5"洪涝灾害

8 月 4 日夜间—5 日白天, 丘北县双龙营、曰者、新店、官寨 4 个乡镇发生洪涝、滑坡灾害, 23 个村委会 208 个自然村 8916 户 41949 人受灾, 1 人死亡, 2 人受伤。房屋损坏 162 间, 倒塌 160 间, 转移安置 41 户 162 人; 农作物受灾面积 1096 公顷, 成灾面积

① 《云南减灾年鉴》编辑委员会: 《云南减灾年鉴: 2008—2009》, 昆明: 云南科技出版社, 2010 年, 第 116 页。
② 《云南减灾年鉴》编辑委员会: 《云南减灾年鉴: 2008—2009》, 昆明: 云南科技出版社, 2010 年, 第 116 页。
③ 《云南减灾年鉴》编辑委员会: 《云南减灾年鉴: 2008—2009》, 昆明: 云南科技出版社, 2010 年, 第 117 页。
④ 《云南减灾年鉴》编辑委员会: 《云南减灾年鉴: 2008—2009》, 昆明: 云南科技出版社, 2010 年, 第 117 页。

649.8 公顷，绝收面积 210 公顷；官寨、新店等乡镇部分村公路损毁；曰者镇老虎冲 2 道拦沙坝受损。直接经济损失 433.8 万元[①]。

（二十三）凤庆县 8 月上旬暴雨成灾

8 月 3—10 日，凤庆县多次出现大雨、暴雨天气，致使雪山、勐佑等乡镇发生洪灾，8700 人受灾，死亡 1 人。农作物受灾面积 795 公顷，粮食减产 34 万斤；乡村公路中断 5 条；损坏灌溉设施 134 处。直接经济损失 7147 万元，其中农业经济损失 2719.8 万元[②]。

（二十四）永胜县"8·22"洪涝灾害

8 月 21 日夜间—22 日凌晨，永胜县大部乡镇出现了暴雨天气，造成永北、涛源、片角、顺州、六德、光华等乡镇发生洪涝灾害，10497 人受灾，1 人受伤，转移安置 63 人；房屋受损 238 间，农作物受灾面积 4500 公顷，成灾面积 543 公顷，绝收面积 98 公顷，死亡牲畜 2 头；冲毁乡村公路及人马驿道 8.22 千米，损毁桥涵 3 座；倒折电杆 15 根，中断线路 1200 米，损坏电力、通信设备 3 件；冲毁灌溉沟渠 4860 米，损坏供水设施 3 件。直接经济损失 743.8 万元，其中农业经济损失 408.3 万元[③]。

七、2010 年云南汛期局部洪涝成灾

5 月以来由于降水偏少，虽未发生大面积洪涝灾害，但单点暴雨、大暴雨频繁，局部洪涝成灾重，秋季连阴雨明显。5—12 月，云南省各州市发生局地洪涝灾害 246 次，其中 6 月下旬和 7 月中下旬，曲靖、昭通、昆明北部、怒江、丽江、临沧等州市暴雨洪涝灾害突出，9 月滇西南、滇西北和滇东南等地的 66 个县市出现连阴雨天气，丽江、大理、临沧等地的洪涝灾害较为突出，12 月中旬初，冬季强降水造成曲靖、玉溪、昆明、红河、临沧等州市发生局地洪涝灾害。洪涝灾害造成 294.7 万人受灾，69 人死亡，30 人失踪；房屋受损 64586 间，倒塌 21513 间；农作物受灾面积 15.74 万公顷，绝收面积 31 300 公顷[④]。

（一）孟连县"6·22"暴雨洪灾

6 月 22 日，孟连县景信乡降 67.3 毫米暴雨，芒信镇降雨 22.1 毫米，强降雨造成南

① 《云南减灾年鉴》编辑委员会：《云南减灾年鉴：2008—2009》，昆明：云南科技出版社，2010 年，第 117 页。
② 《云南减灾年鉴》编辑委员会：《云南减灾年鉴：2008—2009》，昆明：云南科技出版社，2010 年，第 117 页。
③ 《云南减灾年鉴》编辑委员会：《云南减灾年鉴：2008—2009》，昆明：云南科技出版社，2010 年，第 117 页。
④ 《云南减灾年鉴》编辑委员会：《云南减灾年鉴：2010—2011》，昆明：云南科技出版社，2012 年，第 105 页。

垒河河水暴涨，水势凶猛。14 时，芒信镇班顺村糯伍新寨村民 4 人横渡南垒河时，3 人被河水冲走失踪①。

（二）马龙县"6·26"特大暴雨洪灾

6 月 25 日 20 时 40 分—26 日 4 时 40 分，马龙县测站降 208.4 毫米特大暴雨，导致龙泉水库漫坝，4 个乡镇 50234 人受灾、1 人死亡、165 人受伤，转移 41434 人，县城 2100 家机关单位、商店和住宅被淹，4300 台车辆、农业机械被淹受损。房屋受损 2 万间，倒塌 1.1 万间；农作物受灾面积 20533.3 公顷，水产受灾面积 346.7 公顷，死亡牲畜 7268 头；粮食被淹 500 吨；电力中断 56 小时，通信中断 36 小时。直接经济损失 6 亿元②。

（三）麒麟区"6·25"大暴雨

6 月 25 日 8 时—26 日 8 时，麒麟区降 127.5 毫米大暴雨，造成洪涝灾害。房屋进水 2673 间，倒塌 133 间；农作物受灾面积 3333.3 公顷，死亡牲畜 263 头，冲毁渔业养殖 48.8 公顷；冲毁道路 64.4 千米、桥梁 10 座，毁坏水利设施 6733 米。直接经济损失 7090 万元③。

（四）沾益县"6·27"洪涝灾害

6 月 27 日，因嵩明、寻甸、马龙、沾益出现强降水，牛栏江流域水位从 18 时 30 分左右开始快速上涨，21 时 30 分涨至最高水位 34 米。造成沾益县德泽乡发生洪灾，3 个村委会 1769 户 8126 人受灾。民房进水 352 间，房屋倒塌 62 间，乡政府等 10 余家单位一楼进水，个体工商户 116 家商品被淹；农作物受灾面积 76.7 公顷，成灾面积 56 公顷，死亡牲畜 1670 头；冲损 2 座小型发电站、高压电线 4 千米。直接经济损失 2050 万元，其中农业经济损失 308 万元④。

（五）罗平县"6·28"暴雨洪灾

6 月 28 日 8 时—30 日 8 时，罗平县降雨 127.9 毫米，造成罗雄、钟山、长底、旧屋基、老厂、富乐 6 个乡镇 16700 人受灾，死亡 1 人。损坏民房 28 间，倒塌 18 间；农作物受灾面积 1394.7 公顷，绝收面积 268 公顷；损坏渠道 51 米、乡村公路 11.3 千米。直

---

① 《云南减灾年鉴》编辑委员会：《云南减灾年鉴：2010—2011》，昆明：云南科技出版社，2012 年，第 105 页。

② 《云南减灾年鉴》编辑委员会：《云南减灾年鉴：2010—2011》，昆明：云南科技出版社，2012 年，第 105 页。

③ 《云南减灾年鉴》编辑委员会：《云南减灾年鉴：2010—2011》，昆明：云南科技出版社，2012 年，第 105 页。

④ 《云南减灾年鉴》编辑委员会：《云南减灾年鉴：2010—2011》，昆明：云南科技出版社，2012 年，第 105—106 页。

接经济损失 1817 万元，其中农业经济损失 1737 万元①。

（六）嵩明县"6·30"大暴雨致内涝

6月29日20时—30日8时，嵩明县降大暴雨，造成嵩阳、小街等乡镇遭受洪涝灾害。房屋被淹 2000 间，倒塌 20 间；农作物受灾面积 2365 公顷。直接经济损失 3500 万元②。

（七）巧家县"7·13"特大山洪灾害

7月13日凌晨4时，巧家县小河镇发生山洪灾害，造成 1200 人受灾、死亡 19 人，失踪 26 人，受伤 43 人。房屋倒塌 708 间，80 间店面损毁严重；冲走机动车 40 辆；冲毁电站 2 座、农田 150 公顷；集镇管网、电力设施受损；进入小河镇的 3 条主要公路严重损毁③。

（八）宁蒗彝族自治县"7·13"暴雨洪灾

7月13日傍晚，宁蒗彝族自治县红桥乡发生暴雨洪灾，造成 15806 人受灾、3 人死亡，转移安置 42 人。损坏房屋 270 间；农作物受灾面积 843.8 公顷，成灾面积 460.7 公顷，绝收面积 360.9 公顷，死亡牲畜 106 头。直接经济损失 1151.6 万元④。

（九）滇西、滇中"7·25"洪涝灾害

7月25—26日，昭通市永善县，保山市隆阳区、龙陵县，红河哈尼族彝族自治州个旧市、红河县、泸西县，昆明市寻甸县，丽江市玉龙县，曲靖市陆良县、师宗县，玉溪市红塔区、峨山彝族自治县发生洪涝灾害，造成 77737 人受灾，其中隆阳区因灾死亡 2 人，泸西县死亡 1 人，受伤 1 人。房屋受损 423 间，倒塌 142 间；农作物受灾面积 11758.4公顷，成灾面积1463.4公顷，绝收面积424.1公顷。直接经济损失1402.2万元，其中农业经济损失 240.3 万元①。

（十）滇东北、滇西"7·27"洪涝灾害

7月27—28日，昭通市大关县、盐津县、永善县，曲靖市富源县，楚雄市大姚县、

① 《云南减灾年鉴》编辑委员会：《云南减灾年鉴：2010—2011》，昆明：云南科技出版社，2012 年，第 106 页。
② 《云南减灾年鉴》编辑委员会：《云南减灾年鉴：2010—2011》，昆明：云南科技出版社，2012 年，第 106 页。
③ 《云南减灾年鉴》编辑委员会：《云南减灾年鉴：2010—2011》，昆明：云南科技出版社，2012 年，第 106 页。
④ 《云南减灾年鉴》编辑委员会：《云南减灾年鉴：2010—2011》，昆明：云南科技出版社，2012 年，第 106 页。
① 《云南减灾年鉴》编辑委员会：《云南减灾年鉴：2010—2011》，昆明：云南科技出版社，2012 年，第 106 页。

永仁县，大理市漾濞县、南涧县，临沧市耿马县，思茅市景东县发生洪涝灾害，造成
112230 人受灾，其中大关县因灾 3 人死亡，1 人失踪，1 人受伤。房屋受损 2001 间，倒
塌 224 间；农作物受灾面积 5709.7 公顷，成灾面积 3650.3 公顷，绝收面积 1378.7 公顷；
公路受损，多处交通中断。直接经济损失 3869.4 万元，其中农业经济损失 1032.9 万元[①]。

（十一）隆阳区"7·29"洪灾

7 月 29 日，隆阳区发生洪灾，造成 7 个乡镇 1875 人受灾，1 人死亡、失踪 1 人，受
伤 1 人。房屋进水 31 户，倒塌 3 间；农作物受灾面积 35.6 公顷，绝收面积 33.6 公顷；
鱼塘受损 8.4 公顷；公路中断 4 条；河堤决口 10 米，灌溉设施受损 0.639 千米，冲毁人
饮管道 1 条。直接经济损失 175.1 万元[②]。

（十二）瑞丽市"8·11"大暴雨致内涝

8 月 11 日 0 时 52 分—5 时 48 分，瑞丽市降 106.3 毫米大暴雨，导致城区、勐卯镇、
户育乡、姐相乡发生洪涝灾害。房屋进水 4895 间；农作物受灾面积 48 公顷；灌溉沟渠
受损 65 米。直接经济损失 643.0 万元[③]。

（十三）呈贡县"8·16"大暴雨致内涝

8 月 16 日，呈贡县降 169.6 毫米大暴雨，造成城市内涝，21596 人受灾。4479 户房
屋进水，房屋倒塌 67 间，疏散群众 631 人。农作物受灾面积 891 公顷。直接经济损失
5887 万元[④]。

（十四）滇西南 10 月上旬暴雨洪涝灾害

10 月 7—9 日，临沧市永德县、耿马县、凤庆县、镇康县、沧源县、双江拉祜族佤
族布朗族傣族自治县，保山市施甸县，昆明市晋宁县等发生暴雨洪涝灾害，造成 66968
人受灾，其中凤庆县因灾死亡 1 人，失踪 1 人，伤 2 人。房屋受损 755 间，倒塌 508 间；
农作物受灾面积 3309 公顷，成灾面积 1754.3 公顷，绝收面积 453.3 公顷。直接经济损失
3437.8 万元，其中农业经济损失 1212.8 万元[①]。

---

① 《云南减灾年鉴》编辑委员会：《云南减灾年鉴：2010—2011》，昆明：云南科技出版社，2012 年，第 106 页。
② 《云南减灾年鉴》编辑委员会：《云南减灾年鉴：2010—2011》，昆明：云南科技出版社，2012 年，第 106 页。
③ 《云南减灾年鉴》编辑委员会：《云南减灾年鉴：2010—2011》，昆明：云南科技出版社，2012 年，第 106 页。
④ 《云南减灾年鉴》编辑委员会：《云南减灾年鉴：2010—2011》，昆明：云南科技出版社，2012 年，第 106 页。
① 《云南减灾年鉴》编辑委员会：《云南减灾年鉴：2010—2011》，昆明：云南科技出版社，2012 年，第 106 页。

（十五）滇中及以东以南冬季洪涝

12 月 11—12 日，受孟湾低压外围云系影响，云南省出现大范围强降水，强降水出现在中南部地区。造成曲靖、玉溪、昆明、红河、临沧等州市发生局地洪涝灾害。灾害造成 50650 人受灾，转移安置 8 人；房屋受损 25 间，倒塌 9 间；农作物受灾面积 2843.2 公顷，成灾面积 811.4 公顷，绝收面积 51.3 公顷。直接经济损失 2366.4 万元，其中农业经济损失 2350.4 万元[①]。

第四节　低温、霜冻

一、2004 年

（一）建水县 "2·9" 霜冻

2 月 9 日，建水县普雄乡发生霜冻灾害，霜厚 2 厘米，水面结冰。油菜、小麦、蚕豆、甜脆玉米、甘蔗、蔬菜受灾严重，直接经济损失 240.6 万元[②]。

（二）文山县 "2·9" 低温灾害

2 月 9—10 日，文山县 6 个乡镇发生低温灾害。造成农作物受灾 1193.3 公顷，成灾 380 公顷，绝收 33.3 公顷，直接经济损失 125 万元[③]。

（三）石屏县发生霜冻灾害

2 月 9—10 日及 3 月 9 日，石屏县发生霜冻灾害。造成农作物受灾 2080.9 公顷，成灾 1697.1 公顷，绝收 1637.1 公顷[①]。

（四）西畴县 3 月上旬低温灾害

3 月 3—8 日，西畴县鸡街乡发生低温灾害，极端最低气温 5.3℃。造成农作物受灾

① 《云南减灾年鉴》编辑委员会：《云南减灾年鉴：2010—2011》，昆明：云南科技出版社，2012 年，第 106 页。
② 《云南减灾年鉴》编辑委员会：《云南减灾年鉴：2004—2005》，昆明：云南科技出版社，2006 年，第 135 页。
③ 《云南减灾年鉴》编辑委员会：《云南减灾年鉴：2004—2005》，昆明：云南科技出版社，2006 年，第 135 页。
① 《云南减灾年鉴》编辑委员会：《云南减灾年鉴：2004—2005》，昆明：云南科技出版社，2006 年，第 136 页。

66.9 公顷，成灾 8.7 公顷[①]。

（五）丽江市 4 月上中旬低温灾害

4 月 4—18 日，丽江市出现低温灾害。造成农作物受灾 9936 公顷，成灾 2215 公顷，绝收 746.3 公顷，小春粮食损失产量 3521 吨。直接经济损失 1872 万元[②]。

（六）鹤庆县"5·18"局部低温灾害

5 月 18—19 日，鹤庆县草海镇西山片区突降大雪，5 月 20 日晚天气转晴后又降浓霜，雪上加霜给该片区的农作物、药材及畜牧业造成巨大损失。农作物成灾面积 786.7 公顷，牲畜死亡 766 头。直接经济损失 596 万元[③]。

二、2005 年

（一）河口县 1 月上中旬低温冷害

1 月 8—15 日，河口县出现低温阴雨天气，造成河口农场 1.04 万公顷橡胶受灾[④]。

（二）文山县 3 月上旬低温冷害

3 月 2—6 日，文山县发生低温冷害，日平均气温为 7.6℃，极端最低气温 2.3℃。农作物受灾 826.7 公顷，成灾 400 公顷。直接经济损失 693.5 万元[⑤]。

（三）红塔区"3·3"低温冷害

3 月 3 日，玉溪市红塔区发生低温冷害。农作物受灾 0.15 万公顷[⑥]。

（四）隆阳区"3·6"低温冷害

3 月 6 日，保山市隆阳区发生低温冷害。农作物受灾 0.82 万公顷，直接经济损失 3617 万元[①]。

① 《云南减灾年鉴》编辑委员会：《云南减灾年鉴：2004—2005》，昆明：云南科技出版社，2006 年，第 136 页。
② 《云南减灾年鉴》编辑委员会：《云南减灾年鉴：2004—2005》，昆明：云南科技出版社，2006 年，第 136 页。
③ 《云南减灾年鉴》编辑委员会：《云南减灾年鉴：2004—2005》，昆明：云南科技出版社，2006 年，第 136 页。
④ 《云南减灾年鉴》编辑委员会：《云南减灾年鉴：2004—2005》，昆明：云南科技出版社，2006 年，第 147 页。
⑤ 《云南减灾年鉴》编辑委员会：《云南减灾年鉴：2004—2005》，昆明：云南科技出版社，2006 年，第 147 页。
⑥ 《云南减灾年鉴》编辑委员会：《云南减灾年鉴：2004—2005》，昆明：云南科技出版社，2006 年，第 147 页。
① 《云南减灾年鉴》编辑委员会：《云南减灾年鉴：2004—2005》，昆明：云南科技出版社，2006 年，第 147—148 页。

（五）腾冲县"3·6"低温冷害

3月6日，腾冲县发生低温冷害。农作物受灾 2.37 万公顷，成灾 1.32 万公顷，绝收 0.4 公顷，直接经济损失 3276.7 万元[①]。

（六）会泽县"4·12"低温冷害

4月12日，会泽县发生低温冷害。农作物受灾 0.23 万公顷，绝收 0.03 万公顷，直接经济损失 852.9 万元[②]。

三、2006 年

（一）威信县春季低温冷害

4月12—15日，威信县气温突降，日平均气温 7.0℃，较 11 日降幅达 13℃，日平均最低气温 5.4℃，较 11 日降幅达 10℃，出现了历史上较为罕见的"倒春寒"天气。造成 10 个乡镇 84 个村委会 1624 个村民小组 12.4 万人受灾，农作物受灾 13581 公顷。直接经济损失 1228.5 万元[③]。

（二）昭通市春季低温冻害

5月11—14日，昭通市出现大范围降温降水天气，高二半山区出现降雪，造成昭阳区、巧家县、永善县的部分乡镇发生低温冻害。农作物受灾 12761.5 公顷，绝收 4497.2 公顷。直接经济损失 1576.7 万元[④]。

（三）昭通市"5·17"低温冷害、霜冻

5月17日，昭通市昭阳区、鲁甸县、大关县、镇雄县的部分乡镇发生霜冻和低温灾害，造成 33 个村委会 403 个村民小组 9.9 万人受灾。农作物受灾 9641.8 公顷，绝收 3559.9 公顷，羊死亡 5 只。直接经济损失 3332.2 元[⑤]。

---

① 《云南减灾年鉴》编辑委员会：《云南减灾年鉴：2004—2005》，昆明：云南科技出版社，2006 年，第 148 页。
② 《云南减灾年鉴》编辑委员会：《云南减灾年鉴：2004—2005》，昆明：云南科技出版社，2006 年，第 148 页。
③ 《云南减灾年鉴》编辑委员会：《云南减灾年鉴：2006—2007》，昆明：云南科技出版社，2006 年，第 88 页。
④ 《云南减灾年鉴》编辑委员会：《云南减灾年鉴：2006—2007》，昆明：云南科技出版社，2006 年，第 88 页。
⑤ 《云南减灾年鉴》编辑委员会：《云南减灾年鉴：2006—2007》，昆明：云南科技出版社，2006 年，第 88 页。

（四）沾益县"5·16"霜冻灾害

5 月 16—17 日，沾益县炎方乡、播罗乡、白水镇、菱角乡、德泽乡发生霜冻灾害。农作物受灾 14387.9 公顷，成灾 4205.3 公顷，绝收 2393.1 公顷[①]。

（五）嵩明县"5·16"霜冻灾害

5 月 16—17 日，嵩明县滇源镇、阿子营乡发生霜冻灾害。农作物受灾面积 398.5 公顷，花卉受灾面积 9.8 公顷，168 万株正处于花苞期的百合花受灾。直接经济损失 500 万元[②]。

四、2007 年

（一）陇川县"3·12"霜冻灾害

3 月 12—20 日，陇川县户撒乡发生低温霜冻灾害。小春作物受灾面积 2784.1 公顷，绝收 397.4 公顷，直接经济损失 1359.4 万元[③]。

（二）腾冲县"3·18"霜冻灾害

3 月 18—19 日，腾冲县发生低温霜冻灾害。造成农作物受灾 8212 公顷，成灾 417 公顷，直接经济损失 538.4 万元[④]。

（三）威信县 4 月上旬低温冷害

4 月 1—4 日，威信县发生低温冷害，造成 10 个乡镇 84 个村委会 1275 个村民小组 31832 户 133665 人受灾。农作物受灾 16503.8 公顷，粮食减产 4586 斤；经济林果受灾 38561 棵。直接经济损失 1259.7 万元[⑤]。

（四）会泽县"5·4"霜冻灾害

5 月 4—6 日，会泽县的田坝、驾车、待补、火红等乡镇发生低温霜冻灾害，农作物受灾 3549.1 公顷，成灾 1747.3 公顷，绝收 544.0 公顷，直接经济损失 1420.6 万元[⑥]。

① 《云南减灾年鉴》编辑委员会：《云南减灾年鉴：2006—2007》，昆明：云南科技出版社，2006 年，第 88 页。
② 《云南减灾年鉴》编辑委员会：《云南减灾年鉴：2006—2007》，昆明：云南科技出版社，2006 年，第 88 页。
③ 《云南减灾年鉴》编辑委员会：《云南减灾年鉴：2006—2007》，昆明：云南科技出版社，2006 年，第 97 页。
④ 《云南减灾年鉴》编辑委员会：《云南减灾年鉴：2006—2007》，昆明：云南科技出版社，2006 年，第 97 页。
⑤ 《云南减灾年鉴》编辑委员会：《云南减灾年鉴：2006—2007》，昆明：云南科技出版社，2006 年，第 97 页。
⑥ 《云南减灾年鉴》编辑委员会：《云南减灾年鉴：2006—2007》，昆明：云南科技出版社，2006 年，第 98 页。

五、2008年云南省发生罕见低温雨雪冰冻灾

1月中旬—2月中旬，云南省西北部、滇中及以东以北的大部地区发生了历史罕见的低温雨雪冰冻灾害。2月下旬气温短暂回升后又受强冷空气影响，使滇中及以东以北地区再次出现强倒春寒天气。灾害持续时间之长、强度之大、损失之重都创下了50年来最严重的纪录。低温雨雪冰冻灾害造成云南省1175.7万人受灾，27人死亡，1人失踪，因灾伤病2.3万人；房屋受损20.8万间，倒塌4.3万间；农作物受灾面积77.07万公顷，绝收面积21.01万公顷；直接经济损失90.9亿元，其中农业经济损失40.2亿元[①]。

（一）1月上中旬耿马县霜冻灾害

1月6—17日，耿马县出现霜冻天气，7日测站最低气温为1.1℃，勐撒镇6日最低气温为-1.8℃，造成四排山乡等4乡镇18个村1765户7643人受灾。农作物受灾2107.8公顷，直接经济损失658.7万元[②]。

（二）富宁县发生低温冻害

1月13—31日，富宁县出现低温冻害，造成12个乡镇80个村委会160个村民小组13万人受灾。损坏民房3间；农作物受灾66385公顷，成灾面积994.2公顷，绝收面积681.4公顷，冻死耕牛254头；24条10千伏输电线路出现故障，46处出现倒杆断线，8座变电站和12个乡镇供电受到影响。直接经济损失681.0万元[③]。

（三）昭通市发生强低温雨雪冰冻灾害

1月12—2月20日，昭通市发生低温雨雪冰冻灾害，大关、威信、镇雄、昭阳、鲁甸及海拔1100米以上区域日平均气温在0℃以下的天数多达13—34天，创历史同期气象纪录。雨雪造成电线结冰直径达1.2—8.0厘米，昭阳区最大积雪深度18厘米，常年极少降雪的河谷区盐津县城附近积雪深度达11厘米。雪灾、冰冻灾害导致道路结冰，交通中断，城乡停电、停水。造成昭阳、鲁甸等11县区141个乡镇1078个村社的385.2万人受灾，死亡8人，伤病2.2万人，9.4万人饮水困难，转移安置19.5万人。损坏民房18394间，倒塌1235间；农作物受灾112880公顷，绝收面积28610公顷，死亡牲畜3692头；毁坏经济林木535.8万株；毁坏输电线路554.55千米、饮水管道53千米。直接经济

① 《云南减灾年鉴》编辑委员会：《云南减灾年鉴：2008—2009》，昆明：云南科技出版社，2010年，第100页。
② 《云南减灾年鉴》编辑委员会：《云南减灾年鉴：2008—2009》，昆明：云南科技出版社，2010年，第100页。
③ 《云南减灾年鉴》编辑委员会：《云南减灾年鉴：2008—2009》，昆明：云南科技出版社，2010年，第100页。

损失 330135 万元，其中农业经济损失 61251 万元[1]。

（四）曲靖市低温雨雪冰冻成灾

1 月 23 日—2 月 13 日，曲靖市 9 县（区）发生低温雨雪冰冻灾害。造成 285.3 万人受灾，伤病 1650 人。损坏房屋 2263 间，倒塌 1076 间；农作物受灾 224030.0 公顷，绝收面积 76536 公顷，冻死果树苗 171 万株，倒断林木 21570 平方米，冻死牲畜 98299 头（只）；毁坏变压器 127 台，冻坏供水管道 15000 处 156200 千米，冻坏水表 18.4 万块，损坏通信设施 1500 台，毁损电杆 356 根，损坏通电线路 50.4 千米；公路交通中断 8 天，滞留旅客 6500 人；全市 18 个乡镇停电，冻裂水管 1325.1 千米，造成 70.5 万人饮水困难。直接经济损失 296348 万元，其中农业直接经济损失 198437 万元[2]。

（五）丽江市发生强低温雨雪冰冻灾害

1 月 24 日—2 月 2 日，丽江市出现了大范围的低温雨雪冰冻天气，高海拔地区出现了大雪，造成 1 区 4 县 35 个乡镇遭受雪灾和低温冰冻灾害，153502 人受灾，因灾伤病 88 人。房屋受损 797 间，坍塌 140 间；农作物受灾 7376.8 公顷，绝收面积 965 公顷，死亡牲畜 2879 头（只）；电力、通信、交通等基础设施受损。直接经济损失 3723.4 万元，其中农业经济损失 2800.3 万元[3]。

（六）2 月上中旬石林彝族自治县低温冻害

2 月 7—15 日，石林彝族自治县发生低温冻害，造成西街口镇、圭山镇、路美邑镇、长湖镇、大可乡 26200 人受灾，农作物受灾 2685 公顷，绝收面积 87 公顷，直接经济损失 411 万元[4]。

（七）文山县发生低温冰冻灾害

2 月 2—18 日，文山县发生低温冰冻灾害，造成 680495 人受灾。农作物受灾 52766.4 公顷，成灾面积 21657.5 公顷，绝收面积 5155.8 公顷，冻死牲畜 551 头（只）；农业基础设施受损 42 条 25 千米，直接影响 1568.78 公顷农田灌溉用水，坝心、小街输电线路结冰无法送电，34 万人的生产、生活用电受到影响。直接经济损失 2555.9 万元[5]。

① 《云南减灾年鉴》编辑委员会：《云南减灾年鉴：2008—2009》，昆明：云南科技出版社，2010 年，第 100 页。
② 《云南减灾年鉴》编辑委员会：《云南减灾年鉴：2008—2009》，昆明：云南科技出版社，2010 年，第 100 页。
③ 《云南减灾年鉴》编辑委员会：《云南减灾年鉴：2008—2009》，昆明：云南科技出版社，2010 年，第 101 页。
④ 《云南减灾年鉴》编辑委员会：《云南减灾年鉴：2008—2009》，昆明：云南科技出版社，2010 年，第 101 页。
⑤ 《云南减灾年鉴》编辑委员会：《云南减灾年鉴：2008—2009》，昆明：云南科技出版社，2010 年，第 101 页。

（八）2月中旬砚山县低温冰冻灾害

2月12—14日，砚山县发生低温冰冻灾害，造成10个乡镇受灾。农作物受灾1808.7公顷，绝收面积1783.1公顷，牲畜死亡179头（只）；电杆倒塌21根，饮水管爆裂320米。直接经济损失3158.2万元，其中农业直接经济损失2529.5万元①。

（九）2月中旬西畴县低温冻害

2月12—18日，西畴县发生低温冻害，日极端最低气温达-1.1℃，造成9个乡镇68个村委会1355个村民小组83240人受灾。农作物受灾4789公顷，绝收面积1196公顷；甘蔗等经济作物受灾140公顷，绝收面积610公顷，冻死牲畜11头。直接经济损失1878.6万元②。

（十）2月中旬金平县低温冻害

2月11—19日，金平县发生低温冻害，造成13个乡镇72个村委会417个村民小组7168户30195人受灾。农作物受灾6096.5公顷，成灾面积464.8公顷，死亡牲畜2717头（匹）。直接经济损失4736.8万元，其中农业经济损失4736.8万元③。

（十一）2月中旬石屏县低温冰冻灾害

2月12—15日，石屏县发生低温冰冻灾害，大部分乡镇连续3天日极端最低气温均降至5℃以下，其中哨冲连续3天日最低气温降至0℃以下，造成9个乡镇5.081万人受灾。农作物受灾1394.3公顷，绝收面积30公顷，死亡牲畜5头。农业直接经济损失405.3万元④。

（十二）2月上中旬泸西县冰冻灾害

1月31日—2月16日，泸西县发生冰冻灾害。造成312069人受灾，7人受伤。372间房屋受损；农作物受灾19477.7公顷，绝收6089.8公顷，林木受灾2473.2公顷，牲畜死亡171头；电杆（电线塔）倒损250根（座），电网线断损200千米；输水管道受损193千米，水表受损5230只。直接经济损失9422万元，其中农业直接经济损失5852万元⑤。

① 《云南减灾年鉴》编辑委员会：《云南减灾年鉴：2008—2009》，昆明：云南科技出版社，2010年，第101页。
② 《云南减灾年鉴》编辑委员会：《云南减灾年鉴：2008—2009》，昆明：云南科技出版社，2010年，第101页。
③ 《云南减灾年鉴》编辑委员会：《云南减灾年鉴：2008—2009》，昆明：云南科技出版社，2010年，第101页。
④ 《云南减灾年鉴》编辑委员会：《云南减灾年鉴：2008—2009》，昆明：云南科技出版社，2010年，第101页。
⑤ 《云南减灾年鉴》编辑委员会：《云南减灾年鉴：2008—2009》，昆明：云南科技出版社，2010年，第101页。

六、2010年云南发生局部低温霜冻和雪灾

2010年云南省低温冷害、霜冻、雪灾偏轻发生。1月至2月中旬，临沧、昭通、曲靖等地发生局部低温冷害、霜冻、雪灾，6月永善县发生低温冷害，12月中下旬，临沧市、德宏傣族景颇族自治州、玉溪市等州（市）发生局部霜冻、低温冷害。其中2月中旬末宣威市的霜冻灾害造成农作物严重受损。灾害造成28.7万人受灾，1人死亡；房屋受损2493间，倒塌1035间；农作物受灾面积3.54万公顷，绝收面积0.25万公顷。直接经济损失1.9亿元，其中农业经济损失1.4亿元[1]。

（一）耿马县霜冻致使甘蔗受灾

2009年12月30日—2010年1月14日，耿马县出现低温霜冻灾害，甘蔗受灾面积3682.4公顷，成灾面积2156.1公顷，损失产量139930吨[2]。

（二）盈江县发生霜冻灾害

2009年12月23日—2010年1月2日，盈江县14个乡镇出现霜冻灾害，农作物受灾面积6346.7公顷；经济林木受灾面积2934.1公顷，成灾面积1761.8公顷。直接经济损失6692.3万元，其中农业经济损失4647.7万元[3]。

（三）威信县2月中旬低温冷害

2月11—19日，威信县出现了持续低温天气，气温从2月11日的2.2℃下降到2月19日的-1.4℃，造成高二半山区10个乡镇58个村委会884个村民小组8592户33592人受灾。房屋受损105间；粮经作物受灾面积5850公顷，农业直接经济损失1394.9万元[4]。

（四）宣威市"2·19"霜冻灾害

2月19日，宣威市发生霜冻灾害，造成农作物受灾面积9733.3公顷，成灾面积1733.3公顷，绝收面积1600公顷，损失产量6.33万吨。直接经济损失15840万元[5]。

① 《云南减灾年鉴》编辑委员会：《云南减灾年鉴：2010—2011》，昆明：云南科技出版社，2012年，第109页。
② 《云南减灾年鉴》编辑委员会：《云南减灾年鉴：2010—2011》，昆明：云南科技出版社，2012年，第109页。
③ 《云南减灾年鉴》编辑委员会：《云南减灾年鉴：2010—2011》，昆明：云南科技出版社，2012年，第109页。
④ 《云南减灾年鉴》编辑委员会：《云南减灾年鉴：2010—2011》，昆明：云南科技出版社，2012年，第109页。
⑤ 《云南减灾年鉴》编辑委员会：《云南减灾年鉴：2010—2011》，昆明：云南科技出版社，2012年，第109页。

第五节 大风、冰雹

一、2004 年

（一）罗平县"1·9"冰雹灾害

1月9日20时15分，罗平县环城、大水井、板桥、钟山4乡镇发生冰雹灾害。农作物受灾6640公顷，减产4969吨。损坏树木15000棵，损坏电缆500米。共计直接经济损失1431.5万元[①]。

（二）思茅市"1·9"冰雹灾害

1月9日12—18时，思茅地区发生冰雹灾害。冰雹直径18—30毫米，最大积雹厚度20厘米。造成7个县市37个乡镇59725户20.9万人受灾。民房受损25956间。小春作物受灾15148公顷，成灾8169公顷。共计直接经济损失4556.5万元[②]。

（三）易门县"1·9"冰雹灾害

1月9日下午，易门县降冰雹，冰雹最大直径0.9厘米。损害民房4间，损坏畜厩4间，农作物受灾498.9公顷[③]。

（四）峨山彝族自治县"1·9"冰雹灾害

1月9日下午，峨山彝族自治县8个乡镇降冰雹并伴有大风，冰雹最大直径1厘米。造成民房受损33间，农作物受灾344.3公顷，成灾90.1公顷[④]。

（五）安宁市"1·9"冰雹灾害

1月9日14时11分，安宁市连然镇、草铺镇、县街乡、鸣矣河乡遭受冰雹袭击，

① 《云南减灾年鉴》编辑委员会：《云南减灾年鉴：2004—2005》，昆明：云南科技出版社，2006年，第137页。
② 《云南减灾年鉴》编辑委员会：《云南减灾年鉴：2004—2005》，昆明：云南科技出版社，2006年，第137页。
③ 《云南减灾年鉴》编辑委员会：《云南减灾年鉴：2004—2005》，昆明：云南科技出版社，2006年，第137页。
④ 《云南减灾年鉴》编辑委员会：《云南减灾年鉴：2004—2005》，昆明：云南科技出版社，2006年，第137页。

持续时间14分钟，最大冰雹直径4毫米。造成农作物受灾346.7公顷①。

（六）盈江县"1·13"冰雹灾害

1月9日11时30—40分、1月15日2—5时，盈江县昔马镇降冰雹。这两次冰雹灾害造成52间油毛毡房受损，农作物受灾143.3公顷，牲畜死亡39头②。

（七）石屏县"1·13"冰雹灾害

1月13日凌晨1时，石屏县哨冲镇2个村委会降冰雹。造成农作物受灾面积179.7公顷，成灾57.5公顷，直接经济损失21.1万元③。

（八）景洪市"1·13"冰雹灾害

1月13日凌晨3时17分，景洪市景讷乡发生冰雹灾害，造成农作物受灾310公顷④。

（九）景洪市"3·16"冰雹灾害

3月16日17时30分—19时7分，景洪市小街乡连续降了3次冰雹。造成小街乡354户1718人受灾。房屋受损1712平方米，打坏瓦片267万片，农作物受灾122.5公顷，橡胶受灾面积247公顷，共计直接经济损失45万元。东风农场2分场2队住房受损1500多平方米，15户太阳能热水器受损，打死16只鸡，35.3公顷橡胶受灾⑤。

（十）江城县"3·16"冰雹受灾

3月16日18时49分—18时56分，江城县降冰雹，最大冰雹直径31毫米，冰雹平均重量8克。造成1人受伤，房屋损坏807间，农作物绝收256.3公顷，牲畜死亡11头。鑫元公司橡胶受灾133.3公顷，城区及部分乡镇房屋、太阳能热水器等不同程度受损⑥。

（十一）腾冲县"3·17"冰雹灾害

3月17日，腾冲县曲石乡遭受冰雹袭击，油菜与山葵受灾面积353.7公顷，成灾

① 《云南减灾年鉴》编辑委员会：《云南减灾年鉴：2004—2005》，昆明：云南科技出版社，2006年，第137页。
② 《云南减灾年鉴》编辑委员会：《云南减灾年鉴：2004—2005》，昆明：云南科技出版社，2006年，第137页。
③ 《云南减灾年鉴》编辑委员会：《云南减灾年鉴：2004—2005》，昆明：云南科技出版社，2006年，第137页。
④ 《云南减灾年鉴》编辑委员会：《云南减灾年鉴：2004—2005》，昆明：云南科技出版社，2006年，第137页。
⑤ 《云南减灾年鉴》编辑委员会：《云南减灾年鉴：2004—2005》，昆明：云南科技出版社，2006年，第137页。
⑥ 《云南减灾年鉴》编辑委员会：《云南减灾年鉴：2004—2005》，昆明：云南科技出版社，2006年，第137页。

305.9 公顷，绝收 29.3 公顷，经济损失 60.8 万元①。

（十二）昭通市"4·6"冰雹灾害

4月6日下午—7日凌晨，昭通市出现冰雹等强对流天气，造成绥江、水富、盐津3县4个乡31个村8.5万人受灾。损坏房屋9914间。农作物受灾6195.6公顷，成灾3324.3公顷，绝收1163.2公顷，粮食减产84.9吨。经济林果受灾84.3公顷，成灾42.9公顷，绝收8公顷。共计直接经济损失4311.7万元②。

（十三）镇雄县"4·6"冰雹灾害

4月6日17时，镇雄县乌峰、中屯、泼机、亨地4个乡镇遭受冰雹袭击，乌峰镇降雹持续时间28分钟，冰雹最大直径30毫米，堆积厚度10厘米。造成18个村委会238个村民小组17157户72166人受灾，1人受伤。毁坏房屋150间，毁坏树木759棵，农作物受灾1662.6公顷，成灾1178.9公顷，损失产量2500吨，造成直接经济损失272.4万元③。

（十四）彝良县"4·6"冰雹灾害

4月6日18时30分，彝良县龙安乡降冰雹，造成7个村1500户6500人受灾。房屋损毁515间，农作物受灾363.3公顷，成灾273.3公顷。烤烟假植成灾20万株，经济林果受灾8500棵。低压电线受损5千米。直接经济损失76.3万元④。

（十五）施甸县"4·13"大风灾害

4月13日17时30分—17时50分，施甸县出现大风天气，最大风速20米/秒。15个乡镇23.2万人受灾，成灾13.8万人，重伤2人，轻伤8人。民房受损10219间。小春作物受灾8666.7公顷，成灾7800公顷，烤烟、油菜等经济作物受灾2000公顷。电杆折断89根，造成全县电力、通信中断4个多小时。共计直接经济损失3160万元，其中农业直接经济损失2070万元⑤。

（十六）腾冲县"4·13"大风灾害

4月13日17—18时，腾冲县出现大风天气，造成21乡镇7.9万人受灾，死亡1人，

① 《云南减灾年鉴》编辑委员会：《云南减灾年鉴：2004—2005》，昆明：云南科技出版社，2006年，第137页。
② 《云南减灾年鉴》编辑委员会：《云南减灾年鉴：2004—2005》，昆明：云南科技出版社，2006年，第137页。
③ 《云南减灾年鉴》编辑委员会：《云南减灾年鉴：2004—2005》，昆明：云南科技出版社，2006年，第137页。
④ 《云南减灾年鉴》编辑委员会：《云南减灾年鉴：2004—2005》，昆明：云南科技出版社，2006年，第137页。
⑤ 《云南减灾年鉴》编辑委员会：《云南减灾年鉴：2004—2005》，昆明：云南科技出版社，2006年，第137—138页。

重伤 1 人，轻伤 3 人。房屋损坏 2569 间，倒塌 63 间。农作物受灾 3221 公顷，折断成材树木 4555 棵，损毁树苗 26 万株。倒折电杆 21 根，电力、通信线路中断 1400 米。共计直接经济损失 1327.1 万元①。

（十七）隆阳区"4·13"大风灾害

4 月 13 日 17 时 33 分—17 时 40 分，保山市隆阳区发生大风灾害，最大风速 25 米/秒。造成 13 个乡镇 3.1 万人受灾，房屋受损 6985 间。小春作物受灾 2221.7 公顷，经济作物受灾 155.1 公顷，林果受灾 66325 株，烤烟烤房受损 414 间，烤烟烤棚受损 505 个，香料烟调制棚受损 2000 个。共计直接经济损失 1300 万元②。

（十八）龙陵县"4·13"大风灾害

4 月 13 日 16 时 54 分，龙陵县出现大风天气，最大风速 19 米/秒，持续 4 分钟。造成 12 个乡镇 8500 户 36720 人受灾，死亡 1 人，伤 5 人。房屋倒塌 48 间，粮食作物受灾 346 公顷，经济作物受灾 209 公顷，竹木受灾 702 棵，倒塌电杆 29 棵。直接经济损失 568.4 万元③。

（十九）潞西市"4·13"大风灾害

4 月 13 日下午，潞西市出现大风天气，最大风速 23.9 米/秒。造成 15 个乡镇 3.2 万人受灾，死亡 1 人，受伤 8 人。损坏房屋 6982 间，倒塌 278 间。农作物受灾 909.2 公顷，成灾 304.9 公顷，绝收 67.1 公顷。共计直接经济损失 1574 万元④。

（二十）梁河县"4·13"大风灾害

4 月 13 日下午，梁河县出现大风天气，最大风速 24 米/秒。吹走 436 户房屋瓦片，吹倒房屋 4 间，损坏房屋 3 间，受伤 1 人。农作物受灾 127.6 公顷，成灾 77.3 公顷，绝收 26.9 公顷。直接经济损失 618 万元⑤。

（二十一）凤庆县"4·13"大风灾害

4 月 13 日 18 时 36 分—19 时 6 分，凤庆县出现大风天气，最大风速 22 米/秒。造成

① 《云南减灾年鉴》编辑委员会：《云南减灾年鉴：2004—2005》，昆明：云南科技出版社，2006 年，第 138 页。
② 《云南减灾年鉴》编辑委员会：《云南减灾年鉴：2004—2005》，昆明：云南科技出版社，2006 年，第 138 页。
③ 《云南减灾年鉴》编辑委员会：《云南减灾年鉴：2004—2005》，昆明：云南科技出版社，2006 年，第 138 页。
④ 《云南减灾年鉴》编辑委员会：《云南减灾年鉴：2004—2005》，昆明：云南科技出版社，2006 年，第 138 页。
⑤ 《云南减灾年鉴》编辑委员会：《云南减灾年鉴：2004—2005》，昆明：云南科技出版社，2006 年，第 138 页。
⑤ 《云南减灾年鉴》编辑委员会：《云南减灾年鉴：2004—2005》，昆明：云南科技出版社，2006 年，第 138 页。
⑤ 《云南减灾年鉴》编辑委员会：《云南减灾年鉴：2004—2005》，昆明：云南科技出版社，2006 年，第 138 页。

15个乡镇8.9万人受灾，死亡1人，受伤11人。房屋受灾16635幢49905间，农作物受灾1987.9公顷，成灾1267.6公顷，产量损失791.3吨。吹断电杆103根，输电线路损坏91.71千米，电视光纤、卫星接收器、通信设施受灾399台，伤亡牲畜54头。共计直接经济损失997.4万元[①]。

（二十二）永德县"4·13"大风灾害

4月13日17时40分—14日4时，永德县出现大风天气，最大风速22米/秒，造成12个乡镇受灾，2人受伤。学校房屋受损1130间，民房受损8200间，烤烟烤房受损805间。农作物受灾123公顷，经济作物受灾450公顷，经济林木受灾840公顷。水毁路面16.96万平方米，公路坍塌1.22万立方米，水毁边沟26千米。共计直接经济损失2132.73万元[②]。

（二十三）陇川县"4·13"大风灾害

4月13日下午，陇川县出现大风天气，最大风速19.8米/秒，造成11个乡镇2.5万人受灾，受伤2人，转移安置112人。房屋损坏584间，倒塌271间。农作物受灾1542公顷，成灾1131公顷，绝收524公顷。吹断电杆21根。共计直接经济损失1316万元[③]。

（二十四）景东县"4·13"大风灾害

4月13日19时55分—19时58分，景东县出现大风天气，测站最大风速23.1米/秒。造成15个乡镇121个村5.0万人受灾。学校受灾33所，房屋受损18419间。小麦受灾842.5公顷，成灾301.5公顷。经济林木、林果受灾1299公顷，死亡牲畜15头。高压、低压线受损56.3千米，电视接收机受损35个。水利设施、饮水管道受损1490米，水池受损8个。共计直接经济损失2011.9万元[④]。

（二十五）澜沧县"4·13"大风灾害

4月13日23时5分—23时17分，澜沧县出现大风、冰雹天气，测站最大风速25米/秒，造成23个乡镇受灾。损坏民房30336间。茶叶受灾1248.7公顷，成灾642.3公顷，绝收241.4公顷。经济林果、林木受灾208公顷，成灾106公顷，绝收26.5公顷。

① 《云南减灾年鉴》编辑委员会：《云南减灾年鉴：2004—2005》，昆明：云南科技出版社，2006年，第138页。
② 《云南减灾年鉴》编辑委员会：《云南减灾年鉴：2004—2005》，昆明：云南科技出版社，2006年，第138页。
③ 《云南减灾年鉴》编辑委员会：《云南减灾年鉴：2004—2005》，昆明：云南科技出版社，2006年，第138页。
④ 《云南减灾年鉴》编辑委员会：《云南减灾年鉴：2004—2005》，昆明：云南科技出版社，2006年，第138页。

小春作物受灾414.5公顷，成灾321.5公顷，绝收162.1公顷。电力通信、禽畜等受灾。共计直接经济损失1310.4万元[1]。

（二十六）沧源县"4·13"大风、冰雹灾害

4月13日21时30分，沧源县出现大风、冰雹天气，最大风速24米/秒，冰雹最大直径30毫米，造成6个乡镇受灾。受灾人口13509人，损坏房屋917间，损坏仓库12幢。农作物受灾261.1公顷，成灾200.8公顷。共计直接经济损失115万元[2]。

（二十七）施甸县"4·13"大风、冰雹灾害

4月13日17时30分—17时50分，施甸县出现雷雨、大风天气，最大风速20米/秒。4月14日13时20分—13时40分，施甸县出现冰雹天气，冰雹最大直径40毫米。造成15个乡镇23.2万人受灾，重伤2人，轻伤8人。民房受损10219间，432间房屋墙体倒塌。农作物受灾10666.7公顷，成灾7800公顷。吹断通信电力电杆89根，造成全县电力、通信中断4个多小时。共计直接经济损失3160万元[3]。

（二十八）西畴县"4·13"大风、冰雹灾害

4月13日19—20时，西畴县出现暴雨、大风、冰雹天气，持续时间1小时。造成10个乡镇58个村委会1218个村民小组54773人受灾。损坏房屋724间，倒塌36间，损坏瓦片30.5万片。农作物受灾1311公顷，成灾626.7公顷，绝收121.1公顷。烤烟受灾162.5公顷，成灾135公顷，经济林果受灾1050株。共计直接经济损失218.4万元[4]。

（二十九）麻栗坡县"4·13"大风、冰雹灾害

4月13日19时10分—19时25分，麻栗坡县出现大风、冰雹强对流天气，最大风速24米/秒，冰雹最大直径10毫米，持续时间10分钟。造成麻栗坡、大坪、南温河、猛硐4个乡镇受灾，房屋受损1441户，损失瓦片60万片。农作物受灾1189.4公顷，成灾608.2公顷，绝收66.7公顷，损失产量405.5吨。吹断11棵电杆、5千米低压输电线。共计直接经济损失162.3万元[5]。

---

① 《云南减灾年鉴》编辑委员会：《云南减灾年鉴：2004—2005》，昆明：云南科技出版社，2006年，第138页。
② 《云南减灾年鉴》编辑委员会：《云南减灾年鉴：2004—2005》，昆明：云南科技出版社，2006年，第139页。
③ 《云南减灾年鉴》编辑委员会：《云南减灾年鉴：2004—2005》，昆明：云南科技出版社，2006年，第139页。
④ 《云南减灾年鉴》编辑委员会：《云南减灾年鉴：2004—2005》，昆明：云南科技出版社，2006年，第139页。
⑤ 《云南减灾年鉴》编辑委员会：《云南减灾年鉴：2004—2005》，昆明：云南科技出版社，2006年，第139页。

（三十）马关县"4·14"大风灾害

4月14日，马关县出现大风天气，造成9个乡镇26个村委会116个村民小组14450人受灾。房屋受损1820间，倒塌3间，瓦片损失78.4万片。牛死亡1头，农作物受灾140.7公顷，成灾30.3公顷。共计直接经济损失120万元[①]。

（三十一）普洱县"4·14"大风、冰雹灾害

4月14—15日，普洱县出现大风、冰雹天气，测站最大风速21.9米/秒，冰雹最大直径30毫米，最大重量6.3克，造成普义乡、勐先乡、磨黑镇、宁洱镇11760人受灾，10人受伤。损坏房屋16803间，粮食作物受灾2458.6公顷，成灾1966.8公顷，经济作物受灾1929公顷，成灾1420公顷。死亡家禽2000只，5所学校房屋受损，1条3千米的输电高压线路被损坏。共计直接经济损失630.9万元[②]。

（三十二）景洪市"4·15"大风、冰雹灾害

4月15日17时，景洪市出现大风冰雹天气，造成4个乡镇8个村委会26个村民小组139户0.5万人受灾，2人重伤。损坏房屋6955间。农作物受灾992公顷，成灾856公顷，绝收728公顷。吹倒树木49株。共计直接经济损失2327万元[③]。

（三十三）景洪市"4·16"大风、冰雹灾害

4月16日凌晨3时15分，景洪市受大风、冰雹袭击，造成景哈乡、勐罕镇、小街乡3个乡镇6个村委会18个村民小组550户2526人受灾。损坏房屋1780间。农作物受灾495.2公顷，成灾322.2公顷，绝收289.5公顷。倒折树木6万株，倒折电杆2根。农业直接经济损失870万元。16时30分，景洪东风农场遭受大风、冰雹袭击，橡胶树受损17.7832万株。共计直接经济损失242万元[④]。

（三十四）景洪市"4·17"大风、冰雹灾害

4月17日凌晨3时，景洪市橄榄坝农场遭受大风、冰雹袭击，持续时间20分钟，至4月18日上午，低洼处仍有冰雹没有完全融化。胶树受灾面积491.9公顷，刮断、刮倒开割胶树17625株，15户职工的住房被大风刮倒，一队、六队职工家的太阳能全被冰

① 《云南减灾年鉴》编辑委员会：《云南减灾年鉴：2004—2005》，昆明：云南科技出版社，2006年，第139页。
② 《云南减灾年鉴》编辑委员会：《云南减灾年鉴：2004—2005》，昆明：云南科技出版社，2006年，第139页。
③ 《云南减灾年鉴》编辑委员会：《云南减灾年鉴：2004—2005》，昆明：云南科技出版社，2006年，第139页。
④ 《云南减灾年鉴》编辑委员会：《云南减灾年鉴：2004—2005》，昆明：云南科技出版社，2006年，第139页。

雹砸坏，直接经济损失 300 万元①。

（三十五）勐海县"4·18"大风、冰雹灾害

4 月 18 日，勐海县多次出现大风天气，造成 11 个乡镇 46 个村委会 102 个村民小组 1.7 万人受灾，无家可归 465 人。损坏房屋 1758 间。农作物受灾 1046 公顷，成灾 617 公顷。共计直接经济损失 1986 万元②。

（三十六）景洪市"4·18"大风、冰雹灾害

4 月 18 日 18 时、18 时 30 分—19 时，景洪市勐旺乡、景洪橡胶分公司第三作业区八队遭受大风、冰雹袭击，冰雹最大堆积厚度 18 厘米。勐旺乡 6 个村 320 户 1144 人和 4 个茶叶经营企业受灾严重。民房受损 5 间，农作物受灾面积 316.3 公顷，绝收 210.7 公顷，23 套太阳能被砸坏。185 公顷开割橡胶林地遭受冰雹灾害，5.4 万株胶树受损。共计直接经济损失 120.8 万元③。

（三十七）富宁县 4 月中旬冰雹成灾

4 月 11—16 日，富宁县出现冰雹天气，冰雹最大直径 48 毫米，造成 7 个乡镇 26 个村委会 174 个村民小组 2.9 万人受灾，死亡 1 人，伤 3 人。损坏房屋 10131 间，倒塌 48 间。农作物受灾 685.7 公顷，成灾 506.3 公顷，果树等经济林受灾 164.3 公顷，死亡牲畜 26 头（匹）。共计直接经济损失 2127 万元④。

（三十八）会泽县"4·22"冰雹灾害

4 月 22 日 14—15 时，会泽县大桥乡、五星乡、金钟镇、大井乡、待补镇发生冰雹灾害，农作物受灾 2635.2 公顷，直接经济损失 594.2 万元⑤。

（三十九）彝良县"4·22"冰雹灾害

4 月 22 日，彝良县发生冰雹灾害，造成毛坪乡、新场乡受灾。房屋受损 6842 间。农作物受灾 531.3 公顷，成灾 72 公顷，经济林果受灾 5000 棵，家禽死亡 21 只。共计直接经济损失 99.5 万元①。

---

① 《云南减灾年鉴》编辑委员会：《云南减灾年鉴：2004—2005》，昆明：云南科技出版社，2006 年，第 139 页。
② 《云南减灾年鉴》编辑委员会：《云南减灾年鉴：2004—2005》，昆明：云南科技出版社，2006 年，第 139 页。
③ 《云南减灾年鉴》编辑委员会：《云南减灾年鉴：2004—2005》，昆明：云南科技出版社，2006 年，第 139—140 页。
④ 《云南减灾年鉴》编辑委员会：《云南减灾年鉴：2004—2005》，昆明：云南科技出版社，2006 年，第 140 页。
⑤ 《云南减灾年鉴》编辑委员会：《云南减灾年鉴：2004—2005》，昆明：云南科技出版社，2006 年，第 140 页。
① 《云南减灾年鉴》编辑委员会：《云南减灾年鉴：2004—2005》，昆明：云南科技出版社，2006 年，第 140 页。

（四十）昭阳区"4·23"冰雹灾害

4月27日16时12分，昭通市昭阳区北闸、太平、盘河3个乡镇遭受冰雹袭击，冰雹持续时间25分钟，冰雹最大直径15毫米，最大积雹厚度10厘米。造成14875户6.0万人受灾，房屋受损1950间，农作物受灾2659.3公顷。共计直接经济损失1260万元①。

（四十一）建水县"4·27"冰雹灾害

4月27日13时30分—14时5分，建水县曲江镇5个村委会遭受冰雹袭击。冰雹最大直径50毫米，最小直径10毫米，积雹厚度40厘米。造成1.6万人受灾，轻伤70人。损坏房屋3间。农作物受灾704.3公顷，绝收661.7公顷。直接经济损失1886万元②。

（四十二）潞西市"4·28"大风、冰雹灾害

4月28日19时6分—19时12分，潞西市5个坝区乡镇出现大风天气，最大风速35.8米/秒（风力12级），冰雹最大直径15毫米。死亡1人，伤病22人，其中重伤3人。城市绿化树损失200万元，电力设施损失400万元，房屋受损10000间，经济损失2000万元。农作物经济损失1500万元。共计直接经济损失4100万元③。

（四十三）石屏县"5·8"大风灾害

5月8日夜间，石屏县出现大风天气，瞬时最大风速22.1米/秒，异龙湖上有一艘船被大风刮翻，造成2人死亡④。

（四十四）元阳县"5·12"大风、冰雹灾害

5月12日17时，元阳县南沙镇赛刀、桃园两个村委会出现大风、冰雹天气，最大风速18.4米/秒。造成968户4169人受灾，死亡1人。损坏民房78间。农作物受灾242.3公顷，牲畜死亡3头。冲毁水沟25条，冲毁镇村公路3千米。共计直接经济损失700万元，其中农业经济损失685万元①。

---

① 《云南减灾年鉴》编辑委员会：《云南减灾年鉴：2004—2005》，昆明：云南科技出版社，2006年，第140页。
② 《云南减灾年鉴》编辑委员会：《云南减灾年鉴：2004—2005》，昆明：云南科技出版社，2006年，第140页。
③ 《云南减灾年鉴》编辑委员会：《云南减灾年鉴：2004—2005》，昆明：云南科技出版社，2006年，第140页。
④ 《云南减灾年鉴》编辑委员会：《云南减灾年鉴：2004—2005》，昆明：云南科技出版社，2006年，第140页。
① 《云南减灾年鉴》编辑委员会：《云南减灾年鉴：2004—2005》，昆明：云南科技出版社，2006年，第140页。

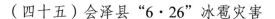

（四十五）会泽县"6·26"冰雹灾害

6月26日，会泽县乐业乡发生冰雹灾害。损坏房屋8间，农作物受灾1493.3公顷，绝收870公顷。共计直接经济损失2370.2万元[1]。

（四十六）彝良县"6·28"大风、冰雹灾害

6月28—30日，彝良县发生大风、冰雹灾害。造成发达、海子、牛街、龙街、奎香、毛坪6个乡10个村5321人受灾，死亡2人。倒塌房屋3间，损坏房屋2间，需搬迁1户。农作物受灾625公顷，成灾625公顷，绝收8公顷，倒折成材树木5320株[2]。

（四十七）昭阳区"6·30"冰雹灾害

6月30日15时16分，昭通市昭阳区遭受冰雹袭击，造成12个乡镇37个村委会375个村民小组19236户8.1万人受灾。损坏房屋36间，倒塌3间。农作物受灾3897.7公顷，成灾3897.1公顷。损坏桥梁12座，损坏树木467棵，损坏电杆3根，损坏高压电线50米，损坏用电电线524米，共计直接经济损失3155.5万元[3]。

（四十八）宣威市"6·30"冰雹灾害

6月30日17时—20时30分。宣威市羊场镇大田坝村、板桥镇歌乐村和杨柳乡发生冰雹灾害。损坏房屋3间，农作物受灾787.1公顷，绝收64.7公顷，减产722.4公顷。共计直接经济损失437.4万元[4]。

（四十九）蒙自县夏季冰雹灾害

6月30日—7月3日，蒙自县芷村镇遭受冰雹灾害。造成1168户0.5万人受灾。损坏房屋21间，农作物受灾813.7公顷，果树受损11925株。共计直接经济损失1192.3万元[5]。

（五十）宣威市"7·1"冰雹、大风灾害

7月1日15—17时，宣威市田坝镇、热水镇、西泽乡发生冰雹、大风灾害，造成1480户5600人受灾。农作物受灾854.7公顷，减产768公顷，直接经济损失300

① 《云南减灾年鉴》编辑委员会：《云南减灾年鉴：2004—2005》，昆明：云南科技出版社，2006年，第140页。
② 《云南减灾年鉴》编辑委员会：《云南减灾年鉴：2004—2005》，昆明：云南科技出版社，2006年，第140页。
③ 《云南减灾年鉴》编辑委员会：《云南减灾年鉴：2004—2005》，昆明：云南科技出版社，2006年，第140—141页。
④ 《云南减灾年鉴》编辑委员会：《云南减灾年鉴：2004—2005》，昆明：云南科技出版社，2006年，第141页。
⑤ 《云南减灾年鉴》编辑委员会：《云南减灾年鉴：2004—2005》，昆明：云南科技出版社，2006年，第141页。

万元①。

（五十一）峨山彝族自治县"7·1"大风、冰雹灾害

7月1日，峨山彝族自治县发生大风、冰雹灾害，冰雹最大直径 15 毫米，造成甸中镇、大龙潭乡 10 个村委会受灾。3 间民房、2 间烤房受损。农作物受灾 651.5 公顷，其中烤烟受灾 563.2 公顷②。

（五十二）景东县"7·1"大风、冰雹灾害

7月1日1时4分—5时23分、13时5分—17时32分，景东县出现大风、冰雹天气，冰雹最大直径 20 毫米，最大风力 9 级，造成 6 个乡 48 个村 19836 人受灾。房屋受灾 731 间，重损 246 间。农作物受灾 915.0 公顷，成灾 512.3 公顷，绝收 313 公顷。烤烟受灾 1782 公顷，成灾 94 公顷，绝收 31.3 公顷。共计直接经济损失 589.6 万元③。

（五十三）宣威市 7 月上旬大风、冰雹灾害

7月2—3日，宣威市发生大风、冰雹灾害，造成热水镇花鱼、得德、海德、黎山 4 个村委会和落水镇马图村受灾。农作物受灾 636.7 公顷，绝收 223.3 公顷，其中烤烟受灾 296.7 公顷，绝收 223.3 公顷。共计直接经济损失 555 万元④。

（五十四）罗平县"7·4"冰雹灾害

7月4日17时20分—18时，罗平县阿鲁乡、九龙镇发生冰雹灾害。冰雹最大直径 50 毫米，持续时间 15 分钟。损坏房屋 54 间，农作物受灾 4278 公顷，绝收 2103.1 公顷。损坏桥梁 2 座，毁坏树木 1800 棵。共计直接经济损失 4800 万元⑤。

（五十五）文山县"7·4"冰雹灾害

7月4日14时4分，文山县小街乡、开化镇、东山乡降冰雹，持续时间 15 分钟，冰雹最大直径 40 毫米。造成 1 人重伤、2 人轻伤，74 间民房、70 间烤烟房受损。农作物受灾 1134.7 公顷，成灾 285 公顷，绝收 83 公顷。永胜砖瓦厂 20 多万块砖坯被打烂。农业直接经济损失 486.5 万元①。

① 《云南减灾年鉴》编辑委员会：《云南减灾年鉴：2004—2005》，昆明：云南科技出版社，2006 年，第 141 页。
② 《云南减灾年鉴》编辑委员会：《云南减灾年鉴：2004—2005》，昆明：云南科技出版社，2006 年，第 141 页。
③ 《云南减灾年鉴》编辑委员会：《云南减灾年鉴：2004—2005》，昆明：云南科技出版社，2006 年，第 141 页。
④ 《云南减灾年鉴》编辑委员会：《云南减灾年鉴：2004—2005》，昆明：云南科技出版社，2006 年，第 141 页。
⑤ 《云南减灾年鉴》编辑委员会：《云南减灾年鉴：2004—2005》，昆明：云南科技出版社，2006 年，第 141 页。
① 《云南减灾年鉴》编辑委员会：《云南减灾年鉴：2004—2005》，昆明：云南科技出版社，2006 年，第 141 页。

（五十六）广南县"7·4"大风灾害

7月4日，广南县出现雷雨、大风天气，造成那洒、黑支果、董堡、杨柳井、曙光5个乡镇11025人受灾，电杆被吹倒压死1人。损坏房屋825间，倒塌3间。农作物受灾490公顷，其中烤烟受灾361公顷。共计直接经济损失133万元[1]。

（五十七）鲁甸县"7·30"大风、冰雹灾害

7月30日14时30分，鲁甸县龙树、火德红、桃源乡遭受大风、冰雹袭击，10个村61个社15250人受灾。房屋损坏258间，倒塌16间。农作物受灾790公顷，成灾576公顷，绝收208公顷，粮食减产1464吨，吹断柳树3060棵。共计直接经济损失731.8万元，其中农业直接经济损失582.2万元[2]。

（五十八）鹤庆县"8·5"冰雹灾害

8月5日14时50—55分，鹤庆县松桂镇降冰雹，造成农作物受灾224.1公顷，成灾138.3公顷，绝收85.8公顷。直接经济损失245.9万元[3]。

（五十九）罗平县8月上中旬冰雹成灾

8月5日15时，罗平县富乐镇必米、桃源、法本三个村委会发生冰雹灾害，冰雹最大直径20毫米。造成1.23万人受灾。农作物受灾1037.7公顷，成灾1031.7公顷，绝收360公顷。直接经济损失112.7万元。8月12日16—17时，罗平县发生冰雹灾害。损害房屋13间。农作物受灾4669.8公顷，成灾4189.8公顷，绝收1981.3公顷。直接经济损失5527万元[4]。

（六十）蒙自县"8·13"冰雹、大风灾害

8月13日凌晨5时，蒙自县文澜镇、鸣鹫镇、西北勒乡、老寨乡发生冰雹、大风灾害，造成1510户6282人受灾。房屋倒塌1户3间。农作物受灾713.7公顷，绝收288.3公顷。共计直接经济损失481.2万元[5]。

① 《云南减灾年鉴》编辑委员会：《云南减灾年鉴：2004—2005》，昆明：云南科技出版社，2006年，第141页。
② 《云南减灾年鉴》编辑委员会：《云南减灾年鉴：2004—2005》，昆明：云南科技出版社，2006年，第142页。
③ 《云南减灾年鉴》编辑委员会：《云南减灾年鉴：2004—2005》，昆明：云南科技出版社，2006年，第142页。
④ 《云南减灾年鉴》编辑委员会：《云南减灾年鉴：2004—2005》，昆明：云南科技出版社，2006年，第142页。
⑤ 《云南减灾年鉴》编辑委员会：《云南减灾年鉴：2004—2005》，昆明：云南科技出版社，2006年，第142页。

（六十一）富宁县秋季冰雹成灾

11 月 14 日 16 时 30 分，富宁县剥隘、那能、阿用 3 个乡镇降冰雹，冰雹最大直径 40 毫米，持续 40 分钟。造成 10 个村委会 70 个村民小组 1630 户 1.2 万人受灾，受伤 6 人。民房受损 4890 间，损失瓦片 1020 万片。晚秋作物受灾 353.3 公顷，成灾 139.3 公顷，牲畜死亡 3 头。共计直接经济损失 529 万元①。

二、2005 年

（一）勐腊县"3·13"冰雹灾害

3 月 13 日，勐腊县勐捧镇 21 时 30 分降冰雹。造成勐捧镇 3 个村委会 10 个村民小组 722 户 3250 人受灾，因灾伤病 1 人。损坏房屋 25 户 25 间。农作物受灾 50 公顷，成灾 50 公顷。橡胶受灾 48 公顷，成灾 48 公顷，成材树木倒折 23760 株。共计直接经济损失 324 万元②。

（二）景洪市"3·20"大风、冰雹灾害

3 月 20 日 16 时 55 分，景洪市普文、勐旺、景讷、勐养、基诺等乡镇发生大风冰雹灾害，造成 5 个乡镇 13 个村委会 85 个村民小组 13395 人受灾。损坏房屋 155 间。农作物受灾 1423 公顷，成灾 1248 公顷，绝收 896 公顷。共计直接经济损失 740 万元③。

（三）金平县"3·20"大风、冰雹灾害

3 月 20 日 18 时 40 分及 21 日 17 时 30 分，金平县出现大风、冰雹天气，14 个乡镇 92 个村委会 488 个自然村 5705 户 2.4 万人受灾，受伤 7 人。损坏民房 19380 间，倒塌 168 间，损毁石棉瓦 68591 片。共计直接经济损失 973.3 万元④。

（四）云县"3·20"大风灾害

3 月 20 日 15 时 39—52 分，云县出现大风，最大风速 30.0 米/秒，造成 8 个乡镇 12599 人受灾，因灾伤病 1 人。房屋受灾 859 幢 2373 间。农作物受灾 717.9 公顷，成灾 153.3 公顷，减产 246.6 吨。电力基础设施受损，农户生活家用设施损坏 3 台。共计直接经济

① 《云南减灾年鉴》编辑委员会：《云南减灾年鉴：2004—2005》，昆明：云南科技出版社，2006 年，第 142 页。
② 《云南减灾年鉴》编辑委员会：《云南减灾年鉴：2004—2005》，昆明：云南科技出版社，2006 年，第 151 页。
③ 《云南减灾年鉴》编辑委员会：《云南减灾年鉴：2004—2005》，昆明：云南科技出版社，2006 年，第 151 页。
④ 《云南减灾年鉴》编辑委员会：《云南减灾年鉴：2004—2005》，昆明：云南科技出版社，2006 年，第 151—152 页。

损失 266.8 万元^①。

（五）景东县"3·20"大风灾害

3 月 20—21 日，景东县出现大风天气。测站 20 日 17 时 24 分最大风速 16.7 米/秒，21 日 15 时 18 分最大风速 16.8 米/秒，造成 8 个乡镇 56 个村 29618 人受灾，4 人受伤。房屋受灾 12766 间，倒塌 30 间。农作物受灾 513.6 公顷，成灾 266.2 公顷，绝收 59.5 公顷。林木受灾 848.9 公顷，成灾 564.5 公顷。高压电杆倒损 91 根。共计直接经济损失 416.5 万元^②。

（六）南华县"3·20"大风灾害

3 月 20 日 17 时 10—18 分，南华县出现大风天气，造成 11 个乡镇 91 个村委会 587 个村民小组 9706 人受灾，3 人受伤。民房受损 1960 户 5006 间。被风吹倒的屋顶压死畜禽 600 多只。损坏电视接收器 20 个，吹倒电杆 1 根。共计直接经济损失 500 万元^③。

（七）楚雄市"3·21"大风灾害

3 月 21 日 17 时 47 分和 22 日凌晨 5 时 25 分，楚雄市出现大风（8—9 级）。造成 19 个乡镇 2627 人受灾，树苴乡因灾死亡 1 人。损坏房屋 4849 间，2 棵直径约 25 厘米的银桦树被连根拔起。共计直接经济损失 850 万元^④。

（八）晋宁县"3·21"大风灾害

3 月 21 日 17 时 10 分—17 时 28 分，晋宁县出现大风天气，最大风速 20 米/秒。造成 1 人死亡，2 人轻伤。损坏房屋 349 间。农作物受灾 468.9 公顷，花卉、蔬菜大棚倒塌 760 个，砸死种鸭 100 只。吹断树木 830 棵，毁坏电杆 1 根，毁坏饮用水管 1 根，毁坏太阳能热水器 1 套。共计直接经济损失 1000 万元^⑤。

（九）翠云区"3·21"大风、冰雹灾害

3 月 21 日，思茅市翠云区出现雷暴、大风和冰雹天气。测站测得 17 时 59 分—18 时 1 分最大风速 18.9 米/秒，20 时 1—4 分最大风速 19.5 米/秒。大风和冰雹造成 6 个乡

① 《云南减灾年鉴》编辑委员会：《云南减灾年鉴：2004—2005》，昆明：云南科技出版社，2006 年，第 152 页。
② 《云南减灾年鉴》编辑委员会：《云南减灾年鉴：2004—2005》，昆明：云南科技出版社，2006 年，第 152 页。
③ 《云南减灾年鉴》编辑委员会：《云南减灾年鉴：2004—2005》，昆明：云南科技出版社，2006 年，第 152 页。
④ 《云南减灾年鉴》编辑委员会：《云南减灾年鉴：2004—2005》，昆明：云南科技出版社，2006 年，第 152 页。
⑤ 《云南减灾年鉴》编辑委员会：《云南减灾年鉴：2004—2005》，昆明：云南科技出版社，2006 年，第 152 页。

镇受灾。民房受损 34256 间。农作物受灾 0.56 万公顷，成灾 0.32 万公顷。损坏电力线路 12 千米，造成 5 个小时停电，广告牌、灯箱受损 506 个，损坏太阳能热水器 312 个。共计直接经济损失 1564.7 万元①。

（十）景谷县"3·22"大风、冰雹灾害

3 月 22—24 日，景谷县出现大风、冰雹天气，测站测得最大风速 77.0 米/秒，造成永平镇、益智乡、边江乡、半坡乡、景谷乡、凤山乡受灾。民房受损 2671 间，学校受灾 6 所。作物受灾 212.0 公顷，林木受灾 86.7 公顷。共计直接经济损失 973.9 万元②。

（十一）威信县"4·8"冰雹、大风灾害

4 月 8 日 22 时 50—54 分，威信县出现冰雹、大风天气，测站冰雹最大直径为 25 毫米，最大风速 20 米/秒，造成 11 个乡镇 65 个村委会 1025 个村民小组 10.8 万人受灾。损坏民房 14495 间。农作物受灾 1900.0 公顷，成灾 1153.7 公顷，粮食减产 39 吨。经济林果受灾 120.0 公顷，成灾 120.0 公顷。吹倒树木 6490 棵，电杆 188 根，损坏照明电线 5800 米，接收机 358 台。共计直接经济损失 848.0 万元③。

（十二）绥江县"5·8"大风、冰雹灾害

4 月 8 日 19 时 55—20 时 15 分，绥江县出现大风和冰雹天气。冰雹最大直径 50 毫米，持续时间 20 分钟，同时伴有 6 级的阵性大风。造成绥江县 6 个乡镇 6.1 万人受灾。民房受损 6792 间，其中倒塌 9 间，畜厩受损 857 间。农作物受灾 3308.0 公顷，成灾 990.2 公顷。水利、通信、电力、学校等基础设施受损。共计直接经济损失 820.2 万元④。

（十三）昭阳区"4·23"大风、冰雹灾害

4 月 23 日 20 时 30 分，昭通市昭阳区出现大风、冰雹天气，冰雹最大直径 25 毫米，持续时间 30 分钟，造成 15 个乡镇 18.4 万人受灾。房屋受损 15130 间，严重损坏 1 间，急需转移 1 户 4 人。农作物受灾 1.13 万公顷，成灾 1.13 万公顷。共计经济损失 8925

---

① 《云南减灾年鉴》编辑委员会：《云南减灾年鉴：2004—2005》，昆明：云南科技出版社，2006 年，第 152 页。
② 《云南减灾年鉴》编辑委员会：《云南减灾年鉴：2004—2005》，昆明：云南科技出版社，2006 年，第 152 页。
③ 《云南减灾年鉴》编辑委员会：《云南减灾年鉴：2004—2005》，昆明：云南科技出版社，2006 年，第 152 页。
④ 《云南减灾年鉴》编辑委员会：《云南减灾年鉴：2004—2005》，昆明：云南科技出版社，2006 年，第 152 页。

万元[①]。

（十四）镇雄县"5·5"大风、冰雹灾害

5月4日23时—5日8时，镇雄县出现大风、冰雹天气。造成中屯、果珠、茶木、大湾、花朗、母享、坡头、以勒、堰塘等9个乡镇21个村委会289个村民小组1084户5838人受灾。民房受损970户1041间，倒塌40户49间。农作物受灾2232公顷，成灾4823公顷，绝收1170公顷。共计直接经济损失1900万元[②]。

（十五）昭阳"6·17"大风、冰雹灾害

6月17日16时，昭通市昭阳区永丰镇、布嘎乡、守望乡出现大风、冰雹天气，降雹持续10分钟，造成3个乡镇6个村委会46个村民小组4249户1.9万人受灾，1人死亡，轻伤4人。农作物受灾1910公顷。电力等基础设施不同程度受损。共计直接经济损失1576.5万元[③]。

（十六）施甸县"7·31"大风、冰雹灾害

7月31日22时10—30分，施甸县4个乡镇发生冰雹、大风灾害，据调查，冰雹最大直径100毫米，最大风力10级，造成3.789万人受灾。民房受损6217间。农作物受灾0.21万公顷，成灾0.12万公顷，绝收0.07万公顷。吹倒林木400多棵，造成电力中断。共计直接经济损失6500万元[④]。

三、2006年

（一）孟连县"3·6"大风、冰雹成灾

3月6日17时20分，孟连县娜允镇、富岩乡、公信乡出现大风、冰雹天气，瞬时最大风速达35米/秒（突破历史纪录），冰雹直径15毫米，持续时间为5分钟。造成3个乡镇12个村受灾。损坏房屋458间，损坏覆膜22万平方米；农作物受灾1916.7公顷，成灾1375.7公顷；苗木、林木受灾402 7公顷，成灾305.3公顷；死亡牲畜1头，畜禽圈舍损坏7916平方米；电力设施多处受损，造成5个村委会126个村民小组供电中

① 《云南减灾年鉴》编辑委员会：《云南减灾年鉴：2004—2005》，昆明：云南科技出版社，2006年，第152页。
② 《云南减灾年鉴》编辑委员会：《云南减灾年鉴：2004—2005》，昆明：云南科技出版社，2006年，第153页。
③ 《云南减灾年鉴》编辑委员会：《云南减灾年鉴：2004—2005》，昆明：云南科技出版社，2006年，第153页。
④ 《云南减灾年鉴》编辑委员会：《云南减灾年鉴：2004—2005》，昆明：云南科技出版社，2006年，第153页。

断。直接经济损失 2612 万元①。

（二）蒙自县"4·6"大风、冰雹灾害

4月6日 22时 30分—24时，蒙自县冷泉、老寨、期路白等乡镇发生大风、冰雹灾害，冰雹最大直径 60 毫米，最大堆积厚度 80 厘米。造成 3416 户 14821 人受灾。房屋受灾 101 间；农作物受灾 1910 公顷，绝收 897.6 公顷，农作物减产 6367 吨。直接经济损失 874.6 万元②。

（三）景洪市"4·8"大风、冰雹灾害

4月8日 17时 30分，景洪市勐罕、大渡岗、嘎洒 3 个乡镇发生大风、冰雹灾害，造成 9 个村委会 19 个村民小组 579 户 2980 人受灾。损坏房屋 1480 间；农作物受灾 269.8 公顷，成灾 157.6 公顷，绝收 132.5 公顷；橡胶树倒折 4640 株。直接经济损失 620 万元③。

（四）彝良县"4·9"大风、冰雹灾害

4月9日 18时 58分—19时 6分，彝良县境内出现冰雹、大风天气，冰雹最大直径 15 毫米，最大风速 18 米/秒，造成全县 15 个乡镇受灾，死亡 1 人，轻伤 9 人。农作物、输电线路等不同程度受损，直接经济损失 324 万元④。

（五）威信县"4·9"大风、冰雹灾害

4月9日 19时 50分—20时 20分，威信县出现强雷暴、大风、冰雹等强对流天气，冰雹最大直径为 10 毫米，造成全县 9 个乡镇 47 个村委会 846 个村民小组 19610 户 82362 人受灾。损坏民房 8514 间；农作物受灾 5294.0 公顷，绝收 76 公顷；大风吹断树木 4500 棵，倒损高压电杆 29 根，损坏输电线路 2.5 千米。直接经济损失 962.9 万元⑤。

（六）镇雄县"4·9"大风、冰雹灾害

4月9日夜间，镇雄县发生大风、冰雹灾害，造成全县 18 个乡镇 104 个村委会 1446

① 《云南减灾年鉴》编辑委员会：《云南减灾年鉴：2006—2007》，昆明：云南科技出版社，2008 年，第 89 页。
② 《云南减灾年鉴》编辑委员会：《云南减灾年鉴：2006—2007》，昆明：云南科技出版社，2008 年，第 89 页。
③ 《云南减灾年鉴》编辑委员会：《云南减灾年鉴：2006—2007》，昆明：云南科技出版社，2008 年，第 89 页。
④ 《云南减灾年鉴》编辑委员会：《云南减灾年鉴：2006—2007》，昆明：云南科技出版社，2008 年，第 89 页。
⑤ 《云南减灾年鉴》编辑委员会：《云南减灾年鉴：2006—2007》，昆明：云南科技出版社，2008 年，第 89 页。

个村民小组 31387 户 138806 人受灾，35 人需紧急转移安置。损坏房屋 24134 间，倒塌住房 6 间；农作物受灾 1063.3 公顷，绝收 998.7 公顷；大风吹断树木 27188 棵、电杆 986 根，损坏电视接收设备 2058 套。直接经济损失 2545 万元[①]。

（七）景洪市"4·14"大风、冰雹灾害

4 月 14 日，景洪市勐龙镇发生大风、冰雹灾害，造成 7 个村委会 21 个村民小组 2290 户 1.0 万人受灾，受伤 1 人。损坏房屋 11450 间；农作物受灾 366 公顷，成灾 215 公顷，绝收 193 公顷，死亡牲畜 1 头；倒折成材橡胶树 17490 株。直接经济损失 543.5 万元，其中农业直接经济损失 539.7 万元[②]。

（八）宣威市"5·6"大风、冰雹灾害

5 月 6 日 16 时 25 分—19 时 50 分，普立乡、龙潭镇、来宾镇、倘塘镇发生冰雹灾害。损坏房屋 82 间；农作物受灾 2830.7 公顷；树木受灾 1 万株。果树受灾 0.5 万株。直接经济损失 630 万元[③]。

（九）罗平县"6·16"冰雹灾害

6 月 16 日 20 时 20 分，罗平县老厂、富乐乡遭受冰雹袭击。损坏民房 60 间；农作物受灾 856.7 公顷，其中烤烟 448 公顷。直接经济损失 966.2 万元[④]。

（十）宣威市"6·20"冰雹灾害

6 月 20—21 日，宣威市落水镇、龙潭镇、羊场镇、热水镇和西泽乡部分村遭受冰雹灾害。农作物受灾 1621.1 公顷，成灾 393.3 公顷，绝收 244.0 公顷：刮倒树木 37 棵，损坏畜圈 2 间。直接经济损失 793 万元[⑤]。

（十一）罗平县"6·21"冰雹灾害

6 月 21 日 17 时，罗平县罗雄、马街、阿刚、老厂乡的 11 个村委会遭受冰雹袭击。农作物受灾 975.3 公顷，直接经济损失 826.5 万元[⑥]。

---

① 《云南减灾年鉴》编辑委员会：《云南减灾年鉴：2006—2007》，昆明：云南科技出版社，2008 年，第 89 页。
② 《云南减灾年鉴》编辑委员会：《云南减灾年鉴：2006—2007》，昆明：云南科技出版社，2008 年，第 89 页。
③ 《云南减灾年鉴》编辑委员会：《云南减灾年鉴：2006—2007》，昆明：云南科技出版社，2008 年，第 89 页。
④ 《云南减灾年鉴》编辑委员会：《云南减灾年鉴：2006—2007》，昆明：云南科技出版社，2008 年，第 90 页。
⑤ 《云南减灾年鉴》编辑委员会：《云南减灾年鉴：2006—2007》，昆明：云南科技出版社，2008 年，第 90 页。
⑥ 《云南减灾年鉴》编辑委员会：《云南减灾年鉴：2006—2007》，昆明：云南科技出版社，2008 年，第 90 页。

（十二）陆良县"6·21"大风、冰雹灾害

6月21—22日，陆良县芳华镇、召夸镇发生冰雹、大风灾害，造成25350人受灾。民房倒塌2间；农作物受灾2163.3公顷，成灾1926.7公顷，绝收1283.3公顷。直接经济损失3435万元[①]。

（十三）宣威市"7·6"大风、冰雹灾害

7月6日18时—19时50分，宣威落水镇、热水镇、西泽乡的5个村发生大风、冰雹害害。农作物受灾1027.3公顷，成灾1027.3公顷，绝收240公顷。直接经济损失953万元[②]。

（十四）陆良县"7·7"大风、冰雹灾害

7月7日16时30分—19时30分，陆良县龙海乡发生大风、冰雹灾害，造成12930人受灾。农作物受灾1068.7公顷，成灾812公顷，绝收703.3公顷。直接经济损失1709.5万元[③]。

（十五）罗平县发生大风、冰雹灾害

7月13—15日，罗平县发生大风、冰雹灾害。农作物受灾2517公顷，成灾2517公顷，绝收1100公顷。直接经济损失2425.3万元[④]。

（十六）华坪县"7·17"大风灾害

7月17日22时—18日8时，华坪县通达乡、新庄乡发生大风灾害。房屋受损321间；农作物受灾416.7公顷，绝收95.3公顷。直接经济损失553万元[⑤]。

（十七）镇雄县"7·20"大风灾害

7月20日15—20时，镇雄县坪上乡、牛场镇、五德镇出现大风天气，造成46197人受灾，1人死亡。房屋受损100间；农作物受灾798.1公顷，成灾564.7公顷，绝收2.7公顷；毁坏树木2105棵，毁坏电杆10根。接经济损失82.3万元[⑥]。

---

① 《云南减灾年鉴》编辑委员会：《云南减灾年鉴：2006—2007》，昆明：云南科技出版社，2008年，第90页。
② 《云南减灾年鉴》编辑委员会：《云南减灾年鉴：2006—2007》，昆明：云南科技出版社，2008年，第90页。
③ 《云南减灾年鉴》编辑委员会：《云南减灾年鉴：2006—2007》，昆明：云南科技出版社，2008年，第90页。
④ 《云南减灾年鉴》编辑委员会：《云南减灾年鉴：2006—2007》，昆明：云南科技出版社，2008年，第90页。
⑤ 《云南减灾年鉴》编辑委员会：《云南减灾年鉴：2006—2007》，昆明：云南科技出版社，2008年，第90页。
⑥ 《云南减灾年鉴》编辑委员会：《云南减灾年鉴：2006—2007》，昆明：云南科技出版社，2008年，第90页。

（十八）维西县 7 月中旬冰雹灾

7 月 15—19 日，维西县发生冰雹灾害。农作物受灾 979 公顷，直接经济损失 783 万元①。

（十九）凤庆县"7·17"大风灾害

7 月 17—18 日，凤庆县发生大风灾害，造成 14.2 万人受灾。房屋受损 119 间，倒塌 66 间；农作物受灾 6833 公顷。直接经济损失 1158.3 万元，其中农业经济损失 1072.9 万元②。

（二十）施甸县"7·17"大风灾害

7 月 17 日 22—23 时，施甸县发生大风灾害，沿江河谷一带最大风力 8.5 级。造成 10.5232 万人受灾，2 人受伤，紧急转移安置 53 人；房屋受损 172 间，倒塌 6 间；农作物受灾 6496 公顷，绝收 1423 公顷。直接经济损失 827 万元，其中农业经济损失 693 万元③。

（二十一）楚雄市大风、冰雹成灾

7 月 27—30 日，楚雄市紫溪镇、大过口乡、树苴乡、新村镇、大地基乡、子午镇、东华镇、中山镇 8 个乡镇发生冰雹、大风灾害，造成 28 个村委会 199 个村民小组 6561 户 27522 人受灾。房屋受损 2050 间。倒塌 126 间；农作物受灾 691.6 公顷，绝收 148.9 公顷；牲畜死亡 10 头。直接经济损失 849.0 万元④。

（二十二）漾濞县"7·28"冰雹、大风灾害

7 月 28—29 日，漾濞县苍山西镇、漾江镇、鸡街乡、龙潭乡出现冰雹、大风等强对流天气，导致 4 个乡镇 5 个村委会 27 个村民小组 587 户 2367 人受灾，1 人死亡。房屋受损 86 间；农作物受灾 453 公顷，成灾 222 公顷，绝收 14 公顷；损坏乡村公路 2 千米，冲毁路基 0.3 千米，毁坏沟渠 7 条 2.75 千米。直接经济损失 197.3 万元⑤。

① 《云南减灾年鉴》编辑委员会：《云南减灾年鉴：2006—2007》，昆明：云南科技出版社，2008 年，第 90 页。
② 《云南减灾年鉴》编辑委员会：《云南减灾年鉴：2006—2007》，昆明：云南科技出版社，2008 年，第 90 页。
③ 《云南减灾年鉴》编辑委员会：《云南减灾年鉴：2006—2007》，昆明：云南科技出版社，2008 年，第 90 页。
④ 《云南减灾年鉴》编辑委员会：《云南减灾年鉴：2006—2007》，昆明：云南科技出版社，2008 年，第 90 页。
⑤ 《云南减灾年鉴》编辑委员会：《云南减灾年鉴：2006—2007》，昆明：云南科技出版社，2008 年，第 90 页。

（二十三）景洪市"8·5"大风灾害

8月5—7日，景洪市基诺乡、勐养镇、勐龙镇发生大风灾害。造成农作物受灾134.8公顷。直接经济损失972.6万元[1]。

（二十四）鹤庆县"9·28"冰雹灾害

9月28日17时30分—18时，鹤庆县六合乡、松桂镇、金墩乡3个乡镇发生冰雹灾害，造成14个村委会6222户25820人受灾，农作物成灾1418公顷。造成直接经济损失1140万元[2]。

四、2007年

（一）新平县"4·6"冰雹灾害

4月6日17时10分—7日2时30分，新平县平掌乡曼干，建新乡马鹿、帽盒、磨昧等7个村委会发生冰雹灾害，冰雹最大直径60毫米，造成房屋受灾164间，农作物受灾734.6公顷，直接经济损失247.5万元[3]。

（二）开远市"4·6"冰雹灾害

4月6日1时，开远市灵泉办事处三台铺突降冰雹，造成8个自然村314户受灾，农作物受灾267.9公顷，直接经济损失525.4万元[4]。

（三）石屏县"4·7"冰雹灾害

4月7日，石屏县坝心镇、牛街镇和宝秀镇突降冰雹，冰雹最大直径40毫米，造成26703人受灾。农作物受灾1599.5公顷，直接经济损失2788.6万元，其中农业经济损失2748.7万元[5]。

（四）弥勒县"4·7"冰雹灾害

4月7日21时，弥勒县东风农场发生冰雹灾害。处于盛花期和挂果阶段的葡萄、柑

① 《云南减灾年鉴》编辑委员会：《云南减灾年鉴：2006—2007》，昆明：云南科技出版社，2008年，第90页。
② 《云南减灾年鉴》编辑委员会：《云南减灾年鉴：2006—2007》，昆明：云南科技出版社，2008年，第90页。
③ 《云南减灾年鉴》编辑委员会：《云南减灾年鉴：2006—2007》，昆明：云南科技出版社，2008年，第99页。
④ 《云南减灾年鉴》编辑委员会：《云南减灾年鉴：2006—2007》，昆明：云南科技出版社，2008年，第99页。
⑤ 《云南减灾年鉴》编辑委员会：《云南减灾年鉴：2006—2007》，昆明：云南科技出版社，2008年，第99页。

橘、板栗等农作物受灾 1100 公顷，直接经济损失 1980 万元[①]。

（五）勐腊县"4·9"大风、冰雹灾害

4 月 9 日 18 时 28—36 分，勐腊县发生大风、冰雹灾害。最大风速 17.9 米/秒，持续 1 分钟，冰雹最大直径 40 毫米，造成勐腊镇、尚勇镇和勐捧镇等 3 个乡镇 785 户 4497 人受灾，损坏房屋 1331 间，农作物受灾 432.3 公顷，直接经济损失 1093 万元，其中农业经济损失 775 万元[②]。

（六）景洪市 4 月冰雹、大风频繁

4 月份景洪市冰雹、大风灾害频繁，造成农作物、橡胶等受灾严重。具体灾情如下：（1）4 月 7 日 21 时，景洪市普文镇、基诺乡、勐罕镇、景哈乡、嘎洒镇 5 个乡镇发生冰雹灾害，造成 1922 户 6925 人受灾，农作物受灾 793.5 公顷，直接经济损失 649.5 万元。（2）4 月 9 日 16 时，景洪市发生大风、冰雹灾害，造成基诺乡、勐罕镇、嘎洒镇等 3 个乡镇 269 户 1242 人受灾，农作物受灾 773 公顷，直接经济损失 840.66 万元。（3）4 月 10 日 15 时 30 分，景洪市勐龙乡、大渡岗乡、勐养镇等 3 乡镇降冰雹，造成 8 个村委会 15 个村民小组 1019 户 5273 人受灾，1 人受伤。农作物受灾 911 公顷，成灾 783 公顷，绝收 694 公顷；开割橡胶受灾 151000 株，太阳能受损 196 台，电视机受损 2 台。直接经济损失 1614 万元，其中农业经济损失 1377 万元。（4）4 月 11 日 20 时 45 分—21 时 20 分，景洪市基诺乡、勐养镇、大渡岗乡等 3 乡乡镇发生冰雹、大风灾害，造成 9 个村委会 19 个村民小组 532 户 1936 人受灾，2 人受伤。损坏房屋 1001 间，粮食受损 3.5 吨，橡胶受灾 285.57 公顷，死亡牲畜 10 头。电视机受损 59 台，太阳能受损 23 台。直接经济损失 1943.58 万元，其中农业经济损失 1855.78 万元[③]。

（七）马关县"4·24"大风、冰雹灾害

4 月 24 日 15 时 30 分—16 时，马关县木厂、篾厂、古林箐、夹寒箐、小坝子、金厂等发生大风、冰雹灾害，造成 8667 人受灾。损坏房屋 6670 间，倒塌房屋 18 间，损坏瓦片 106 万片，农作物受灾 1240 公顷，成灾 950 公顷。直接经济损失 450 万元[④]。

① 《云南减灾年鉴》编辑委员会：《云南减灾年鉴：2006—2007》，昆明：云南科技出版社，2008 年，第 99 页。
② 《云南减灾年鉴》编辑委员会：《云南减灾年鉴：2006—2007》，昆明：云南科技出版社，2008 年，第 99 页。
③ 《云南减灾年鉴》编辑委员会：《云南减灾年鉴：2006—2007》，昆明：云南科技出版社，2008 年，第 99 页。
④ 《云南减灾年鉴》编辑委员会：《云南减灾年鉴：2006—2007》，昆明：云南科技出版社，2008 年，第 99 页。

（八）鹤庆县"4·12"冰雹灾害

4 月 12 日 14—18 时，鹤庆县遭受冰雹灾害，降雹时间 30 分钟，最大积雹厚度 10 厘米，造成云鹤镇、草海镇、金墩乡、松桂镇、六合乡等 5 乡镇的 32 个村委会受灾。房屋受损 1097 间，农作物受灾 2579 公顷，损坏烤烟育苗棚 417 个，直接经济损失 1000 万元[①]。

（九）澜沧县"4·22"大风、冰雹灾害

4 月 22 日傍晚，澜沧县北部出现大风、冰雹天气。造成 11 个乡镇 2467 户 10039 人受灾，4 人受伤。农作物受灾 259.8 公顷，损失产量 420 吨，通信、电力设施受损。直接经济损失 340 万元[②]。

（十）永胜县"4·29"冰雹、大风灾害

4 月 29 日 18 时 45 分，永胜县大安、顺州、松坪、光华、程海、期纳、涛源、片角、东风 9 乡镇出现冰雹、大风灾害，造成 37678 人受灾，损坏房屋 65 间，农作物受灾 2338.8 公顷，成灾 2338.8 公顷，绝收 751.18 公顷，死亡牲畜 9 头。直接经济损失 1146.43 万元[③]。

（十一）澄江县"5·4"大风灾害

5 月 4 日 21 时 50 分，澄江县抚仙湖东岸出现大风天气，测站最大风速 13.6 米/秒。造成右所镇小湾村委会大湾村 2 人在抚仙湖上作业时失踪[④]。

（十二）镇雄县"5·20"大风、冰雹灾

5 月 20 日 17 时 36 分—21 日 6 时，镇雄县乌峰镇、中屯乡、泼机镇发生大风、冰雹灾害，造成 18500 人受灾，损坏房屋 233 间，倒塌房屋 53 间；农作物受灾 832 公顷，绝收 832 公顷，死亡牲畜 3 头。直接经济损失 448 万元，其中农业经济损失 448 万元[⑤]。

（十三）澄江县"5·27"冰雹灾害

5 月 27 日 15 时 10 分、15 时 54 分，澄江县龙街镇双树村委会、左所村委会，海口

① 《云南减灾年鉴》编辑委员会：《云南减灾年鉴：2006—2007》，昆明：云南科技出版社，2008 年，第 99 页。
② 《云南减灾年鉴》编辑委员会：《云南减灾年鉴：2006—2007》，昆明：云南科技出版社，2008 年，第 100 页。
③ 《云南减灾年鉴》编辑委员会：《云南减灾年鉴：2006—2007》，昆明：云南科技出版社，2008 年，第 100 页。
④ 《云南减灾年鉴》编辑委员会：《云南减灾年鉴：2006—2007》，昆明：云南科技出版社，2008 年，第 100 页。
⑤ 《云南减灾年鉴》编辑委员会：《云南减灾年鉴：2006—2007》，昆明：云南科技出版社，2008 年，第 100 页。

镇松元村委会发生冰雹灾害，最大冰雹直径 4 毫米，降雹持续时间 5 分钟。造成 5300 人受灾、1 人失踪。农作物受灾 236.4 公顷，绝收 226.4 公顷。直接经济损失 380 万元，其中农业经济损失 360 万元[①]。

（十四）鹤庆县"5·29"冰雹灾害

5 月 29 日 14 时 50 分—15 时 10 分，鹤庆县金墩乡发生冰雹灾害。农作物受灾 555 公顷，直接经济损失 360 万元[②]。

（十五）师宗县"5·27"冰雹灾害

5 月 27 日，师宗县发生冰雹灾害，造成丹凤镇、竹基乡受灾。农作物受灾 706 公顷，直接经济损失 530 万元[③]。

（十六）宣威市"5·31"冰雹灾害

5 月 31 日 20 时，宣威市热水镇发生冰雹灾害，农作物受灾 440 公顷，绝收 133.3 公顷，直接经济损失 430 万元[④]。

（十七）丘北县"5·27"大风灾害

5 月 27 日 17 时 30 分，丘北县新店乡发生大风灾害，造成蚌厂村委会老龙树村小组村民 2 人死亡。冲头村委会冲头村村民房屋受损 1 间[⑤]。

（十八）宣威市"6·3"冰雹灾害

6 月 3 日 22 时—4 日 1 时，宣威市双河、龙场、龙潭、东山、田坝、洋场、阿堵、板桥、宝山、格宜、热水、倘塘、落水、普立 14 个乡遭受冰雹灾害，造成农作物受灾 6313.4 公顷，直接经济损失 2354 万元[⑥]。

（十九）沾益县"6·4"冰雹灾害

6 月 4 日凌晨，沾益县西平、盘江、炎方、得泽、菱角 5 乡镇发生冰雹灾害，农作

① 《云南减灾年鉴》编辑委员会：《云南减灾年鉴：2006—2007》，昆明：云南科技出版社，2008 年，第 100 页。
② 《云南减灾年鉴》编辑委员会：《云南减灾年鉴：2006—2007》，昆明：云南科技出版社，2008 年，第 100 页。
③ 《云南减灾年鉴》编辑委员会：《云南减灾年鉴：2006—2007》，昆明：云南科技出版社，2008 年，第 100 页。
④ 《云南减灾年鉴》编辑委员会：《云南减灾年鉴：2006—2007》，昆明：云南科技出版社，2008 年，第 100 页。
⑤ 《云南减灾年鉴》编辑委员会：《云南减灾年鉴：2006—2007》，昆明：云南科技出版社，2008 年，第 100 页。
⑥ 《云南减灾年鉴》编辑委员会：《云南减灾年鉴：2006—2007》，昆明：云南科技出版社，2008 年，第 100 页。

物受灾 2652.7 公顷，直接经济损失 700 万元①。

（二十）陆良县"6·5"大风、冰雹灾害

6月5日18时，陆良县河水乡的石槽河、雨麦红、新台子、活水、黑木等村委会发生大风、冰雹灾害，造成2505人受灾。房屋受灾18间，农作物受灾539公顷，成灾419公顷，绝收13公顷。直接经济损失912万元②。

（二十一）罗平县"6·5"大风、冰雹灾害

6月5日，罗平县马街镇、板桥镇发生冰雹、大风灾害，造成33380人受灾。房屋倒塌19间；农作物受灾2723.7公顷，成灾2035.7公顷，牲畜死亡3头；毁坏坝塘1个，渠道0.4千米，公路0.04千米，冲毁小石桥1座；经济林木被大风吹断1000余棵。直接经济损失2151.7万元③。

（二十二）鲁甸县"6·13"大风、冰雹灾害

6月13—14日，鲁甸县茨院、水磨、梭山、小寨、龙树、龙头山、桃源、文屏、大街9个乡镇发生大风、冰雹灾害，造成43个村委会344个村民小组22933户96320人受灾，农作物受灾4280公顷，绝收1284公顷。直接经济损失1605万元④。

（二十三）富源县"6·14"冰雹灾害

6月14日17时，富源县中安镇3个村委会发生冰雹灾害，农作物受灾787.3公顷，直接经济损失766万元⑤。

（二十四）墨江县"6·24"大风、冰雹灾害

6月24日22—23时，墨江县鱼塘、雅邑、龙坝、泗南江、坝溜、联珠、通关、文武、龙潭、新安、孟弄、那哈12个乡镇发生大风、冰雹灾害，造成1088人受灾。损坏房屋915间；农作物受灾3882.3公顷，成灾2127.5公顷，绝收529.7公顷；损坏配变压器3处，10千伏线路断线9处，电杆受损10根；县乡公路受损1条3千米，乡村公路受损365千米。直接经济损失2123.9万元，其中农业经济损失1705.2万元⑥。

① 《云南减灾年鉴》编辑委员会：《云南减灾年鉴：2006—2007》，昆明：云南科技出版社，2008年，第100页。
② 《云南减灾年鉴》编辑委员会：《云南减灾年鉴：2006—2007》，昆明：云南科技出版社，2008年，第100页。
③ 《云南减灾年鉴》编辑委员会：《云南减灾年鉴：2006—2007》，昆明：云南科技出版社，2008年，第100页。
④ 《云南减灾年鉴》编辑委员会：《云南减灾年鉴：2006—2007》，昆明：云南科技出版社，2008年，第100页。
⑤ 《云南减灾年鉴》编辑委员会：《云南减灾年鉴：2006—2007》，昆明：云南科技出版社，2008年，第100页。
⑥ 《云南减灾年鉴》编辑委员会：《云南减灾年鉴：2006—2007》，昆明：云南科技出版社，2008年，第101页。

（二十五）石林彝族自治县"6·24"冰雹

6月24日16时30分—19时，石林彝族自治县发生冰雹灾害，造成路美邑、西街口、长湖3个镇2169人受灾，农作物受灾858.24公顷①。

（二十六）华坪县"6·24"大风灾害

6月24日，华坪县发生大风灾害，造成2.5万人受灾，农作物受灾1632公顷，直接经济损失227万元②。

（二十七）宁蒗彝族自治县"6·26"冰雹灾害

6月26日17时，宁蒗彝族自治县红桥乡7个村委会发生冰雹灾害，造成27850人受灾，转移安置7人。民房受损105间，倒塌6间；农作物受灾939公顷，绝收233公顷。直接经济损失543.4万元③。

（二十八）陆良县"6·24"大风、冰雹灾害

6月24日，陆良县小百户镇、龙海乡、芳华镇、板桥镇、马街镇、中枢镇6个乡镇32个村委会发生大风、冰雹灾害，造成73717人受灾。农作物受灾3297.7公顷，成灾2793.2公顷，绝收1356.7公顷。大风造成173间民房受损。直接经济损失3396万元，其中农业经济损失3213.3万元④。

（二十九）巍山县"6·27"冰雹、大风灾害

6月27日凌晨，巍山县永建镇、马鞍山乡、大仓镇、五印乡、青华乡、牛街乡6个乡镇发生冰雹、大风灾害。造成农作物受灾1373.9公顷，直接经济损失2052.4万元⑤。

（三十）罗平县"6·28"冰雹灾害

6月28日16时30分，罗平县罗雄镇、板桥镇、马街镇3个镇发生冰雹灾害，造成12760人受灾。损坏房屋130间，农作物受灾1063.9公顷，直接经济损失994万元⑥。

---

① 《云南减灾年鉴》编辑委员会：《云南减灾年鉴：2006—2007》，昆明：云南科技出版社，2008年，第101页。
② 《云南减灾年鉴》编辑委员会：《云南减灾年鉴：2006—2007》，昆明：云南科技出版社，2008年，第101页。
③ 《云南减灾年鉴》编辑委员会：《云南减灾年鉴：2006—2007》，昆明：云南科技出版社，2008年，第101页。
④ 《云南减灾年鉴》编辑委员会：《云南减灾年鉴：2006—2007》，昆明：云南科技出版社，2008年，第101页。
⑤ 《云南减灾年鉴》编辑委员会：《云南减灾年鉴：2006—2007》，昆明：云南科技出版社，2008年，第101页。
⑥ 《云南减灾年鉴》编辑委员会：《云南减灾年鉴：2006—2007》，昆明：云南科技出版社，2008年，第101页。

（三十一）宣威市"6·29"冰雹灾害

6月29日，宣威市宝山镇9个村委会发生冰雹、大风灾害，造成农作物受灾1328.67公顷，折断树木500棵，直接经济损失842.36万元[1]。

（三十二）石林彝族自治县"6·30"大风、冰雹灾害

6月30日，石林彝族自治县西街口、石林、鹿阜3个镇发生冰雹、大风灾害，造成9个村委会10000人受灾，农作物受灾1326.26公顷[2]。

（三十三）镇雄县"7·28"大风灾害

7月28日16时—29日8时，镇雄县大湾、母享、鱼洞、坡头、盐源、中屯、黑树、尖山、以勒、赤水源、果珠、雨河、花朗13个乡镇发生大风灾害，造成106592人受灾，伤病1人。损坏房屋1078间，倒塌85间，需搬迁25人；农作物受灾5354公顷，绝收166公顷，死亡牲畜1头。毁坏树木11793棵，毁坏电杆107根。直接经济损失1892.9万元，其中农业经济损失1837.9万元[3]。

（三十四）宜良县"8·23"冰雹、大风灾害

8月23日16时14分，宜良县耿家营乡尖山、羊桥、石子村委会遭受冰雹、大风袭击，造成房屋倒塌9间，农作物受灾799公顷。直接经济损失520万元[4]。

（三十五）潞西市"10·2"大风、冰雹灾害

10月2日18时24分，潞西市出现大风冰雹天气。损坏房屋149间，农作物受灾36.6公顷。直接经济损失607.26万元[5]。

五、2008年云南冰雹、大风成灾

2008年云南冰雹、大风灾害主要集中在3—8月。其中，3—4月，南部的临沧市、保山市、普洱市、西双版纳傣族自治州等州（市）冰雹、大风灾害频繁发生；5—8

① 《云南减灾年鉴》编辑委员会：《云南减灾年鉴：2006—2007》，昆明：云南科技出版社，2008年，第101页。
② 《云南减灾年鉴》编辑委员会：《云南减灾年鉴：2006—2007》，昆明：云南科技出版社，2008年，第101页。
③ 《云南减灾年鉴》编辑委员会：《云南减灾年鉴：2006—2007》，昆明：云南科技出版社，2008年，第101页。
④ 《云南减灾年鉴》编辑委员会：《云南减灾年鉴：2006—2007》，昆明：云南科技出版社，2008年，第101页。
⑤ 《云南减灾年鉴》编辑委员会：《云南减灾年鉴：2006—2007》，昆明：云南科技出版社，2008年，第101页。

月，冰雹、大风灾害主要对滇中及以北的昭通、曲靖、玉溪等造成危害[①]。

（一）丽江市"2·9"大风冰雹灾害

2 月 9—10 日，丽江市 4 县区发生大风灾害，造成 18960 人受灾。房屋受损 11487 间，倒塌 106 间，农作物受灾 85.3 公顷[②]。

（二）景洪市"3·25"大风冰雹灾害

3 月 25 日，景洪市东风橡胶分公司发生大风、冰雹灾害，胶园受灾面积 1112 公顷，风灾导致 1052 株橡胶树倒折，造成橡胶树临时性停割 900 公顷，损失干胶 400 吨。直接经济损失 1000 万元[③]。

（三）勐腊县"3·29"大风灾害

3 月 29 日，勐腊县发生大风灾害，测站 20 时 14—15 分测得最大风速 27 米/秒，造成 7 个乡镇 4 个社区 13 个村委会 56 个村民小组 41983 人受灾。损坏房屋 3032 间；农作物受灾面积 703 公顷，绝收面积 110 公顷；橡胶受灾面积 1133.3 公顷。直接经济损失 2592.48 万元，其中农业经济损失 1583 万元[④]。

（四）盈江县"4·14"大风灾害

4 月 14 日 12 时 35 分，盈江县支那乡出现大风等强对流天气，造成 5 个行政村 608 户 2930 人受灾。房屋受损 1571 间，房屋倾斜 240 间。经济林木损失核桃 637 棵、草果 257600 棚、西南桦 5265 棵、其他林木 2108 棵。直接经济损失 1258.4 万元[⑤]。

（五）景洪市 4 月中旬冰雹成灾

4 月 14—15 日，景洪市勐龙镇、普文镇和基诺乡出现冰雹天气，造成 24 个村寨 5757 人受灾。损坏房屋 4180 间，农作物受灾 9669 公顷，橡胶树受损 137664 棵。直接经济损失 2199 万元[⑥]。

---

① 《云南减灾年鉴》编辑委员会：《云南减灾年鉴：2008—2009》，昆明：云南科技出版社，2010 年，第 102 页。
② 《云南减灾年鉴》编辑委员会：《云南减灾年鉴：2008—2009》，昆明：云南科技出版社，2010 年，第 102 页。
③ 《云南减灾年鉴》编辑委员会：《云南减灾年鉴：2008—2009》，昆明：云南科技出版社，2010 年，第 102 页。
④ 《云南减灾年鉴》编辑委员会：《云南减灾年鉴：2008—2009》，昆明：云南科技出版社，2010 年，第 102 页。
⑤ 《云南减灾年鉴》编辑委员会：《云南减灾年鉴：2008—2009》，昆明：云南科技出版社，2010 年，第 102 页。
⑥ 《云南减灾年鉴》编辑委员会：《云南减灾年鉴：2008—2009》，昆明：云南科技出版社，2010 年，第 102 页。

（六）孟连县 4 月中旬大风成灾

4月14—15日，孟连县出现大风天气，最大风速达到22米/秒（9级），造成10312人受灾，3人受伤。农作物受灾388.2公顷，直接经济损失609.0万元①。

（七）砚山县"4·12"冰雹灾害

4月12日16时—13日3时30分，砚山县江那等4个乡镇发生冰雹灾害。造成房屋受损37户116间；农作物受灾179公顷，绝收面积139公顷。直接经济损失2146.4万元②。

（八）石屏县"4·13"冰雹灾害

4月13日15时8—14分，石屏县异龙镇、坝心镇降冰雹，冰雹最大直径10毫米，造成10083人受灾。损坏房屋1间，农作物受灾1134.1公顷，绝收面积91.2公顷。直接经济损失659.5万元，其中农业经济损失658.2万元③。

（九）富源县"5·23"冰雹灾害

5月23日17时—24日16时55分，富源县中安、墨红等8个乡镇出现冰雹灾害。农作物受灾面积3671公顷，绝收面积580公顷，直接经济损失3728万元④。

（十）宣威市 5 月下旬冰雹大风灾

5月23—25日，宣威市连续遭受冰雹、大风、暴雨袭击，宛水、虹桥等13个乡镇130376人受灾。农作物受灾面积13081.6公顷，绝收面积5513.3公顷，树林损失0.2万棵，牲畜132头，直接经济损失12750.9万元⑤。

（十一）罗平县"6·8"冰雹灾害

6月8日20时—9日0时，罗平县降了3次冰雹，造成鲁布革、阿岗2个乡镇9300人受灾，1人死亡。农作物受灾面积3186.6公顷，绝收面积2409.7公顷，直接经济损失705.4万元①。

① 《云南减灾年鉴》编辑委员会：《云南减灾年鉴：2008—2009》，昆明：云南科技出版社，2010年，第102页。
② 《云南减灾年鉴》编辑委员会：《云南减灾年鉴：2008—2009》，昆明：云南科技出版社，2010年，第102页。
③ 《云南减灾年鉴》编辑委员会：《云南减灾年鉴：2008—2009》，昆明：云南科技出版社，2010年，第102页。
④ 《云南减灾年鉴》编辑委员会：《云南减灾年鉴：2008—2009》，昆明：云南科技出版社，2010年，第102—103页。
⑤ 《云南减灾年鉴》编辑委员会：《云南减灾年鉴：2008—2009》，昆明：云南科技出版社，2010年，第103页。
① 《云南减灾年鉴》编辑委员会：《云南减灾年鉴：2008—2009》，昆明：云南科技出版社，2010年，第103页。

（十二）兰坪县"6·9"冰雹灾害

6 月 9 日 19 时 20 分—20 时 5 分，兰坪县通甸镇发生冰雹灾害，冰雹最大直径 50 毫米，冰雹堆积厚度 30 厘米，造成通甸、黄松 7 个村委会 10598 人受灾，1 人受伤。农作物受灾面积 1988.8 公顷，成灾面积 841.3 公顷，绝收面积 716.7 公顷，死亡牲畜 254 头，损失树木 4.2 万棵。直接经济损失 2826 万元，其中农业经济损失 2705 万元[①]。

（十三）镇雄县"6·14"大风冰雹灾害

6 月 14 日午后—15 日夜间，镇雄县出现大风、冰雹、雷雨等强对流天气，造成花朗、以古等 5 个乡镇 22 个村委会 268 个村民小组 11192 户 45890 人受灾。毁坏房屋 2695 间，倒塌 209 间；农作物受灾面积 2084.0 公顷，成灾面积 2057.4 公顷，绝收面积 700.4 公顷，损失产量 10726 吨；毁坏树木 5781 棵，毁坏电杆 851 根。直接经济损失 2.17 万元，其中农业经济损失 1594 万元[②]。

（十四）罗平县"6·29"冰雹灾害

6 月 29 日 16 时 10—42 分，罗平县马街、富乐两镇部分村委会遭受冰雹袭击，造成 32000 人受灾。农作物受灾面积 2370.3 公顷，成灾面积 2370.3 公顷，绝收面积 1056.7 公顷。直接经济损失 3222.4 万元[③]。

（十五）华坪县"7·9"大风冰雹灾害

7 月 9 日 19 时 30 分—10 日 3 时，华坪县发生局部大风、冰雹灾害，造成 2.4 万人受灾。房屋受损 46 间；农作物受灾面积 536.4 公顷，成灾面积 202.6 公顷，绝收面积 34.2 公顷，死亡牲畜 8 头。直接经济损失 1176.4 万元，其中农业经济损失 811.4 万元[④]。

（十六）罗平县"7·10"冰雹灾害

7 月 10 日 15 时 15—20 分，罗平县罗雄等 4 乡镇降冰雹，冰雹直径 25—30 毫米，造成 2.2 万人受灾。农作物受灾面积 1911 公顷，成灾面积 1847.7 公顷，绝收面积 543.0 公顷，直接经济损失 2145.9 万元[①]。

① 《云南减灾年鉴》编辑委员会：《云南减灾年鉴：2008—2009》，昆明：云南科技出版社，2010 年，第 103 页。
② 《云南减灾年鉴》编辑委员会：《云南减灾年鉴：2008—2009》，昆明：云南科技出版社，2010 年，第 103 页。
③ 《云南减灾年鉴》编辑委员会：《云南减灾年鉴：2008—2009》，昆明：云南科技出版社，2010 年，第 103 页。
④ 《云南减灾年鉴》编辑委员会：《云南减灾年鉴：2008—2009》，昆明：云南科技出版社，2010 年，第 103 页。
① 《云南减灾年鉴》编辑委员会：《云南减灾年鉴：2008—2009》，昆明：云南科技出版社，2010 年，第 103 页。

（十七）华坪县"10·11"冰雹灾害

10 月 11 日 19 时 47 分，华坪县石龙坝乡龙泉村，中心镇左岔村，荣将镇龙头村、哲理村出现大风、冰雹灾害，大风持续时间 40 多分钟，冰雹直径 20—30 毫米，冰雹最大堆积厚度 20 厘米，造成 717 户 2965 人受灾。房屋受损 1089 间，畜圈受损 509 间；农作物受灾面积 60.8 公顷，绝收面积 60.8 公顷；经济林果受损 83400 株。直接经济损失 306.3 万元，其中农业经济损失 295.2 万元[①]。

（十八）蒙自县"11·26"大风灾害

11 月 26 日，蒙自县草坝镇发生大风灾害，造成仙景、波黑、明白、十九、马街、新沟 6930 人受灾。损坏房屋 2 间，农作物受灾 791.0 公顷，直接经济损失 713.0 万元，其中农业经济损失 712.0 万元[②]。

六、2009 年春夏大风、冰雹和雷电等灾害频繁

2009 年 2—9 月，云南省大部地区大风、冰雹灾害频繁，特别是 6 月，强对流天气突出，引发的灾害较 2008 年同期偏重。其中 2 月份昭通市受灾较重；3—4 月，普洱等地受灾较重；5—6 月，重灾区分布在昭通、曲靖、昆明、丽江等地；7—8 月，昭通、曲靖、玉溪等地农作物受灾较重。1—9 月均有雷电灾害发生，灾害造成的人员死亡数较 2008 年偏少，其中 6 月造成 11 人死亡，8 月造成 19 人死亡。雷电灾害主要分布在昭通、曲靖、丽江等地。

大风、冰雹和雷电灾害造成 285.6 万人受灾，58 人死亡（其中雷电灾害造成 46 人死亡）；房屋受损 124192 间，倒塌 2952 间；农作物受灾面积 1.596 万公顷，绝收面积 0.266 万公顷。直接经济损失 142171.4 万元，其中农业经济损失 109091.8 万元[③]。

（一）昭通市"2·12"大风灾害

2 月 12 日，昭通市出现大风天气。据统计，盐津、大关、永善、绥江、镇雄、威信等 6 个县 59 个乡镇 128427 人受灾；损坏民房 54961 间，其中倒塌 28 间；农作物受灾面积 110 公顷，死亡牲畜 10 头，畜圈倒塌 3743 间；吹断照明电线 21250 米，电杆受损 380 根，变压器受损 1 台；倒折树木 46171 棵、竹子 13060 根；损坏电视接收器 6144 台，直

① 《云南减灾年鉴》编辑委员会：《云南减灾年鉴：2008—2009》，昆明：云南科技出版社，2010 年，第 103 页。
② 《云南减灾年鉴》编辑委员会：《云南减灾年鉴：2008—2009》，昆明：云南科技出版社，2010 年，第 103 页。
③ 《云南减灾年鉴》编辑委员会：《云南减灾年鉴：2008—2009》，昆明：云南科技出版社，2010 年，第 111 页。

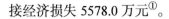

接经济损失 5578.0 万元①。

（二）泸西县"2·1"冰雹灾害

3月1—2日，泸西县出现冰雹天气，测站最大冰雹直径25毫米，造成8个乡镇受灾。农作物受灾面积10592公顷，成灾面积7922公顷，直接经济损失950万元②。

（三）砚山县"3·25"冰雹灾害

3月25日15时，砚山县发生冰雹灾害，降雹持续20分钟，最大直径3厘米。造成江那镇、盘龙乡、干河乡、者腊乡、阿猛镇、稼依镇、八嘎乡等7个乡镇14个村委会148个村民小组6448户19323人受灾。损坏房屋2800间，倒塌10间；农作物受灾面积415.6公顷，成灾面积166.1公顷，绝收面积166.1公顷；经济林果受灾128150棵，绝收12815棵。农业直接经济损失2928.4万元③。

（四）蒙自县"3·30"局地冰雹灾

3月30日23时25—28分，蒙自县发生冰雹灾害，致使草坝、芷村、新安所、雨过铺、西北勒等5个乡镇25个村委会37200人受灾。损坏民房16间；农作物受灾面积1450公顷，成灾面积480公顷，绝收面积120公顷。直接经济损失1376.2万元④。

（五）金平县"3·3"冰雹大风灾害

3月3日凌晨2时，金平县金河镇等5个乡镇16个村委会70个村民小组遭受冰雹、大风灾害。1418户5885人受灾，死亡1人，5人受伤。损坏民房621间，倒塌26间；农作物受灾面积345公顷。学校受损1所，损坏太阳能、地面接收器、电视机、小型发电机等28台。直接经济损失381.3万元⑤。

（六）陇川县"4·1"大风灾害

4月1日21时25分，陇川县出现大风灾害，测站最大风速18.6米/秒。陇川县城、章凤镇、陇把镇、景罕镇、户撒乡受损较为严重。23620人受灾，受伤2人，紧急转移安置240人；损坏民房2052间，倒塌180间；农作物受灾面积645公顷，绝收面积25

————————————

① 《云南减灾年鉴》编辑委员会：《云南减灾年鉴：2008—2009》，昆明：云南科技出版社，2010年，第111页。
② 《云南减灾年鉴》编辑委员会：《云南减灾年鉴：2008—2009》，昆明：云南科技出版社，2010年，第111页。
③ 《云南减灾年鉴》编辑委员会：《云南减灾年鉴：2008—2009》，昆明：云南科技出版社，2010年，第111页。
④ 《云南减灾年鉴》编辑委员会：《云南减灾年鉴：2008—2009》，昆明：云南科技出版社，2010年，第112页。
⑤ 《云南减灾年鉴》编辑委员会：《云南减灾年鉴：2008—2009》，昆明：云南科技出版社，2010年，第112页。

公顷。直接经济损失 3250 万元，其中农业经济损失 620 万元[1]。

（七）盈江县"4·2"大风灾害

4 月 1 日 20 时—2 日 2 时，盈江县遭受大风灾害。卡场镇、苏典乡、盏西镇、那邦镇、太平镇、铜壁关乡、芒章乡、旧城镇、弄璋镇、平原镇、昔马镇 11 个乡镇 7058 人受灾，1 人轻伤，紧急转移安置受灾人口 7058 人，房屋受损 1933 间，倒塌 54 间；农作物受灾面积 316.3 公顷，成灾面积 80 公顷，绝收面积 80 公顷；损坏卫星接收器 3 个。直接经济损失 337.3 万元，其中农业经济损失 138.7 万元[2]。

（八）弥勒县"4·2"冰雹灾害

4 月 2 日，弥勒县发生冰雹灾害，造成 11 个村委会 65 个村民小组受灾。农作物受灾面积 1231.3 公顷，成灾面积 885.4 公顷，绝收面积 275.2 公顷。直接经济损失 606.4 万元[3]。

（九）勐腊县"4·12"大风冰雹灾害

1 月 12 日 18 时 1 分—18 时 9 分，勐腊县县城出现大风、冰雹天气，最大风速达 23 米/秒，冰雹最大直径为 23 毫米。造成 7640 人受灾，损坏房屋 171 间，农作物受灾面积 430 公顷，直接经济损失 1594 万元[4]。

（十）广南县"4·16"大风冰雹灾害

4 月 15 日 22 时 30 分—16 日凌晨 1 时，广南县出现雷雨大风、冰雹天气，最大冰雹直径 30 毫米，最大风速 29.4 米/秒（11 级），造成 84000 人受灾，2 人受伤。房屋受损 120 间；农作物受灾面积 3831.3 公顷，成灾面积 2076.2 公顷，绝收面积 1023.8 公顷，死亡牲畜 398 头；树木损失 230 万棵。直接经济损失 6796.2 万元，其中农业经济损失 200 万元[1]。

（十一）罗平县"5·1"冰雹灾害

5 月 1 日 16 时 45 分，罗平县罗雄、九龙 2 个乡镇 13 个村委会降冰雹，冰雹最大直径 8 毫米，持续时间 3—5 分钟。造成 16500 人受灾，农作物受灾面积 669 公顷，成灾面

① 《云南减灾年鉴》编辑委员会：《云南减灾年鉴：2008—2009》，昆明：云南科技出版社，2010 年，第 112 页。
② 《云南减灾年鉴》编辑委员会：《云南减灾年鉴：2008—2009》，昆明：云南科技出版社，2010 年，第 112 页。
③ 《云南减灾年鉴》编辑委员会：《云南减灾年鉴：2008—2009》，昆明：云南科技出版社，2010 年，第 112 页。
④ 《云南减灾年鉴》编辑委员会：《云南减灾年鉴：2008—2009》，昆明：云南科技出版社，2010 年，第 112 页。
① 《云南减灾年鉴》编辑委员会：《云南减灾年鉴：2008—2009》，昆明：云南科技出版社，2010 年，第 112 页。

积 633 公顷，绝收面积 476 公顷，直接经济损失 723.4 万元[①]。

（十二）宣威市"5·22"冰雹灾害

5 月 22 日 19 时 10 分，宣威市村潭镇 7 个村委会遭受冰雹袭击，农经作物受灾面积 1483.3 公顷，果树受灾 2 万株，直接经济损失 850 万元[②]。

（十三）古城区、玉龙县"6·4"大风冰雹灾害

6 月 4 日 14 时，古城区大研办事处、金山乡，玉龙县黄山镇发生大风、冰雹灾害，造成 8030 人受灾。农作物受灾面积 399.6 公顷，成灾面积 386.3 公顷，绝收面积 15.3 公顷。农业直接经济损失 222 万元[③]。

（十四）腾冲县"6·5"冰雹大风灾害

6 月 5 日 0 时 30 分，腾冲县曲石乡发生冰雹、大风灾害，造成大坝、江苴、红木、水平、平地、高原 6 个行政村受灾。烤烟受灾面积 282.7 公顷，成灾面积 163.3 公顷，绝收面积 71.9 公顷；大风吹断大树压坏线路烧毁变压器 1 台。直接经济损失 400 万元[④]。

（十五）昭阳区 6 月上旬大风、冰雹灾害

6 月 4—7 日，昭阳区田坝乡、靖安乡、盘河乡、青岗岭乡发生冰雹、大风灾害，致 12081 人受灾。损坏房屋 22 间；农作物受灾面积 1348.9 公顷，成灾面积 1082.2 公顷，绝收面积 395.3 公顷，大风折断树木 90 棵、吹倒木制电杆 27 根、吹断串户电线 1500 米，吹折大小杨树 1196 棵，苹果树 30 棵。直接经济损失 961.0 万元[⑤]。

（十六）蒙自县 6 月上旬冰雹成灾

6 月 13—15 日，蒙自县鸣鹫、老寨、西北勒等乡镇发生冰雹灾害，造成农作物受灾面积 704 公顷，成灾面积 211 公顷，绝收面积 169 公顷，直接经济损失 551 万[①]。

（十七）泸西县"6·14"冰雹灾害

6 月 14 日 18 时—15 日凌晨，泸西县金马镇、午街铺镇、旧城镇、中枢镇 4 个乡镇

① 《云南减灾年鉴》编辑委员会：《云南减灾年鉴：2008—2009》，昆明：云南科技出版社，2010 年，第 112 页。
② 《云南减灾年鉴》编辑委员会：《云南减灾年鉴：2008—2009》，昆明：云南科技出版社，2010 年，第 112 页。
③ 《云南减灾年鉴》编辑委员会：《云南减灾年鉴：2008—2009》，昆明：云南科技出版社，2010 年，第 112 页。
④ 《云南减灾年鉴》编辑委员会：《云南减灾年鉴：2008—2009》，昆明：云南科技出版社，2010 年，第 112 页。
⑤ 《云南减灾年鉴》编辑委员会：《云南减灾年鉴：2008—2009》，昆明：云南科技出版社，2010 年，第 112 页。
① 《云南减灾年鉴》编辑委员会：《云南减灾年鉴：2008—2009》，昆明：云南科技出版社，2010 年，第 112 页。

发生冰雹灾害，造成 13095 人受灾。损坏房屋 12 间，倒塌 8 间；农作物受灾面积 1272 公顷，成灾面积 7200 公顷，绝收面积 523 公顷。直接经济损失 2369 万元，其中农业经济损失 2359 万元[①]。

（十八）会泽县"6·19"冰雹成灾

6 月 19 日 14—20 时，会泽县大桥、乐业、火红、马路、迤车、矿山、待补、上村等 8 乡镇遭受冰雹灾害。房屋倒塌 10 间；烤烟等农作物受灾面积 1587.1 公顷，绝收面积 400 公顷。直接经济损失 1418.6 万元[②]。

（十九）麒麟区"6·20"冰雹灾害

6 月 20 日，麒麟区东山镇法色、撒玛依、转长河、石头寨、撒基格和拖古 6 个村委会降冰雹，农作物受灾面积 1463.3 公顷，成灾面积 1023.3 公顷，直接经济损失 1224 万元[③]。

（二十）永胜县"6·20"大风、冰雹灾害

6 月 20 日，永胜县三川、大安、涛源等乡镇发生冰雹、大风灾害，造成 1932 人受灾，2 人受伤，1 人死亡。损坏房屋 281 间；农作物受灾面积 150 公顷，成灾面积 86.4 公顷，倒折电杆 5 根，中断线路 200 米。直接经济损失 116.5 万元，其中农业经济损失 57.4 万元[④]。

（二十一）寻甸县 6 月上中旬冰雹成灾

6 月 16 日、20 日、21 日，寻甸县七星乡、功山镇、金所乡、金源乡、柯渡镇、塘子镇遭受冰雹、暴雨袭击，造成烤烟等农作物受灾面积 1478.8 公顷，成灾面积 787.5 公顷，绝收面积 287.3 公顷[①]。

（二十二）罗平县"6·20"冰雹成灾

6 月 20—21 日，罗平县罗雄、马街、老厂、富乐、阿岗出现冰雹灾害，造成 15000 人受灾。农作物受灾面积 5347 公顷，成灾面积 1316 公顷，绝收面积 115.3 公顷，损失粮食 234 万斤。直接经济损失 879 万元[②]。

① 《云南减灾年鉴》编辑委员会：《云南减灾年鉴：2008—2009》，昆明：云南科技出版社，2010 年，第 112 页。
② 《云南减灾年鉴》编辑委员会：《云南减灾年鉴：2008—2009》，昆明：云南科技出版社，2010 年，第 112 页。
③ 《云南减灾年鉴》编辑委员会：《云南减灾年鉴：2008—2009》，昆明：云南科技出版社，2010 年，第 113 页。
④ 《云南减灾年鉴》编辑委员会：《云南减灾年鉴：2008—2009》，昆明：云南科技出版社，2010 年，第 113 页。
① 《云南减灾年鉴》编辑委员会：《云南减灾年鉴：2008—2009》，昆明：云南科技出版社，2010 年，第 113 页。
② 《云南减灾年鉴》编辑委员会：《云南减灾年鉴：2008—2009》，昆明：云南科技出版社，2010 年，第 113 页。

（二十三）麻栗坡县"6·25"大风、冰雹灾害

6 月 25 日 14 时，麻栗坡县出现冰雹、大风、暴雨等强对流天气，造成 11 个乡镇 11500 人受灾，因大风死亡 1 人。倒损房屋 111 间。玉米、水稻等农作物受灾面积 922.2 公顷，成灾面积 922.2 公顷，绝收面积 346.5 公顷，雷击死亡牲畜 5 头。损坏电视机 120 台。直接经济损失 521.8 万元[①]。

（二十四）师宗县"7·11"大风、冰雹灾害

7 月 11 日 17 时，师宗县丹凤镇、竹基乡、雄壁镇发生大风、冰雹和洪灾，造成 31000 人受灾。民房受损 48 间，倒塌 12 间；农作物受灾面积 1273.3 公顷，成灾面积 33.3 公顷，绝收面积 36.7 公顷。直接经济损失 650 万元[②]。

（二十五）盐津县 7 月中旬大风冰雹灾害

7 月 15—20 日，盐津县盐井镇、豆沙镇、普洱镇和柿子乡遭受大风、冰雹灾害，造成 500 人受灾。农作物受灾面积 533.4 公顷，绝收面积 184.3 公顷；民房受损 360 间，吹断树木 20700 棵，电杆 1 根，损毁照明电线 1100 米，电视卫星接收器 51 个。直接经济损失 479.1 万元[③]。

（二十六）双柏县"7·19"大风、冰雹灾害

7 月 19 日 18 时 56 分—20 时 2 分，双柏县大庄镇的尹代箐、大庄、柏子村、木章郎、普妈村委会，法裱镇的麦地村委会等发生大风、冰雹灾害，致使 2 个乡镇 8 个村委会 61 个村民小组受灾。房屋受损 238 间；农作物受灾面积 651.8 公顷，成灾面积 445.4 公顷，绝收面积 111.0 公顷；太阳能受损 45 座。直接经济损失 602.5 万元，其中农业经济损失 557.4 万元[①]。

（二十七）贡山县"7·21"大风灾害

7 月 20 日，贡山县遭受大风灾害，最大风速 19.9 米/秒，造成 12759 人受灾。损坏民房 103 间；农作物受灾面积 478.4 公顷，成灾面积 400.2 公顷，绝收面积 306.8 公顷。直接经济损失 232.0 万元，其中农业经济损失 229.1 万元[②]。

① 《云南减灾年鉴》编辑委员会：《云南减灾年鉴：2008—2009》，昆明：云南科技出版社，2010 年，第 113 页。
② 《云南减灾年鉴》编辑委员会：《云南减灾年鉴：2008—2009》，昆明：云南科技出版社，2010 年，第 113 页。
③ 《云南减灾年鉴》编辑委员会：《云南减灾年鉴：2008—2009》，昆明：云南科技出版社，2010 年，第 113 页。
① 《云南减灾年鉴》编辑委员会：《云南减灾年鉴：2008—2009》，昆明：云南科技出版社，2010 年，第 113 页。
② 《云南减灾年鉴》编辑委员会：《云南减灾年鉴：2008—2009》，昆明：云南科技出版社，2010 年，第 113 页。

（二十八）古城区"7·23"冰雹灾害

7月23日，丽江市古城区七河、金安2个乡发生冰雹灾害，造成3660人受灾，紧急转移安置42人。民房受损69间；农作物受灾面积267.3公顷，成灾面积244公顷，绝收面积60公顷；交通、水利、电力等基础设施受损。直接经济损失417.3万元，其中农业经济损失398.3万元[①]。

（二十九）曲靖市4县区"7·24"大风、冰雹灾害

7月24—25日，曲靖市麒麟区、师宗县、陆良县、罗平县4县（区）发生冰雹、大风灾害，造成10个乡镇19328人受灾。损坏房屋279间，倒塌75间；农作物受灾面积2192.1公顷，成灾面积1322公顷，绝收面积449公顷。直接经济损失2556.4万元[②]。

（三十）鲁甸县"8·16"大风冰雹灾害

8月16日15时39分，鲁甸县文屏镇遭受大风、冰雹、大雨袭击，造成马鹿沟村、安阁村、砚池山村3个村委会12个村民小组3600人受灾。损坏房屋14间；农作物受灾面积164.34公顷，成灾面积164.34公顷，绝收面积149.94公顷；倒折核桃树82棵，倒折成材树木118棵。直接经济损失770.7万元，其中农业经济损失762.7万元[③]。

（三十一）昭阳区"8·16"冰雹灾害

8月16日16时20分，昭阳区部分乡镇遭受冰雹袭击，造成永丰、北闸、太平、龙泉、大寨、布嘎、守望、靖安、炎山等9个乡镇办事处119个村民小组10900户44051人受灾。农作物受灾面积1687.77公顷，成灾面积1687.77公顷，绝收面积304.56公顷；损坏变压器1台。直接经济损失2555.9万元，其中农业经济损失2550.4万元[①]。

（三十二）彝良县8月中旬大风冰雹灾害

8月15—17日下午，彝良县部分乡镇遭受大风、冰雹灾害，8个乡镇25791人受灾。房屋受损111间，倒塌20间，畜圈倒塌2间；农作物受灾面积1583.1公顷，成灾面积973.8公顷，绝收面积372.4公顷；雷电击坏民用变压器1台，部分输电线路受损。直接经济损失873.2万元，其中农业经济损失786.3万元[②]。

① 《云南减灾年鉴》编辑委员会：《云南减灾年鉴：2008—2009》，昆明：云南科技出版社，2010年，第113页。
② 《云南减灾年鉴》编辑委员会：《云南减灾年鉴：2008—2009》，昆明：云南科技出版社，2010年，第113页。
③ 《云南减灾年鉴》编辑委员会：《云南减灾年鉴：2008—2009》，昆明：云南科技出版社，2010年，第113页。
① 《云南减灾年鉴》编辑委员会：《云南减灾年鉴：2008—2009》，昆明：云南科技出版社，2010年，第113页。
② 《云南减灾年鉴》编辑委员会：《云南减灾年鉴：2008—2009》，昆明：云南科技出版社，2010年，第113—114页。

（三十三）泸西县"8·21"大风冰雹灾害

8月21日23—24时，泸西县金马镇、旧城镇、白水镇、三塘乡、永宁乡发生大风、冰雹灾害。损坏房屋15间，倒塌10间；农作物受灾面积942.4公顷，成灾面积645.3公顷，绝收面积296.5公顷。直接经济损失1112.4万元[①]。

七、2010年春夏大风、冰雹灾害突出

1—11月，云南省发生局地冰雹、大风灾害215次，灾害造成的损失与往年相当。其中4月、5月中下旬，昭通、临沧、普洱等地局部冰雹、大风灾害突出；7月中下旬和8月上中旬，冰雹、大风灾害主要发生在昭通、曲靖、玉溪、丽江等地。大风、冰雹灾害造成219.3万人受灾，9人死亡，1人失踪；房屋受损166072间，倒塌4431间。直接经济损失18.0亿元，其中农业经济损失14.5亿元[②]。

（一）陇川县、潞西市"1·26"大风、冰雹灾害

1月26日，德宏傣族景颇族自治州陇川县、潞西市发生冰雹、大风灾害，造成1321人受灾，1人受伤。房屋受损62间；农作物受灾面积3900公顷，成灾面积3100公顷。直接经济损失807.2万元，其中农业经济损失750.4万元[③]。

（二）孟连县"3·30"大风、冰雹灾害

3月30日16时45—55分，孟连县出现冰雹、大风等灾害，最大风速20.5米/秒（8级），降雹持续10分钟。造成963户3360人受灾，房屋受损9间，农经作物受灾面积176.6公顷，成灾面积129.3公顷，绝收面积47.3公顷。直接经济损失830万元[①]。

（三）绥江县"4·8"大风灾害

4月8日，绥江县发生大风灾害，造成5个乡镇40795人受灾，死亡1人，重伤1人。损坏房屋2796间；农作物受灾面积673.1公顷，大棚受损614个；电线、电视接收器受损。直接经济损失950.8万元[②]。

① 《云南减灾年鉴》编辑委员会：《云南减灾年鉴：2008—2009》，昆明：云南科技出版社，2010年，第114页。
② 《云南减灾年鉴》编辑委员会：《云南减灾年鉴：2010—2011》，昆明：云南科技出版社，2012年，第107页。
③ 《云南减灾年鉴》编辑委员会：《云南减灾年鉴：2010—2011》，昆明：云南科技出版社，2012年，第107页。
① 《云南减灾年鉴》编辑委员会：《云南减灾年鉴：2010—2011》，昆明：云南科技出版社，2012年，第107页。
② 《云南减灾年鉴》编辑委员会：《云南减灾年鉴：2010—2011》，昆明：云南科技出版社，2012年，第107页。

（四）元阳县"4·20"大风灾害

4月20日16时和21日18时，元阳县发生大风灾害，致使6个乡镇2124人受灾，死亡2人，受伤1人。民房受损1700间；农作物受灾面积27公顷，成灾面积16公顷，绝收面积10.1公顷。直接经济损失62万元，其中农业经济损失45万元[①]。

（五）丘北县"4·25"大风成灾

4月25日，丘北县出现10级大风，测站最大风速26.8米/秒。造成7个乡镇472户2124人受灾，1人死亡、3人受伤。损坏民房1412间，倒塌15间；3根电杆、3段高压线受损，烤房受损38所，吹倒树木1000棵。直接经济损失76.1万元，其中农业经济损失68.4万元[②]。

（六）临沧市4月中旬大风冰雹成灾

4月15—20日，临沧市的沧源、云县、耿马、双江、镇康、临翔、永德7个县（区）发生局部大风、冰雹灾害。造成64950人受灾，死亡1人。损坏房屋22688间，倒塌367间；农作物受灾面积3949.6公顷，成灾面积1339.7公顷，绝收面积40公顷。直接经济损失4016.0万元，其中农业经济损失2000.6万元[③]。

（七）普洱市4月中旬大风冰雹成灾

4月17—20日，普洱市的西盟、澜沧、孟连、江城4个县发生大风、冰雹灾害，其中澜沧县测站18日16时40—44分，最大风速24.9米/秒。造成39478人受灾。损坏房屋9916间，倒塌74间；农作物受灾面积910公顷，成灾面积347公顷，绝收面积41公顷。直接经济损失2068.1万元，其中农业经济损失1516万元[①]。

（八）大理白族自治州"4·28"大风、冰雹灾害

4月28日，大理白族自治州洱源、永平、漾濞、宾川、剑川、云龙、巍山、祥云、南涧9个县32个乡镇发生冰雹、大风灾害，造成156435人受灾。房屋受损1182间；农作物受灾面积32929公顷，成灾面积22524公顷，绝收面积6484.5公顷，死亡牲畜30头。直接经济损失22539.9万元，其中农业经济损失22146.9万元[②]。

① 《云南减灾年鉴》编辑委员会：《云南减灾年鉴：2010—2011》，昆明：云南科技出版社，2012年，第107页。
② 《云南减灾年鉴》编辑委员会：《云南减灾年鉴：2010—2011》，昆明：云南科技出版社，2012年，第107页。
③ 《云南减灾年鉴》编辑委员会：《云南减灾年鉴：2010—2011》，昆明：云南科技出版社，2012年，第107页。
① 《云南减灾年鉴》编辑委员会：《云南减灾年鉴：2010—2011》，昆明：云南科技出版社，2012年，第107页。
② 《云南减灾年鉴》编辑委员会：《云南减灾年鉴：2010—2011》，昆明：云南科技出版社，2012年，第108页。

（九）景洪市"5·9"大风冰雹灾害

5月9日16时10分，景洪市勐龙镇发生大风、冰雹灾害，造成10个村委会19个村民小组受灾。损坏房屋1695户，农作物受灾面积142.7公顷，折断开割橡胶树22921株。直接经济损失1100万元。15时50分—16时30分，景洪市东风农场发生大风、冰雹灾害，造成橡胶受灾面积8666.7公顷，受灾胶树30617株，损失干胶326吨。直接经济损失789.7万元[①]。

（十）河口县"5·9"大风灾害

5月9日19时30分—21时30分，河口县发生大风灾害，城区极大风速25.8米/秒（10级），造成4个乡镇3个社区1113户5632人受灾。民房受灾1130间，倒塌1间，损坏瓦片38.3万片；农作物受灾面积152.4公顷，成灾面积88.9公顷，绝收面积38.0公顷；损毁橡胶树32548株。直接经济损失2290.6万元，其中农业经济损失290.6万元[②]。

（十一）临沧市"5·16"大风灾害

5月16日，镇康、耿马、双江、永德4个县发生大风灾害，造成10596人受灾，紧急转移安置7人。损坏房屋3924间，倒塌64间；农作物受灾面积437.5公顷；损坏太阳能热水器26台、电视卫星接收器20台。直接经济损失681.6万元[①]。

（十二）"7·27"冰雹大风袭击昭通曲靖等地

7月27日，昭通市威信县、彝良县、镇雄县，曲靖市罗平县、陆良县，昆明市宜良县，丽江市宁蒗彝族自治县，大理市鹤庆县遭受冰雹、大风灾害，造成223150人受灾，1人受伤。损毁房屋1030间，倒塌12间；农作物受灾面积10962.1公顷，成灾面积8539.9公顷，绝收面积1021.0公顷；乡村公路受损3千米、学校围墙倒塌30米。直接经济损失5433.6万元，其中农业经济损失5072.3万元[②]。

（十三）剑川县"7·29"大风冰雹灾害

7月29日，剑川县发生局部大风、冰雹和暴雨灾害，造成65394人受灾，1人受

① 《云南减灾年鉴》编辑委员会：《云南减灾年鉴：2010—2011》，昆明：云南科技出版社，2012年，第108页。
② 《云南减灾年鉴》编辑委员会：《云南减灾年鉴：2010—2011》，昆明：云南科技出版社，2012年，第108页。
① 《云南减灾年鉴》编辑委员会：《云南减灾年鉴：2010—2011》，昆明：云南科技出版社，2012年，第108页。
② 《云南减灾年鉴》编辑委员会：《云南减灾年鉴：2010—2011》，昆明：云南科技出版社，2012年，第108页。

伤，转移安置 180 人。损坏房屋 1000 间；农作物受灾面积 2077.3 公顷，成灾面积 1417 公顷，绝收面积 527 公顷，死亡牲畜 181 头；吹断柳树 6407 株。直接经济损失 8072 万元，其中农业经济损失 7048 万元[①]。

（十四）维西县"7·31"冰雹大风灾害

7 月 31 日，维西县永春乡、塔城镇发生冰雹、大风灾害，造成 9981 人受灾。农作物受灾面积 533.1 公顷，成灾面积 430.5 公顷，绝收面积 102.5 公顷；林木受损 100 棵。直接经济损失 1860.0 万元[②]。

（十五）滇西、滇东北"8·1"冰雹大风灾害

8 月 1 日，丽江市玉龙县、古城区、永胜县，楚雄彝族自治州禄丰县，大理市鹤庆县、弥渡县，曲靖市会泽县、麒麟区，昭通市威信县发生冰雹、大风灾害，造成 93677 人受灾。房屋受损 2179 间，倒塌 100 间；农作物受灾面积 9260.6 公顷，成灾面积 6218.7 公顷，绝收面积 2771.2 公顷。直接经济损失 13052.3 万元，其中农业经济损失 6509.1 万元[③]。

（十六）昭通、玉溪等地"8·4"冰雹大风灾害

8 月 4—5 日，昭通市鲁甸县、威信县，红河哈尼族彝族自治州石屏县，昆明市宜良县，大理白族自治州祥云县，玉溪市峨山彝族自治县、江川县等发生冰雹、大风灾害，造成 18175 人受灾。房屋受损 965 间，农作物受灾面积 1671.2 公顷，成灾面积 800.2 公顷，绝收面积 233.5 公顷。直接经济损失 1163.7 万元[①]。

① 《云南减灾年鉴》编辑委员会：《云南减灾年鉴：2010—2011》，昆明：云南科技出版社，2012 年，第 108 页。
② 《云南减灾年鉴》编辑委员会：《云南减灾年鉴：2010—2011》，昆明：云南科技出版社，2012 年，第 108 页。
③ 《云南减灾年鉴》编辑委员会：《云南减灾年鉴：2010—2011》，昆明：云南科技出版社，2012 年，第 108 页。
① 《云南减灾年鉴》编辑委员会：《云南减灾年鉴：2010—2011》，昆明：云南科技出版社，2012 年，第 108 页。

第四章 2004—2010 年云南省地质灾害

第一节 历年地质灾害概述

一、2004 年

2004 年，云南省共发生地质灾害 3056 起（滑坡 2100 起、泥石流 725 起、崩塌 183 起、地面塌陷 45 起、其他 3 起），其中特大型 7 起、大型 4 起、中型 35 起，共造成 118 人死亡、73 人失踪、148 人受伤，毁坏农田 19.2 万亩，交通、通信、房屋、农田和水利设施破坏严重，直接经济损失约 19.9 亿元（由于灾害具有洪水、泥石流、滑坡复合发生的特点，难以区分，因此经济损失中包括了洪水造成的损失）。地质灾害高发期是 4—9 月，与 2003 年相比，崩塌、滑坡和塌陷发生的频次下降，泥石流发生频次上升。

由于 2004 年云南省降水时空分布极不均匀，强降水时段相对集中，单点大（暴）雨天气突出，强度大，造成多灾并发、重复受灾，救灾难度大、抗灾自救能力弱，因此与正常年份相比，地质灾害造成的人员伤亡和经济损失均呈大幅度的上升，属地质灾害重灾年[①]。

---

① 《云南减灾年鉴》编辑委员会：《云南减灾年鉴：2004—2005》，昆明：云南科技出版社，2006 年，第 183 页。

二、2005 年

2005 年，云南省共发生地质灾害 1888 起，其中有人员伤亡和造成直接经济损失大于 50 万元的地质灾害 34 起，滑坡灾害 20 起，泥石流灾害 5 起，崩塌灾害 5 起，滑坡泥石流复合型灾害 4 起。地质灾害造成 52 人死亡、8 人失踪，交通、通信、房屋、农田和水利设施破坏严重，直接经济损失约 4.48 亿元，属平灾年。与 2004 年相比，突发性地质灾害的规模与频度都有明显降低，其中，特大型地质灾害减少 6 次；死亡人数和失踪人数分别减少了 66 人和 65 人。年度地质灾害发生的主要特点是地质灾害高发期为 2、3、7、8、9 月，7 月发生灾害 14 起，为全年最高，突发性地质灾害发生与人类工程活动和强降雨（雪）关系较密切①。

三、2006 年

2006 年，云南省共发生地质灾害 1203 起（其中滑坡 873 起、泥石流 74 起、崩塌 149 起、地面塌陷 107 起），共造成 46 人死亡、11 人失踪，毁坏农田 4767.7 亩，交通、通信、房屋和水利设施破坏较为严重，直接经济损失 2.83 亿元，属平灾年。

2006 年云南省地质灾害的高发期为 7—8 月和 10 月中下旬，昭通市、思茅市、临沧市、大理白族自治州等州（市）受灾较为严重。与 2005 年相比，突发性地质灾害的规模与频度都有所下降，其发生与地震、强降水和人类工程活动关系较为密切。地质灾害群测群防体系建设取得新进展，因灾直接经济损失进一步下降②。

四、2007 年

2007 年，云南省共发生地质灾害 1154 起（其中滑坡 883 起、泥石流 80 起、崩塌 146 起、地面塌陷 42 起、地裂缝 2 起、地面沉降 1 起），共造成 114 人死亡、11 人失踪，交通、通信、房屋、农田和水利设施破坏严重，直接经济损失约 2.75 亿元，属灾害较重年。

2007 年，云南省地质灾害高发期是 6—10 月。受灾严重的有昆明、昭通、玉溪、普洱、保山、丽江、临沧等市。与 2006 年相比，突发性地质灾害的规模与频度明显

---

① 《云南减灾年鉴》编辑委员会：《云南减灾年鉴：2004—2005》，昆明：云南科技出版社，2006 年，第 183 页。
② 《云南减灾年鉴》编辑委员会：《云南减灾年鉴：2006—2007》，昆明：云南科技出版社，2008 年，第 139 页。

偏高，突发性地质灾害发生与强降雨（雪）、工程建设和地震关系较密切[①]。

五、2008 年

2008 年，云南省发生地质灾害 1035 起（其中滑坡 870 起、崩塌 73 起、泥石流 70 起、地面塌陷 8 起、地裂缝 6 起、地面沉降 8 起）。全年发生特大型地质灾害 2 起，大型地质灾害 1 起，中型地质灾害 28 起，小型地质灾害 1004 起，共造成 94 人死亡、54 人失踪、76 人受伤，直接经济损失 10.97 亿元，属重灾年。

2008 年，云南省地质灾害高发期为 5—9 月和 11 月，其中 11 月发生地质灾害 246 起，为全年发生地质灾害最多的一个月。楚雄彝族自治州、昭通市、红河哈尼族彝族自治州、怒江傈僳族自治州、保山市、普洱市、大理白族自治州、曲靖市、昆明市和德宏傣族景颇族自治州等州（市）受灾严重。与 2007 年相比，特大型、大型地质灾害的发生频次较往年少，中小型地质灾害的发生频次大幅增加；水利水电、公路、矿山等工程建设区内发生的地质灾害明显增加；受地震影响，昭通市、楚雄彝族自治州、德宏傣族景颇族自治州的部分县市新增了一些地质灾害隐患点，原有隐患点的险情有所加剧[②]。

六、2009 年

2009 年，云南省发生地质灾害 390 起（其中滑坡 298 起、崩塌 27 起、泥石流 50 起、地面塌陷 8 起、地裂缝 6 起、地面沉降 1 起）。全年发生大型地质灾害 3 起，中型地质灾害 12 起，小型地质灾害 375 起。地质灾害造成 37 人死亡、18 人失踪、14 人受伤，直接经济损失 6283.08 万元，属轻灾年。

2009 年，的云南省地质灾害高发期为 5—9 月。受灾严重的州（市）有昭通市、丽江市、临沧市、红河哈尼族彝族自治州、怒江傈僳族自治州、普洱市、大理白族自治州、昆明市。灾害发生频次和造成的损失低于上年同期水平；水利水电、矿山等工程建设区内发生的地质灾害增加；受地震影响，楚雄彝族自治州、大理白族自治州部分县市地质灾害发生频次和危害加重[③]。

① 《云南减灾年鉴》编辑委员会：《云南减灾年鉴：2006—2007》，昆明：云南科技出版社，2008 年，第 139 页。
② 《云南减灾年鉴》编辑委员会：《云南减灾年鉴：2008—2009》，昆明：云南科技出版社，2010 年，第 146 页。
③ 《云南减灾年鉴》编辑委员会：《云南减灾年鉴：2008—2009》，昆明：云南科技出版社，2010 年，第 146 页。

七、2010 年

2010 年，云南省发生地质灾害 812 起（其中滑坡 565 起、崩塌 83 起、泥石流 134 起、地面塌陷 22 起、地裂缝 8 起）。全年发生特大型地质灾害 2 起，大型地质灾害 1 起，中型地质灾害 27 起，小型地质灾害 782 起，共造成 102 人死亡、88 人失踪、87 人受伤，直接经济损失约 3.076 亿元，属重灾年。

2010 年，云南省地质灾害高发期为 7—10 月，其中 7、8 月发生特大型地质灾害 2 起，大型地质灾害 1 起。特大型、大型地质灾害的发生频次属正常年，但地质灾害造成的死亡、失踪人员达 190 人，为近年最高，贡山县普拉底乡东月谷村东月谷河特大型泥石流灾害造成的死亡、失踪人员就达 92 人。受地震影响，楚雄彝族自治州、德宏傣族景颇族自治州的部分县（市）新增一些地质灾害隐患点，原有隐患点的险情有所加剧[①]。

第二节 地 震

一、2004 年

2004 年，云南省共发生 4 级以上地震 24 次，最大地震为 8 月 10 日昭通市鲁甸县发生的 5.6 级地震。这次地震发生在云南省和中国地震局 2004 年度地震趋势预测第三危险区东侧边缘上，预测的强度、时间正确；10 月 19 日保山市隆阳区发生的 5.0 级地震，发生在云南省 2004 年度地震趋势预测第四预测区，预测的时间、地点、强度准确。2004 年云南省因地震死亡 5 人，重伤 194 人，轻伤 438 人，直接经济损失 57780 万元[②]。

（一）鲁甸县 5.6 级地震

2004 年 8 月 10 日 18 时 26 分 13.1 秒，在云南省昭通市鲁甸县桃源乡一带发生 5.6 级地震，微观震中：北纬 27°10′、东经 103°36′，震源深度 10 千米。据昆明数字地震台网测定，截至 2004 年 8 月 13 日 17 时 00 分，共发生 1.0 级地震 47 次，其中 1.0—

---

① 《云南减灾年鉴》编辑委员会：《云南减灾年鉴：2010—2011》，昆明：云南科技出版社，2012 年，第 142 页。
② 《云南减灾年鉴》编辑委员会：《云南减灾年鉴：2004—2005》，昆明：云南科技出版社，2006 年，第 166 页。

1.9 级 33 次，2.0—2.9 级 6 次，3.0—3.9 级 4 次，4.0—4.9 级 3 次，5.6 级 1 次，最大余震 4.5 级。

地震灾区主要涉及昭通市的鲁甸县、昭阳区和曲靖市会泽县，包括 12 个乡镇，68 个行政村，受灾人口 313556 人，涉及 75158 户。地震造成 4 人死亡，重伤 191 人，轻伤 406 人，63336 人失去住所。

烈度分布。宏观震中位于鲁甸县桃源乡一带，极震区烈度为Ⅷ度，Ⅵ度区以上的总面积为 887 平方千米，等震线形状基本呈椭圆形，长轴走向为北东向。Ⅷ度区范围：主要分布在鲁甸县桃源乡。北起普芝噜，南至箐门，东起桃源村东，西到岩洞，面积约 8 平方千米。Ⅶ度区范围：北起昭阳区永丰镇赵家小冲，南至鲁甸县大水井乡箐脚，东起昭阳区布嘎乡布嘎村，西到鲁甸县文屏镇砚池山，面积约 182 平方千米。Ⅵ度区范围：北起昭通市昭阳区蒙泉乡凤凰北，南至曲靖市西园乡拖车村，东近贵州省威宁县友光村，西近鲁甸县小寨乡小寨村，面积约 697 平方千米。

这次地震涉及贵州省威宁县的部分乡村，其Ⅵ度区面积约 146 平方千米。

损失评估。鲁甸 5.6 级地震造成的损失主要包括民房、教育系统和其他公用房屋建筑、室内外财产、生命线工程、水利设施和次生灾害造成的损失。据评估，地震造成直接经济损失为 31990 万元。其中，鲁甸县损失为 18890 万元；昭阳区损失为 11440 万元；巧家县损失为 150 万元；曲靖市会泽县损失为 1510 万元[①]。

（二）隆阳区 5.0 级地震

2004 年 10 月 19 日 6 时 11 分 40.9 秒，在云南省保山市隆阳区发生 5.0 级地震。微观震中位于北纬 25°06′、东经 99°05′，震源深度 6 千米。据昆明数字地震台网测定，截至 2004 年 10 月 22 日 20 时 00 分，共发生 1.0 级以上地震 229 次，其中 1.0—1.9 级 186 次，2.0—2.9 级 34 次，3.0—3.9 级 7 次，4.0—4.9 级 1 次，5.0 级 1 次，最大余震为 4.0 级。

这次地震灾区主要分布在保山市隆阳区；涉及 5 个乡镇，56 个行政村；受灾人口 398327 人，涉及 126364 户。地震造成重伤 2 人，轻伤 13 人，5053 人失去住所。

烈度分布。宏观震中位于隆阳区汉庄张家山一带。极震区烈度为Ⅵ度，等震线形状呈椭圆形，长轴走向为北西向。Ⅵ度区范围：北起杨柳乡茶山村，南至辛街乡龙洞村，东起汉庄镇小堡子村，西近蒲缥镇永兴村，面积约 443 平方千米。

损失评估。地震造成的直接经济损失主要包括民房、教育系统、卫生系统和其他公用民房建筑、室内财产、地质灾害、生命线工程和水利设施的损失。据评估，隆阳 5.0

① 《云南减灾年鉴》编辑委员会：《云南减灾年鉴：2004—2005》，昆明：云南科技出版社，2006 年，第 168—169 页。

级地震造成的直接经济损失为 21720 万元①。

（三）双柏县 5.0 级地震

2004 年 12 月 26 日 15 时 30 分 9 秒，云南省楚雄彝族自治州双柏县妥甸镇马龙、苎麻地一带发生 5.0 级地震。微观震中位于北纬 24°43′，东经 101°32′，震源深度 7 千米。据昆明数字地震台网测定，截至 2004 年 12 月 29 日 20 时，共发生 1.0 级以上地震 17 次，其中 1.0—1.9 级 11 次，2.0—2.9 级 3 次，3.0—3.9 级 1 次，4.0—4.9 级 1 次，5.0 级 1 次，最大余震为 4.3 级。

地震灾区主要涉及楚雄彝族自治州双柏县和楚雄市，包括 5 个乡镇，12 个村委会，涉及 9343 户，受灾人口 35715 人，地震造成 1 人死亡，1 人重伤，19 人轻伤，983 人失去住所。

烈度分布。宏观震中位于双柏县妥甸镇马龙—苎麻圆一带，极震区烈度为Ⅵ度，等震线形状近圆形。Ⅵ度区范围：北起双柏县妥甸镇中山村，南至双柏县独田乡政府驻地，东起双柏县城所在地妥甸镇，西起楚雄市大地基乡者力村西，面积约 493 平方千米。

损失评估。地震造成的直接经济损失主要包括民房、教育系统、卫生系统和其他公用民房建筑、室内财产、地质灾害、生命线工程和水利设施的损失。地震造成的直接经济损失为 4070 万元②。

二、2005 年

2005 年，云南省共发生 4 级以上地震 16 次，最大地震为 8 月 5 日曲靖市会泽县发生的 5.3 级地震和 8 月 13 日文山壮族苗族自治州文山县发生的 5.3 级地震。2005 年云南省因地震重伤 2 人，轻伤 51 人，直接经济损失 24940 万元③。

（一）翠云区 5.0 级地震

2005 年 1 月 26 日 0 时 30 分 36.2 秒，云南省思茅市翠云区六顺乡炮掌山一带发生 5.0 级地震。微观震中位于北纬 22°37′、东经 100°43′，震源深度 6 千米。据昆明数字地震台网测定，截至 2005 年 1 月 28 日 20 时，共发生 1.0 级以上地震 11 次，其中 1.0—

① 《云南减灾年鉴》编辑委员会：《云南减灾年鉴：2004—2005》，昆明：云南科技出版社，2006 年，第 169 页。
② 《云南减灾年鉴》编辑委员会：《云南减灾年鉴：2004—2005》，昆明：云南科技出版社，2006 年，第 169 页。
③ 《云南减灾年鉴》编辑委员会：《云南减灾年鉴：2004—2005》，昆明：云南科技出版社，2006 年，第 166 页。

1.9 级 5 次，2.0—2.9 级 3 次，3.0—3.9 级 2 次，4.0—4.9 级 0 次，5.0 级 1 次，最大余震为 3.5 级。

地震灾区主要涉及思茅市翠云区和西双版纳傣族自治州景洪市，包括 4 个乡镇，20 个村委会；受灾人口 39987 人，涉及 8261 户，造成轻伤 5 人，其中思茅市翠云区 4 人，西双版纳傣族自治州景洪市 1 人；造成 2167 人失去住所。评估区以外的思茅市澜沧县和西双版纳傣族自治州勐海县个别乡镇的民房、校舍也遭受了不同程度的破坏。

烈度分布。宏观震中位于思茅市翠云区六顺乡炮掌山一带，极震区烈度为Ⅵ度，个别居民点达Ⅶ度破坏，等震线形状呈椭圆形，长轴走向为北西向。Ⅵ度区范围：北起思茅市翠云区龙潭乡老鲁寨，南至西双版纳傣族自治州景洪市景讷乡政府驻地，东起思茅市翠云区六顺乡景东寨，西近思茅港竹林村，面积约 577 平方千米。其中，营盘、岔河、龙潭等村达Ⅶ度破坏。

损失评估。地震造成的直接经济损失主要包括民房、教育系统、卫生系统和其他公用房屋建筑、室内财产、生命线工程和水利设施的损失。据评估，地震造成的直接经济损失为 5280 万元，其中思茅市翠云区 3720 万元，澜沧县 320 万元，西双版纳傣族自治州景洪市 1140 万元，勐海县 100 万元[①]。

（二）会泽县 5.3 级地震

2005 年 8 月 5 日 22 时 14 分 43 秒，云南省曲靖市会泽县娜姑、老厂之间发生 5.3 级地震。微观震中：北纬 26°36′，东经 103°06′，震源深度 21 千米。据昆明数字地震台网测定，截至 2005 年 8 月 8 日 17 时，震区共发生 1.0 级以上地震 27 次，其中 1.0—1.9 级 3 次，2.0—2.9 级 19 次、3.0—3.9 级 3 次、4.0—4.9 级 1 次，5.3 级 1 次。前震为 8 月 5 日 21 时 45 分 12.1 秒的 4.7 级地震和 21 时 53 分 38.3 秒的 3.5 级地震，最大余震为 3.9。

地震灾区主要涉及曲靖市会泽县的娜姑、老厂、五星、大桥，昭通市巧家县的蒙姑、炉房、马树和昆明市东川区的拖布卡等 8 个乡镇，75 个行政村；受灾人口 198747 人，涉及 50992 户。地震没有造成人员死亡，造成 19 人轻伤，其中会泽县 17 人，巧家县 2 人。5948 人失去住所。

烈度分布。宏观震中位于娜姑、老厂之间，极震区烈度Ⅵ度，等震线形状呈椭圆形，长轴走向为北东向。灾区涉及云南和四川两省，云南灾区面积为 880 平方千米。Ⅵ度区范围：北自昭通市巧家县马树镇政府驻地，南到昆明市东川区拖布卡镇的蒋家湾村，东自会泽县大桥乡政府驻地以东，西至四川省境内。云南Ⅵ度区面积约 880 平方千米。其中，娜姑、老厂一带土木结构房屋有倒塌现象，滑坡、崩塌现象常见。

① 《云南减灾年鉴》编辑委员会：《云南减灾年鉴：2004—2005》，昆明：云南科技出版社，2006 年，第 169 页。

损失评估。地震造成的直接经济损失主要包括民房、教育系统、卫生系统和其他公用房屋建筑、生命线工程、水利设施和地震地质灾害的损失。据评估，地震造成云南灾区的直接经济损失为 10440 万元，其中会泽县 6190 万元，巧家县 3050 万元，东川区 1200 万元[①]。

（三）文山县 5.3 级地震

2005 年 8 月 13 日 12 时 58 分 42.7 秒，在云南省文山壮族苗族自治州文山县红甸、马塘之间发生 5.3 级地震。微观震中位于北纬 23°36′，东经 104°04′，震源深度 15 千米。

昆明数字地震台网测定，截至 2005 年 8 月 16 日 0 时，震区共发生 1.0 级以上地震 259 次，其中 1.0—1.9 级 207 次、2.0—2.9 级 49 次、3.0—3.9 级 2 次、5.3 级 1 次。最大余震为 3.1 级。

地震灾区主要涉及文山县的红甸乡、马塘镇、秉烈乡、德厚镇、老回龙镇、坝心乡、喜古乡、开化镇，以及砚山县的稼依镇、平远镇等 10 个乡镇，44 个行政村；受灾人口 127624 人，涉及 27137 户。地震造成重伤 2 人，轻伤 27 人，2673 人失去住所。

烈度分布。宏观震中位于红甸、马塘之间，极震区烈度为Ⅵ度，等震线形状呈椭圆形，长轴走向为北西向。长轴 43.2 千米，短轴 26.2 千米。Ⅵ度区范围：北自砚山县稼依镇的小稼依村，南到文山县开化镇的白沙坡村，东自文山县马塘镇白石岩村，西至文山县德厚镇政府驻地一带。Ⅵ度区面积约 890 平方千米。

损失评估。地震造成的直接经济损失主要包括民房、教育系统、卫生系统和其他公用房屋建筑、生命线工程、水利设施、烤烟、沼气池、室内外和评估区外的损失。据评估，地震造成的直接经济损失为 9220 万元，其中文山县 8020 万元，砚山县 1200 万元[②]。

三、2006 年

（一）墨江县 5.0 级地震

2006 年 1 月 12 日 9 时 5 分 29.3 秒，在云南省普洱市墨江县鱼塘乡玉鲁一带发生 5.0 级地震。

微观震中位于北纬 23°15′、东经 101°33′，震源深度 16 千米。据云南地震台网测定，截至 2006 年 1 月 15 日 17 时，震区发生 1.0 级以上地震 11 次，其中 1.0—1.9 级 1

---

① 《云南减灾年鉴》编辑委员会：《云南减灾年鉴：2004—2005》，昆明：云南科技出版社，2006 年，第 169—170 页。
② 《云南减灾年鉴》编辑委员会：《云南减灾年鉴：2004—2005》，昆明：云南科技出版社，2006 年，第 170 页。

次，2.0—2.9 级 7 次，3.0—3.9 级 2 次，5.0 级 1 次，最大余震为 3.4 级。

地震灾区主要涉及墨江县的鱼塘、忠爱桥、通关、双龙、雅邑、龙潭等 6 个乡镇，34 个村委会，涉及 14062 户，受灾人口 60273 人，失去住所约 7900 人。地震造成 1 人重伤。

烈度分布。宏观震中位于鱼塘乡玉鲁一带，极震区烈度为Ⅵ度，有个别Ⅶ度破坏点。等震线形状呈椭圆形，长轴走向为北西向。Ⅵ度区范围：北起忠爱桥乡民兴村，南至龙潭镇政府驻地，东起雅邑乡政府驻地以东，西达通关镇波罗林村，灾区总面积约 725 平方千米。

损失评估。地震造成的直接经济损失主要包括民房、教育系统、卫生系统和其他公用房屋建筑、生命线工程、水利设施、烤烟、室内外和评估区外的损失。据评估，墨江 5.0 级地震造成的直接经济损失为 1.106 亿元[①]。

（二）盐津县 5.1 级地震

2006 年 7 月 22 日 9 时 10 分 21.6 秒，云南省昭通市盐津县豆沙至大关县吉利一带发生 5.1 级地震。微观震中位于北纬 28°1′、东经 104°8′，震源深度 9 千米。据云南地震台网测定，截至 2006 年 7 月 25 日 11 时，震区发生 1.0 级以上地震 5 次，其中 1.0 —1.9 级 1 次，2.0—2.9 级 3 次，5.1 级 1 次，最大余震为 2.9 级。

地震灾区主要涉及盐津县的豆沙、柿子、盐井、中和、普洱，大关县的吉利、天星、木杆、高桥和寿山等 10 个乡镇，48 个村委会，受灾人口 151168 人，涉及 35428 户，20606 人失去住所。地震造成 22 人死亡，13 人重伤，101 人轻伤，失踪 1 人。

烈度分布。宏观震中位于盐津县豆沙至大关县吉利一带，极震区烈度为Ⅵ度，有个别Ⅶ度破坏点。等震线形状呈椭圆形，长轴走向为北东向。Ⅵ度区范围：北起盐津县普洱镇桐子村，南至大关县天星镇南甸村，东起盐津县盐井镇黎山村，西近大关县高桥乡政府驻地，面积约 890 平方千米。

损失评估。地震造成的直接经济损失主要包括民房、教育系统、卫生系统和其他公用房屋建筑、生命线工程、水利设施、室内外和评估区外的损失。据评估，盐津 5.1 级地震造成的直接经济损失为 2.39 亿元[②]。

（三）盐津县 5.1 级地震

2006 年 8 月 25 日 13 时 51 分 41.1 秒，云南省昭通市盐津县中和、豆沙至大关县

① 《云南减灾年鉴》编辑委员会：《云南减灾年鉴：2006—2007》，昆明：云南科技出版社，2008 年，第 122—123 页。
② 《云南减灾年鉴》编辑委员会：《云南减灾年鉴：2006—2007》，昆明：云南科技出版社，2008 年，第 123 页。

吉利一带发生 5.1 级地震。微观震中位于北纬 28°03′、东经 104°07′，震源深度 7 千米。据云南地震台网测定，截至 2006 年 8 月 29 日 20 时，震区发生 1.0 级以上地震 18 次，其中 1.0—1.9 级 3 次，2.0—2.9 级 11 次，3.0—3.9 级 2 次，4.7 级 1 次，5.1 级 1 次。

现场工作队强震组布设在豆沙镇政府驻地的数字强震仪记录到 4.7 级地震，震中距约 6 千米，南北方向峰值加速度 889.3 伽，东西方向峰值加速度 494.2 伽，垂直方向峰值加速度 282.1 伽。

云南省昭通市盐津县继 2006 年 7 月 22 日发生 5.1 级地震后，于 2006 年 8 月 25 日 13 时 51 分 41.1 秒，再次发生 5.1 级地震，8 月 29 日 9 时 14 分 17.4 秒，又发生 4.7 级地震。为叙述方便，将上述地震简称为"三次地震"，7 月 21 日 5.1 级地震称"前发地震"，8 月 25 日 5.1 级、8 月 29 日 4.7 级地震称为"两次续发地震"。

"三次地震"震中相近，间隔时间不久，灾区重叠，震害叠加，现场调查很难区分"前发地震"和"两次续发地震"的震害，尤其是房屋建筑的震害。因此，本次地震灾害损失评估对"三次地震"的震害进行综合调查和评估，扣除"前发地震"的经济损失，得出"两次续发地震"的经济损失。

地震灾区主要涉及盐津县的中和、普洱、豆沙、盐井、柿子，大关县的吉利、天星、木杆、高桥和寿山等 10 个乡镇 74 个村委会，受灾人口 262538 人，涉及 61170 户，"两次续发地震"失去住所人数约 18509 人。"两次续发地震"共造成 2 人死亡，15 人重伤，52 人轻伤。

烈度分布。宏观震中位于盐津县的中和、豆沙至大关县吉利一带，极震区烈度Ⅶ度，等震线形状呈椭圆形，长轴走向为北东向，Ⅵ度区以上总面积约 1350 平方千米。Ⅶ度区范围：北起盐津县中和镇寨子村，南到大关县吉利镇龙坪村，东起盐津县盐井镇水田村，西到大关县吉利镇营底村，面积约 501 平方千米。Ⅵ度区范围：北起盐津县普洱镇灯草村，南至大关县天星镇中心村以南，东起盐津县盐井镇柏树村以东，西至大关县高桥乡政府驻地以西，面积约 849 平方千米。

损失评估。地震造成的直接经济损失主要包括民房、教育系统、卫生系统和其他公用房屋建筑、生命线工程、水利设施、室内外和评估区外的损失。据评估，8 月 25 日盐津县 5.1 级地震的直接经济损失为 2.027 亿元。其中，盐津县 11770 万元，大关县 8030 万元，彝良县 270 万元，永善县 160 万元，绥江县 40 万元①。

---

① 《云南减灾年鉴》编辑委员会：《云南减灾年鉴：2006—2007》，昆明：云南科技出版社，2009 年，第 123 页。

四、2007 年

2007 年 6 月 3 日 5 时 34 分 56.8 秒，宁洱县宁洱镇太达—宁洱—同心乡曼连一带发生 6.4 级地震。微观震中位于北纬 23°00′、东经 101°06′，震源深度 5 千米。据云南地震台网测定，截至 2007 年 6 月 11 日 12 时，震区发生 1.0 级以上地震 7983 次，其中 1.0—1.9 级 1622 次，2.0—2.9 级 324 次，3.0—3.9 级 32 次，4.0—4.9 级 3 次，5.0—5.9 级 1 次，6.4 级 1 次。最大余震为 5.1 级。

云南数字地震台网在震区布设了 4 个观测点，记录仪获得主震记录。

地震灾区主要涉及普洱市的宁洱、思茅、景谷、墨江、江城 5 个县区 18 个乡镇 111 个行政村或居委会，涉及 94286 户，受灾人口 403128 人，失去住所约 617803 人，地震造成了 3 人死亡，28 人重伤，391 人轻伤。

烈度分布。宏观震中位于宁洱县宁洱镇太达—宁洱—同心乡曼连一带，极震区烈度为Ⅷ度，地震临近宁洱县城，属于近城直下型地震。等震线形状呈椭圆形，长轴走向为北西向。灾区总面积 3890 平方千米。Ⅷ度区范围：分布在宁洱县境内，北起宁洱镇般海村，南到同心乡前进村，东起宁洱镇温泉村，西近宁洱镇化良村，面积约 167 平方千米。其中，宁洱镇太达—新平—曼连村一带地面开裂，喷砂冒水，陡崖崩塌，个别自然村达Ⅸ度破坏，宁洱县城位于该区，达Ⅷ度破坏。Ⅶ度区范围：主要分布在宁洱县境内，北近宁洱县宁洱镇曼端村，南到思茅区思茅镇坡脚村，东起宁洱县勐先乡政府驻地，西到宁洱县德化乡的窝拖村，面积约 775 平方千米。Ⅵ度区范围：北起景谷县正兴乡通达村，南到思茅区南屏镇政府驻地，东近宁洱县普义乡普治村，西到思茅区云仙乡团山村，面积约 2948 平方千米。思茅镇城区位于该区。

损失评估。地震造成的直接经济损失主要包括民房、教育系统、卫生系统和其他公用房屋建筑、生命线工程、水利设施、地质灾害、工矿企业、室内外和评估区外的损失。据估计，宁洱县 6.4 级地震造成的直接经济损失为 189860 万元。其中，普洱市宁洱县 115600 万元，思茅区 49760 万元，景谷县 10620 万元，墨江县 5690 万元，江城县 3210 万元，镇沅县 1050 万元，澜沧县 930 万元，孟连县 600 万元，西盟县 560 万元；临沧市临翔区 1130 万元；西双版纳傣族自治州景洪市 680 万元[①]。

五、2008 年

2008 年，云南省（北纬 21°—29°，东经 97°—106°）发生 3.0 级以上地震 366 次，

① 《云南减灾年鉴》编辑委员会：《云南减灾年鉴：2006—2007》，昆明：云南科技出版社，2008 年，第 123—124 页。

省内最大地震为 8 月 21 日德宏傣族景颇族自治州盈江县发生的 5.9 级地震。云南省因地震死亡 12 人，重伤 82 人，轻伤 362 人，受灾人口 886455 人，失去住所约 277226 人，直接经济损失 44.142 亿元[①]。

（一）盈江县 5.0 级地震

2008 年 3 月 21 日 20 时 36 分 55 秒，在云南省德宏傣族景颇族自治州盈江县太平镇拉丙村与铜壁关乡和平村一带发生 5.0 级地震。

微观震中位于北纬 24°36′、东经 97°40′，震源深度 11 千米。据云南地震台网测定，截至 3 月 24 日 16 时，震区共发生 1.0 级以上地震 97 次，其中 1.0—1.9 级 76 次，2.0—2.9 级 13 次，3.0—3.9 级 6 次，4.0—4.9 级 1 次，5.0 级 1 次。

地震灾区主要涉及盈江县太平镇、弄璋镇、铜壁关乡和昔马镇 4 个乡镇，23 个行政村，灾区人口 66824 人，涉及 14319 户。

烈度分布。宏观震中位于太平镇拉丙村与铜壁关乡和平村一带；极震区烈度为Ⅵ度，等震线形状呈椭圆形，长轴走向为北东向。Ⅵ度区范围：北起太平镇卡牙村，南近弄璋镇芒线村，东起太平镇璋西村以东，西至铜壁关乡磨石河村，总面积约 423 平方千米。

损失评估。地震造成的直接经济损失主要包括民房、教育系统、卫生系统和其他公用房屋建筑、生命线工程、水利设施和评估区外的损失。经云南省地震灾害损失评定委员会评定，盈江县 5.0 级地震造成的直接经济总损失为 6480 万元，其中，盈江县 5650 万元，陇川县 420 万元，梁河县 410 万元[②]。

（二）四川汶川 8.0 级地震云南灾区

2008 年 5 月 12 日 14 时 28 分 4 秒，四川省汶川县（北纬 31°，东经 103°4′）发生 8.0 级地震。

微观震中距离云南省昭通市 263 千米。四川省汶川县 8.0 级地震云南灾区的破坏主要集中在昭通市境内，同时也对楚雄彝族自治州、丽江市和迪庆藏族自治州等州（市）部分县各类生命线工程和水利等基础设施造成不同程度损坏。四川省汶川县 8.0 级地震云南灾区包括水富、绥江、永善和盐津 4 个县共 16 个乡镇 134 个村委会。灾区人口 546261 人，涉及 122480 户。地震造成云南灾区死亡 1 人，重伤 2 人，轻伤 49 人。

烈度分布。四川省汶川县 8.0 级地震云南灾区地震烈度为Ⅵ度，其中，水富县、绥

① 《云南减灾年鉴》编辑委员会：《云南减灾年鉴：2008—2009》，昆明：云南科技出版社，2010 年，第 127 页。
② 《云南减灾年鉴》编辑委员会：《云南减灾年鉴：2008—2009》，昆明：云南科技出版社，2010 年，第 129 页。

江县、永善县 3 个县城处于Ⅵ度区内。Ⅵ度区总面积为 1950 平方千米。

损失评估。地震造成的直接经济损失主要包括民房、教育系统、卫生系统和其他公用房屋建筑、生命线工程、水利设施、室内外和评估区外的损失。经云南省地震灾害损失评定委员会评定，云南灾区直接经济损失为 168310 万元。其中，水富县 41040 万元、绥江县 47650 万元、永善县 55160 万元、盐津县 12870 万元，昭通市评估区外的其他 7 个县 8940 万元、曲靖市 400 万元、丽江市 600 万元、迪庆藏族自治州 650 万元、楚雄彝族自治州 1000 万元[①]。

（三）盈江县 5.0、4.9、5.9 级地震

2008 年 8 月 20 日 5 时 35 分，在云南省盈江县发生 5.0 级地震，8 月 21 日 20 时 20 分、20 时 24 分该震区又相继发生 4.9 级和 5.9 级地震。

微观震中分别位于：北纬 25°06′、东经 97°54′，北纬 25°66′、东经 97°54′，北纬 25°04′、东经 97°56′。震源深度分别为 10 千米、7 千米、7 千米。据云南地震台网测定，截至 8 月 25 日 19 时，共记录到震区 1.0 级以上地震 660 次，其中 1.0—1.9 级 311 次，2.0—2.9 级 305 次，3.0—3.9 级 38 次，4.0—4.9 级 4 次，5.0—5.9 级 2 次，最大余震为 8 月 22 日 20 时 6 分发生的 4.7 级地震。

地震灾区主要涉及德宏傣族景颇族自治州盈江县、陇川县、梁河县及保山市腾冲县等 4 个县的 25 个乡镇 135 个行政村，灾区人口 355395 人，涉及 81299 户，失去住所约 99480 人。评估区以外的德宏傣族景颇族自治州潞西市、瑞丽市及保山市龙陵县、隆阳区的部分民房、校舍及生命线工程也遭受了不同程度的破坏。地震造成 5 人死亡，29 人重伤，101 人轻伤。

烈度分布。宏观震中位于盈江县勐弄乡左家坡—中山村—勐弄村一带，极震区烈度为Ⅷ度，等震线形状呈椭圆形，长轴走向为北东向，灾区总面积为 4511 平方千米。Ⅷ度区范围：北起左家坡，南到勐弄乡政府所在地，东起下寨村，西至麻栗坡，面积约 26 平方千米。Ⅶ度区范围：北起苏典乡黄草坝，南到平原镇户勐街，东起盏西乡邦朗村，西到卡场镇小新寨，面积约 391 平方千米。Ⅵ度区范围：北起盈江县支那乡白岩村南，南到陇川县清平乡广岭村，东起腾冲县中和乡勐新村，西到盈江县昔马镇镇政府所在地，面积约 4094 平方千米。江心坡、弄杏、弄康、苏典乡政府所在地等均为Ⅶ度异常点，苏典乡羊奶棚为Ⅷ度异常点。

损失评估。地震造成的直接经济损失包括民房、教育系统、卫生系统和其他公用房屋建筑、生命线工程、水利设施和评估区外的损失。经云南省地震灾害损失评定委员会

---

① 《云南减灾年鉴》编辑委员会：《云南减灾年鉴：2008—2009》，昆明：云南科技出版社，2010 年，第 129 页。

评定，直接经济损失为 130800 万元。其中，盈江县 94180 万元，陇川县 10820 万元，梁河县 9430 万元，潞西市 2920 万元，瑞丽市 2850 万元，腾冲县 6940 万元，隆阳区 1670 万元，龙陵县 1990 万元[①]。

（四）四川省攀枝花市、凉山彝族自治州会理县交界处 6.1 级地震云南灾区

2008 年 8 月 30 日 16 时 30 分，四川省攀枝花市仁和区、凉山彝族自治州会理县交界处发生 6.1 级地震，微观震中位于北纬 26°12′、东经 101°54′，震源深度 10 千米。截至 9 月 2 日 21 时，云南地震台网记录到震区 1.0 级以上地震 371 次，其中 1.0—1.9 级 280 次，2.0—2.9 级 72 次，3.0—3.9 级 16 次，4.0—4.9 级 2 次，5.0—5.9 级 1 次，最大余震为 8 月 31 日 16 时 31 分发生的 5.6 级地震。余震呈南北向分布。

微观震中距云南省元谋县边界 10.1 千米，永仁县边界 11 千米，永仁县城 27.3 千米。

这次地震云南灾区主要涉及楚雄彝族自治州元谋县、永仁县、武定县、大姚县及昆明市禄劝县等 5 个县 22 个乡镇 122 个行政村或居委会，灾区人口 300189 人，涉及 71183 户，失去住所约 87821 人。评估区外的楚雄彝族自治州大姚县、牟定县，昆明市禄劝县及丽江市华坪县的部分民房、校舍及生命线工程也遭到不同程度的破坏。地震造成云南灾区 6 人死亡，47 人重伤，194 人轻伤。

烈度分布。通过对 114 个居民点进行调查，四川省攀枝花市仁和区、凉山彝族自治州会理县交界处 6.1 级地震云南灾区分布在白秧树村至根树村一带，烈度为Ⅷ度，等震线形状呈椭圆形，长轴近南北向，灾区总面积为 3369 平方千米。Ⅷ度区范围：主要分布在元谋县姜驿乡境内，北、西自川滇边界，南到根树村，东达白秧树村，面积约 28 平方千米。Ⅶ度区范围：主要分布在元谋县和永仁县境内，北至川滇边界，南到元谋县江边乡大树村，东起元谋县姜驿乡贡茶村以东，西到永仁县维的乡红花的村。面积约 488 平方千米。Ⅵ度区范围：主要分布在楚雄彝族自治州境内，北至川滇边界，南到元谋县能禹镇政府驻地，东起禄劝县汤郎乡政府驻地，西到永仁县永心乡白马河村，面积约 2853 平方千米。

损失评估。地震造成的直接经济损失包括民房、教育系统、卫生系统和其他公用房屋建筑、生命线工程、水利设施和评估区外的损失。经云南省地震灾害损失评定委员会评定，直接经济损失 117870 万元。其中，元谋县 44250 万元，永仁县 44050 万元，武定县 16590 万元，大姚县 4160 万元，牟定县 2760 万元，禄劝县 3810 万元，华坪县 2250

---

① 《云南减灾年鉴》编辑委员会：《云南减灾年鉴：2008—2009》，昆明：云南科技出版社，2010 年，第 129 页。

万元①。

（五）瑞丽市 4.9 级地震

2008 年 12 月 26 日 4 时 20 分，云南省德宏傣族景颇族自治州瑞丽市发生 4.9 级地震，微观震中位于北纬 24.0°、东经 97.8°，震源深度 5 千米。据云南地震台网测定，截至 12 月 29 日 12 时，共记录到震区 1.0 级以上地震 181 次，其中 1.0—1.9 级 145 次，2.0—2.9 级 28 次，3.0—3.9 级 6 次，4.0—4.9 级 2 次。

地震灾区主要涉及瑞丽市的勐秀、姐相、户育、勐卯，陇川县的章凤 5 个乡镇，1 个国有大型企业（瑞丽农场），灾区人口 109426 人，涉及 32076 户。地震造成 4 人重伤，18 人轻伤，失去住所约 9376 人。

烈度分布。通过对震区 29 个居民点及瑞丽城区 3 个片区的调查，宏观震中位于瑞丽市勐秀乡小街、高里、勐秀乡政府一带，极震区烈度为 VI 度，等震线形状呈椭圆形，长轴近南北向。VI 度区范围：分布在瑞丽市及陇川县境内，北起陇川县章凤镇南兰，南到瑞丽市姐相乡云井，东起瑞丽市勐卯镇贺南毛，西到瑞丽市广帕，总面积约为 274 平方千米。

地震发生后，云南省财政厅向灾区下拨了 200 万元救灾应急资金，民政部调拨 1000 床棉被、1000 顶帐篷和 1000 件大衣，德宏傣族景颇族自治州安排应急资金 20 万元，瑞丽市安排 10 万元，市委组织部从省管党费中安排 5 万元专项经费支持瑞丽抗震救灾。市、乡各级投入应急资金 197.2 万元，发放帐篷 719 顶，大米 11.5 吨，各类衣服 2175 件（套），手套 240 双，儿童手套、帽子 20 箱，胶鞋及运动鞋 550 双，棉被 1580 床，饮用水 100 桶。

损失评估。经云南省地震灾害损失评定委员会评定，瑞丽市 4.9 级地震造成的直接经济损失为 17960 万元。其中，瑞丽市 14070 万元，陇川县 2020 万元，瑞丽农场 1870 万元②。

六、2009 年

2009 年，云南省（北纬 21°—29°，东经 97°—106°）共发生 3.0 级以上地震 261 次，省内最大地震为 7 月 9 日姚安县发生的 6.0 级地震。云南省因地震死亡 1 人，重伤 2 人，

① 《云南减灾年鉴》编辑委员会：《云南减灾年鉴：2008—2009》，昆明：云南科技出版社，2010 年，第 130 页。
② 《云南减灾年鉴》编辑委员会：《云南减灾年鉴：2008—2009》，昆明：云南科技出版社，2010 年，第 130 页。

轻伤 370 人，直接经济损失 23.994 亿元[1]。

（一）姚安县 6.0 级地震

2009 年 7 月 9 日 19 时 19 分，姚安县发生 6.0 级地震，微观震中：北纬 25°36′，东经 101°06′，震源深度 10 千米。据云南地震台网测定，截至 2009 年 7 月 14 日 8 时，共记录到震区 1.0 级以上地震 947 次，其中 1.0—1.9 级 707 次，2.0—2.9 级 205 次，3.0—3.9 级 30 次，4.0—4.9 级 4 次，5.0—5.9 级 1 次，最大余震是 7 月 10 日 17 时 2 分发生的 5.2 级地震。

地震灾区主要涉及楚雄彝族自治州的姚安县、大姚县、南华县、牟定县、永仁县及大理白族自治州的祥云县、宾川县等 7 个县的 35 个乡镇 228 个行政村或居委会，受灾人口 201739 户 803206 人，约 149990 人失去住所。地震造成 1 人死亡，31 人重伤，341 人轻伤。

烈度分布。对震区 150 个居民点进行调查，宏观震中位于姚安县官屯乡，极震区烈度为Ⅷ度，等震线形状呈椭圆形，长轴走向为北西向，灾区总面积为 6958 平方千米。Ⅷ度区范围：分布在姚安县境内，北起左门乡仰拉村以北，南到官屯乡巴拉扎，东起三渡邑、长寿村一带，西至官屯乡吊索箐，面积约 230 平方千米。Ⅶ度区范围：主要分布在姚安县与大姚县境内，北起大姚县金碧镇大桥村以北，南到姚安县弥兴镇中村乡，东起姚安县前场镇庄科村西部，西到祥云县东山乡新民村。面积约 883 平方千米。Ⅵ度区范围：北起大姚县三台镇树吾打以北，南到南华县城，东起大姚县龙街乡设甸村，西近宾川县雄鲁么村。面积约 5845 平方千米。

损失评估。地震造成的直接经济损失主要包括民房、教育系统、卫生系统和其他公用房屋建筑、生命线工程、水利设施、烤烟、室内外和评估区外的损失。经云南省地震灾害损失评定委员会评定，2009 年 7 月 9 日姚安县 6.0 级地震造成的直接经济损失为 215410 万元。其中，姚安县 85740 万元，大姚县 49690 万元，南华县 22150 万元，牟定县 16410 万元，永仁县 3520 万元，元谋县 700 万元，武定县 500 万元，祥云县 22740 万元，宾川县 13260 万元，弥渡县 700 万元。[2]

（二）宾川县 5.0 级地震

2009 年 11 月 2 日 5 时 7 分，宾川县发生 5.0 级地震，微观震中位于北纬 26.0°、东经 100.7°，震源深度 10 千米。据云南地震台网测定，截至 11 月 10 日 10 时，共记录到

① 《云南减灾年鉴》编辑委员会：《云南减灾年鉴：2008—2009》，昆明：云南科技出版社，2010 年，第 127 页。
② 《云南减灾年鉴》编辑委员会：《云南减灾年鉴：2008—2009》，昆明：云南科技出版社，2010 年，第 130 页。

震区 1.0 级以上地震 55 次，其中 1.0—1.9 级 50 次，2.0—2.9 级 3 次，3.0—3.9 级 1 次，5.0—5.9 级 1 次。

地震灾区主要涉及大理白族自治州的宾川县、祥云县与丽江市的永胜县等 3 个县的 9 个乡镇 48 个行政村，受灾人口 33577 户 110736 人。17677 人失去住所。地震造成 2 人重伤，29 人轻伤。

烈度分布。对震区 52 个居民点进行调查，宏观震中位于宾川县平川镇帽角山村二哨—龙潭箐一带，极震区烈度为Ⅵ度，二哨、龙潭箐、马花等个别居民点达Ⅶ度破坏。等震线形状呈椭圆形，长轴走向近南北向。灾区总面积为 945 平方千米。Ⅵ度区范围：北起永胜县东风乡花椒箐，南到祥云县香么所，东起宾川县拉乌乡政府驻地，西到永胜县片角乡政府驻地，面积约 945 平方千米。

损失评估。地震造成的直接经济损失主要包括民房、教育系统、卫生系统和其他公用房屋建筑、生命线工程、水利设施、文物、室内外和评估区外的损失。经云南省地震灾害损失评定委员会评定，宾川县 5.0 级地震直接经济损失为 54530 万元。其中，宾川县 17470 万元，祥云县 1510 万元，鹤庆县 330 万元，永胜县 4720 万元，大姚县 500 万元[1]。

七、2010 年

2010 年，云南省（北纬 21°—29°，东经 97°—106°）发生 3.0 级以上地震 192 次，省内最大地震为 2 月 25 日楚雄彝族自治州元谋县发生的 5.1 级地震。云南省地震中 3 人重伤，32 人轻伤，受灾人口 164521 人，约 31687 人失去住所，直接经济损失 35440 万元[2]。

2010 年 2 月 25 日 12 时 56 分，云南省禄丰县、元谋县交界发生 5.1 级地震。宏观震中位于禄丰县高峰乡—元谋县羊街镇一带，极震区烈度为Ⅵ度。

微观震中位于北纬 25.4°、东经 101.9°，震源深度 16 千米。据云南省地震台网测定，截至 2 月 28 日 21 时，禄丰县—元谋县 5.1 级地震序列共发生 1.0 级以上地震 52 次，其中 1.0—1.9 级 34 次，2.0—2.9 级 13 次，3.0—3.9 级 4 次，5.1 级地震 1 次。

地震灾区主要涉及楚雄彝族自治州的禄丰县、元谋县、牟定县及武定县 4 个县的 12 个乡镇 75 个行政村；涉及 40704 户，164521 人。地震中 3 人重伤，32 人轻伤。

烈度分布。宏观震中位于禄丰县高峰乡—元谋县羊街镇一带，极震区烈度为Ⅵ度，个别点达Ⅶ度破坏。等震线形状呈椭圆形，长轴走向为北西向。Ⅵ度区范围：东起武定

① 《云南减灾年鉴》编辑委员会：《云南减灾年鉴：2008—2009》，昆明：云南科技出版社，2010 年，第 130—131 页。
② 《云南减灾年鉴》编辑委员会：《云南减灾年鉴：2010—2011》，昆明：云南科技出版社，2012 年，第 125 页。

县猫街镇麦地冲村，西到牟定县戍街乡小伏龙基村，北自元谋县老城乡尹地村，南到禄丰县—平浪镇政府驻地附近。Ⅵ度区总面积约 1563 平方千米。其中禄丰县高峰乡龙骨、海联，元谋县羊街镇平安村委会得呆足村为Ⅶ度破坏点。

损失评估。地震造成的直接经济损失主要包括民房、教育系统、卫生系统和其他公用房屋建筑、生命线工程、水利设施和评估区外的损失。经云南省地震灾害损失评定委员会评定，禄丰县—元谋县 5.1 级地震直接经济损失 35440 万元。其中，禄丰县 14740 万元，元谋县 9740 万元，牟定县 7920 万元，武定县 3040 万元[①]。

第三节 山 体 滑 坡

一、2004 年

（一）南涧县"5·18"滑坡灾害

5 月 18 日 8 时—19 日 20 时，南涧县 36 小时降雨 124 毫米，5 月 19 日 20 时 20 分，小湾岔江村委会小湾电站施工区发生山体滑坡。岩体崩塌方量 400 立方米，最大石块重约 20 吨，造成 72 死亡，1 人受伤。直接经济损失 40 万元[②]。

（二）勐海县勐阿镇纳丙村群发型滑坡

6 月 26—27 日，受强降雨天气影响，勐海县勐阿镇纳丙村发生小型浅层群发型滑坡灾害，灾害造成 2 人死亡，大量农田受损，直接经济损失 56 万元[③]。

（三）勐海县勐阿镇曼烈村滑坡

6 月 27 日，受强降雨天气影响，勐海县勐阿镇曼烈村发生滑坡，灾害造成 2 人死亡，直接经济损失 57 万元[④]。

① 《云南减灾年鉴》编辑委员会：《云南减灾年鉴：2010—2011》，昆明：云南科技出版社，2012 年，第 128 页。
② 《云南减灾年鉴》编辑委员会：《云南减灾年鉴：2004—2005》，昆明：云南科技出版社，2006 年，第 143 页。
③ 《云南减灾年鉴》编辑委员会：《云南减灾年鉴：2004—2005》，昆明：云南科技出版社，2006 年，第 184 页。
④ 《云南减灾年鉴》编辑委员会：《云南减灾年鉴：2004—2005》，昆明：云南科技出版社，2006 年，第 184 页。

（四）屏边县咪崩村滑坡

8 月 7 日，连降暴雨引发屏边县和平乡咪崩村乡村公路边坡发生突然滑坡，造成 4 人死亡、1 人失踪、1 人受伤[①]。

（五）永胜县下迪里滑坡

9 月 6 日，受强降雨天气影响，永胜县顺州乡下迪里村发生滑坡，造成 6 人死亡，1 人受伤，直接经济损失 328 万元[②]。

（六）洱源县县城后山滑坡

10 月 10 日，洱源县县城后山出现滑坡前兆，滑坡直接威胁 6100 人的安全，国土资源部和云南省人民政府立即投入资金对滑坡进行治理和监测[③]。

（七）屏边县"8·7"滑坡灾害

8 月 7 日 16 时，屏边县和平乡咪崩龙村因连续降雨突发山体滑坡，造成 5 人死亡，1 人受伤[④]。

二、2005 年

（一）贡山、维西、德钦县崩塌滑坡

2 月 12—17 日，贡山县、德钦县和维西县境内出现连续降雨、降雪。导致 3 县发生群发式崩塌、滑坡灾害，崩塌、滑坡规模都为中小型，且集中于交通线，造成 3 县的主要交通干线多处中断，直接经济损失达 2033.64 万元[⑤]。

（二）德钦县日尼通滑坡

3 月 5 日，迪庆藏族自治州德钦县燕门乡巴东村日尼通小组农户反映他们所居住的山坡发生地面开裂，裂缝主要发生于斜坡的前部及后部，后部裂缝呈"马蹄"形分布，长 250 余米，裂缝一般宽 5—10 厘米，最宽处达 20 厘米，下错达 10—50 厘米。前部裂

① 《云南减灾年鉴》编辑委员会：《云南减灾年鉴：2004—2005》，昆明：云南科技出版社，2006 年，第 184 页。
② 《云南减灾年鉴》编辑委员会：《云南减灾年鉴：2004—2005》，昆明：云南科技出版社，2006 年，第 184 页。
③ 《云南减灾年鉴》编辑委员会：《云南减灾年鉴：2004—2005》，昆明：云南科技出版社，2006 年，第 185 页。
④ 《云南减灾年鉴》编辑委员会：《云南减灾年鉴：2004—2005》，昆明：云南科技出版社，2006 年，第 147 页。
⑤ 《云南减灾年鉴》编辑委员会：《云南减灾年鉴：2004—2005》，昆明：云南科技出版社，2006 年，第 185 页。

缝断续分布，长 5—10 米，错断水沟，滑坡活动迹象十分强烈，直接威胁着 43 户 226 人的生命财产安全①。

（三）永善县水桐滑坡

5月4日，受强降雨天气影响，永善县黄华镇鲁溪村水桐小组发生山体滑坡，造成3人失踪②。

（四）腾冲县"6·29"滑坡灾害

6月29日，腾冲县出现局地强降水，造成界头乡大塘村委会河西村民小组于24日12时30分出现山体滑坡，造成2人死亡，4人受伤，房屋倒塌3所③。

（五）金平县马鹿塘滑坡

6月17日，受6月以来的连续降雨影响，红河哈尼族彝族自治州金平县马鞍底乡中寨村马鹿塘小组发生小型滑坡，造成2名正在耕种的村民死亡④。

（六）腾冲县河西滑坡

6月30日，暴雨诱发腾冲县界头乡大磨村河西小组发生浅层小型滑坡，造成2人死亡⑤。

（七）新平县平掌乡政府滑坡

8月5日以来，受北方冷空气和南方暖湿气流共同影响，云南省滇中及以南地区出现中到大雨天气，8月6—7日新平县平掌乡出现局部大暴雨天气，降雨达239.1毫米，7日凌晨2—4时降雨量达175毫米，降雨导致平掌乡政府驻地出现多处滑坡、泥石流灾害，造成人员伤亡，交通、通信、电力中断，民房冲毁、掩埋，农作物大面积受损，水利设施损毁，因灾死亡5人，失踪2人，受伤4人，房屋倒塌3幢500平方米，受损8幢1320平方米，受灾948户3874人，冲毁农作物3100亩，直接经济损失350.54万元⑥。

① 《云南减灾年鉴》编辑委员会：《云南减灾年鉴：2004—2005》，昆明：云南科技出版社，2006年，第185页。
② 《云南减灾年鉴》编辑委员会：《云南减灾年鉴：2004—2005》，昆明：云南科技出版社，2006年，第185页。
③ 《云南减灾年鉴》编辑委员会：《云南减灾年鉴：2004—2005》，昆明：云南科技出版社，2006年，第155页。
④ 《云南减灾年鉴》编辑委员会：《云南减灾年鉴：2004—2005》，昆明：云南科技出版社，2006年，第185页。
⑤ 《云南减灾年鉴》编辑委员会：《云南减灾年鉴：2004—2005》，昆明：云南科技出版社，2006年，第185页。
⑥ 《云南减灾年鉴》编辑委员会：《云南减灾年鉴：2004—2005》，昆明：云南科技出版社，2006年，第185页。

（八）建水县大罗家村滑坡

8 月 21—23 日建水县普雄乡出现连续高强度降雨，至 8 月 23 日 21 时 30 分，普雄乡龙岔村委会大寨村发生群发性滑坡灾害，初步统计大小滑坡有二十余处，规模以数十立方米至数百立方米的小型滑坡为主，仅个别滑坡达 2 万立方米左右。滑坡造成 4 人死亡，8 人受伤，5 户房屋倒塌，公路和供水、供电、通信线路全部中断，直接经济损失 400 余万元[①]。

（九）新平县"8·6"山体滑坡灾害

8 月 6 日夜间，新平县平掌乡降单点大暴雨，7 日凌晨 3 时，集镇信用社后山发生山体滑坡灾害，造成 7 人死亡，4 人受伤。掩埋房屋 3 户，受损 17 户。冲埋牲畜 24 头，家禽 200 余只。共计直接经济损失 1200 万元[②]。

（十）建水县"8·24"滑坡灾害

8 月 23 日 21—24 时，建水县降大雨。普雄乡龙岔村委会大寨村民小组发生山体滑坡，造成 4 人死亡，3 人重伤，8 人轻伤。民房倒塌 32 间，受损 63 户，需转移安置 36 户。农作物受灾 44.7 公顷，成灾 26.4 公顷，绝收 16.0 公顷。沟渠、水池、自来水管道、电杆、公路受损，造成水、电、路及通信中断。共计直接经济损失 390.7 万元[③]。

（十一）元江县帕垤滑坡

10 月 29 日，受前期降雨影响，元江县羊岔街乡平昌村帕垤小组发生小型滑坡，造成 2 人死亡、2 人受伤[④]。

三、2006 年

（一）凤庆县小湾镇小湾村滑坡

5 月 10 日，受降雨影响，凤庆县小湾镇小湾村发生滑坡，滑坡规模 25.2 万立方米，造成直接经济损失 80 万元[⑤]。

---

① 《云南减灾年鉴》编辑委员会：《云南减灾年鉴：2004—2005》，昆明：云南科技出版社，2006 年，第 185 页。
② 《云南减灾年鉴》编辑委员会：《云南减灾年鉴：2004—2005》，昆明：云南科技出版社，2006 年，第 155 页。
③ 《云南减灾年鉴》编辑委员会：《云南减灾年鉴：2004—2005》，昆明：云南科技出版社，2006 年，第 155 页。
④ 《云南减灾年鉴》编辑委员会：《云南减灾年鉴：2004—2005》，昆明：云南科技出版社，2006 年，第 185 页。
⑤ 《云南减灾年鉴》编辑委员会：《云南减灾年鉴：2006—2007》，昆明：云南科技出版社，2008 年，第 139 页。

（二）隆阳区潞江乡登高村滑坡

5月27日，保山市隆阳区潞江乡登高村危岩发生崩塌，造成1人受伤，直接经济损失20万元[①]。

（三）寻甸县甸沙乡大脑村滑坡

受连续降雨影响，6月7日，寻甸县甸沙乡大脑村发生滑坡，造成直接经济损失424万元[②]。

（四）龙陵县象达乡棠梨坪村打靛河滑坡

7月12日，受强降雨影响，龙陵县象达乡棠梨坪村打靛河小组发生滑坡，导致1人死亡。直接经济损失0.5万元[③]。

（五）泸西县永宁乡舍者村委会舍者大寨滑坡

7月26日，受持续降雨影响，泸西县永宁乡舍者村委会舍者大寨发生滑坡，造成直接经济损失360万元[④]。

（六）富宁县谷拉乡多贡村滑坡

8月6日，富宁县谷拉乡多贡村发生滑坡，直接经济损失118万元[⑤]。

（七）金平县阿得博乡阿得博村下寨滑坡

10月11日，受强降雨天气影响，金平县阿得博乡阿得博村下寨发生滑坡，造成3人死亡，1人重伤[⑥]。

四、2007年

（一）水富县太平乡太平村滑坡

水富县太平乡太平村所处山坡早年出现变形迹象，2007年5月17日形成整体滑

① 《云南减灾年鉴》编辑委员会：《云南减灾年鉴：2006—2007》，昆明：云南科技出版社，2008年，第139页。
② 《云南减灾年鉴》编辑委员会：《云南减灾年鉴：2006—2007》，昆明：云南科技出版社，2008年，第139页。
③ 《云南减灾年鉴》编辑委员会：《云南减灾年鉴：2006—2007》，昆明：云南科技出版社，2008年，第139页。
④ 《云南减灾年鉴》编辑委员会：《云南减灾年鉴：2006—2007》，昆明：云南科技出版社，2008年，第140页。
⑤ 《云南减灾年鉴》编辑委员会：《云南减灾年鉴：2006—2007》，昆明：云南科技出版社，2008年，第140页。
⑥ 《云南减灾年鉴》编辑委员会：《云南减灾年鉴：2006—2007》，昆明：云南科技出版社，2008年，第140页。

移，导致斜坡上房屋受到不同程度损毁，直接经济损失 500 余万元[①]。

（二）绿春县骑马坝乡渣吗巴洪村滑坡

受连续降雨影响，7 月 9 日，绿春县骑马坝乡渣吗巴洪村发生小型滑坡，滑坡规模约 5000 立方米，造成 1 人死亡，直接经济损失 180 万元[②]。

（三）腾冲县苏家河口电站滑坡

2007 年 7 月 19 日 5 时 55 分，腾冲县苏家河口电站小江坡石料场运渣便道边坡发生滑坡，造成 29 人死亡，5 人受伤，损失严重。滑坡体主要由花岗岩全风化土体组成。滑坡启动后沿 48 度方向快速滑至坡脚，由于坡度骤然变缓，大部分滑坡物质在坡脚呈台状堆积下来。另有部分滑坡物质呈塑流状直接冲向临时工棚区，还有部分滑坡直达对岸，受沟坡阻挡后再冲向下游临时工棚，导致工棚被埋，酿成重大生命财产损失。

本次滑坡造成大量人员伤亡的主要原因是采石场施工人员临时住地选址不当，工程建设单位防治地质灾害意识淡薄，措施不力[③]。

（四）盈江县平原镇勐展村香菊矿山滑坡

7 月 19 日，盈江县平原镇勐展村二坤小组香菊矿山发生滑坡，滑坡规模约 1.5 万立方米，造成 3 人失踪、1 人受伤，直接经济损失约 27 万元[④]。

（五）沧源县单甲村委会撒瓦四组滑坡

7 月 20 日，沧源县单甲村委会撒瓦四组发生小型滑坡，造成 1 人死亡，2 人失踪，11 人受伤，直接经济损失 181 万元[⑤]。

（六）临翔区博尚镇永泉村委会巡房村滑坡

7 月 20 日，临沧市临翔区博尚镇永泉村委会巡房村发生小型滑坡，造成 2 人死亡，2 人受伤[⑥]。

① 《云南减灾年鉴》编辑委员会：《云南减灾年鉴：2006—2007》，昆明：云南科技出版社，2008 年，第 140 页。
② 《云南减灾年鉴》编辑委员会：《云南减灾年鉴：2006—2007》，昆明：云南科技出版社，2008 年，第 141 页。
③ 《云南减灾年鉴》编辑委员会：《云南减灾年鉴：2006—2007》，昆明：云南科技出版社，2008 年，第 141 页。
④ 《云南减灾年鉴》编辑委员会：《云南减灾年鉴：2006—2007》，昆明：云南科技出版社，2008 年，第 141 页。
⑤ 《云南减灾年鉴》编辑委员会：《云南减灾年鉴：2006—2007》，昆明：云南科技出版社，2008 年，第 141 页。
⑥ 《云南减灾年鉴》编辑委员会：《云南减灾年鉴：2006—2007》，昆明：云南科技出版社，2008 年，第 141 页。

（七）腾冲县中和乡小坝湾林场滑坡

7月21日，腾冲县中和乡小坝湾林场发生小型滑坡，造成4人死亡，3人受伤①。

（八）龙陵县龙新乡梽廊村金星山滑坡

7月21日，受降雨影响，龙陵县龙新乡梽廊村金星山发生滑坡，滑坡规模约2.5万立方米，造成直接经济损失约100万元②。

（九）景东县花山镇撒罗村团山小组滑坡

7月21日，在暴雨激发下，景东县花山镇撒罗村团山小组发生滑坡，造成直接经济损失约150万元③。

（十）耿马县耿马镇滑坡

7月30日耿马县耿马镇发生滑坡，滑坡规模约4.2万立方米，造成直接经济损失约384万元④。

（十一）镇沅县勐大镇文来村委会勐谷村民小组滑坡

8月14日，镇沅县勐大镇文来村委会勐谷村民小组发生滑坡，直接经济损失约371万元⑤。

（十二）元江县元羊公路滑坡

8月16日，元江县元羊公路18千米桥处发生滑坡，导致桥梁受损，直接经济损失约2500万元⑥。

（十三）腾冲县猴桥镇窦家桥滑坡

8月17日，受降雨影响，腾冲县猴桥镇窦家桥发生滑坡，滑坡规模约5万立方米，造成13人受伤，直接经济损失约200万元⑦。

① 《云南减灾年鉴》编辑委员会：《云南减灾年鉴：2006—2007》，昆明：云南科技出版社，2008年，第141页。
② 《云南减灾年鉴》编辑委员会：《云南减灾年鉴：2006—2007》，昆明：云南科技出版社，2008年，第141页。
③ 《云南减灾年鉴》编辑委员会：《云南减灾年鉴：2006—2007》，昆明：云南科技出版社，2008年，第141页。
④ 《云南减灾年鉴》编辑委员会：《云南减灾年鉴：2006—2007》，昆明：云南科技出版社，2008年，第141页。
⑤ 《云南减灾年鉴》编辑委员会：《云南减灾年鉴：2006—2007》，昆明：云南科技出版社，2008年，第141—142页。
⑥ 《云南减灾年鉴》编辑委员会：《云南减灾年鉴：2006—2007》，昆明：云南科技出版社，2008年，第142页。
⑦ 《云南减灾年鉴》编辑委员会：《云南减灾年鉴：2006—2007》，昆明：云南科技出版社，2008年，第142页。

（十四）绥江县中城镇大沙村滑坡

8月26日，受暴雨影响，绥江县中城镇大沙村发生滑坡，直接经济损失约147万元[①]。

（十五）永善县马楠乡冷水村半边街三组滑坡

8月26日，受暴雨影响，永善县马楠乡冷水村半边街三组发生滑坡，滑坡规模约1万立方米，造成3人死亡，直接经济损失约100万元[②]。

（十六）景东第二中学滑坡

9月3日，景东县第二中学发生滑坡，造成直接经济损失约130万元[③]。

（十七）镇雄县泼机镇摆洛大山滑坡

9月12日，受降雨影响，镇雄县泼机镇摆洛大山发生滑坡，造成1人失踪，直接经济损失约200万元[④]。

（十八）云县爱华镇长坡岭小海子组滑坡

9月12日，云县爱华镇长坡岭小海子组发生滑坡，滑坡规模约256万立方米，造成2人死亡，直接经济损失约126万元[⑤]。

（十九）兰坪县金顶镇凤凰山后箐沟滑坡

10月24日，兰坪县金顶镇凤凰山后箐沟发生滑坡。滑坡规模约1.2万立方米，造成5人死亡[⑥]。

五、2008 年

（一）昆明市禄劝县殿西乡殿平村滑坡

2月20日，昆明市禄劝县殿西乡殿平村将军山小组发生滑坡，造成4人死亡[①]。

---

① 《云南减灾年鉴》编辑委员会：《云南减灾年鉴：2006—2007》，昆明：云南科技出版社，2008年，第142页。
② 《云南减灾年鉴》编辑委员会：《云南减灾年鉴：2006—2007》，昆明：云南科技出版社，2008年，第142页。
③ 《云南减灾年鉴》编辑委员会：《云南减灾年鉴：2006—2007》，昆明：云南科技出版社，2008年，第142页。
④ 《云南减灾年鉴》编辑委员会：《云南减灾年鉴：2006—2007》，昆明：云南科技出版社，2008年，第142页。
⑤ 《云南减灾年鉴》编辑委员会：《云南减灾年鉴：2006—2007》，昆明：云南科技出版社，2008年，第142页。
⑥ 《云南减灾年鉴》编辑委员会：《云南减灾年鉴：2006—2007》，昆明：云南科技出版社，2010年，第142页。
① 《云南减灾年鉴》编辑委员会：《云南减灾年鉴：2008—2009》，昆明：云南科技出版社，2010年，第146页。

（二）迪庆藏族自治州德钦县奔子栏乡奔子栏村滑坡

5 月 27 日，德钦县奔子栏乡奔子栏村扎冲顶小组发生中型滑坡，直接经济损失 100 余万元①。

（三）曲靖市富源县营上镇得嘎村委会大则勒村滑坡

6 月 17 日，曲靖市富源县营上镇得嘎村委会大则勒村发生滑坡，直接经济损失 190 余万元②。

（四）昭通市巧家县金塘乡梨树村滑坡

7 月 31 日，昭通市巧家县金塘乡梨树村八组发生中型滑坡，失踪 4 人③。

（五）保山市昌宁县耇街乡阿干村委会滑坡

8 月 5 日，昌宁县耇街乡阿干村委会上阿干小组发生滑坡，滑坡规模约 3 万立方米。滑坡造成 4 人死亡，21 人受伤，直接经济损失 15 万元④。

（六）昭通市永善县大兴中心学校滑坡

8 月 8 日，昭通市永善县大兴中心学校发生中型滑坡，直接经济损失约 150 万元⑤。

（七）西双版纳傣族自治州勐腊县象明乡曼庄八宗寨滑坡

8 月 9 日，西双版纳傣族自治州勐腊县象明乡曼庄八宗寨村民小组发生中型滑坡，直接经济损失 200 余万元⑥。

（八）文山壮族苗族自治州麻栗坡县大坪镇互渣村朱家塆滑坡

8 月 9 日，文山壮族苗族自治州麻栗坡县大坪镇互渣村朱家塆发生中型滑坡，死亡 3 人⑦。

---

① 《云南减灾年鉴》编辑委员会：《云南减灾年鉴：2008—2009》，昆明：云南科技出版社，2010 年，第 146 页。
② 《云南减灾年鉴》编辑委员会：《云南减灾年鉴：2008—2009》，昆明：云南科技出版社，2010 年，第 146 页。
③ 《云南减灾年鉴》编辑委员会：《云南减灾年鉴：2008—2009》，昆明：云南科技出版社，2010 年，第 146 页。
④ 《云南减灾年鉴》编辑委员会：《云南减灾年鉴：2008—2009》，昆明：云南科技出版社，2010 年，第 147 页。
⑤ 《云南减灾年鉴》编辑委员会：《云南减灾年鉴：2008—2009》，昆明：云南科技出版社，2010 年，第 147 页。
⑥ 《云南减灾年鉴》编辑委员会：《云南减灾年鉴：2008—2009》，昆明：云南科技出版社，2010 年，第 147 页。
⑦ 《云南减灾年鉴》编辑委员会：《云南减灾年鉴：2008—2009》，昆明：云南科技出版社，2010 年，第 147 页。

（九）西双版纳傣族自治州勐腊县象明乡么连寨茶厂滑坡

8 月 9 日，西双版纳傣族自治州勐腊县象明乡曼庄么连寨茶厂发生中型滑坡，直接经济损失约 380 万元[①]。

（十）大理白族自治州鹤庆县黄坪镇黄坪村滑坡

8 月 18 日，大理白族自治州鹤庆县黄坪镇黄坪村发生中型滑坡，直接经济损失 130 余万元[②]。

（十一）曲靖市宣威市文兴乡支留村滑坡

11 月 27 日，曲靖市宣威市文兴乡支留村发生中型滑坡，直接经济损失约 200 万元[③]。

六、2009 年

（一）昭通市威信县扎西镇小坝村滑坡

4 月 26 日 12 时 40 分，受连续降雨影响，昭通市威信县扎西镇小坝村羊梯岩发生山体滑坡，花家坝煤矿生活区的办公楼及职工宿舍被全部掩埋，共造成 20 人死亡、2 人受伤[④]。

（二）临沧市凤庆县小湾镇正义村滑坡

7 月 20 日凌晨 3 时左右，受持续降雨影响，临沧市凤庆县小湾镇正义村荒田小组坡脚小湾电站库区边的山体突发滑坡，约有 300 万立方米的滑坡体滑入江中，形成巨大的涌浪，造成江对岸 14 人失踪[⑤]。

（三）昭通市盐津县盐井镇芭蕉村滑坡

7 月 23 日，受连续降雨影响，昭通市盐津县盐井镇芭蕉村大竹林社发生滑坡灾害，滑体总方量约 300 立方米，冲毁民房一户，致 5 人死亡[⑥]。

① 《云南减灾年鉴》编辑委员会：《云南减灾年鉴：2008—2009》，昆明：云南科技出版社，2010 年，第 147 页。
② 《云南减灾年鉴》编辑委员会：《云南减灾年鉴：2008—2009》，昆明：云南科技出版社，2010 年，第 147 页。
③ 《云南减灾年鉴》编辑委员会：《云南减灾年鉴：2008—2009》，昆明：云南科技出版社，2010 年，第 147 页。
④ 《云南减灾年鉴》编辑委员会：《云南减灾年鉴：2008—2009》，昆明：云南科技出版社，2010 年，第 147 页。
⑤ 《云南减灾年鉴》编辑委员会：《云南减灾年鉴：2008—2009》，昆明：云南科技出版社，2010 年，第 148 页。
⑥ 《云南减灾年鉴》编辑委员会：《云南减灾年鉴：2008—2009》，昆明：云南科技出版社，2010 年，第 148 页。

（四）昭通市绥江县新滩镇新滩村滑坡

8月3日，由于连续降雨，昭通市绥江县新滩镇新滩村发生中型滑坡灾害，造成直接经济损失约200万元①。

（五）丽江市永胜县东山乡政府驻地滑坡

8月12日，由于连续降雨，丽江市永胜县东山乡政府驻地发生中型滑坡灾害，造成直接经济损失100余万元②。

七、2010年

（一）巧家县苞谷垴乡燕麦沟滑坡

7月16日，受持续降雨影响，昭通市巧家县苞谷垴乡燕麦沟完小发生滑坡，直接经济损失约120万元③。

（二）盈江县平原镇陇中村滑坡

7月24日凌晨4时左右，盈江县平原镇陇中村委会槽木亮村民小组后山剑雄水泥厂的采矿堆渣场发生滑坡。滑移距离1.5千米；估算滑动方量约12万立方米，其中，渣场堆渣7万立方米，沿途携带的土体5万立方米。滑坡涉及槽木亮村民小组、和平村民小组、剑雄水泥厂共202户802人，其中，直接威胁34户153人，间接威胁168户649人。滑坡经过的300多亩农作物受到不同程度的损害，造成经济损失105.45万元④。

（三）麻栗坡县天保镇天保村滑坡

7月25日，麻栗坡县天保镇天保村委会木亮小组发生滑坡，滑坡规模约150立方米，滑坡造成2人死亡2人受伤，直接经济损失3万元⑤。

（四）隆阳区辛街乡滑坡

7月26日，隆阳区辛街乡1组发生滑坡，滑坡规模约10立方米，滑坡造成2人死

① 《云南减灾年鉴》编辑委员会：《云南减灾年鉴：2008—2009》，昆明：云南科技出版社，2010年，第148页。
② 《云南减灾年鉴》编辑委员会：《云南减灾年鉴：2008—2009》，昆明：云南科技出版社，2010年，第148页。
③ 《云南减灾年鉴》编辑委员会：《云南减灾年鉴：2010—2011》，昆明：云南科技出版社，2012年，第142—143页。
④ 《云南减灾年鉴》编辑委员会：《云南减灾年鉴：2010—2011》，昆明：云南科技出版社，2012年，第143页。
⑤ 《云南减灾年鉴》编辑委员会：《云南减灾年鉴：2010—2011》，昆明：云南科技出版社，2012年，第143页。

亡，直接经济损失 8 万元①。

（五）东川区拖布卡镇红岩铁矿采场滑坡

8 月 21 日，受降雨影响，昆明市东川区拖布卡镇昆明德刚工贸有限公司红岩铁矿采场发生滑坡，造成 4 人死亡，1 人受伤，直接经济损失 340 万元②。

（六）维西县巴迪乡洛义村滑坡

9 月 14 日，受持续降雨影响，维西县巴迪乡洛义村发生滑坡，造成 3 人死亡，直接经济损失约 15 万元③。

第四节　泥　石　流

一、2004 年

（一）巧家县金塘乡泥石流

6 月 24 日，巧家县金塘乡出现暴雨天气，在暴雨激发下形成泥石流灾害，泥石流冲出物约 3 万立方米，冲毁公路桥一座，造成直接经济损失约 50 万元④。

（二）永胜县城泥石流

8 月 3 日 19 时—4 日 8 时，永胜县天星桥河流域出现大暴雨天气，永胜盆地降雨量达 169 毫米、羊坪盆地降雨量达 227 毫米，在大暴雨的激发下，天星桥河及其支流四道河和金家村箐爆发大型稀性泥石流，造成 1 人死亡，40 人受伤，倒塌民房 1656 间，受损民房 112303 间，耕地、道路交通设施、沟渠水利设施和通信设施损毁严重，直接经济损失达 12968.08 万元⑤。

① 《云南减灾年鉴》编辑委员会：《云南减灾年鉴：2010—2011》，昆明：云南科技出版社，2012 年，第 143 页。
② 《云南减灾年鉴》编辑委员会：《云南减灾年鉴：2010—2011》，昆明：云南科技出版社，2012 年，第 143 页。
③ 《云南减灾年鉴》编辑委员会：《云南减灾年鉴：2010—2011》，昆明：云南科技出版社，2012 年，第 143 页。
④ 《云南减灾年鉴》编辑委员会：《云南减灾年鉴：2004—2005》，昆明：云南科技出版社，2006 年，第 184 页。
⑤ 《云南减灾年鉴》编辑委员会：《云南减灾年鉴：2004—2005》，昆明：云南科技出版社，2006 年，第 184 页。

（三）晋宁县"8·27"泥石流灾害

8月27日22时，晋宁县二街乡朱家营村委会突降暴雨，引发泥石流灾害。村民受灾104户，受伤9人，其中重伤1人。房屋受损70间，倒塌34间，烤房受损15间。农作物受灾52.7公顷，烟叶被淹10吨，牲畜受灾1614头（只）。冲毁道路0.8千米、拦沙坝2座。冲毁车辆11辆，损毁树木400棵。共计直接经济损失1500万元[①]。

二、2005年

（一）大关县大桥社泥石流

5月4日晚21时10分—22时10分，黄葛乡塘房村持续了10余分钟的冰雹，30多分钟的暴雨，降水量达到100多毫米。导致大关县黄葛乡塘房村大桥社集镇后山沟发生泥石流，因监测人员提前报警，乡政府立即组织危险区内38户受威胁严重的农户全部撤到安全地带。22时10分泥石流开始到来，堆积物达20000多立方米，冲击房屋24间，直接经济损失108.9万元，灾害未造成人员伤亡[②]。

（二）个旧市"7·2"泥石流灾害

7月2日8时30分—13时，个旧市卡房镇降116.7毫米大暴雨，造成泥石流灾害。农作物受灾7.3公顷。卡房公路交通中断7.5小时，个金公路10—17时交通中断，200辆汽车被堵[③]。

（三）维西县岩瓦河村泥石流

7月22日，迪庆藏族自治州维西县叶枝镇岩瓦河村发生泥石流灾害，造成1人死亡、1人失踪，耕地受损[④]。

（四）景谷县平寨观音阁村泥石流

8月28日，景谷县凤山乡平寨观音阁村发生泥石流灾害，造成4人死亡[⑤]。

① 《云南减灾年鉴》编辑委员会：《云南减灾年鉴：2004—2005》，昆明：云南科技出版社，2006年，第147页。
② 《云南减灾年鉴》编辑委员会：《云南减灾年鉴：2004—2005》，昆明：云南科技出版社，2006年，第185页。
③ 《云南减灾年鉴》编辑委员会：《云南减灾年鉴：2004—2005》，昆明：云南科技出版社，2006年，第155页。
④ 《云南减灾年鉴》编辑委员会：《云南减灾年鉴：2004—2005》，昆明：云南科技出版社，2006年，第185页。
⑤ 《云南减灾年鉴》编辑委员会：《云南减灾年鉴：2004—2005》，昆明：云南科技出版社，2006年，第185页。

三、2006 年

（一）寻甸县金源乡沙湾大沟泥石流

受持续降雨影响，6 月 9 日，寻甸县金源乡沙湾大沟发生泥石流，灾害造成直接经济损失 310 万元①。

（二）建水县大箐沟泥石流

6 月上旬，建水县境内出现连续降雨天气，6 月 9 日下午，大箐沟流域出现局部暴雨，激发大箐沟发生泥石流灾害，冲毁大货车 4 辆、小轿车 1 辆、骡马 7 匹、沟底矿工工棚 1 座；掩埋牛滚塘铅锌矿 45 号坑，并导致 18 名矿工困于坑道内。通过坑外 100 多名解救人员和坑内 18 名矿工的共同努力，10 日凌晨 5 时 30 分 45 号矿坑终于疏通，18 名矿工全部安全获救②。

（三）昭通市滑坡泥石流

7 月，受连续降雨影响，昭通市多处发生滑坡、泥石流灾害，造成 7 人死亡、6 人失踪、1 人受伤③。

（四）金平县滑坡泥石流

7 月 7—8 日，在大暴雨的激发下，金平县城白沙坡、余家弯发生滑坡，勐拉乡荞菜坪村委会小其苗村发生泥石流灾害，造成 2 人死亡，3 人失踪，4 人受伤。白沙坡滑坡直接威胁整个金福苑居民小区及滑坡后缘的 4 户居民住宅，形成特大型滑坡隐患④。

（五）大理市太邑乡泥石流

7 月 11 日，受单点暴雨影响，大理市太邑乡已早村、猴子箐 2 处发生泥石流灾害，造成直接经济损失 200 余万元⑤。

（六）云龙县旧州镇民主村鲁庄泥石流

7 月 17 日，受强降雨天气影响，云龙县旧州镇民主村鲁庄发生泥石流灾害，由

① 《云南减灾年鉴》编辑委员会：《云南减灾年鉴：2006—2007》，昆明：云南科技出版社，2008 年，第 139 页。
② 《云南减灾年鉴》编辑委员会：《云南减灾年鉴：2006—2007》，昆明：云南科技出版社，2008 年，第 139 页。
③ 《云南减灾年鉴》编辑委员会：《云南减灾年鉴：2006—2007》，昆明：云南科技出版社，2008 年，第 139 页。
④ 《云南减灾年鉴》编辑委员会：《云南减灾年鉴：2006—2007》，昆明：云南科技出版社，2008 年，第 139 页。
⑤ 《云南减灾年鉴》编辑委员会：《云南减灾年鉴：2006—2007》，昆明：云南科技出版社，2008 年，第 139 页。

于群测群防人员即时报警，鲁庄小组 72 户 284 人在泥石流到来前已疏散转移，未发生人员伤亡，但大量农田受损及房屋被毁，直接经济损失 1316 万元，属特大型地质灾害①。

（七）贡山县茨开镇嘎拉博村齐朗当泥石流

2006 年 8 月 16 日，受暴雨影响，贡山县茨开镇嘎拉博村爆发泥石流灾害，造成 5 人死亡，6 人受伤，供水、供电、通信线路全部中断，直接经济损失 1000 余万元，属特大型地质灾害②。

（八）云县大平掌泥石流

受强降雨天气影响，8 月 24 日，云县大平掌爆发稀性泥石流，造成直接经济损失 282 万元③。

（九）漾濞县平坡镇高发村泥石流

9 月 15 日，受强降雨天气影响，漾濞县平坡镇高发村多处发生泥石流灾害，造成 6 人死亡，直接经济损失 490 万元④。

四、2007 年

（一）元江县城阿竜水泥厂北西侧漫漾箐沟泥石流

4 月 7 日，元江县城北部出现暴雨天气，导致阿竜水泥厂北西侧漫漾箐沟发生泥石流灾害，灾害导致 1 人死亡、2 人重伤，直接经济损失约 186 万元⑤。

（二）香格里拉县尼西乡汤满电站泥石流

5 月 17 日，在暴雨影响下，香格里拉县尼西乡汤满电站遭受泥石流灾害，直接经济损失 700 万元⑥。

---

① 《云南减灾年鉴》编辑委员会：《云南减灾年鉴：2006—2007》，昆明：云南科技出版社，2008 年，第 140 页。
② 《云南减灾年鉴》编辑委员会：《云南减灾年鉴：2006—2007》，昆明：云南科技出版社，2008 年，第 140 页。
③ 《云南减灾年鉴》编辑委员会：《云南减灾年鉴：2006—2007》，昆明：云南科技出版社，2008 年，第 140 页。
④ 《云南减灾年鉴》编辑委员会：《云南减灾年鉴：2006—2007》，昆明：云南科技出版社，2008 年，第 140 页。
⑤ 《云南减灾年鉴》编辑委员会：《云南减灾年鉴：2006—2007》，昆明：云南科技出版社，2008 年，第 140 页。
⑥ 《云南减灾年鉴》编辑委员会：《云南减灾年鉴：2006—2007》，昆明：云南科技出版社，2008 年，第 140 页。

（三）镇雄县中屯乡后山泥石流

5 月 20 日，受暴雨影响，镇雄县中屯乡后山发生泥石流，造成直接经济损失约 500 万元[①]。

（四）东川区因民镇三江口泥石流

7 月 20 日，昆明市东川区因民镇三江口发生泥石流，造成 3 人死亡、4 人受伤[②]。

（五）德钦县升平镇泥石流

7 月 24 日，在强降雨诱发下，德钦县升平镇发生泥石流，直接经济损失约 100 万元[③]。

（六）墨江县泗南江乡巴豆村大沙坝泥石流

7 月 30 日，墨江县泗南江乡巴豆村大沙坝发生泥石流灾害，造成直接经济损失约 234 万元[④]。

（七）泸水县六库镇石缸河三岔河泥石流

8 月 7 日，泸水县六库镇石缸河三岔河发生泥石流，造成 8 人死亡，7 人受伤，直接经济损失 30 万元[⑤]。

（八）孟定镇南捧河骑马岭电站泥石流

8 月 10 日，孟定镇南捧河骑马岭电站遭受泥石流灾害，直接经济损失约 145 万元[⑥]。

五、2008 年

（一）鲁地拉电站"6·9"泥石流

6 月 9 日晚 22 时 10 分，金沙江鲁地拉水电站工程施工区突降暴雨，电站枢纽区左岸鲁地拉村 2 号沟发生泥石流，冲毁施工单位所属临时办公生活设施、钢筋加工场地、

① 《云南减灾年鉴》编辑委员会：《云南减灾年鉴：2006—2007》，昆明：云南科技出版社，2008 年，第 140 页。
② 《云南减灾年鉴》编辑委员会：《云南减灾年鉴：2006—2007》，昆明：云南科技出版社，2008 年，第 141 页。
③ 《云南减灾年鉴》编辑委员会：《云南减灾年鉴：2006—2007》，昆明：云南科技出版社，2008 年，第 141 页。
④ 《云南减灾年鉴》编辑委员会：《云南减灾年鉴：2006—2007》，昆明：云南科技出版社，2008 年，第 141 页。
⑤ 《云南减灾年鉴》编辑委员会：《云南减灾年鉴：2006—2007》，昆明：云南科技出版社，2008 年，第 141 页。
⑥ 《云南减灾年鉴》编辑委员会：《云南减灾年鉴：2006—2007》，昆明：云南科技出版社，2008 年，第 141 页。

临时拌和站和部分临时工棚。造成9人死亡，1人受伤，直接经济损失约200万元[1]。

（二）大理白族自治州兰坪县营盘镇鸿尤村泥石流

7月24日，受持续降雨影响，并经暴雨诱发，兰坪县营盘镇鸿尤村南香炉小组爆发泥石流灾害，共造成7人失踪[2]。

（三）怒江傈僳族自治州贡山县茨开镇牛郎当村泥石流

7月30日，怒江傈僳族自治州贡山县茨开镇茨开村委会牛郎当村发生中型泥石流，造成直接经济损失165万元[3]。

（四）昆明市东川区舍块乡茂蒿村委会泥石流

7月31日，昆明市东川区舍块乡茂蒿村委会茂蒿小组发生中型泥石流，失踪4人，直接经济损失约45万元[4]。

（五）大理白族自治州漾濞县平坡镇石坪村泥石流

8月27日，大理白族自治州漾濞县平坡镇石坪村发生中型泥石流，直接经济损失400余万元[5]。

（六）迪庆藏族自治州维西县攀天阁乡工农村滑坡泥石流

9月14日，迪庆藏族自治州维西县攀天阁乡工农村大火山、小火山小组发生中型滑坡、泥石流，直接经济损失约160万元[6]。

六、2009年

（一）迪庆藏族自治州维西县康普乡大桥河泥石流

6月24日，由于连续降雨，迪庆藏族自治州维西县康普乡大桥河发生中型泥石流，

---

[1] 《云南减灾年鉴》编辑委员会：《云南减灾年鉴：2008—2009》，昆明：云南科技出版社，2010年，第146页。
[2] 《云南减灾年鉴》编辑委员会：《云南减灾年鉴：2008—2009》，昆明：云南科技出版社，2010年，第147页。
[3] 《云南减灾年鉴》编辑委员会：《云南减灾年鉴：2008—2009》，昆明：云南科技出版社，2010年，第147页。
[4] 《云南减灾年鉴》编辑委员会：《云南减灾年鉴：2008—2009》，昆明：云南科技出版社，2010年，第147页。
[5] 《云南减灾年鉴》编辑委员会：《云南减灾年鉴：2008—2009》，昆明：云南科技出版社，2010年，第147页。
[6] 《云南减灾年鉴》编辑委员会：《云南减灾年鉴：2008—2009》，昆明：云南科技出版社，2010年，第147页。

死亡 1 人。造成直接经济损失 103.6 万元①。

（二）昆明市寻甸县金源乡沙湾大沟泥石流

6 月 29 日 20 时—20 日 20 时，寻甸县金源乡降雨 143.7 毫米，诱发沙湾大沟爆发大型泥石流，冲毁 1 号拦沙坝护坝、左坝肩护坡工程、1 号拦沙坝下游副坝和 3 个固床坝，冲坏排导槽 453 米，自来水管道 3540 米，约 1000 多亩农田受灾，直接经济损失约 500 万元②。

（三）红河哈尼族彝族自治州金平县铜厂乡长安冲铜钼矿泥石流

7 月 5 日，受连续降雨影响，红河哈尼族彝族自治州金平县铜厂乡长安冲铜钼矿矿区发生中型泥石流灾害，直接经济损失 129 万元③。

（四）大理白族自治州洱源县乔后乡大集村泥石流

8 月 1 日，由于连续降雨，大理白族自治州洱源县乔后乡大集村发生泥石流灾害，造成直接经济损失 480 万元④。

（五）丽江市永胜县六德乡六德村泥石流

8 月 4 日，由于连续降雨，丽江市永胜县六德乡六德村东瓜林发生中型泥石流灾害，受伤 1 人，造成直接经济损失约 480 万元⑤。

（六）丽江市华坪县新庄乡德胜村泥石流

8 月 12 日，由于连续降雨，丽江市华坪县新庄乡德胜村发生中型泥石流灾害，造成直接经济损失约 330 万元⑥。

（七）丽江市宁蒗彝族自治县永宁乡落水村泥石流

8 月 13 日，由于连续降雨，丽江市宁蒗彝族自治县永宁乡落水村山垮组发生中型泥石流灾害，造成直接经济损失 250 万元⑦。

---

① 《云南减灾年鉴》编辑委员会：《云南减灾年鉴：2008—2009》，昆明：云南科技出版社，2010 年，第 147 页。
② 《云南减灾年鉴》编辑委员会：《云南减灾年鉴：2008—2009》，昆明：云南科技出版社，2010 年，第 147 页。
③ 《云南减灾年鉴》编辑委员会：《云南减灾年鉴：2008—2009》，昆明：云南科技出版社，2010 年，第 148 页。
④ 《云南减灾年鉴》编辑委员会：《云南减灾年鉴：2008—2009》，昆明：云南科技出版社，2010 年，第 147 页。
⑤ 《云南减灾年鉴》编辑委员会：《云南减灾年鉴：2008—2009》，昆明：云南科技出版社，2010 年，第 147 页。
⑥ 《云南减灾年鉴》编辑委员会：《云南减灾年鉴：2008—2009》，昆明：云南科技出版社，2010 年，第 147 页。
⑦ 《云南减灾年鉴》编辑委员会：《云南减灾年鉴：2008—2009》，昆明：云南科技出版社，2010 年，第 147 页。

（八）怒江傈僳族自治州福贡县马吉乡泥石流

9 月 7 日，由于连续降雨，怒江傈僳族自治州福贡县马吉乡发生中型泥石流灾害，直接经济损失 158 万元[①]。

七、2010 年

（一）金平县老集寨乡安福村泥石流

4 月 18 日凌晨 4 时，受强降雨影响，红河哈尼族彝族自治州金平县老集寨乡安福村附近山体发生滑坡—泥石流链式灾害，致使山下巴音公司探矿区域内的工棚被冲毁，造成 4 人死亡、1 人失踪、1 人受伤，直接经济损失 121 万元[②]。

（二）金平县金水河镇南科村泥石流

6 月 11 日，受持续降雨影响，金平县金水河镇南科村委会平和下寨爆发泥石流灾害，共造成 2 人死亡[③]。

（三）维西县白济汛乡共乐村泥石流

6 月 21 日，受强降雨影响，维西县白济汛乡共乐村委会吉岔小组爆发泥石流灾害，冲毁道路和农田，造成直接经济损失 280 万元[④]。

（四）巧家县小河镇炉房沟洪涝泥石流

7 月 13 日凌晨 4 时许，巧家县小河镇炉房沟发生洪涝泥石流灾害，倾泻而下的洪水和泥石流导致小河镇富民街居民生命财产遭受严重损失。灾害共造成 17 人死亡、28 人失踪、43 人受伤（其中重伤 11 人）；冲毁房屋 15 户，冲走车辆 11 辆，冲毁桥梁 1 座，2 条 10 千伏输电线及 52 台配电变压器停运，受灾群众 1200 余人，直接经济损失 7.65 亿元[⑤]。

（五）维西县永春乡拖枝村农仁泥石流

7 月 24 日，维西县永春乡拖枝村委会农仁发生泥石流，冲毁道路和农田，造成直接

① 《云南减灾年鉴》编辑委员会：《云南减灾年鉴：2008—2009》，昆明：云南科技出版社，2010 年，第 147 页。
② 《云南减灾年鉴》编辑委员会：《云南减灾年鉴：2010—2011》，昆明：云南科技出版社，2012 年，第 142 页。
③ 《云南减灾年鉴》编辑委员会：《云南减灾年鉴：2010—2011》，昆明：云南科技出版社，2012 年，第 142 页。
④ 《云南减灾年鉴》编辑委员会：《云南减灾年鉴：2010—2011》，昆明：云南科技出版社，2012 年，第 142 页。
⑤ 《云南减灾年鉴》编辑委员会：《云南减灾年鉴：2010—2011》，昆明：云南科技出版社，2012 年，第 142 页。

经济损失 207 万元[①]。

（六）贡山县普拉底乡亚普河泥石流

7月26日凌晨，因流域内持续降雨，亚普河西沟发生泥石流灾害，亚普河西沟流域面积约 3.43 平方千米，主沟长约 2.5 千米，在沟谷上游距东西沟交汇口约 2.3 千米处沟谷分岔为东西两个岔沟，7月26日凌晨，东支沟上游发生岸坡坍塌，形成泥石流，径流过程中强烈的岸坡冲刷造成大量岸坡松散物质和树木、树枝进入泥石流，泥石流龙头漫过电站务工人员搭建工棚的垄丘，致使正在工棚内休息的务工人员部分被冲入下游河道，部分被掩埋在垄丘北西侧的浅沟内，造成了重大人员伤亡。米角河水电站 3 号引水隧洞施工人员 3 人死亡、8 人失踪、2 人受轻伤，直接经济损失 200 万元[②]。

（七）鹤庆县金墩乡古乐村滑坡泥石流

9月1日，受强降雨影响，鹤庆县金墩乡古乐村委会发生滑坡、泥石流，直接经济损失 300 万元[③]。

（八）兰坪县金顶镇七联村泥石流

9月19日，受强降雨影响，兰坪县金顶镇七联村练登大沟发生泥石流，对下游基础设施造成破坏，直接经济损失 360 万元[④]。

① 《云南减灾年鉴》编辑委员会：《云南减灾年鉴：2010—2011》，昆明：云南科技出版社，2012年，第143页。
② 《云南减灾年鉴》编辑委员会：《云南减灾年鉴：2010—2011》，昆明：云南科技出版社，2012年，第143页。
③ 《云南减灾年鉴》编辑委员会：《云南减灾年鉴：2010—2011》，昆明：云南科技出版社，2012年，第143页。
④ 《云南减灾年鉴》编辑委员会：《云南减灾年鉴：2010—2011》，昆明：云南科技出版社，2012年，第143页。

第五章 2004—2010年云南省动植物病虫灾害

第一节 历年农作物病虫事件概况

一、2004—2005年

2004—2005 年，云南省农作物病虫害属于偏重发生年，发生面积总计 2.17 亿亩次。云南省范围内小麦条锈病、玉米大小斑病、黏虫、稻飞虱、蚜虫重发生。优质稻种植区稻瘟病、滇西河谷流域稻白叶枯病、滇西斑潜蝇、滇南和滇西边疆地区农田鼠害重发生，局部地区小麦白粉病、蚕豆锈病、蚕赤斑病、蚕豆根病、油菜白锈病、稻曲病、稻细条病、玉米丝锈病、花卉白粉病、花卉锈病、白菜软腐病、白菜黑斑病、十字花科根肿病、农田杂草、稻螟虫、稻瘿蚊、稻蝗、稻蟓象、稻纵卷叶螟、负泥虫、蛴螬、地老虎、青稞蚜虫、亚麻白粉病、魔芋软腐病、大蒜叶枯病发生严重。

2004—2005年，农作物病虫草鼠害处于持续偏重发生期，病虫草鼠害发生面积2.17亿亩次，年平均发生 1.08 亿亩次，比 2002—2003 年平均值多 0.08 亿亩次，造成粮食损失 608.3 万吨，年均304.1 万吨，分别比 2002—2003 年多 109.1 万吨和 54.5 万吨。

2004—2005年，农作物主要病虫草鼠害持续偏重发生，常发性主要病虫害持续偏重危害，主要病虫害发生面积较 2002—2003 年略有下降，次要病虫害明显回升，新传入病虫继续扩展蔓延，危害损失严重。其中，小麦条锈病年平均发生 293.56 万亩，比

2002—2003 年减少 120.98 万亩，为偏重流行年份；稻瘟病年平均发生 302.09 万亩，比 2002—2003 年减少 26.53 万亩，为偏重发生年；稻飞虱年平均发生 426.02 万亩，比 2002—2003 年减少 8.71 万亩，基本持平，为偏重发生年份；农田鼠害年均发生 1515.8 万亩次，比 2002—2003 年减少 340.2 万亩；农田杂草年均发生 2817.11 万亩，比 2002—2003 年增加 98.91 万亩[①]。

二、2006—2007 年

2006—2007 年，云南省农作物病虫害重发生，发生面积总计 2.34 亿亩。云南省范围内稻飞虱、小麦条锈病、玉米大小斑病、粘虫、蚜虫重发生；优质稻种植区稻瘟病、滇西河谷流域稻白叶枯病、滇西斑潜蝇、滇南和滇西边疆地区农田鼠害重发生；局部地区小麦白粉病、蚕豆锈病、蚕赤斑病、蚕豆根病、油菜白锈病、稻曲病、稻细条病、玉米丝锈病、花卉白粉病、花卉锈病、白菜软腐病、白菜黑斑病、十字花科根肿病、农田杂草、稻螟虫、稻瘿蚊、稻蝗、稻蜻象、稻纵卷叶螟、负泥虫、蛴螬、地老虎、青稞蚜虫、亚麻白粉病、魔芋软腐病、大蒜叶枯病等 26 种病虫害严重发生。

2006—2007 年，农作物病虫草鼠害处于持续重发生期，病虫草鼠害发生面积 2.34 亿亩，年平均发生 1.18 亿亩，发生面积比 2004—2005 年多 0.17 亿亩，造成粮食损失 541.8 万吨，年均 270.9 万吨。其中，小麦条锈病年平均发生面积 333.35 万亩，比 2004—2005 年增加 39.79 万亩，为持续偏重流行至重发生年份；稻飞虱年平均发生面积 891.24 万亩，比 2004—2005 年增加 456.22 万亩，为重发生至大发生年份；玉米大小斑病在保山、德宏、怒江、临沧局部区域流行，发生面积 356.66 万亩，比 2004—2005 年增加 38.66 万亩，部分山区绝收面积较大；农田杂草年均发生面积 3109.43 亩，比 2004—2005 年增加 292.32 万亩。检疫性病虫稻水象甲传入，在局部地区造成严重危害。十字花科根肿病、亚麻菟丝子、苹果棉蚜继续扩展蔓延。

2007 年，云南省农作物病虫害大发生，平均发生面积 1.28 亿亩次，防治面积 1.81 亿亩次，造成粮食损失 303.1 万吨。其中，水稻病虫害发生 2399.6 万亩次，防治面积 4760.5 万亩次，造成损失 57.02 万吨；玉米病虫害发生 1463.6 万亩次，防治面积 1739.4 万亩次，造成损失 19.6 万吨；小麦病虫害发生 906.8 万亩次，防治面积 1320.6 万亩次，造成损失 11.3 万吨；油菜病虫害发生面积 242.1 万亩次，防治面积 317.1 万亩次，造成损失 2.8 万吨；蔬菜病虫害发生面积 1025.0 万亩次，防治面积 1709.4 万亩次，造成损失 46.9 万吨；水果病虫害发生面积 281.0 万亩次，防治面积 364.4 万亩次，造成损失 12.03

---

① 《云南减灾年鉴》编辑委员会：《云南减灾年鉴：2004—2005》，昆明：云南科技出版社，2006 年，第 198—199 页。

万吨。

稻飞虱特大发生，发生面积 1339.77 万亩，占种植面积的 89.31%，防治面积 2076 万亩次，占发生面积的 154.95%，损失 23.2 万吨；小麦条锈病大发生，发生面积 390.37 万亩，占种植面积的 55.76%，防治面积 549.13 万亩次，占发生面积的 140.66%，损失 3.4 万吨[①]。

三、2008—2009 年

2008—2009 年，云南省农作物病虫害总体上重发生，发生面积总计 2.73 亿亩次。虫害重于病害。其中，云南省范围内，稻飞虱、小麦条锈病、马铃薯晚疫病、玉米大小斑病、玉米灰斑病、蚜虫、蓟马、小菜蛾、斜纹夜蛾、金龟子等 10 种病虫害中等偏重以上发生；局部地区农田鼠害、农田杂草、小麦白粉病、小麦红蜘蛛、蚕豆锈病、蚕赤斑病、蚕豆根病、油菜白锈病、稻瘟病、稻曲病、稻细条病、稻纹枯病、玉米丝黑穗病、玉米锈病、花卉白粉病、花卉锈病、白菜软腐病、白菜黑斑病、番茄疫病、番茄枯萎病、十字花科根肿病、大蒜叶枯病、亚麻白粉病、魔芋软腐病、石榴枯萎病、稻螟虫、稻瘿蚊、稻蝗、稻蟓象、稻纵卷叶螟、稻负泥虫、蛴螬、地老虎、粘虫、茶小绿叶蝉、螺害、柑橘红蜘蛛、杨梅实蝇等 38 种。虫害严重发生。

2008—2009 年，云南省农作物病虫草鼠害处于重发生期，发生面积 2.73 亿亩次，年平均发生 1.37 亿亩次，比 2006—2007 年平均值多 0.19 亿亩次，年均造成粮食和经济作物损失 538.73 万吨。

2009 年，云南省农作物病虫草鼠害发生最严重，平均发生面积 1.33 亿亩次，防治面积 1.57 亿亩次，造成粮食损失 703.03 万吨。其中，农田鼠害发生面积 913.77 万亩次，防治面积 1240.85 万亩次，造成损失 353.32 万吨；农田草害发生面积 2975.21 万亩次，防治面积 3036.80 万亩次，造成损失 60.85 万吨；水稻病虫害发生面积 2778.20 万亩次，防治面积 5202.79 万亩次，造成损失 91.03 万吨；玉米病虫害发生面积 1796.54 万亩次，防治面积 2213.36 万亩次，造成损失 37.42 万吨；小麦病虫害发生面积 859.41 万亩次，防治面积 1085.74 万亩次，造成损失 17.21 万吨；马铃薯病虫害发生面积 416.44 万亩次，防治面积 445.12 万亩次，造成损失 19.67 万吨；油菜病虫害发生面积 312.53 万亩次，防治面积 424.46 万亩次，造成损失 4.44 万吨；蔬菜病虫害发生面积 1087.73 万亩次，防治面积 1820.18 万亩次，造成损失 68.67 万吨；果树病虫害发生面积 188.06 万亩次，防治

---

① 《云南减灾年鉴》编辑委员会：《云南减灾年鉴：2006—2007》，昆明：云南科技出版社，2008 年，第 156—157 页。

面积 370.77 万亩次，造成损失 41.53 万吨[①]。

第二节　历年水生生物病虫事件概况

一、2004—2005 年

2004—2005 年，云南省水生动物病害属偏重发生年，全省范围内的草鱼出血病、赤皮病、烂鳃病、肠炎病、出血性败血症、中华鳋病、打印病、白点斑病、红脖子病、腐皮穿孔病均有发生。局部地区草鱼出血病、赤皮病、烂鳃病、肠炎病、出血性败血症发生严重。病害侵袭对象涉及水生动物鱼类、甲壳类、两栖和爬行类，病原体涉及真菌、细菌、病毒、原生动物、寄生虫和藻类等，无病原烂鳃、营养代谢综合征等非病原性病害亦有发生。

2004—2005 年，水生动物病害处于偏重发生期，平均发病率为 20%—30%，损失占养殖总产值的 10%—12%，发生面积与前两年基本持平；造成水产品损失 5.02 万吨，年均 2.51 万吨，分别比 2002—2003 年多 0.75 万吨和 0.27 万吨。

2004—2005 年，水生动物病害处于持续偏重发生，流行范围广，遍及各养殖区、各养殖种类。病害发生有明显的季节变化；发病的种类多；病害的种类多；同一种类多种疾病交叉感染；发病率与死亡率高。不明原因的突发死鱼事件增多，且损失较大。

2004—2005 年，云南省水生动物病害保持偏重发生态势。受病害侵袭的水产养殖品种为鱼类、甲壳类、两栖类和爬行类水生动物等。草鱼、鲤鱼、鲫鱼、河蟹、南美白对虾、鲢、鳙鱼、罗氏沼虾、中华鳖、虹鳟、美国青蛙等均有发生。云南省范围内包括池塘、坝塘、稻田、流水、湖泊、水库、网箱、围栏等所有水产养殖方式均受到了水产养殖病害的侵袭[②]。

二、2006—2007 年

2006—2007 年，云南省范围内草鱼"四病"（草鱼出血病、赤皮病、烂鳃病、肠炎病）、出血性败血症、打印病、竖鳞病、鲤痘疮病、爱德华氏菌病、水霉病、白点斑

① 《云南减灾年鉴》编辑委员会：《云南减灾年鉴：2008—2009》，昆明：云南科技出版社，2010 年，第 166 页。
② 《云南减灾年鉴》编辑委员会：《云南减灾年鉴：2004—2005》，昆明：云南科技出版社，2006 年，第 202 页。

病、红脖子病及各种寄生虫疾病均有发生。局部地区草鱼"四病"、出血性败血症、爱德华氏菌病发生严重。病害侵袭对象涉及水生动物鱼类、甲壳类、两栖类和爬行类，病原体涉及真菌、细菌、病毒、原生动物、寄生虫和藻类等，无病原烂鳃、营养代谢综合征等非病原性病害亦有发生。

2006—2007 年，水生养殖动物病害发生面积与前两年基本持平，平均发病率为 20%—30%。病害造成水产品损失 6.88 万吨，其中，2006 年水产品损失 3.21 万吨，2007 年水产品损失 3.67 万吨，分别比 2005 年多 0.62 万吨和 1.08 万吨；病害损失占养殖总产值的 10%—12%，间接和直接损失达 6.88 亿元，其中，2006 年水产品间接和直接损失 3.21 亿元，2007 年水产品间接和直接损失 3.67 亿元，分别比 2005 年多 0.62 亿元和 1.08 亿元。

2006—2007 年，水生动物病害流行发生范围广，遍及各养殖区和各养殖种类。病害发生具有明显季节变化，发病的养殖种类多，病害的种类多，同一种类多种疾病交叉感染比较常见，发病率与死亡率高。受病害侵袭的水产养殖品种为鱼类、甲壳类、两栖类和爬行类水生动物等。草鱼、鲤鱼、鲫鱼、河蟹、南美白对虾、鲢、鳙鱼、罗氏沼虾、中华鳖、虹鳟、美国青蛙等均有发生。云南省范围内包括池塘、坝塘、稻田、流水、湖泊、水库、网箱、围栏等所有水产养殖方式均受到了水产养殖病害的侵袭。2006—2007 年平均发病率为 20%—30%，平均死亡率为 5%—8%，因病害造成的损失占养殖总产值的 10%—12%[①]。

三、2008—2009 年

2008—2009 年，云南省范围内草鱼"四病"（草鱼出血病、赤皮病、烂鳃病、肠炎病）、出血性败血症、打印病、红脖子病及白点斑病等均有发生。局部地区草鱼"四病"、出血性败血症发生严重。病害侵袭对象涉及水生养殖动物鱼类、甲壳类、两栖类和爬行类，病原体涉及细菌、病毒、真菌、寄生虫病和藻类，无病原烂鳃、营养代谢综合征等非病原性病害亦有发生。

2008—2009 年，水生养殖动物病害发生面积与前两年基本持平，平均发病率为 20%—30%，平均死亡率为 5%—8%，病害损失占养殖总产值的 10%—12%。病害造成水产品损失 9.35 万吨，间接和直接损失达 9.35 亿元，其中，2008 年水产品损失 4.4 万吨，间接和直接经济损失 4.4 亿元；2009 年水产品损失 4.95 万吨，间接和直接经济损失 4.95 亿元。

---

① 《云南减灾年鉴》编辑委员会：《云南减灾年鉴：2006—2007》，昆明：云南科技出版社，2008 年，第 159 页。

2008—2009 年，水生动物病害发生具有明显季节变化性，发病的养殖种类多，病害的种类多，同一种类多种疾病交叉感染比较常见，发病率与死亡率高。云南省范围内包括池塘、坝塘、稻田、流水、湖泊、水库、网箱、围栏等所有水产养殖方式均受到了水产养殖病害的侵袭。

云南省水产养殖病害防治中心牵头组织云南省重点水产养殖区域的病害测报工作，选择昆明市、曲靖市、大理白族自治州、普洱市、红河哈尼族彝族自治州、德宏傣族景颇族自治州共 6 个养殖区的 16 个县（市、区）为测报单位，选定了 18 人为测报员，共设测报点 96 个，测报面积 106150 亩[①]。

四、2010 年

2010 年，云南省范围内草鱼"四病"（草鱼出血病、赤皮病、烂鳃病、肠炎病）、出血性败血症、打印病、竖鳞病、鲤痘疮病、爱德华氏菌病、水霉病、白点斑病、红脖子病及各种寄生虫疾病均有发生。局部地区草鱼"四病"、出血性败血症、爱德华氏菌病发生严重。病害侵袭对象涉及水生动物鱼类、甲壳类、两栖和爬行类，病原体涉及真菌、细菌、病毒、原生动物、寄生虫和藻类等，无病原烂鳃、营养代谢综合征等非病原性病害亦有发生。

2010—2011 年，水生养殖动物病害发生面积与前两年基本持平，平均发病率为 20%—30%。病害造成水产品损失 11.25 万吨，其中，2010 年水产品损失 5.28 万吨；病害损失占养殖总产值的 10%—12%，间接和直接损失达 11.25 亿元，其中，2010 年水产品间接和直接损失 5.28 亿元[②]。

第三节　历年林业病虫事件概况

一、2004—2005 年

2004—2005 年是云南省林业有害生物发生比较严重的年份。从总的发生情况看，一是危险性病虫仍呈扩散蔓延态势，纵坑切梢小蠹、华山松木蠹象、云南木蠹象等蛀干

① 《云南减灾年鉴》编辑委员会：《云南减灾年鉴：2008—2009》，昆明：云南科技出版社，2010 年，第 170 页。
② 《云南减灾年鉴》编辑委员会：《云南减灾年鉴：2010—2011》，昆明：云南科技出版社，2012 年，第 163 页。

害虫已成为云南第一大林业有害生物。二是常发性病虫害总体平稳，云南省历史上发生面最大、危害最重的松毛虫经过国家级工程治理项目的实施，其发生面积得到了控制，危害程度也有所减轻。另一类食叶害虫松叶蜂在 2004—2005 年危害呈上升趋势。三是突发性害虫毒蛾、松梢螟等在局部区域危害仍然严重。四是林业外来有害生物入侵危害呈上升趋势，紫茎泽兰造成的损失，松材线虫病、椰心叶甲等在云南省周边口岸地区呈扩散的态势，都日趋严重地威胁着云南省森林生态的安全。五是经济林病虫害如核桃、板栗、橡胶等经济作物上的常见病虫害和突发性病虫害的发生面积也是逐年上升。

2004 年，云南省森林病虫害发生面积 535.1 万亩，全省林业有害生物发生面积占林地面积 2.77%，其中森林病害面积 71.7 万亩，占总发生面积的 13.4%，虫害面积 457.9 万亩，占总发生面积的 85.6%，鼠害面积 5.5 万亩，占总发生面积的 1%。云南省林业有害生物发生面积超过 90 万亩的是曲靖市，发生面积高达 98.5 万亩。林业有害生物发生面积超过 60 万亩的有思茅市，超过 40 万亩的有昆明市，超过 30 万亩的有昭通市、红河哈尼族彝族自治州、丽江市。2005 年，云南省林业有害生物发生面积 607.1 万亩，发生面积占林地面积 3%。其中病害面积 88.8 万亩，占总发生面积的 14.6%，虫害面积 509.8 万亩，占总发生面积的 84%。云南省林业有害生物发生面积首次突破 600 万亩，其中曲靖市林业有害生物发生面积超过 100 万亩，高达 109 万亩，是历史最高峰。林业有害生物发生面积超过 60 万亩的有思茅市，超过 50 万亩的有大理白族自治州，超过 40 万亩的有丽江市，超过 30 万亩的有昭通市、文山壮族苗族自治州、玉溪市，超过 20 万亩的有昆明市、红河哈尼族彝族自治州、临沧市等。

2004 年 12 月，国家林业局召开了全国林业有害生物防治工作会议，对林业有害生物防控工作总体思路做了调整：一是贯彻落实《重大外来林业有害生物灾害应急预案》和《突发林业有害生物事件处置办法》，将外来林业有害生物灾害纳入国家防灾减灾应急体系，将林业有害生物发生指标纳入新造林核查范围。二是启动实施预防工程，实现防治工作由重除治向重预防的战略转移。三是坚持科学发展观，防治工作方针由过去的"预防为主，综合治理"调整为"预防为主，科学防控，依法治理，促进健康"，首次引入森林健康的理念。四是拓宽防治工作视野，增加防治工作内涵，用"林业有害生物"取代"森林病虫害"这个沿用了多年的概念，把森林有害植物、有害动物纳入防治范围。2004 年，云南省共防治森林病虫鼠害 431.2 万亩，其中化学防治 224.9 万亩，生物防治 75.2 万亩，人工防治 110.1 万亩，仿生制剂及其他无公害防治 20.8 万亩。防治面积占发生面积的 80.6%。2005 年云南省共防治森林病虫鼠害 448.78 万亩，其中化学防治 204.2 万亩，生物防治 47.9 万亩，人工防治 155.8 万亩[①]。

---

① 《云南减灾年鉴》编辑委员会：《云南减灾年鉴：2004—2005》，昆明：云南科技出版社，2006 年，第 222 页。

二、2006—2007 年

2006 年和 2007 年是云南省林业有害生物发生偏重年份。从总的发生情况看，一是危险性病虫害仍呈扩散蔓延态势，松纵坑切梢小蠹、华山松木蠹象、云南木蠹象等蛀干害虫已成为云南省第一大林业有害生物。二是常发性病虫害总体平稳，云南省历史上发生面最大、危害最重的松毛虫经过国家级工程治理项目的实施，2000—2005 年松毛虫的发生面积得到了控制，但由于松毛虫的生物学特性，其发生存在周期性，加之 2006 年的气候特征利于松毛虫的大面积发生，以及一些地区监测不力、治理不到位，造成了 2006 年松毛虫的发生面积上升了近 30 万亩。三是林业外来有害生物入侵危害呈上升趋势，紫茎泽兰已全省分布，造成严重的损失；松材线虫病、椰心叶甲、红棕象甲、薇甘菊等在云南省周边口岸地区急剧扩散，严重威胁云南省森林生态的安全。四是核桃、板栗、橡胶、膏桐等经济作物上的常见病虫害和突发性病虫害的发生面积也逐年上升。

2006 年，云南省林业有害生物发生面积 551.58 万亩，其中病害 61.84 万亩，虫害 483.6 万亩，鼠害 6.14 万亩，全省林业有害生物发生面积占林业总面积的 2.86%。2005 年云南省林业有害生物发生面积首次超过 600 万亩，较往年大幅上升，危害严重。2006 年云南省采取较为有力的治理措施，使全省林业有害生物的严重发生势头有所控制，发生面积较 2005 年的 607.05 万亩降低了 55.47 万亩，林业有害生物发生面积持续上升的势头有所下降，但危害态势依然严峻。林业有害生物发生严重的州市为曲靖市（77.70 万亩）、思茅市（72.55 万亩）、楚雄彝族自治州（70.86 万亩），大理白族自治州（52.20 万亩）、临沧市（46.28 万亩）、昭通市（42.06 万亩）、丽江市（41.88 万亩）、红河哈尼族彝族自治州（41.26 万亩）、玉溪市（40.99 万亩），均在 40 万亩以上。

2007 年，云南省林业有害生物发生面积 597.37 万亩，其中病害 63.13 万亩，虫害 531.06 万亩，鼠害 3.18 万亩，全省林业有害生物发生面积占林业总面积的 3.1%。发生面积较 2006 年的 551.58 万亩上升了 45.79 万亩，其中病害与 2006 年的 61.84 万亩基本持平，虫害比 2006 年上升了 47.46 万亩，鼠害比 2006 年略降了 2.96 万亩。林业有害生物整体发生与危害程度与 2006 年相比呈上升趋势。林业有害生物发生严重的州市为普洱市（88.08 万亩）、曲靖市（68.21 万亩）、临沧市（67.5 万亩）、楚雄彝族自治州（60.75 万亩）、大理白族自治州（60.62 万亩）、玉溪市（43.40 万亩）、红河哈尼族彝族自治州（40.76 万亩）、昭通市（34.70 万亩）、昆明市（33.53 万亩），均在 30 万亩以上。

2006 年，云南省林业有害生物防治面积 461.7 万亩，防治率达 83.7%。其中生物防治面积 86.97 万亩（占 18.84%），与 2005 年的 11% 相比有所上升；化学防治面积 178.6 万亩（占 38.68%），与 2005 年的 45.5% 相比有所下降，人工防治面积 144.91 万亩（占 24.89%），仿生制剂及其他防治 51.22 万亩（占 11.1%）。2007 年，云南省林业有害生物防治面积 483.87 万亩，防治率达 81%。其中生物防治面积 91.05 万亩，化学防治面积 157.14 万亩，人工防治面积 147.02 万亩，仿生制剂防治面积 47.46 万亩，其他方式防治面积 41.02 万亩。与 2006 年相比，生物防治的比例在逐步加大，化学防治的比例在逐步减少，云南省林业有害生物的防治基本实现了无公害化。2007 年，云南省小蠹类和木蠹象的防治率均在 95% 以上，圆满完成了既定目标。

2006—2007 年，为保证林业有害生物治理效果，云南省在以下三个方面抓出了实效。一是促进"一个转变"。在实施好测报网点及监测预警体系建设的同时，防治工作更加注重于"防早、治小"，将林业有害生物控制在萌芽状态，以较小的代价换取全局工作的主动，切实推进防治工作向"预防为主"转变。二是组织"攻坚战"。对发生面积和治理难度最大的小蠹虫和木蠹象等钻蛀性害虫的专项治理工作采取整合人、财、物、科技和管理优势的办法，对昆明市、玉溪市、曲靖市、红河哈尼族彝族自治州等州（市）受危害最严重的地区组织防治攻坚战，一年来共安排 30 余个县（市、区），防治面积达 80 余万亩，使云南省小蠹虫的发生面积下降了 29 万亩。三是实施"三个歼灭战"。坚持不懈地抓好松材线虫病的除治。德宏傣族景颇族自治州松材线虫病疫区的除治实现了病死树及发生面积的"双下降"，病死树较 2005 年减少 31.28 万株，发生面积下降至 1394 亩，成灾率控制在 0.1‰ 以内，疫区周边未发生传播扩散；全力以赴做好椰心叶甲和红棕象甲的防控。河口县在椰心叶甲的防治中，不仅对全县街道、庭院、苗圃地的棕榈科植物开展防治，还实现了林地全林分防治。虫口死亡率 93.6% 以上，有虫株率 0.34‰。疫情得到了根本控制，受害植物发出新叶，城市绿化景观得以恢复。及时有效地对发生红棕象甲的苗圃进行了全面防治，红棕象甲的危害已基本控制，再未发现感虫植株出圃造林；同时还开展了对薇甘菊的普查，制定了《云南省薇甘菊除治技术方案》。普查结果显示，薇甘菊在云南的发生面积已由原来的 6249 亩上升至 25457 亩，虽然只分布于德宏傣族景颇族自治州，但扩散势头仍在进一步加剧。四是坚持防治工作与促进林业产业发展相结合。在防治技术和手段上预先对膏桐的病虫种类进行生活史观察、生物学特性分析及防治技术研究。对核桃主产区的大理白族自治州、临沧市、保山市等州（市）的主要病虫种类开展了调查，对主要病虫害进行了防治，对种植户进行了技术培训，指导其科学地开展核桃病主要病虫害的监测和防治。为进一步做好这项工作，云南省林业有害生物防治检疫局分别确定了 5 个县（区）为膏桐和核桃病虫害的防治试点县区，以积累和创新防治经验与办法①。

三、2008—2009 年

2008—2009 年，云南省林业有害生物发生属正常年份。从总的发生情况看，一是危险性病虫仍呈扩散蔓延态势，纵坑切梢小蠹、华山松木蠹象、云南木蠹象等蛀干害虫是云南省发生面积最大、危害最重的一类林业有害生物。二是常发性病虫害总体平稳，历史性害虫松毛虫类经过国家级工程治理项目的实施，高发期内发生面积得到了控制，危害程度也有所减轻。三是一些次期性害虫松叶蜂、毒蛾、扁叶蜂、三线雪舟蛾等在局部区域仍然危害严重。四是外来有害生物松材线虫病、椰心叶甲、红棕象甲、薇甘菊等在云南省周边口岸地区有入侵危害的风险。五是核桃、板栗、油桐、橡胶、膏桐等经济作物在云南省的大面积种植，导致常见的病虫害和突发性病虫害的发生逐年上升。

2008 年，云南省林业有害生物发生面积 508.18 万亩，占总林地面积的 2.3%。其中病害 65.6 万亩，占林业有害生物发生面积的 12.91%；虫害 436.96 万亩，占林业有害生物发生面积的 85.99%；鼠害 5.62 万亩，占林业有害生物发生面积的 1.11%。云南省林业有害生物发生面积较 2007 年的 597.37 万亩下降了 89.19 万亩，其中病害较 2007 年的 63.13 万亩上升了 2.5 万亩，虫害较 2007 年的 531.06 万亩下降了 94.1 万亩，鼠害较 2007 年的 3.18 万亩上升了 2.44 万亩。林业有害生物发生面积超过 20 万亩，危害严重的州市有楚雄市、曲靖市、普洱市、大理市、昭通市、玉溪市、红河哈尼族彝族自治州、昆明市、文山壮族苗族自治州、西双版纳傣族自治州等。楚雄彝族自治州 2008 年林业有害生物发生面积首次超过 60 万亩，曲靖市 57.71 万亩，普洱市 56.35 万亩，大理白族自治州 55.19 万亩，昭通市 40.71 万亩，玉溪市 39.75 万亩，红河哈尼族彝族自治州 38.28 万亩，昆明市 30.26 万亩，文山壮族苗族自治州 28.85 万亩，西双版纳傣族自治州 28.01 万亩。

2009 年，云南省林业有害生物发生面积 496.69 万亩，占云南省总林地面积的 2.24%。其中病害 52.23 万亩，占林业有害生物发生总面积的 10.5%；虫害 442.73 万亩，占林业有害生物发生总面积的 89.14%；鼠害 1.73 万亩，占林业有害生物发生总面积的 0.35%。云南省林业有害生物发生面积较 2008 年减少 11.49 万亩，其中病害面积减少了 13.37 万亩；虫害面积上升 5.77 万亩；鼠害面积减少了 3.89 万亩。林业有害生物发生面积超过 20 万亩。危害严重的州市有普洱市、楚雄彝族自治州、大理白族自治州、玉溪

---

① 《云南减灾年鉴》编辑委员会：《云南减灾年鉴：2006—2007》，昆明：云南科技出版社，2008 年，第 174—175 页。

市、曲靖市、临沧市、红河哈尼族彝族自治州、文山壮族苗族自治州、昭通市、丽江市等。2009 年普洱市林业有害生物发生面积 86.33 万亩，楚雄彝族自治州 64.03 万亩，大理白族自治州 49.14 万亩，玉溪 41.48 万亩，曲靖市 41.29 万亩，临沧市 32.56 万亩，红河哈尼族彝族自治州 31.26 万亩，文山壮族苗族自治州 29.47 万亩，昭通市 28.12 万亩，丽江市 25.65 万亩。

2008—2009 年，林业有害生物防治工作依然贯彻"预防为主，科学防控，依法治理，促进健康"的防治方针，总体目标是大力加强林业有害生物监测预警体系、检疫御灾体系、防治减灾体系、应急反应体系建设，实现林业有害生物防治的标准化、规范化、科学化、法制化、信息化，云南省主要林业有害生物的发生范围和危害程度大幅度下降，危险性有害生物扩散蔓延趋势得到有效控制，促进森林健康成长。2008 年，云南省林业有害生物防治面积达到 474.39 万亩，防治率达 93.4%，近年来云南省防治率首次突破 90%。其中生物防治面积 81.88 万亩，化学防治面积 195.05 万亩，人工防治面积 123.64 万亩。2009 年云南省林业有害生物防治面积达到 459.93 万亩，防治率达 92.6%，无公害防治率 100%，达到国家下达的 75%的要求。其中生物防治面积 122.01 万亩，化学防治面积 164.56 万亩，人工防治面积 120.26 万亩，仿生制剂防治面积 43.08 万亩，其他方式防治面积 10.02 万亩。防治效果较好，圆满完成了既定目标[①]。

第四节　外来物种的入侵与防治

外来生物入侵是指对生态系统、物种、人类健康带来威胁的任何非本地的生物，这些生物离开其原生地，经自然或人为的途径传播到另一个环境，能在当地的自然或人为生态系统中定居、自行繁殖和扩散，最终明显影响当地生态环境，损害当地生物多样性及人类健康[②]。

一、2004 年

云南省根据农业部总的安排，有针对性地对紫茎泽兰进行了治理。云南省在两个试点县开展铲除紫茎泽兰行动，活动涉及 10 余个乡镇，辐射面积近 20 万亩。公路沿线近

---

① 《云南减灾年鉴》编辑委员会：《云南减灾年鉴：2008—2009》，昆明：云南科技出版社，2010 年，第 185—186 页。
② 《云南减灾年鉴》编辑委员会：《云南减灾年鉴：2004—2005》，昆明：云南科技出版社，2006 年，第 205 页。

100 千米的敏感区域内紫茎泽兰的铲除率已达 60% 以上。其中，集中铲除 15360 亩；化学灭除 2680 亩；替代种植近 5 万亩。

2004 年，云南省的开远、腾冲、祥云、江川、陆良、景洪、南华、潞西、凤庆、澜沧、砚山、华坪 12 个县市参加农业部"十省百县"外来入侵生物灭毒除害行动。4 月，在昆明举办"外来生物入侵的培训班"，并请了有关专家进行讲课，对相关人员进行了培训。在 84 个乡镇，发动 16 万人开展紫茎泽兰灭除行动，集中铲除 2.5 万亩，替代种植 112 万亩，化学防除 0.2 万亩，释放泽兰实蝇 0.1 万亩，集中收购 1 万吨，在开远和腾冲建立综合防治示范区 5963 亩①。

二、2005 年

2005 年，开远、腾冲等 12 个县市继续参加了农业部开展的"十省百县"外来入侵生物灭毒除害行动。12 个县市在省农业厅和当地政府的领导下，高度重视外来入侵生物灭毒除害工作，采取人工铲除、替代种植、化学防治、综合防治等方法，有效地开展了紫茎泽兰的宣传防治工作，在相关地区发放宣传材料 13 万份，培训技术人员 2.8 万人次，向中国农业信息网提供新闻宣传报道稿件 12 篇，其中 11 篇被采用②。

三、2006—2007 年

（一）紫茎泽兰

紫茎泽兰是一种繁殖能力强、生态适应性广、生长速度快的群居性恶性杂草。原产于中美洲的墨西哥和哥斯达黎加，后蔓延到美国、澳大利亚、新西兰及东南亚各国。20 世纪 40 年代从缅甸传入云南。通过风吹、流水、雨水、放牧、交通运输和人为生产活动等在云南省内广泛蔓延，据调查，紫茎泽兰在云南境内的 16 个州（市）129 个县（市）均有分布，面积达 1.17 亿亩。云南天然草地面积 2.29 亿亩，其中，0.63 亿亩分布紫茎泽兰。在海拔 1600—2200 米的 0.1386 亿亩危害最为严重，该地区紫茎泽兰已成为单生优势群落，一般覆盖度为 60%—85%，多年生且表现木质化。严重威胁云南生物多样性，给农业、林业和畜牧业造成严重危害①。

① 《云南减灾年鉴》编辑委员会：《云南减灾年鉴：2004—2005》，昆明：云南科技出版社，2006 年，第 206 页。
② 《云南减灾年鉴》编辑委员会：《云南减灾年鉴：2004—2005》，昆明：云南科技出版社，2006 年，第 206 页。
① 《云南减灾年鉴》编辑委员会：《云南减灾年鉴：2006—2007》，昆明：云南科技出版社，2008 年，第 161—162 页。

（二）福寿螺

福寿螺原产于南美洲亚马孙河流域，20世纪70年代作为高蛋白经济动物引入台湾，1981年引入广东，云南省西双版纳傣族自治州、思茅市等州（市）于1982年从广东引入。福寿螺在云南的扩散有两个主要途径：一是由于养殖过度被遗弃到野外，通过河流、沟渠、水田向周围区域扩散。二是福寿螺被运输到各地农贸市场销售，在运输、销售的各个环节逃逸或人为放养到天然水体中。据调查，云南16个州（市）中有13个发现福寿螺，分布面积为320.5万亩，主要危害水稻、茭白、莲藕等水生植物，其中危害最重的是水稻。据统计，受福寿螺危害的水田有230万亩，严重危害的13万亩，造成直接经济损失4970多万元[①]。

（三）薇甘菊

恶性杂草薇甘菊为多年生草质藤本植物，原产于中美洲，是危害性最严重的外来入侵物种之一。20世纪80年代初传入德宏傣族景颇族自治州。截至2007年，已在潞西、梁河、盈江、陇川、瑞丽、畹町、龙陵、昌宁迅速蔓延，严重危害甘蔗、香蕉、柠檬、橘子、菠萝、咖啡等作物的生长，一般造成20%—50%的产量损失，严重的造成绝收。据德宏傣族景颇族自治州农业局估算，2005—2007年因薇甘菊的蔓延，已给全州农业造成直接经济损失1.15亿元[②]。

四、2008—2009年

薇甘菊是世界上公认的危害性最严重、防治难度最大的外来物种之一。20世纪80年代由境外传入云南盈江县，近年来在保山、临沧等地爆发成灾，严重危害甘蔗、柠檬、麻竹、柚子、柑橘、香蕉等农作物生长，一般造成20%—50%的产量损失，严重的造成绝收，直接经济损失已达上亿元。薇甘菊危害来势凶猛且呈逐年蔓延扩散的趋势，目前，已波及云南4个州（市）12个县（区），总发生面积达到42.58万亩，其覆盖能力、扩散能力和排异能力比紫茎泽兰更强，给云南省热带、亚热带地区恢复生物多样性与生态平衡造成严重威胁，成为云南生态安全的严重隐患。薇甘菊爆发成灾引起了云南省人民政府的高度重视，云南省农业厅在认真调查的基础上提出了防控方案并上报云南省人民政府。从2008年开始省财政每年安排500万元资金用于薇甘菊防控工作。2008年，云南省农业厅组织保山市、临沧市、普洱市、西双版纳傣族自治州等8个州（市）

① 《云南减灾年鉴》编辑委员会：《云南减灾年鉴：2006—2007》，昆明：云南科技出版社，2008年，第162页。
② 《云南减灾年鉴》编辑委员会：《云南减灾年鉴：2006—2007》，昆明：云南科技出版社，2008年，第162页。

30 个县迅速开展了薇甘菊综合防治和预警监测工作。2009 年云南省农业厅将薇甘菊防控区域扩大到 9 个州（市）39 个县，并与 9 个州（市）农业局和 14 个重点防控县农业局签订了目标责任书，云南省建立预警监测点 390 个，重点做好组织领导、宣传发动、监测预警、检疫执法、综合防治等工作[①]。

———————————

① 《云南减灾年鉴》编辑委员会：《云南减灾年鉴：2008—2009》，昆明：云南科技出版社，2010 年，第 173 页。

后　记

　　《云南环境史志资料汇编第一辑（2004—2010年）》的收集整理工作历时2年完成。本书尽可能地汇集多年来发生在云南省的重要环境事件，但是面对知识爆炸的信息化时代，相信还有诸多事件尚未被收录进来，这是今后需要进一步做的事情。在收集资料的过程中，对云南省有了更为直观的了解。云南省向来是人们心中的旅游胜地，这里山清水秀、空气清新、植被茂密，但是在快速的工业化、城镇化过程中，云南省很多地方的自然环境遭到了严重破坏，使得政府的治理工作愈加困难。同时，云南省同全国其他省份一样，遇到了如何恰当处理经济发展与环境保护相协调的难题，在急剧变化的时代变革中，云南省选择了生态优先的发展理念，坚持"绿水青山就是金山银山"，宁要绿水青山不要金山银山。因此，云南省的环境治理工作走在全国前列，取得了令人瞩目的成绩。

　　同时，通过本书对国家的环境保护事业有了更加深入的理解。我国近代以来饱受列强欺辱，因此在谋求国家独立、民族富强的过程中，难免有追赶西方发达国家的急躁与自卑情绪，正是因为这种民族心理导致我们对自然充满急功近利的开发与利用，导致了严重的生态环境危机。如今，国家日渐富强，但环境危机也日渐加重。我们必须摒弃过去自卑、急躁的民族心理，为实现山青、水秀、天蓝的美丽中国而努力。目前，我国环境保护工作还有诸多不尽如人意的地方，但是我们仍对中国未来的环境保护事业抱以期待，因为环境的改善正是许多人智慧和行动汇成的长河。尽管我们的力量很弱小，但通过自己的努力或许可以为它添砖加瓦。敬畏自然，与自然和谐相处，就是我们每一个人都在身体力行地实践着的"小善"。

周　琼

2019 年 10 月 22 日